自転車

人類を変えた発明の200年

ジョディ・ローゼン

東辻賢治郎 訳

左右社

Two Wheels Good

The History and Mystery of the Bicycle by Jody Rosen

自転車　人類を変えた発明の２００年

自転車　人類を変えた発明の２００年―目次

プロローグ　月の世界へ

〈シクル・ブリヤン〉。
美術家アンリ・ブーランジェ（ヘンリー・グレイ）による広告ポスター、1900年。

一八九〇年代の広告用ポスターには、宇宙を旅する自転車が登場する。天高く掲げられた自転車、彗星や星をかすめて飛んでいく自転車、鎌のような三日月の曲線を滑り降りる自転車。自転車を描いたイメージとしてはとても有名なものだ。乗り手として描かれているのは女性、というか女神が多い。胸をあらわにして、古代ギリシア風の衣服をはためかせ、長い髪を航跡のようになびかせている。フランスの自転車メーカー〈シクル・シリウス〉のポスターでは、満点の星空を背景にして、ほとんど全裸の女性が横鞍（よこぐら）に自転車に乗っている。目を閉じたままの顔を天に向けて、恍惚の笑みを浮かべている。自転車に乗ることはこの世のものとは思えない快感なのだ、このイメージはそんなふうに語りかけている。自転車はぼくらを星の世界まで打ち上げてくれる、自転車はアフロディーテもイカせちゃうのだ、と。一九〇〇年にデザインされた〈シクル・ブリヤン〉という別の自転車メーカーのポスターでは、二人の女性がほとんど裸のまま天の川に浮かんでいる。ひとりの背中には妖精のような翼があって、左手にはオリーブの枝を持っている。彼女が手を伸ばす先には、まるで天をめぐる太陽のように自転車の前輪が浮かんでいる。自転車はまわりを漂うダイヤモンドの輝きを反射して、スポットライトを浴びたように輝いている。自転車こそが神々しく地上を照らす星になる、そんな幻想的なヴィジョンだ。

こうしたポスターが描かれたのは、十九世紀から二十世紀の変わり目の自転車ブームの時代だった。世の中を自動車が席巻する前に訪れた束の間の自転車の天下で、市場は飽和気味になり、自社の製品を目立たせるために自転車メーカーはアールヌーヴォー風の派手な広告を打つようになった。しかし、天翔る自転車のイメージはただ宣伝屋がでっち上げたものではない。最初期の自転車の原型は、ペダルもクランクもチェーンもついていない二輪の風変わりな乗り物だったが、一八一〇年代後半から一八二〇年代初めごろの愛好家は、それをペガサス、つまりギリシア神話に登場する有翼の馬になぞらえていた。その半世紀ほど後には、ある文筆家がパリのヴェロシペード〔訳註、以下同：自転車の原型となった二輪の乗り物〕の大流行について、この乗り物は「速さと軽やかさの両面が目覚ましく改良され」まるで「空中を飛んでいる」印象を与える、そう驚きの印象を記している。そのころの風刺漫画にも、この連想ははっきり表現されている。たとえば燕尾服にシルクハット姿の男性が跨がっているのは、前と後を熱気球に吊られて空を飛ぶ二輪車だ。この二輪車には車輪の代わりにプロペラがついていて、ハンドルバーには小さな望遠鏡があり、パリの上空を郊外めざして飛んでいる。添えられたキャプションには「月への旅」と書かれている。

自転車が空を飛び、星とたわむれ、ペダルを漕いで月まで行く。大衆文化はそんな空想を忘れてしまうことがなかった。二十世紀の半ばには、自転車メーカーはジャンボジェット機を思わせる流線型をした自転車を売り出し、ブランド名にも飛行機の旅とか宇宙旅行を思わせる言葉を冠した。スカイラーク、スカイライナー、スターライナー、スペースライナー、スペースランダー、ジェットファイア、ロケット、エアフライト、アストロフライト。空飛ぶ自転車は子ども向けのお話や、通俗文学やSFにも登場した。アメリカの作家ジョン・ケンドリック・バングズの一九〇二年の作品、『空飛ぶ自転車バイキーならびにその他のジミーボーイの物語』に登場する少年は、言葉が話せて空を飛ぶ魔法の自転車をもっている。少年は自転車に乗って教会の尖塔を飛び越え、大西洋を横断し、アルプスを越え、宇宙へ飛び出す。そして土星の環の「美しい黄金の道」の上で、「宇宙のあちこちからやってきた自転車乗りたち」と出会う。ロバート・ハインラインの一九五二年の小説『宇宙の呼び声』は月のコロニーに住むティーンエイジの兄弟の物語で、二人は放射性物質の原石を求めて火星に自転車で向かう（「鉱夫の乗る自転車はストックホルムの街ではおかしなものに見えるかもしれない……しかし火星や月では、まるでカナダの川にカヌーが似合うように目的にぴったり合っている」）。今日では、自転車による宇宙旅行というモチーフは、すぐれて二十一世紀的といえる政治とアイデンティティの話題にも登場する。たとえば二〇二〇年に刊行された『銀河系間自転車旅行』という本は、「トランスジェンダーやノンバイナリーの冒険家たちが登場する、フェミニズム的な自転車SF作品」のアンソロジーだった。

そしてもちろん、あの『E.T.』の、郊外住宅地の外れの松林から自転車が空に駆け上がる有名なシーンがある。BMXタイプの自転車、ペダルを漕ぐ十歳の少年、そしてハンドルバーのカゴに収まった宇宙人が、いかにもスティーヴン・スピルバーグ的な、ありえないほど大きい真ん丸な満月をバックにシルエットになって飛んでいく。映画の歴史の中で、もっとも忘れがたいシーンのひとつだ。

こうしたファンタジーはとても強力だ。重力の軛から解き放たれ、大地から旅立つことへの原初的で素朴な願望をかき立てる。しかし本当にただのファンタジーだったのだろうか。一八八三年に、イギリスの物理学者で作家のベンジャミン・ウォード・リチャードソンは、自転車が人類にもたらした「かつてない独自の進歩」は、遠くない将来、劇的な飛躍を遂げるだろうと予測した。「目下進行中の大それた実験は、飛行の技術に結実するだろう」と彼は述べている。十九世紀の終わりには、自転車と飛行船を組み合わせる試行錯誤が幾度となく行われ、新聞や科学雑誌の紙面は「空中自転車」や「ペダル式航空機」や「人力ペガサス」といった発明の報告でにぎわった。ヘリコプターのような回転翼とか、プロペラや凧のような帆を備えた二輪車、あるいは集団でペダルを漕いで前に進む飛行船の類いだ。こうした機械が実際に空を飛ぶことはなかったが、一九〇三年十二月十七日、つまりリチャードソンの予言から二十年後には、ノースカロライナ州キティホークのキルデビルの丘で、ライトフライヤー号が大地を飛び立つことに成功した。オーヴィル、ウィルバーのライト兄弟は自転車の整備や製作をする職人だ。彼らの成功への突破口は、自転車のハンドルバーに風変りな器具を装着してオハイオ州デイトンの街を走り回り、揚力と抗力の関係を理解したことだった。それは自転車の車輪を水平に回るように支えて、そこへ翼代わりの板と風の抵抗を受ける板を装着したものだった。ライト兄弟はバランスや安定性や柔軟性といった、自転車から学んだ知識を飛行機の設計に応用して、自転車用の作業場にあった道具や部品で飛行機を組み立てた。飛行機の時代は、リチャードソンが予測した通りに、自転車ブームの延長として、その帰結として到来した。

現代では、十九世紀に空想された自転車と飛行船のハイブリッドのような機械が実際に存在している。世界の先端をゆく大学の航空宇宙工学の研究室では、人力ヘリコプターとか羽ばたき航空機といった、ペダル駆動の軽量航空機が開発されている。一方で、まだ実現に至っていない構想もある。NASAは一九七一年のアポロ十五号ミッションを準備する中で、宇宙飛行士に電動自転車を使わせるアイデアを検討していた。その試験の様子を記録したNASAの資料写真には、宇宙服を着用した乗り手が「月面ミニバイク」の試作品に跨がり、宇宙飛行士たちが「ゲロ吐き号」とあだ名をつけた飛行機を使った訓練用の低重力環境で試乗する様子が写っている。結局このミニバイクはお蔵入りになり、代わりに使われたのは「月面バギー」、つまり四輪の月面車だった。地上と同じように、宇宙でも自転車が自動車カルチャーに駆逐されてしまったわけだ。

しかし月面自転車の夢が潰えたわけではない。それを主唱しているのは、自転車を工学や物理学から論じた名著『自転車の科学』の著者で、MIT教授のデヴィッド・ゴードン・ウィルソンだ。NASAはすでに計画を放棄して久しいが、ウィルソンは宇宙飛行士がペダルで漕いで進む乗り物を使うアイデアをあきらめていない。ウィルソンが提案するのはリカンベント〔直立してサドルを跨ぐのではなく、背もたれに寄りかかる状態でペダルを漕ぐ自転車の形式〕に似た二人乗りの自転車で、砂塵におおわれた月面を移動するために金属メッシュでできた車輪を使い、普通のチェーンではなく高張力鋼ワイヤで駆動される。ウィルソンは、この自転車は調査や研究のための移動に加えて、宇宙飛行士が必要とするエクササイズの手段にもなるという。月面の自転車乗りはまったく新しい環境で、「空気抵抗との格闘から解放された自由さ」を謳歌するというわけだ。その裏づけのための綿密な試算によれば、「フル装備の宇宙飛行士が二人用の乗り物を一人で漕ぎ、整地していない月の表面を移動する場合の巡航スピードは、秒速二七・五フィート、つまり時速一八・七五マイル〔およそ時速三一キロメートル〕」とのことだ。

宇宙空間の移動手段に関するウィルソンのアイデアは月面自転車に留まらない。一九七九年の記事では、ウィルソンは「人工衛星上に構築される宇宙コロニー」の生活では、「仰向けで漕ぐペダル推進の飛行機」が上空を飛び交うと語っている。この飛行機はコロニーのすべての住民に無償で提供される。ウィルソンはその仕組みを〈ホワイト・バイシクル・プラン〉、つまり一九六〇年代半ばにアムステルダムのアナーキストが提唱した自転車シェアリング・プログラムになぞらえているが、彼の思い描く自転車カルチャーは地球上とはまるで別物だ。「地上の自転車は遅くて疲れる二流の交通手段と思われているが、将来の月面探査や宇宙コロニーの人力移動手段として私が構想しているのは、もっとはるかに優れた乗り物だ」とウィルソンは書く。「人力飛行機はアクロバット飛行もお手の物だろう。きっと第一次世界大戦の有名な空戦をやってみせるのが人気のスポーツになる。パラシュートはおそらく不要だ。もし空中で衝突事故があっても、飛行機とパイロットはふんわり地上に降りてくるだけなのだから」。

アイルランドで交通手段の歴史を画する出来事が起こったのは、デヴィッド・ウィルソンがそんなことを書く九十年前のことだった。ベルファストにジョン・ボイド・ダンロップという名の、四十七歳になるスコットランド生まれの獣医が住んでいた。ダンロップは二輪車に乗ったことはなかったが、九歳の息子ジョニーは三輪自転車に乗り、近所の公園の鋪装したコースで友だちと何時間も競争をしていた。ジョニーはよく、家から公園までの道について父親に不平を言う。平らなマカダム道路〔砕石を押し固めて鋪装された道路〕はいいけど、でこぼこ道はきつくて乗りにくいんだ、と。市街の道路はだいたい花崗岩の砕石が敷かれていて、市街電車の線路でガタガタになっていた。ダンロップ自身もよく知っていたことだ。獣医の仕事でベルファストのあちこちへ移動するときに、乗っている四輪や二輪の馬車が揺れて不愉快なことがよくあった。こうした乗り物はジョニーの三輪自転車と同じような硬いタイヤを使っていて、とても滑らかとはいえない路面をガタンガタンと引き摺られるように進むものだった。

頭も手もよく動くタイプだったダンロップは、その問題の部品を観察してみた。ダンロップは鋭く注意深い目付きをしていて、きちんと刈り込んだ生け垣のような、いかにも学のある人物らしいたっぷりしたあご髭を生やしていた。自分の頭を使って実際的な問題を解決すること、頭と手で新しい物を世界に生み出すことに情熱を持っていた。獣医用の器具をいくつも考えて実際に作成したり、開発した犬や馬用の薬を売り出して特許をとったりしていた。とりわけ車輪のメカニズムに惹きつけられていて、「道路、鉄道、船舶交通の問題についての尽きない関心」があった。最初に強い興味を抱いたのは子どものころだったと語っている。家族の所有していたスコットランド南西部エールシャーの農場で、木製の農作業用ローラーが畑を移動する様子に目を奪われた、と。そして一八八七年の秋、彼は息子の自転車の問題に取り組むことにした。果たしてダンロップはジョニーの三輪自転車の乗り心地をよくする改良策を思いつくだろうか？　ついでに公園で友だちより早く走れればなおいい。

ダンロップが注目したのは、三輪自転車で使われていた固く詰まったゴム製のタイヤだった。路面との接触に耐えられるくらい丈夫で、しかもでこぼこの地面の振動を抑えられるくらい柔らかいタイヤができないものか。乗り心地がスムースになればスピードも上がるはずだ。物理学的にいえば、ダンロップは転がり抵抗と振動の抑制の問題に取り組んでいたわけだ。そして「布とゴムと木材をうまく組み合わせれば……スピードも上がって楽に進めるのでは、と思いついた」と後に書いている。

鍵となるのはゴムだった。ダンロップのアイデアは長いゴムのチューブを作り、中に何かを詰めて自転車のホイールに取り付けることだった。ホイールと路面の間にクッションになるものを挟むのだ。最初に試したのは水を入れたホースだったが、うまくいかないので別のものを試した。空気を詰めるのだ。ゴムのシートでできたチューブに空気を注入した。サッカーボールを膨らませるような具合だ。そして空気を満たしたチューブの外側を麻布で補強して、木製の大きな円盤のまわりに固定した。獣医の仕事場の裏庭で実験を繰り返し、この組み合わせならば今使われている車輪よりも長い距離を軽く転がるとわかった。これを踏まえて、ダンロップはちゃんとした試作品を作成した。空気で膨らませてキャンバス地の布で補強し、さらにゴムシートで外側を覆ったゴムのチューブを、幅七センチ、直径九〇センチほどの自転車用の木製ホイールのリム二本に取り付けた。

この二本のタイヤをジョニーの三輪自転車の後輪にした。一八八八年二月二十八日の夜のことだった。ジョニーはすぐに試走に走り出していった。「新しいマシンでどれだけスピードを出せるか、試したくてたまらない様子だった」。午後十時の少し前、ベルファストでは道路の人通りがほとんどなくなる時間だった。「満月の晴れた夜だった」とダンロップは書いている。「たまたま月食があって〔原注、以下同：ジョニーは〕戻ってきた。月の翳りが消えるともう一度通りに出て、今度は長い間乗り回していた。翌朝にタイヤをよく確認したが、ゴムに傷は見当らなかった」。

生まれ変わったように滑らかに進む三輪自転車を漕ぎながら、月に照らされた石畳の上をゆく少年が何を思っていたか、ぼくらにはわからない。父親はこの出来事を幾度も語り、著書にも書いているが、ジョニーの心中はどこにも語られていない。しかし、一八八八年二月の三輪自転車のひとっ走りは歴史に刻まれる重大事件だった。これは世界で初めての、空気タイヤを用いた自転車の旅だった。その五ヶ月後、ジョン・ボイド・ダンロップは「二輪車、三輪車、その他の車両の車輪に用いるタイヤの改良案」によって特許を得た。やがて十九世紀末の十年間に、何百万もの人びとが自転車熱に駆り立てられるのはこのブレークスルーのおかげだった。

今日、ダンロップの名は社名となり、世界に知らぬ者はない。ただしダンロップの生前には、その名の命運に関わる一悶着があった。一八九〇年に、ダンロップの特許は先行の発明があったとして無効になったのだ。同じくスコットランド生まれのロバート・ウィリアム・トムソンによる、ダンロップの知らない半世紀近く前の発明だった。トムソンはダンロップと同じ構想を思いつき、

「道路からの振動を遮断して」車輪のリムに伝わらなくするために、空気を満たした筒状の部品を用いた馬車の車輪を考案し、特許を得ていた。トムソンは、その発明に「大気の車輪（エアリアル・ホイール）」という詩的な名前をつけていた。

自転車に乗ることと空を飛ぶことのつながりは、ひとつの喩えのようなものだ。精神的な関係といってもいい。つまりぼくらが自転車に乗るときに感じる、あの強烈な自由とか、気持ちの高ぶりを表現するものだ。しかし物理的な事実に関係がないわけではない。サイクリストが飛んでいるように感じるのは、ある意味では本当にその通りだからだ。

自転車に乗ってぼくらは空を飛ぶ。おしりの下で回る車輪は、自転車と道路の間に空気の層を押し込んでぼくらを空中に浮かべている。からだを自転車に預ければ、ふわふわ空気に乗っている感じがもっと強くなる。前に進めるのは両脚だが、体重を支えるのは自転車任せでいい。最近ならば、シートポストにエアクッションつきのサドルを付けてもいい。そうすれば空気の上を回るホイールの上で、空気の座布団に座っていられる。ぼくらが誰もいない静かな夜道で自転車に乗っているとしよう。ジョニー・ダンロップや『E.T.』のエリオットのように満月に照らされて走っている。

自転車はぼくらを月に連れていってはくれないけれど、ぼくらを地上に縛りつけるわけでもない。ぼくらはどこか別の世界の、どっちつかずの場所を走っている。堅い大地と無限に広がる空の間のどこかを、すべるように進んでいるのだ。

序章　自転車の惑星（ほし）

自転車に乗る母子。マラウイ北西部、ムジンバ県、2012年。

ユートピアには自転車道がたくさんある。

H・G・ウェルズ『近代のユートピア』(一九〇五年)

人類は肉体の労苦を和らげることに四百万年もの進化の時間を費してきた。ところが今、後ろ向き思考の先祖返り主義者たちは、足踏み式の二本のフラフープに乗り、更新世のサバンナでサーベルタイガーに追いかけられているかのように、歯ぎしりしながら、肺を焼く勢いでペダルを漕ぐように我々を仕向けている。考えてみたまえ。キャデラック・クーペ・ドゥヴィルの創造に至るまでの永遠ともいえる時間に注ぎ込まれた希望、夢、努力、栄光、そして混じり気のない意志の力を。自転車乗りは、そのすべてを歴史の灰塵に帰そうとしている。

P・J・オローク「自転車の脅威に関する冷静かつ論理的な分析」(一九八四年)

二百年の間、人びとは自転車を見つめて奇想天外な夢想にふけってきた。月とか星の世界にまで空想を広げない者も、簡素な二輪車にはそぐわない大風呂敷を広げがちだった。自転車はユートピア的な発想を誘い、荒々しい感情をかき立て、気の違ったような思想を生み、さまざまな美辞麗句の躍る文章の呼び水となった。自転車は、数十年にわたり、飛び石伝いの技術的発展を通じて姿を変えてきた。一八一七年の原始的な〈走行器（ランニングマシン）〉から、一八六〇年代から七〇年代にかけての〈ボーンシェーカー〉〔「骨を揺さぶるもの」の意〕や〈ハイホイーラー〉、そして一八八〇年代に発明されて世紀末の自転車ブームを引き起こした、現代の自転車の原型ともいえる〈安全型自転車〉へ。しかしそのいずれの時代にも、自転車はつねに車輪のように時代を前進させ、ものごとの成行きをギアチェンジし、世の中を揺さぶる存在として持て囃されてきた。

　自転車は、空を飛ぶことと同じくらいに古い夢を叶えた。これは人が素早く移動するための機械だ。荷運びの家畜への依存から解放し、自分だけの力で大地を高速で移動することを可能にした。もうひとつの十九世紀の発明品である鉄道機関車と同じく、自転車は距離を縮めて世界を小さくする、「空間を無化するもの」だった。しかし鉄道の旅客は、石炭と水蒸気が仕事をする傍らに座っているだけの受け身の存在だ。自転車乗りは自分が機関車になる。「君は輸送されるのではなく、自分で移動するのだ」と、ある自転車愛好家が一八七八年に書いている。

　何十年かの時間が経って自転車の熱狂がヨーロッパやアメリカを席巻すると、自転車は重大な変化の原動力といわれるようになった。階級の差をなくし、身体を浄化し、精神を解放し、心を自由にするものと誉めそやされた。「自転車ほどに……女性の解放に貢献したものは世界に類がない」と、アメリカの女性参政権運動の指導者スーザン・B・アンソニーは一八九六年に述べている。同じ年のデトロイト・トリビューン紙は「自転車の完成が十九世紀最大の出来事とされても、まったく的外れというわけではない」と書いている。

　こうした物言いはこの時代らしい時代がかった大言壮語として見過ごしてしまいがちだが、二十世紀の後半から二十一世紀初めにかけても、それに劣らぬ大それた話になっている。一九七〇年代には、大西洋のあちらでもこちらでも、エコロジーや精神性の点で自転車を称揚するアクティヴィストに事欠かなかった。自転車は、街を圧迫して大気を汚す自動車カルチャーに対抗する処方箋であり、平和や愛や連帯といった高邁な理想や、進歩的な価値観を体現する存在でもあった。〈ペダル・パワー〉を標榜する七〇年代のマニフェストには、「自転車こそが東洋と西洋の架け橋となり、すべての人を同胞にしてくれるだろう」と謳われている。生活が気候変動に脅かされるようになった今では、言い回しも救世主を求めんばかりの調子になった。現代の自転車主義者は「この上なく高貴な発明品」「至上の慈悲深き機械」「世界を救う芸術的乗り物」などといって憚らない。十九世紀の自転車は驚異だったが、現代の自転車はモラルだ。かつて魔法の乗り物だった自転車は今や啓蒙の乗り物となった。自転車は素晴しい、より正確にいえば自転車は善きものである、というわけだ。

自転車を崇拝するのは間違いだろうか。少なくとも自転車が抜きん出た存在であることは否定できないだろう。現在、世界にはおよそ十億台の自動車があるが、自転車の数はその二倍だ。この一年に中国で生産された自転車に限っても、世界の自動車生産台数を超える見込みだ。ぼくらの街や経済や法律は自動車のためにデザインされていて、海外に行くときには飛行機に乗る。それでも、ぼくらは自転車の惑星（ほし）に暮らしているのだ。

世界を見回しても、ほかのあらゆる交通手段よりも自転車で移動する人の方が多い。南半球の田舎地方でも、北ヨーロッパの主要都市の中心部でも、自転車は第一の移動手段として選ばれている。オランダの自転車は二千三百万台、これはオランダの人口より五百万ほど多い。自転車の乗り方はほとんど誰でも習得できるし、実際にほとんど誰もが自転車に乗れるようになる。

自転車はどこにでもある。つまり汎用的な乗り物だ。何かを運ぶこともできるし、スポーツにもなるし、レジャーや仕事にも使える。郵便配達、田舎のツーリング、カロリー消費やエクササイズもできる。子どものおもちゃも母親の通勤も自転車でＯＫだ。

自転車は移動手段であり、運搬の道具でもある。人を運び、モノを捌く。シンガポールやマニラの街には何千というペダル駆動の人力タクシーがひしめいている。ベトナム、インドなどの自給農家は改造した自転車で鋤を引いたり、畑を耕したり、土を均したりしている。ペルーでは、自転車は果物や野菜の屋台代わりだ。ザンビアでは自転車が産品を市場に届け、病人を病院に運ぶ。ほとんど世界中で街を動かし、経済を支え、生死の境目で踏ん張っているのはペダルを漕ぐ脚力なのだ。

自転車の重要性はこれまでずっと失われることがなかった。これは進歩という神話への挑戦だ。歴史は着実に前進して、技術は直線的に進化するというぼくらの思い込みに否を突き付けている。それに理屈に合わない。自転車には不便なところがたくさんある。高速道路をかっとばすこともできないし、海を越えることもできない。雨が降ればびしょぬれだし、雪が触れば危なっかしい。「自転車に乗りたまえ」と一八八六年マーク・トゥエインは書いた。「決して後悔はしないだろう、ただし、死なずにすめば」。

こうした警句は現代でも通用する。たとえば、筆者のようにニューヨークで毎日自転車に乗ることは、道路を埋め尽す自動車の群れに飛び込み、突然開く路駐の車のドアをかわしながら走り抜けることであり、つまりは運試しだ。ある自転車乗りは、車のドアが開く音は拳銃の撃鉄が上がる音に似ているという名言を吐いた。「自転車に乗るのは自殺の見習い修行」とメキシコ人のエッセイスト、ジュリオ・トッリは書いている。「自動車が街にあふれてからというもの、それまで闘牛士に抱いていた尊敬の念は消えてしまった。今日その賞賛に値するのは自転車乗りだ」。

そのほかの十九世紀の発明品、つまり蒸気機関、タイプライター、電信、ダゲレオタイプといったものは、もはや時代遅れで見かけもしないか、原型を留めないほど進化した。でも自転車は基本的に変わっていない。今でも信じられないほどにシンプルで、優美で、よくできた機械なのだ。同じ大きなのホイールが二つ、タイヤが二本、ダイヤモンド型のフレーム、後輪を駆動するチェーン、左右一組のペダル、ハンドルバー、そしてサドル。それからサドルの上の乗客とエンジンを兼ねた人間。これは、イングランドの発明家ジョン・ケンプ・スターリーが一八八五年に考案した革新的な〈ローバー〉型自転車の設計そのものだ。一九〇三年の第一回ツール・ド・フランスで優勝したモリス・ガランの自転車も、アルバート・アインシュタインがプリンストン大学のキャンパスを乗り回していた自転車も、鄧小平が中国的社会契約の誉まれと讃えた飛鴿社製の実用車も、Xゲームズの選手が操る自転車も、食べ物のデリバリー用の自転車も、アメリカ＝メキシコ国境のサンディエゴ郡側の無人地帯をひた走る移民の自転車も、その無人地帯を警備するアメリカ国境警備隊の自転車隊が乗る自転車も、レーシングパンツを履いた日曜サイクリストの自転車も、〈アナーカ・フェミニズム〉のサイクリング団体が乗っている自転車も、ぼくの自転車も、きみの自転車も、だいたい同じで元祖〈ローバー〉からほとんど変わっていない。昔ながらのペダルとクランクのメカニズムを充電池とモーターで強化した電動自転車でさえ、基本的な設計は同じまま踏襲されている。何十年、何百年が経ち、革命が起こり、技術もそれ以外のことも移り変わり、世界はそのたびに刷新された。自転車は、その中でずっと走りつづけている。

　自転車の向かう先ではいつも論争が起こり、カルチャー間の闘いが勃発する。ぼくらの時代の懸案をめぐる激しい議論の中心にも自転車がある、と知るとびっくりする人は少なくない。わかりやすい交通をめぐる議論だけではなく、階級、人種、モラル、サステナビリティといった、まさに地球の生命の将来に関わる問題だ。それ自体は古風で可愛いらしくもある、ヴィクトリア朝時代の遺物の周辺でそういった熱い論議が戦われているのはちぐはぐな感じもする。しかし自転車はこれまでもずっと落雷を呼び寄せる避雷針のような役割をしてきた。自転車を讃える言葉は美辞麗句の一方通行では終わらずに、いつも怒りに燃える長広舌が返ってきた。

最初に非難の声が上がったのは一八一九年ごろのことだ。素朴な二輪車だった自転車の原型はヨーロッパでもアメリカでも禁止令が出されるほど批判を浴びた。この機械は裕福な人びとや流行に敏感な人びとのお気に入りになり、ほどなく大衆には馬鹿にされるようになった（「ヴェロシペードなる珍妙な二輪の乗り物が発明されたが、これは馬の代わりに間抜けが漕いで進むようだ」云々）。馬車の御者や歩行者は、車道や歩道をヴェロシペードが走ることに抗議し、やがて実際にも取り締まりが始まった。ロンドンでは一八一九年三月にヴェロシペードに乗ることが禁止され、他所でも似たような規制が続いた。アメリカの新聞にはヴェロシペードを「破壊」するよう市民に求める論説が載り、乗り物や乗り手を暴徒が襲うこともあった。

この最初期の自転車への反発には、その後につづく現象によく似たものがすでに見られる。それは階級的な反目や、道路の優先をめぐる対立や、自転車はそもそも下らない不法な乗り物で、馬鹿にして排除すべきもの、できれば無くすべきものだという感覚だ。これらはそのまま、今日に至るまでのアンチ自転車感情に連綿とつづいている。自転車ブームが最高潮に達していた一八九〇年代には、批判の声もさらにヒステリックな響きを帯びた。アメリカやイギリス、それ以外の地域でも、自転車熱は激しい反発とモラルパニックを引き起こした。自転車は、伝統的な価値観や公共の秩序、経済的な安定性、女性の貞節をおびやかすと糾弾された。大衆紙には自転車乗りが悪玉として大々的に登場し、医学雑誌には自転車が引き起こすさまざまな病気が書き立てられた。自転車顔、自転車首、自転車足、自転車こぶ、自転車狂い（シクロマニア）、「自転車脊柱後弯症」などなど。教会の説教にも、道徳家の教えにも、アンチ自転車の悪罵があふれた。アメリカ女性救済協会は一八九六年に「自転車は悪魔への道」と宣告した。「自転車は、道徳的にも肉体的にも、悪魔を導くものです」と。

　過ぎた時代の大袈裟な言葉遣いは面喰らってしまうが、これについても現代のぼくらの言説と比べてみなければならない。非難の言葉こそ変わったが、反発の熱はそのまま続いている。世紀の変わり目ごろの批判者が新時代の悪しき風潮と罵った自転車だが、P・J・オロークにとっては進歩への反逆だ。彼は「後ろ向き思考の先祖返り主義者」にお似合いの機械だと書いている。オロークは一種の風刺として大袈裟に怒りを表明しているのだろう。でも本気の可能性もなくはない。社会科学の成果を参照してみよう。二〇一九年にオーストラリアで行われた研究では、「世界の多くの国」に蔓延している自転車乗りへのネガティブな態度が集めれている。偏見は「サイクリストへの暴力を大っぴらに、かつ笑いながら語る」ことや、自転車乗りへの実際の暴力として現われている。研究者は、自動車を中心に組み立てられた社会では、自転車乗りが人間扱いされなくなっているのではないかと指摘している。「路上のサイクリストは……見かけや振る舞いが典型的な〈人間〉とは違っている。彼らは機械的に体を動かし、顔も自動車からよく見えない。つまり人間らしく思われるための共感を遮っている」。道路を自分たちの場所だと思っている自動車のドライバーにとって、自転車乗りは場にそぐわない他者であり、追っ払うか踏み付けるべき害虫のように見える（「俗な言葉では、自転車乗りはよく『ゴキブリ』や『蚊』と呼ばれている」）。この研究は、非サイクリストの四九パーセントは自転車乗りを「人間未満」と見なしている、と結論している。

この本がお届けするのは自転車への愛と憎しみの物語だ。自転車が引き起こす強烈な愛着と嫌悪を見つめながら、それらの態度が歴史や文化を通じて、人びとの生活や心の中に何度もこだましている様子を観察する。これは、今この瞬間もものすごい規模で展開しているドラマだ。ぼくらは、世界中の都市で自転車通勤が爆発的に広がり、自転車に乗る人びとが急激に増える様子を目の当たりにしている。過去十年間で自転車の市場は何十億ドルも成長した。経済アナリストは、二〇二七年にはこの市場は八百億ドルに達すると予測している。この数字は、自転車をめぐる狂騒が歴史上かつてないほど広がり、社会のさまざまな領域まで到達していることを反映したものだ。発明から二百年を経て、ぼくらは史上最大の自転車ブームを経験しつつある。

自転車ブームのあるところには自転車をめぐる闘いがある。自転車用インフラとして整備される道路が増え、バイク・シェアリングが流行り、路上を走る自転車の数が増え、さらにその中を電動アシスト自転車がすっ飛ばしていく――すると自転車を愛する者と憎む者の応酬もまた激しさを増す。その議論の激しさは自転車の地位の重みを物語っている。擁護する側も批判する側も、自転車がふたたびぼくらの生活する場所や暮らし方を変えつつあることを感じ取っているのだ。過去に起こった自転車ブームの多くは、技術の進展や、新しいタイプの自転車の誕生をきっかけにしたものだった。しかし現在盛り上がっている自転車の波は、どうやらもっと大きい力、つまり、西暦で二千年と二十年を過ぎた現代の地球をおおっている危機とジレンマを背景にしたもののように思える。エコロジカルな危機が叫ばれ、都市化の勢いは衰えず、交通は機能不全に陥り、社会は揺れ動き、しかもパンデミックに見舞われた、そんな二十一世紀に、十九世紀の遺物である二輪車はようやく出番を迎えたように思える。

この本の多くの章では、自転車の歴史を左右してきた過去の論争や、現代の自転車の地位に関わる議論に焦点を当てている。自転車をめぐるポリティクスは、一見する限りはそれほどややこしいものではない。アメリカでは、自転車は進歩的な考え方や価値観とむすびついている。つまりブルー・ステート〔民主党支持者が多い州〕や〈緑の政治〉、ヒップスターやブルジョワ自由人、ゲリラ的な集団走行「クリティカル・マス」に参加して自転車乗りの権利を主張する車社会への反抗者や、その他の左派の人びとだ。もちろんこれはクリシェにすぎない。ステレオタイプに当てはまらない自転車乗りはいくらでもいる。ただし自転車と、進歩主義やラディカリズムとの関係は歴史に根差している。

一八九〇年代のイギリスで誕生した最初期のサイクリング団体には、社会主義者の自転車クラブがあった。彼らは自転車を平等主義の〈大衆の馬〉として賞賛した。自転車はもうずっと長い間、カウンターカルチャーのアイコンとしての力を失わずにいる。一九六〇年代に世界初の自転車のシェア・プログラムを立ち上げたのはオランダのアナーキスト集団〈プロヴォ〉だが、彼らがマニフェストで革命的な連帯を呼びかけたのは「モッズ、学生、芸術家、ロッカー、不良、核兵器廃絶論者、社会不適合者……堅い仕事を望まない者、まともでない生活を送る者、高速道路上の自転車乗りのように感じている者」だった。

各国の政府は、ずっと自転車をレジスタンスの手段と見なしてきた。一九三三年に権力を掌握したアドルフ・ヒトラーが最初に着手したことのひとつは、ドイツの自転車団体「ドイツ自転車連盟」の解体だった。反ナチ政党とつながりをもつこの組織は、その気になれば何万人という自転車乗りを路上に結集させることができた。後に、ドイツ兵はデンマーク、オランダ、フランス、その他の国で地元民から自転車を没収した。圧政を敷く体制や占領軍にとって自転車は、レジスタンスの機敏な移動を可能にし、組織化や行動や逃亡の手段となる脅威なのだ。

そして、自転車を社会変革の触媒として知らしめたのは何よりも女性解放運動に果たした役割だ。十九世紀から二十世紀への変わり目には、アメリカ、イギリス、およびヨーロッパ大陸の女性運動によって、自転車が変わりゆく価値観の象徴として、そして抗議行動の手段として活用された（アメリカの女性参政権活動家エリザベス・キャディ・スタントンは、「女は自転車に乗って選挙権を獲りにゆく」と言った）。自転車は、女は肉体的に弱いという神話を吹き飛ばし、それまでにない自律性を女性に与えた。自転車に乗ることは、ヴィクトリア朝時代の窮屈な衣類を脱ぎ捨てるというもうひとつの解放の後押しにもなった。鯨の骨を芯にして嵩高く膨らませたスカートでは、自転車に乗るどころか跨がることもできなかった。女性サイクリストは「合理的な服」、よく知られたものではブルマー型のズボンなどを愛好し、これは自転車とあわせて、来たるべき解放された「新しい女」のシンボルとなった。

現代でも、自転車は女性の権利をめぐる闘いの焦点のひとつだ。アジアや中東の権威主義国家では、女性はたびたび自転車の使用を禁じられてきた。イランの最高指導者アリ・ハメネイは、二〇一六年に女性が公共の場で自転車に乗ることを禁じる布告（ファトワー）を発した。根拠は「男性の歓心を引き、社会を腐敗に導く」ことだ。イランの女性たちは、自転車に乗る姿の写真をソーシャルメディアに投稿したり、着ている服に「誘惑されないで！　私は自転車に乗ってるだけ」といったスローガンを書くなどして対応した。この禁止令は反発する者も多く厳格には適用されなかったが、イランのいくつかの地方では、強硬派の聖職者が女性の自転車使用を禁じる布告をつづけて発布した。近年イランの女性は自転車を没収されたり、逮捕やその他の「イスラム式刑罰」を受けたり、暴力や性的暴行を受けていると報告されている。世界の数多くの女性にとって、自転車に乗ることは今もなお本質的に政治的な行為であり、不服従の行動であり、自分のリスクを引き換えにした自由の主張でありつづけている。

こうした物語は自転車にまつわる言説として大きな存在感を放っている。自転車の歴史を語る際には解放するものとしての役割が協調され、自転車乗りは英雄的な敗者として描かれる。この種の語り口は、自転車を造反や「パンク」の象徴として、保守主義や協調主義（コーポラティズム）や自動車カルチャーに報いる一矢として把えるロマン的な見方に通じるものだ。

しかし自転車のポリティクスはそれほど単純ではない。信じることと現実はいつも一致するとは限らない。近年の研究者たちが発掘している歴史はそれほど清く正しいとはいえないものだ。多くの場所では、最初に登場した自転車は兵士、入植者、山師、布教者など、つまり土地や財物や人間の魂を狙う人びとを運んでくる乗り物だった。また自転車の原材料、すなわちフレームをつくる鉄鋼や、ダンロップの魔法が発明したタイヤとインナーチューブのためのゴムは、植民地の先住民を構造的な暴力で支配することにはじまる、環境と人命の犠牲と引き換えに手に入れたものだった。

それならば、人類は環境にやさしいマシンのペダルを穏やかに漕ぎながら自由と充足を追求する、という自転車の「正史」のように語られる高邁な物語には、それとは異なる歴史的な場面を引き合わせてみる必要がある。たとえばイギリス領マラヤ、ドイツ領トーゴラント、あるいはフランス領アルジェリアで、歩兵、憲兵、徴税吏、その他の宗主国の官吏が自転車に乗っている場面。西インド諸島のプランテーション農場で、黒人の使用人が農場主を人力車で送迎している場面。ヨーロッパ人宣教師がマラウイやインドやフィリピンで自転車に乗っている場面。一攫千金を狙う白人がナイジェリアの油井地帯やオーストラリア内陸の金鉱地帯を自転車で走っている場面。〈アフリカ分割〉の典型的な紛争である第二次ボーア戦争において、イギリス軍とオレンジ自由国軍の自転車部隊が支配地をめぐって衝突している場面。そして、何百万というコンゴ人が、ベルギー王レオポルド二世の私領であるコンゴ自由国のジャングルでゴムを収穫している場面――これは、自転車ブームによるゴム市場の活況に応えるために導入された、集団虐殺ともいえる強制労働のシステムだった。

もちろん、これは自転車が悪しき存在だという話ではない。大事なことは、自転車にも現実世界のほかの事物と同じように複雑な歴史があるということだ。これは産業資本主義のプロダクトも例外ではなく、というより、むしろそういったものにはとりわけあてはまる。たとえば自転車と自動車の関係を考えてみても、この二つは思いのほか根深い血縁をもっている。デトロイトでT型フォードが世に生まれる二十年ほど前、ヘンリー・フォードは初めて売り出す自動車として〈クアドリシクル〉を製造していた。名前の通り、これは四つの車輪をもつ自転車のいとこのようなものであり、小さなフレームに二人用シートとエタノール燃料の二シリンダー式エンジンを搭載し、自転車のように後輪を駆動する仕組みだった。ボールベアリングからブレーキパッドまで、自動車の開発に欠かせない部品はもともと自転車のために考案されたものだ。そればかりでなく、ライン方式の工場、販売店網、計画的陳腐化といった自動車産業の礎となる要素も、自転車産業の大手が先鞭をつけていたもので、彼らの多くが自転車から自動車へビジネスを鞍替えしたのだ。

そして道路。アメリカでは道路そのものが、世紀の変わり目ごろに自転車乗りが主導した道路改良運動〈グッド・ロード・ムーブメント〉の産物だ。州間高速道路網、郊外のスプロール現象、ロードサイドのモールといったアメリカの風景を特徴づけている要素は、いいところも悪いところもその由来が自動車カルチャーに帰せられるのが通例だが、起源を辿れば、一八九〇年代に当時強い影響力をもっていた自転車業界が進めていたアメリカ全土のマカダム舗装普及事業に行き当たる。つまり自転車振興事業こそが、ほとんど文字通りの意味で自動車社会への道を敷いたのだ。「自転車と自動車、および両者の使う道路をめぐる複雑で本質的な関係の解明に寄与するのが、自転車の歴史を批判的に研究する者の使命である」と、社会史家のイアン・ボールは書いている。「自転車の純粋主義者、つまり自分たちは一点の曇りもなく自動車のアンチテーゼであると信じる者は、その幻想を再考せねばならない」。

こうした複雑さは遠い昔の話には限らない。現代の自転車ブームは人種や社会階層間の緊張関係を浮き彫りにしている。アメリカやヨーロッパの多くの都市で推進されている自転車シェアリングなどの自転車振興策は、グローバル資本の投資を誘い、経済格差の拡大を助長する政策と無縁ではない。研究者らは、新規の自転車用インフラの整備とハゲタカ的な不動産業者の関連を指摘した上で、自転車レーンは往々にして「ジェントリフィケーションを示す地図」になっていると述べている。ジェントリフィケーションの問題は、発言権のある自転車擁護派がほとんど白人男性に占められてるという別の問題にもつながっている。批判者の間では、エスタブリッシュされたアクティヴィストによって黒人、ラテン系、女性、そしてワーキングクラスの自転車乗りが排除されている問題が、「見えない自転車乗り（インビジブル・ライダー）」という呼称で指摘されるようになった。一部の自転車アクティヴィストが表明する政治的憤りが、彼らに与えられてきた社会的特権を反映するものであることはほとんど間違いない。つまり白人男性にとって、混雑する路上で自転車に乗ることには、それまでの人生のどんな局面でも遭遇しなかった構造的不平等に直面させられる経験なのだ。

　自転車をめぐるポリティクスは、いつでも大混乱で収集がつかないのが本当のところだ。コロナ禍の二〇二〇年夏、アメリカの諸都市ではブラック・ライブズ・マターのデモ隊が街にあふれかえった。自転車に乗って参加する者も少なくなかった。そして彼らに対峙したのは別の自転車乗り、つまりものものしい装備に身を包んだ自転車警官の隊列だ。警官隊は荒っぽい群集コントロール策を使い、自転車でデモ参加者を殴りつけるなど、自転車そのものも武器として使用した。たしかに自転車は高貴な発明品で、善き機械なのかもしれない。けれどもそういった徳や美点は自転車にもともと備わっているものではない。理想としての自転車は、公正とか平等などの理想と同じように、目下繰り広げられている闘いから生まれるものなのだ。その闘いは、時にはひとつひとつの街角でも展開されている。

ぼくはできるだけ、そうした複雑な状況を念頭に置いてこの本を書いたつもりだ。後につづく章にはいろいろな歴史の物語が語られているが、この本は自転車そのものの歴史の解説ではない。ほかの歴史家に任せて触れなかった大きなテーマもある。たとえばスポーツとしてのサイクリングはほとんど扱っていない。それについては、自転車本の棚を延々と埋め尽くすだけの本がすでに書かれている。

ぼくのねらいは、少し違う話題に光を当てることだ。これまで自転車の歴史家は、ほとんど大西洋の両岸の話、つまりヨーロッパとアメリカの話ばかりを書いてきた。似たような地域の偏りは自転車アクティヴィストにも見られる。たとえば影響力のある都市計画家で、自転車普及論者でもあるマイケル・コルヴィル＝アンダーセンは、今風の自転車ムーブメントの標語として「コペンハーゲン化」という言葉を広めている。コペンハーゲン、つまり自転車にフレンドリーな街として有名なデンマークの首都を、自転車世界の聖地に祭り上げようという話だ。

しかし自転車やその乗り手のマジョリティは、デンマークとおよそ縁のない場所にいる。統計的にいえば、二十一世紀の自転車乗りはヨーロッパの白人に代表される「サイクル・シック」（お洒落サイクリストを意味する、これまたコルヴィル＝アンダーセンの造語）ではなく、アジアとアフリカとラテンアメリカの巨大都市で生活する移民労働者である可能性がはるかに高い。西洋の自転車推進派が頭を悩ませている問題、つまり都市計画とか「ライフスタイル」における自転車通勤の扱いといった話は、自転車を単純に必要のために使い、実用的かつ金銭的に手の届く唯一の移動手段としている何億人もの現実とはほとんど関係がない。

自転車が都市的な乗り物である点は、先進国でも開発途上国でもそれほど違いはなく、この本が扱う話題も都市の話題が多い。もちろん農村にも無数の自転車乗りがいる。実際のところ、自転車は発明された瞬間から、大都会から脱出する手段として絶賛されていた。疲弊した都会を抜け出して、緑の草原と澄んだ空気の場所へ風のように運んでくれる乗り物というわけだ。しかし自転車は都会において、都会によって、都会のために生み出されたものだ。いかなる未来が待っているとしても、自転車の行く末が街で展開されることに疑いはない。

むしろ実際には、自転車にこそ都市の命運が現れるというべきかもしれない。予測によれば、二〇三〇年には世界人口の六〇パーセントが都市で生活しているそうだ。気候変動に脅かされ、巨大都市のスプロール現象が留まることを知らないこの惑星では、都市の移動手段は、単なる生活の質とか、交通渋滞の深刻化とか、通勤の大変さの問題には留まらない。ぼくらの移動手段の選択は、ぼくらがどう生きるかという話だけではなく、ぼくらが生きられるかどうかを左右する。

最近では、世間の声が、これまで自転車の普及を訴えてきた者に賛同する方向へ傾いている。つまり自動車はぼくらを殺している、という話だ。研究者によれば、実質的に気候変動のいちばんの元凶は自動車であり、この問題は電気自動車やハイブリッド車では解決できない。なぜなら、自動車の排出物の大きな割合を占めているのは、タイヤの損耗分などを含めた排出ガス以外のものだからだ。

気候への影響は、自動車カルチャーの代償の全体からすれば氷山の一角だ。自動車の時代は大量殺戮の時代だ。世界では毎年百二十五万人が自動車事故で亡くなり、これは一日あたり平均三千四百人を越える。世界の十五歳から二十九歳の若者の死因の第一は自動車事故だ。そして二千万から三千万の人びとが毎年どこかの路上で怪我をしたり障害を負ったりしている。

自動車カルチャーの影響は、さらに大きな地政学的なスケールに及ぶ。世の中に石油を行き渡らせるために、ルールもへったくれもない腹黒い結託が生まれ、戦争が起こって人命が失われる。

そんな暗澹たる状況を背景にして、自転車はきらきらした高潔なものに見られるようになった。「自転車は人類の知るもっとも文明的な乗り物である。ほかの移動手段は日々害悪を増すばかりだが、自転車だけは清い心を留めている」。アイルランド出身のイギリスの作家・哲学者アイリス・マードックは一九六五年にそんなことを書いた。彼女は、ぼくらの暮らす世界では、グローバル資本のパワーエリートが、渋滞する道路の頭上を自家用ヘリコプターで飛んでいくなんてことは思いもしなかっただろう。

歴史の時計が逆回りしているかもしれない徴候はある。二〇二〇年のはじめには新型コロナウィルスの感染が拡大する中で、ソーシャルディスタンスを保つ移動手段として、無数の人びとが再び自転車に乗るようになった。サイクリストがふと気がついてみると、ロックダウン下の世界には、歩行者も自動車もほとんど姿を消した、不気味なほどがらんとした道路があった。不意に、世界の巨大都市が自転車の街に変貌していた。それはディストピアとユートピアが混ざりあった不思議なものだった。人気(ひとけ)のない街は、災害ものの映画に登場する黙示録的な光景に見える一方で、未来への希望の兆しにも見えた。排気ガスのもやが一掃された、澄み切った空の下、静かな通りを自転車が滑るように進んでいく、そんな未来への希望だ。自転車に「世界を救う」力があろうがなかろうが、自転車の多い、車の少ない街の方が安全で、まともで、健康的で、住みやすい、人間的な場所であることはほとんど疑いない。

自転車アクティヴィストのお気に入りのスローガンに「二輪は良い、四輪は悪い」というものがある。これはオーウェルをもじったものだが、道徳的に自転車は車より優れていて、自転車乗りは自動車に乗る者より気高い、という独善的な香りがやはり漂っている〔オーウェルの『動物農場』には「二本足は良い、四本足は悪い」という標語が登場する〕。

でも「二輪は良い」は明白な事実だ。世の中は不公正だが、自転車は投資対象として優秀だ。安価で長持ちして、持ち運びもでき、それほど場所もとらない。五キロでも一〇キロでも二〇〇キロでも移動でき、家に帰れば二階の部屋まで運び入れることもできる。スポーツカーとかピックアップトラックはそんなわけにはいかない。

サイクリストは投資以上の見返りを自転車から受け取っている。自転車は人間の運動を推進力に変換する手段として極めて効率がいい。徒歩の四倍のスピードを五分の一のエネルギーで実現できる。「自転車は、人間が代謝で生みだすエネルギーを推進力に変える装置として完璧に近い」と、哲学者で社会批評家のイヴァン・イリイチが五十年以上も前の時代に書いている。「この道具さえあれば、効率性の点で、人間はあらゆる機械のみならず、あらゆる動物をも出し抜くことができる」。地上のあらゆるものはＩＴによって最適化できる、という熱い信念を抱くデジタル時代のユートピア主義者も、もはやこれ以上改善する余地のないスチームパンク的二輪車の効率性の前には跪かざるをえない。パソコンを「知性のための自転車」と呼んだのは、ほかでもないスティーヴ・ジョブズだ。

あるいは、ひょっとすると自転車こそがぼくらの知性のための機械なのかもしれない。ぼくらの多くがよく知っているように、自転車を漕いでいるときには脳が活性化して、視界もはっきりし、感覚も研ぎ澄まされるように感じる。自転車に乗ることは、ぼくの知る限り、普段と違う意識の状態を実現する最上の方法だ。気高い気分とか、頭がよくなるのとは違うのだが、たしかに生き生きしてくる気がする。自転車に乗るのは、ヨガとかワインとかマリファナよりずっといい。張り合えるのはセックスとコーヒーくらいだ。ついでにいえば、経験上、物書きのスランプの薬にもなる。行き詰まったとき、脳細胞をストレッチして脳味噌のホコリを掃除したいときには、輪っかが二つ付いた乗り物でひとっ走りする。すると言葉が自然に流れ出してくる。やがては、良かれ悪しかれ、本の一冊分くらいにはなる。

第1章　自転車の窓

セント・ジャイルズ教会堂の〈自転車の窓〉。
イングランド、バッキンガムシャー、ストークポージズ。

ロンドンから西へ二五マイルほど、バッキンガムシャーのストークポージズという村の素敵な木立に囲まれた一角に、セント・ジャイルズ教会という小さな教区教会が建っている。ここにはサクソン族の時代から礼拝所があった。この教会でいちばん古い粗石の塔は、ノルマン人がイングランドを征服した時代にまで遡る。

この場所は、ある程度の年齢の一部の文学愛好家にも聖地となっている。トマス・グレイが一七四二年に「田舎の墓地にて詠める挽歌」の着想を得たのはこのセント・ジャイルズ教会だった。死と離別についての瞑想を綴るこの詩は、凝った言葉遣いが人気だった時代には、もっとも称賛される英語の詩として教科書の定番だった。今、グレイ自身が眠るのもこの教会の墓地だ。教会堂の東に面した窓の側にある、祭壇のような形をした墓だ。セント・ジャイルズ教会は素敵なところだ。静かで景色もよく、束の間であれ永遠であれ、休息するにはもってこいだ。天気のいい午後にこの場所にやって来ると、グレイが詩に留めた情景といささかも変わらない情景が迎えてくれる。

ほの光る風景も、わが前に消えてゆき
おごそかな静寂がまわりの大気を包む

わずかに、かぶと虫が羽音も重く飛びまわり
遠くの羊の宿からは眠い鈴の音が聞こえてくる。

〔福原麟太郎訳〕

ぼくがセント・ジャイルズを訪問したのは、暖かなそよ風と陽光にめぐまれた春の日だった。教会、その庭の緑、周りにひろがる田園風景は少し度が過ぎるくらい綺麗だった。教会の苑地の曲がりくねった小道を歩いていると、小鳥があまりに元気よく歌うので思わずiPhoneのボイスレコーダーで録音した。教会の一〇〇メートルほど南には立派な領主の館が建っている。十六世紀に建てられたこの館は、かつて女王エリザベス一世、そして新大陸のペンシルベニア植民地の創設者として知られるウィリアム・ペンの息子、サー・トマス・ペンが所有していた。緑ゆたかな田舎の家で暮らしたことはほとんどないくせに、十九世紀ものの小説や映画に親しんできたアメリカ人には、この場所の景色は異国情緒と親しみの両方を感じさせる。古風な衣装に身をつつんだ俳優のマギー・スミスが教会から飛び出してくるんじゃないか、なんて思ったりする。

その代わりに姿を見せたのは、セント・ジャイルズ教会の牧師ハリー・レイサム師だ。着ているものに少し手を加えれば、彼もジェーン・オースティンの小説の登場人物のように見えたかもしれない。人好きのする田舎の教区付司祭を絵に描いたような人だった。四十代半ばくらいと思しいが顔はつやつやとしていて、髪も豊かで若く見える。聖職風の襟のついたピンストライプのシャツを着て、細い金属縁の眼鏡をかけている。話すと少し歌うような抑揚があって、佇まいはどこか心を

落ち着かせる。セント・ジャイルズ教会には一・五キロほど離れたセント・アンドルーズ教会という姉妹教会があり、レイサムはそこでも説教壇に立っている。セント・アンドルーズに集う信徒は若者が多く、礼拝もくだけた雰囲気で、賛美歌にはギターとドラムスとコーラスが加わるそうだ。レイサムは、セント・ジャイルズの中世の穹窿の下で厳かに福音を説く姿も、セント・アンドルーズの祭壇に腰掛けて、サンダル履きの足を揺らしながらアコースティックギターをかき鳴らす姿も、どちらもよく似合いそうな雰囲気だった。

ぼくは二、三ヶ月前に電話をかけ、その後もメールをやりとりして面会の約束をとりつけていた。前夜にもメールを送っていたのだが、この日の午後、教会の庭でいざ会ってみると、ぼくが何者で、何をしに来たのか、レイサムは見当がつかないようだった。彼はぼくの頭の先から足下のスニーカーまでしげしげと観察した。この人は初めてここに来たようで、アメリカ風の英語を話している。どう見ても牧師に身上相談しに来たのではないし、トマス・グレイの亡霊に会いに来たのでもないようだ。となれば結論ははっきりしている。レイサムは口を開くと、「ああ、自転車の窓を見に来たんですね」と言った。

自転車は間違いなく十九世紀の産物だ。産業時代の科学とエンジニアリング、そして大量生産と海を越えた貿易の結晶だ。ヴィクトリア朝時代の消費文化が生み出したものでもあり、街の看板や新聞広告、さらには流行り歌に乗って名を広め、幅広く普及した。近代の時代と精神の象徴といっても過言ではない。一八六九年にパリで創刊された自転車についての世界初の定期刊行物『自転車画報』紙には、「プログレス嬢」、つまり「進歩」という名のマスコットキャラクターが登場した。紙面の題字の上に、英雄のような身振りで自転車に乗っている彼女の姿が描かれている。ヘッドランプを煌々と照らしながら土埃をあげて疾走する二輪車にまたがり、片手に旗を掲げている。ドラクロワの『民衆を導く自由の女神』を思わせるこのイメージは、自転車を変わりゆく時代、つまり女性の解放、新しいテクノロジー、速度、自由といったものの象徴として表現している。その何十年か後には、ピカソやデュシャンをはじめとする芸術家や作家たちが、自転車をやはり先進性の徴として祭り上げた。

ただし自転車についての事実として重要なのは、歴史的・技術的な観点でいえば自転車の到来は理不尽なほどに遅かったことだ。誕生の時点ですでに時代遅れでさえあった。最初の自転車が世に生まれたときには、すでに蒸気機関車が発明されて十五年が経っていた。自転車の設計が理想的な形状へと洗練されるころには、世の中はもう自動車革命の真っ最中だった。画期的な〈ローヴァー〉自転車が売り出されたのは一八八五年のことで、これはゴットリープ・ダイムラーがオートバイの原型〈アインスパー〉を発表し、カール・ベンツが世界初の自動車〈モトールヴァーゲン〉をつくったのと同じ年だ。自転車をつくるために必要な材料や知識は中世からあったのに、運命の巡り合わせと想像力が噛み合って世に生まれるまでには何世紀も待たなければならなかった。

自転車の本によく偽りの歴史が書かれている理由はそこにあるのかもしれない。自転車の起源を何百年、あるいは何千年も遡らせるファンタジーやホラ話やデタラメは枚挙に暇がない。ローマ時代の自転車騎兵とか、王家の谷のファラオの墓に眠る金ぴかの自転車とか、ヴィクトリア朝時代の人びとはそういう古代の自転車を夢想していたという話だ。こうした発想は、自転車を古代神話の人物像と並べる広告の絵柄にも反映されている。悪戯好きで知られるシュルレアリスト、アルフレッド・ジャリが磔刑の物語を「登り坂の自転車競争としての受難劇」（一九〇三年）として語り直したとき、その頭にあったのも似たような連想だったのかもしれない。この話では、イエスの自転車がイバラの冠の棘でパンクしてしまい、ゴルゴタの丘を自転車を引き摺って登る羽目になる。

今日使われている自転車のフレームは、一八九〇年くらいに世に現れた比較的最近の発明品だ。それ以前のこの機械は、直角に溶接された二本の金属管でできていて、「直角型」とか「十字架自転車」などと呼ばれていた。パンクに見舞われたイエスは坂を歩いて一歩一歩登らねばならなかった。その肩に自転車のフレームを、つまりその十字架を担いで登ったのである。

ジャリの悪ふざけを事実と思い込む者はまずいない。しかし、自転車の歴史書にはいろいろな神話が紛れ込んでいて、それが信用のあるメディアに顔を出すこともある。一九七四年のニューヨークタイムズ紙は、自転車の起源について軽々と数千年分ものサバを読み、「自転車は古代のバビロニア、エジプトおよびポンペイの浮き彫り彫刻に現れている」と断言している。研究者の中にも、失われた自転車の始祖を探しつづけている者がいる。もしかすると歴史にもっとも精通している人びとにも、この機械が十九世紀に生まれたという事実が、何か根本的に信じられないお話と思われているのかもしれない。研究者たちはそれっぽいガラクタに飛びついては、それが自転車の先祖だと言い張ろうとする。十五世紀の木の彫りものが三輪車のおもちゃに見えるとか、ペダルのついた十七世紀の「車椅子」とか、そういう人力でクランクやハンドルを回して進む機械があるという話だ。

この種の先祖探しは、突飛な話でもそれなりに面白い。画家のヒエロニムス・ボスは、少なくとも二枚の絵に原始的な自転車のようなものを描き込んでいるという指摘がある。この奇想の画家の脳ミソの中に自転車の萌芽が生まれていたと考えるのは実に面白い。一五〇〇年ごろに描かれたボスの『魔女たち』と呼ばれている素描には、一輪車のようなものの原型が見てとれる。大きな木の輪っかに跨がり、輪っかについた紐のようなペダルに足をかける女性が描かれている。この装置はボス独特のグロテスクな風景を転がりながら移動していて、尻に鳥の嘴を突っ込まれている裸の人物にぶつかりそうだ。

別のルネサンスの巨匠を引き合いに出した有名な自転車のホラ話がある。一九七四年九月に、誰もがびっくりするニュースが世界を駆け巡った。レオナルド・ダ・ヴィンチの未刊の素描や書きものを集成した「コデックス・アトランティクス」の中に、自転車のスケッチが発見されたのだ。このスケッチは、レオナルドの弟子で使用人だったサライがレオナルド本人の構想に基いて描いたものとされていた。研究者はこの発見に首をかしげた。そのスケッチは妙に細かく描き込まれていて現代風に見えるのだ。クランク、ペダル、後輪を回すチェーンがあって、泥除けまである。やがていろいろな証拠が積み上がり、このスケッチはニセモノだと判明した。どうやら一九六六年から六九年の間に、悪意ではなく単にふざけて加筆してしまった者がいたらしい。カリフォルニア州立大学の美術史家は、自転車が描かれている箇所にはもともと幾何学的な走り書きがあって、円弧でむすばれた二つの円が描かれていたことを発見した。たぶんイタズラの犯人はそれを見て思いついた自転車の形を描き足してしまったのだろう。

この「レオナルドの自転車」のスケッチについては、ローマ近郊のグロッタフェッラータの聖マリア修道院の修道士の仕業だろうと考えている者もいる。「コデックス」は修復されている間にこの修道院に長く保管されていた。ただし真犯人は分かりそうにない。いずれにせよ、問題は誰がやったかではない。この見えすいた贋作が一般の人びとにも公的機関にも信用され、支持を集めてしまったことだ。自転車史の専門家トニー・ハドランドとハンス・エアハート＝レッシングによれば、「イタリアの文化官僚たちは……いまだに〈レオナルドの自転車〉を信じている」。それほど頑なに信じる理由は、作家クルツィオ・マラパルテの皮肉っぽい説明が当たっているかもしれない。マラパルテはこう書いている。「イタリアでは、自転車はレオナルドのモナリザや、サンピエトロ大聖堂のドームや、『神曲』と同じように国民的な芸術遺産なのだ……もしイタリアで自転車はイタリアの発明品ではないなどと口に出そうものなら……アルプスからエトナ山まで半島全体がわなわなと震え出すだろう」。

この種のいわば自転車ナショナリズムの牙城はもちろんイタリアだけではない。本に書かれている自転車の歴史は、誰が先に思いついたかという争いや、誰が発明や改良に貢献したかをめぐる意見の不一致のせいで混乱している。背景にあるのは、自分の国を鼻にかけようとする足の引っ張り合いだ。『自転車の世界史序説』の著者ポール・スメサーストは、こうした自転車の出自をめぐるバトルの政治的な背景を次のように説明している。「ひとたびどこかの個人や、その個人の属するいずれかの国民が、何か偉大な発明や思想や芸術作品を生み出したと認められれば、そこから大伽藍のような神話が成長する。好戦的なまでに熱狂的なお国自慢が広まった十九世紀ヨーロッパでは、国民の自尊心はそうした神話の伽藍に支えられていた。近代においては技術の進歩がことさらに重要視された」。

ヨーロッパの外からやってきた創造神話も、少なくともひとつある。一八九七年に、政治家で外交官の李鴻章（りこうしょう）が自転車は古代中国の発明だと宣言したのだ。李はアメリカのジャーナリストに向かって、自転車は紀元前二千三百年ごろの堯帝の時代に考案されたと語った。「幸福の龍」を意味する名で知られたこの乗り物はあまりに人気を博し、女性が乗り回して家事をしないなど、社会秩序を揺るがしかねないほどだったので、皇帝は使用を禁じざるを得なかったとのことだ。この作り話は上出来だ。もっともらしく「幸福の龍」が姿を消した理由を語りつつ、自転車に乗る女性解放論者が増えていたことや、それに反発があることなど、当時の話題をうまく盛り込んでいる。

口の上手さで知られた李のことなので、この話もその場で考えた出任せだったのかもしれない。しかし自転車に関する先取権の主張の中には、政府のプロパガンダとして周到に作り上げられたと思われる話もある。一九四九年のソヴィエトの雑誌『身体文化とスポーツ』の記事には、一八〇一年に、エフィム・アルタモノフなるロシアの農奴が大きな車輪をもつ自転車を発明したという詳しい話が書かれている。西ヨーロッパで同種の機械が出現する七十年近く前である。記事によれば、アルタモノフは自らの手で作ったこの二輪車に乗って、ウラル地方のヴェルホトゥリエの自宅から一八〇〇キロ離れたモスクワまで行き、皇帝アレクサンドル一世に結婚祝として献上したのだという（皇帝は褒美としてアルタモノフを農奴身分から解放した）。この『身体文化とスポーツ』の記事が世に出てから一年後、アルタモノフの物語は『ソヴィエト大百科事典』の項目となり、ほどなくしてモスクワの科学技術博物館にこの記念すべき自転車のレプリカが登場した。例に漏れずロシア労働者の栄光を讃えながら、自転車の歴史におけるソヴィエトの優越性を誇示するこの伝説は、明らかに冷戦という状況が生み出したものだ（「アルタモノフは、時代にはるかに先んじて現代の自転車につながる発明を生んだ。彼こそはまさに民族の英知と創意を示す模範である」）。この主張は、ソ連崩壊後に文献調査を行った研究者によって純然たる作り話だったことが暴かれている。しかしウラル地方の大都市エカテリンブルクには、今でもブロンズ製の自転車のモニュメントが建っていて、アルタモノフを自転車の発明者と讃える銘板が添えられている。

　アルタモノフの作り話にはどこかホルヘ・ルイス・ボルヘス的な趣きがある。自転車史の研究者は文献の迷宮に誘い込まれて注釈をたどって行くが、その先には何もないのだ。十九世紀の偽史には、自転車の歴史にフランスの地位を確立せんと目論んだものもあった。下手人はルイ・ボードリという名のパリのジャーナリストで、彼は貴族っぽさのある「ド・ソニエ」を名前にくっつけてそれらしい血筋に見せかけていたという、すでにボルヘスが喜びそうな逸話の持ち主だ。一八九一年に、ボードリはその貴族っぽい筆名で『自転車概略史』なる本を発表した。これは自転車がちょうど百年前に誕生したというお話で、つまり『概略史』は百周年記念だというなかなかの宣伝上手である。ボードリによれば、最初の自転車は「リジッド」な二輪車、つまりペダルや操舵手段のないもので、先頭には馬やライオンの頭を象った装飾がついていた。この乗り物は〈セレリフェール〉と呼ばれ、デデ・ド・シヴラック伯爵なる貴族によって発明された、とボードリは記している。セレリフェールもシヴラック伯爵も実際には存在しないが、この作り話はそれ以来いろいろな本で繰り返し語られ、ヨーロッパやアメリカの自転車博物館にはセレリフェールのレプリカが展示されている。ボードリは過激な愛国心を隠そうともせず、すべてフランスを舞台にして、フランス革命中の恐怖時代からブルボン朝の復古王政までの物語として自転車の歴史の最初の四半世紀をでっち上げた。パレ・ロワイヤルでセレリフェールがお披露目されるシーンとか、セレリフェールに乗った郵便配達夫がパリの街を駆け巡るシーンとか、それらしいエピソードで味付けすることも忘れていない。さらにボードリはセレリフェールを最初の自転車として紹介しつつ野暮ったい乗り物だと貶してみせるという、抜け目のない文才を見せている。見事な自虐風自慢といえよう。「シヴラック氏の発明はまったくみすぼらしい、裸の種のようなものでしかない！」と彼は書いている。「この十八世紀の原始的なセレリフェールから素晴しい自転車が生まれるまでに、いったいどれだけの汗と涙と金と年月が必要だったろうか！」。

ボードリの本のいちばんの読ませどころは、フランス以外で自転車が発明されたという主張に浴びせる痛烈な罵倒である。その敵意はとりわけフランス北東の隣国に向けられている。「ライン河のあちら側の脳ミソが〔自転車を〕考案するなどということがありえただろうか？」、「いったいそんな話が信じられるだろうか？」。

ボードリの念頭にあったのは、ラインラント出身のカール・フォン・ドライス男爵という人物だ。ドイツ連邦の西端に位置するバーデン大公国の街、カールスルーエ出身の二級貴族である。ボードリがドライスに向ける憎悪は強烈で、『概略史』には、ドライスの名前を出すのさえ躊躇っている箇所がいくつもある。（「このバーデン人はただのアイデア泥棒だ」）。しかし史実ははっきりしていて、自転車の誕生のきっかけとなる重要な突破口が開かれたのはカール・フォン・ドライスの脳ミソの中だった。世界初の自転車を編み出したのはドライスであり、それは一八一七年の晩春に、ライン河東岸の街マンハイムで走り出した。

基本的な事実関係ははっきりしている。一八一七年六月十二日に、ドライスは彼が〈ラウフマシーネ〉つまり「走行機」と呼ぶ発明品を公開した。この日、ドライスはマンハイム中心部から南へ延びる道路で短距離のデモンストレーション走行をして、一〇キロほどを一時間弱で移動してみ

せた。ラウフマシーネのお披露目にどれくらいの人びとが立ち合ったかは定かではないが、目撃者はその目新しいものに大いに驚き、おそらくは大いに面白がったことだろう。この機械には、直径七〇センチほどの二つの車輪が一列で前後に配置されていた。車輪は木の棒材で連結され、その上にクッションのついたサドルが据えられている。乗り手はシートに跨がって乗り物に体重をあずけ、両脚で交互に地面を蹴って車輪を回して前進する。「走行機」の名はその「走る」動きからきている。操舵の仕組みは船の舵棒に似ていて、左右に動かせる長い棒が前輪の車軸に接続されていた。上り坂や乗ったままでは移動しづらい場所に来た際には、この操舵棒を前方に倒し、乗り手がラウフマシーネを引っ張るために使うこともできた。紐を引っ張る仕組みのブレーキも付いていたが、ドライスはアイデアの盗用を防ぐためにこれをフレームの前部の、乗り手の脚で隠れて見えにくい部分に配置した。

このデザインにはいくつか優れた点があった。まずドライスはサドルをフレームの後ろ寄りに、座ったまま乗り手の足が地面に届くように低めに設置した。そしてラウフマシーネの前の端にはクッションつきのアームレストを取り付けた。この配置によって、乗り手は背中をまっすぐにして、体をわずかに前方に傾ける好ましい姿勢をとることができ、無駄なく楽に動くことができた。「この装置と乗る者は釣り合いの状態に保たれる」、ドライスは発明について初めて発表した文章にそう書いている。ドライスは人と機械、つまり自転車とその動力源である乗り手がバランスをとりつつ共存するという、自転車の仕組みを決定づける特徴を発見していた。ドライスが直感で実現したエルゴノミクスは見た目のデザインとしても破綻のないものだった。ラウフマシーネはぼくらが知っている自転車に比べれば原始的で、たとえばペダルをはじめとする重要な要素がまだない。しかし、スレンダーなフレームが前後で同じサイズの車輪へと接続される全体のシルエットは、たしかに自転車を思わせる。一八一七年にラウフマシーネを目撃することはまさに未来を垣間みることだった。

しかしドライスの試乗を目撃した者には、目を見張る驚異ではなく面白おかしいものに映った可能性が大きい。十九世紀初頭の人びとにとって、ラウフマシーネは二輪馬車の真似事としか思えない、笑うべき見世物だった。ドライスがこの機械の製作を依頼したのは車大工で、フレームのための乾燥したトネリコ材や、木製スポークに鉄の輪をはめた車輪といった材料も馬車と同じだった。端的にいえば、これは馬車を馬から無くし、馬車自体の要素もあらかた取り除き、あくせく動く人間に手綱を握らせる装置なのだ。ラウフマシーネは、乗客に泥道を歩かせる上に、ふつうは四足の獣に課される重労働を押し付ける馬車だ、と揶揄する批判者もいた。つまり「人間を馬にする」カラクリなのだ、と。

実をいえば、最初に馬を引き合いに出したのはドライス本人だった。彼はラウフマシーネを馬に代わるもの、移動する者に新しい自由を与え、条件によってはより速いスピードを実現するものとして売り込んでいた。「乾いてしっかりした道路であれば、〔ラウフマシーネは〕平地を時速八マイルから九マイルほど〔時速一三〜一五キロ〕で走ります。これは馬のギャロップに匹敵する速度です」とドライスは書いている。「下り坂では全速力の馬に伍します」。ドライスにとってラウフマシーネは「ものごとの利便をはかるもの」、「加速する機械」、つまり人間が本来備えている移動能力を増幅する装置だった。この機械は乗り手を非人間化するものではない。むしろ、いってみれば乗り手を超人間化し、より早く、より効率的に、より自由に移動できるようにするものだった。

　ラウフマシーネを公開した後、ドライスはそんなメッセージを携えて五年間ほどヨーロッパ中を巡った。数年の間はさまざまな分野で特許を申請しつつ、設計の細部を見直し、二人乗りや三輪や四輪のヴァージョン、あるいは「女性用」の補助席を加えるなどした新しいモデルも製作した。ドライスは発明の布教者としては中途半端で、彼に魅了される人がいる一方、疎まれることも多い風変わりな人物だった。カールスルーエで一七八五年に生まれ、誕生名をカール・フリードリヒ・クリスティアン・ルードヴィヒ・フライヘア・ドライス・フォン・ザウアーブロンといった。ドライス家は爵位はあったが裕福ではなかった。母はカルテンタール男爵の娘で、父ヴィルヘルム・フォン・ドライス男爵はバーデン大公カール・フリードリヒの顧問官だった。カールという名は、洗礼に立ち合った大公の名を譲りうけたものだ。

　少年時代のカールは機械仕掛けに並々ならぬ関心をもち、自分であれこれとこしらえるような子どもだった。十代にさしかかるころには役人として身を立てることになり、叔父が校長を務めていた森林行政学校に入学した。ドライスはその後ハイデルベルク大学で建築、物理学、数学を学んだが、もっとも有望と思われた進路は森林行政官だった。

　一八一〇年、ドライスは大公の主席林務官として奉職した。職名は立派だが、仕事はほとんど仕事ともいえない代物だった。要は名誉職だ。ドライスは給与は受けとるが基本的に何もしない。彼は一八一一年に名目上も「非番」となり、ひきつづき給与を受け取りつつ、マンハイムに住んで個人的な情熱を追求する生活を送った。実質的に、お国はドライスに金を給付しつつ、彼が好きにあれこれ夢想しながら機械いじりするに任せていた。これはいい投資だったといえる。ドライスはその後、潜望鏡、薪コンロ、肉挽き機、ピアノの採譜をする機械、最初期のキーボード式タイプライター、最初の速記機などを発明した。三十代はじめごろのドライスの肖像画には、体に合わない上着を着て、髪は乱れたまま、ガラス玉のような目でどこか遠くを見つめている、そんなエキセントリックな発明家紳士といった風貌のドライスが描かれている。

ドライスがとくに関心をもったのは移動手段の問題だった。科学や医学や工学の進展はヨーロッパの日常生活を大きく変えたが、陸上の移動に馬車を使うことは何世紀もずっと変わっていなかった。一八一三年にドライスはこの問題を改善しようと思い立ち、四輪の車両を設計した。これは二人以上の人間が推進役になるもので、足踏み式のペダルと、手で操縦するための「舵」がついていた。彼はこれを〈ファールマシーネ〉、すなわち運転機と呼んだ。いろいろ技術的な問題は抱えていたものの、これが数年後に考案される二輪車の原型であることは間違いない。

ドライスがラウフマシーネを着想するヒントは何だったのか。これは歴史家の難問だった。ドライスの伝記を書いたハンス゠エアハート・レッシングは、ファールマシーネとラウフマシーネの発明は、いずれも穀物不足に関連していたと考えている。ドライスはそのために馬を使わない移動手段、つまり燕麦やコーンの備蓄に依存しない個人用の移動手段の可能性を検討したというわけだ。レッシングによれば、ラウフマシーネの場合にきっかけとなったのは、インドネシアのスンバワ島にあるタンボラ火山の「超巨大」噴火による世界的な影響だった。一八一五年四月十日に発生したこの噴火では、大量の火山灰が噴出し、灰の雲が翌年にかけて北半球に到達した結果、「夏のない年」として知られる大規模な気候や環境の異常が引き起こされた。一八一六年の夏になっても気温は冬のまま、吹雪が吹き荒れる有様で、ヨーロッパと北アメリカの農作物は壊滅的な打撃を受けた。とくに酷い被害を受けた地域のひとつのライン河流域では、大凶作や馬の大量死といった異常事態が起こった。そうしたことが、ドライスに馬の必要ない移動手段という課題に再び向かわせた、とレッシングは考察している。有史以来最大の火山噴火、文字通りのビッグバンが自転車創造のきっかけになったという魅力的なオリジン・ストーリーだ。

しかし、これもまだ仮説の域を出ず、カール・フォン・ドライスの閃きの瞬間のことはよく分からないままだ。一方、ラウフマシーネの没落についてはよく分かっている。この機械はヨーロッパとアメリカのいくつかの都市で束の間の人気を博した後、数年後には熱もすっかり冷め、現代まで伝わる珍品の地位に落ち着いた。テクノロジーの歩みの一里塚ではあるが、一発屋に終わった歴史の遺物でもある。

それでもラウフマシーネは革命的だった。ドライスがこの機械を発表してから、ペダル駆動の二輪車が考案されるまでには何十年か間があく。さらに現代的な自転車にまで改良されるには三十年あまりを要した。しかし、研究者が「二輪車の原則」と呼ぶ二輪を前後に並べる構造をドライスが確立していなければ、その後の自転車はどれも存在していなかったはずだ。それをもたらした想像力の羽ばたきだけでも、ドライスは自転車の父という輝かしい称号にふさわしい。

生前のドライスには賛辞は届かず、悪評ばかりが聞こえてきた。時代に翻弄され、激しい政治的の波に巻き込まれた彼の人生はまさに激動だった。一八二二年には、当時バーデン大公国の最高位の判事を務めていた父親が下した裁決をめぐって騒動が起き、ドライスは暴徒化した学生に狙われる羽目になった。ドライスはブラジルに逃れて何年も潜伏生活を送った。その間はドイツ系ロシア人貴族が経営するプランテーション農場で、土地測量士として働いた。一八二七年にバーデンに戻ると、今度は自分の自由主義的・国家主義的な傾向や、民主的改革を支持したことが攻撃の的になり、有力者はドライスを気の触れた酒飲みだと中傷して嫌がらせをした。メディアもこれに同調してドライスを「愚昧な林務官」と蔑み、無駄な機械ばかり発明していると嘲笑した。彼をサナトリウムに幽閉する企みがあり、少なくとも一回は命を狙われた。一八四八年にフランスで二月革命が起こると、ドライスは貴族の称号を捨てて「市民カール・ドライス」と名乗った。しかし一八四九年にバーデン蜂起が失敗に終わるとドライスは資産を没収され、政府は「革命のコスト」を支払わせるとの理由で恩給の給付も打ち切った。ドライスは郷里のカールスルーエに戻った。このとき居を構えた場所からわずか道を数本を隔てたところには、将来もう一人の移動機械のパイオニアとして名を残すことになる少年、カール・ベンツが住んでいた。ドライスは一八五一年十二月十日に貧窮のうちに亡くなった。わずかな遺品のなかには一台のラウフマシーネもあった。カールスルーエの墓地にある墓石はその発明については何も語らず、無味乾燥なお役所言葉で、その生涯を「宮廷官吏、林務官、力学教授」とまとめているのみだ。

ラウフマシーネをめぐる歴史については、研究者の議論が続いている点もある。ハンス＝エアハート・レッシングが提唱した「夏のない年」の仮説は、広く認められた歴史の一部として、多くの本などで事実として扱われている。ドライスの初試乗から二百周年の二〇一七年には、ドイツでラウフマシーネとタンボラ山の噴火の様子をデザインした二〇ユーロの記念銀貨が発行された。レッシングは、これは状況証拠にもとづく仮説だと率直に述べていて、ドライス自身がラウフマシーネの発明と一八一六年の異常気象を結びつけている証言は何もない（実際には、ドライス自身がインスピレーションの源を述べている唯一の証言はアイススケートに言及している。たしかに、これは足で押して滑るように進むというラウフマシーネの動作の原型といえる）。ポール・スメサーストは「夏のない年」説が受け容れられている背景には、「環境主義的歴史修正主義」があるのではないかと示唆している。「自転車は二十一世紀の『緑の機械』として象徴的な地位を得ている。それゆえに、その発明が二百年前の環境危機に結びつくのは自然なことと思われているのだろう」とスメサーストは書いている。

もっと重箱の隅をつつくような難癖もある。たとえば、ラウフマシーネにはペダルがないので、自転車として分類されるべきではないという話だ。自転車の歴史には数多くのマイルストーンがあり、ドライスの後には数多くの設計の刷新と力学的な効率化を経る長いプロセスがある。そこには、各国がそれぞれに何かしらの「世界初」を誇れるものがあり、フランス、イギリス、スコットランド、アメリカ、イタリア、日本は、それぞれ自転車の技術の歴史に重要な役割を果たしたと自負する資格がある。しかし今日において、ラウフマシーネの卓越性、つまり自転車の始祖としてのその地位を疑う者は、一部の変人と夢想家以外には誰もない。

もちろん夢はなかなか滅びないものだ。世の中には、学術的な議論の細部とか、お国が第一の先取性の主張にはさして関心のない自転車狂が存在する。彼らの愛が求めるのはもっと神秘的なものだ。そんなロマンチストにとって、自転車の起源を探究する旅が行きつく先は、このストークポージスはセントジャイルズ教会、その〈自転車の窓〉なのだ。

教会の内部には、西に面した壁にステンドグラスがはまった尖塔アーチ型の窓がある。窓の真ん中には、第二次世界大戦で命を落としたセント・ジャイルズの信徒の名を列挙した銘板がある。そのすぐ上の右手に、後から付け加えたようなガラスのプレートがある。縦横四五センチほどの四角形で、もともとのデザインにはなかったものと見えて、ステンドグラスの菱形模様とはちぐはぐな感じにはめ込まれている。このプレートに、実に謎めいた図像が描かれているのだ。ラッパを吹いている、筋骨逞しい小さな男性の裸体だ。ケルビム（智天使）とも思われるこの人物は、スポークのあるひとつの車輪のついた不思議な物体に跨がっているのだ。

これが〈自転車の窓〉と呼ばれている窓だ。どこでいつ作られたものなのかは誰も知らない。本当には何を描いたものなのかも判然としていない。さまざまな探究者によって、その出自は十五世紀のフランドル地方か十六世紀のイタリアと目されている。ある者は、描かれている物体は走行距離計と呼ばれる中世の測量機器のひとつだと考えている（プレートの左上に見えている結び目のついた紐が、走行距離計で使われていたものと似ている）。エゼキエル書でケルビムが車輪に乗る様子が語られる箇所を参照して、その場面を描いた宗教画やモザイクと比べる者もいる。

いずれにしても、〈自転車の窓〉が自転車とは何の関係もないことはこの上なくはっきりしている。これは明らかにもっと大きなステンドグラスの一部だ。ラッパ奏者が乗っている物体の手がかりになる部分はばっさりと切り取られて、プレートにはその断片だけが残されてる。物体の後部は、その先で円形になっているようなカーブを描いている。しかし、その部分が自転車や二輪車のような乗り物の後輪だと結論するのは、あまりに飛躍がすぎる。

にもかかわらず、この結論に乗っかる者は少なくない。この〈窓〉の存在が最初に世間に知られたのは、一八八四年に、あるサイクリング・クラブのメンバーがストークポージスを訪れたときだった。自転車雑誌にはこの話が載り、自転車の歴史について書かれた最初期の本であるハリー・ヒューイット・グリフィンの『自転車とサイクリング』（一八九〇年）にはこの〈窓〉のスケッチが掲載された。その下のキャプションはこの窓の由来を十七世紀として、いささかの躊躇いもなく「教会の窓に描かれた自転車乗り、一六四二年」と書いている。本文ではグリフィンはさらに風呂敷を広げて、セント・ジャイルズの窓は歴史のミッシング・リンクであり、「人力移動手段の始原を探らんとする学究の徒に与えられた手掛かりである」と述べている。

十九世紀から二十世紀の変わり目には、セント・ジャイルズの〈窓〉の伝説はガイドブックに記載され、トマス・グレイと比肩する観光客向けの見所とされる程度には広まっていた。「ストークポージスを訪問する者はみなグレイの墓所に参るものだが、近年はそれに劣らず、いわゆる『自転車の窓』への巡礼も盛んである」。「巡礼」とは当を得た表現だ。いかに夢想癖のない人間でも、セント・ジャイルズでアーチ窓や大天使の間に輝く「聖なる自転車」を見てしまえば、雰囲気に負けて空想の翼を広げてしまったことだろう。

今日でもセント・ジャイルズを訪れる自転車巡礼者はいるが、ハリー・レイサム師によれば、往時ほどの数ではない。それでも、その午後にぼくを招き入れる様子を見れば、レイサムが案内に慣れていることは明らかだった。建築的にいえばセント・ジャイルズはいろいろな時代の寄せ集めで、建物には何世紀にもわたる建設と再建の歴史が刻まれている。サクソン人の時代の窓があり、ノルマン人の時代の壁があり、ゴシックの身廊があり、チューダー朝時代の礼拝堂があり、十七世紀後期の紋章があり、ヴィクトリア朝時代のアーチがある。いまここにはレイサムとぼくだけがいた。この場所は静かで、時が止まったようにひっそりとしていて、暗かった。湿っぽさもあった。戸外は暖かな日だったが、教会の中はひんやりと冷えていた。何千年分ものイングランドの冬がこの建物に吹き込んで、そのまま留まっているようだった。レイサムはぼくの先に立ち、「復活の墓穴」と呼ばれている、十四世紀の騎士ジョン・ド・モリンズ卿の遺骸の安置された墓の側を通り過ぎた。そして「〈自転車〉をお見せする前に、それがもともとあった場所をお見せした方がいいでしょう」と言った。

セント・ジャイルズの木製の玄関ポーチの反対側にあたる教会堂の北面には、小さな前室への入り口がある。これはマナーハウス・エントランスと呼ばれている。名前の通り、かつては隣接する館の住人専用の出入口だった。セント・ジャイルズのいちばん裕福な信徒が心を落ち着けるための場所であり、雨の日には聖域に足を踏み入れる前に濡れた衣類を置く場所でもあった。やがてマナーハウスの住人はこの入り口を使うのをやめ、前室はセント・ジャイルズの聖職者が、掃除道具や、庭仕事の道具や、自転車を一台二台、といった嵩張る荷物を収める倉庫のように使われるようになった。「今では簡易キッチンとして使っています」とレイサム。隅の方に小型の冷蔵庫と、小さなテーブルが据えられていた。

この部屋のいちばん奇妙な部分は、南面する二つの小さな窓にはめ込まれている、ステンドグラスのコラージュとしかいいようのない代物だ。窓に並んでいる装飾や絵柄はどうにも脈絡がない。花模様のモチーフ、花輪、渦巻き模様、犬、小鳥、嘴に紋章をくわえた厳めしい面持ちのグリフォン。実は長い間、自転車のプレートはこのシュールな組み合わせの一員だった。何十年か前のセント・ジャイルズの聖職者が、〈自転車〉を見に来た訪問者を前室まで案内するのにほとほとうんざりして、そのプレートを窓から切り取って教会の「本堂」に移したというわけだ。

実をいえば〈自転車〉のプレートは二回、もとあった場所から移されている。いちばん最初に据えられていたのは、教会の内陣でもなくその脇の前室でもない別の建物、つまりマナーハウスだった。「教会の前室はマナーハウスを小さく改築したときに造ったんです」とレイサムは言った。「十七世紀の半ばだと考えられています。おそらくそのときに出てきたガラスを再利用したんでしょう」。つまり言い方を変えれば、〈自転車の窓〉はもともと貴族の館の装飾品として、家の中に鎮座していたのだ。もしかしたら女王エリザベスその人も、一六〇一年にマナーハウスを訪れたときに目にしていたかもしれない。「マナーハウスから外してきたステンドグラスをここにはめ込んだんです。正直、そんなに深くは考えてなかったと思いますよ。いろいろごた混ぜですから」。

ぼくはレイサムの後につづいて小さな通路をくぐり、内陣に戻った。「〈自転車の窓〉を教会の中に入れるのは名案だったと思います。あそこに毎回案内するのはさぞ面倒だったでしょうから、見やすい場所に移そうってことでね。それで万事解決。今になればよく馴染んでます。ほら、あれですよ」。

あれだ。セント・ジャイルズの西面に陽が当たっている。その壁の反対側で、レイサムとぼくは、背後から照らされてほの暗く光る〈自転車の窓〉を見ていた。美しい場所とか、古い場所に身をおくと不意に感情が湧き上がってくる。セント・ジャイルズもそんな場所だった。石と骨、差し込む光に舞う埃、ほのかな黴臭さ。歴史、そして謎。そんな雰囲気が醸し出す荘厳さは、信心よりはむしろ自分への疑いをかき立てる。自分の知性とか、世の中について知っていることの価値とか、そんなものに抱いていた自信が圧倒されてしまう気がする。宇宙の謎について漠然と理解したつもりだったものが、丸ごと疑問の沼に投げ込まれてしまうような感覚だ。自転車の出自もそんな宇宙の謎のひとつだった。ぼくが何分かかけて〈窓〉をしげしげと眺め、近くに寄り、遠ざかり、写真を撮り、またしげしげと眺めている間、レイサムはじっと傍らで待っていた。この奇妙な工芸品に、人を魅惑する不思議な力があることは否定できない。乗り手の右足の爪先は地面に向くように下がり、左足の爪先は空中に持ち上げられている。無理もない。このなんだかよく分からない機械にまたがる人物を見て、足で地面を蹴って進んでいる、ラウフマシーネを駆るカール・フォン・ドライスと同じことをやっていると思っても無理はない。それは認めよう。レイサムに、これが自転車に見えますか、と訊いてみた。「正直、あんまり」と彼は言った。「まあ、そう見えなくもないかな」。

　ぼくらはセント・ジャイルズ教会を出て、バッキンガムシャーの強い春風と陽光の中に戻ってきた。レイサムは教会の外回りを案内して、建築の見所をさらにいくつか教えてくれた。やがて、この教会の庭に眠る有名人を記念する石碑のところまでやってきた。〈この碑の向かいには、愛する親を失った悲嘆を深い感情を込めて記したトマス・グレイの亡骸が納められている〉。レイサムは言った。「この仕事をやっていると、人は謎が好きなんだなって思いますよ。たぶんみんなよく分からないことが好きなんです、確かなものと同じくらいに」。

第2章　洒落者の馬

『趣味、あるいは態度がすべて。許しを得てすべてのダンディな騎手に捧ぐ』
エッチングに手彩色、ロンドンで1819年に発行されたもの。

ロンドン、一八一九年。パディントンには、なにやらスポーツイベントのようなものを見ようとして人びとが集まっていた。お目当ての競走はグランドジャンクション運河の西に出て、南に折れ、さらに東に曲がり、ハイドパーク北東の角のタイバーンでゴールする、つまりはエッジウェアロードの東側の上品な通りや広場をむすぶ半円形のルートで開催される。

これは、ロンドンの通りで行われる戦いとしては上品な部類だ。対決するのはある卿と伯爵で、見物に訪れる人びとは上流で身なりもよく、午後のアスコット競馬場にもふさわしい上等のモスリンとピシっとしたズボンを身にまとっている。この競走は賞金レースで、勝者には百ギニーの賞金が約束されていた。ただし、この日走るのは馬ではない。この競走でお披露目されるのは、賞賛と非難が入り乱れている最新の乗り物だった。その乗り物にはヴェロシペード、ホビーホース、歩行者用二輪馬車、速歩機、加速機、散策車、ドライジーネなどさまざまな呼び名があったが、いちばんそれらしい呼び方は、卿と伯爵の属する上流社会での人気を反映したダンディ・ホース、ダンディ・ホビー、ダンディ・チャージャーというものだ〔ホース、ホビー、チャージャーには馬の意がある〕。

号砲が鳴った。乗り物にまたがった出走者は足を振るようにして石畳の路面を蹴って走り出す。二輪車が走ってゆく光景は感嘆も誘うが馬鹿馬鹿しくも見える。平坦な一本道で調子よく軽やかに滑走する様は優美といえなくもない。ところが上り坂になると、乗り手は悪態をつきながら力を振り絞らねばなず、さらに下り坂や急カーブでは大慌てで手動ブレーキを引き、ハンドルバーにしがみついて乗り物ごとロンドンの土まみれにならないために必死になる。

最初の半マイルほどは卿と伯爵はほとんど互角だった。そして、運河にさしかかるあたりで二人の走者は想定外の事態に大きく目を見開いた。牛が一頭、走路に走り出てきたのだ。伯爵はかろうじて身をかわしたものの、反応の遅れた卿はそのままこの動物に突っ込み、一帯は叫び声と牛の鳴き声で騒然となった。衝突した乗り手は煙突掃除夫の助けで起き上がり、埃をはらって再び走り出す。すでにライバルに距離をあけられていたが力の限り追いかけるほかない。ややあって、ハイドパークの北に隣接するコノートミューズの曲がり角にさしかかろうとしていたとき、今度は伯爵がスリップして道を逸れ、あやうく石畳に転倒しそうになった。卿はこのミスを突いて間合いを詰め、二人はデッドヒートを展開しながらタイバーンに姿を現した。フィニッシュラインを通過する二人が大歓声で迎えられたときには、どちらの伊達男(ダンディ)が先に突っ込んできたのか、誰にもわからなかった。

これはおそらくイギリスで初めて開催された自転車レースであり、世界を見渡しても最初期のものといえる——仮に史実だとすれば。この話はジョン・フェアバーンなる著者の書いた『新規なる歩行者移動手段、あるいは歩行加速器についての正確で愉快で皮肉なる解説!!』という小冊子に記載されたものだ。一八一九年、競走が行われたとされる同じ年に刊行されている。が、いろいろ考えるとこの小冊子の記述は「正確」というよりは「愉快で皮肉な」ものであり、これもまた活き活きと書かれた自転車のニセの歴史のひとつと思わざるをえない。まず出走者は「Y卿」と「B伯爵」としか書かれていない。そして一〇〇ギニーという賭け金は現代の一万ドル近くに相当し、いかに彼らの金遣いが荒いとしてもいささか高額に思える。舞台袖から飛び出してくる牛や煙突掃除夫の登場といったドタバタ喜劇的な展開も、話を面白くするためという印象が拭えない。極めつけは、この催しは「ロンドン中」を釘付けにし、その結果がブライトンの海辺の離宮で保養していた摂政皇太子ジョージ四世まで伝書鳩で伝えられたとフェアバーンが書いていることだ。

ただ、この話が厳密な意味で史実とはいえないにせよ、幾許かの真実が含まれないわけでもない。世間が初めて自転車に熱狂したのは摂政時代〔一八一一〜一八二〇年〕の出来事で、その舞台にイギリスの上流階級の人士が登場するのはフェアバーンが活写する通りである。ラウフマシーネが最初に広まったのはカール・フォン・ドライスが一八一八年のはじめに特許を取得したフランスだった。パリの洒落者がドライジーネだのヴェロシペードだのという乗り物に興じているというニュースはドーヴァー海峡を越えて伝わった。一八一八年のうちにはバースでこの二輪車の存在が確認されている。これはバースに住んでいたドライスの知人のドイツ人が地元の職人に作らせたものだった。

そのすぐ後にはロンドンの馬車職人デニス・ジョンソンが「歩行馬車またはヴェロシペード」の特許を得ている。ジョンソンのマシンはドライスの設計に変更を加えたもので、独自の工夫も含まれている。ジョンソンは操舵の仕組みを見直し、より頑丈な乗り物にするために車体の一部を木から金属へ変更した。さらに乗り手の身長差の問題を解消するためにシートの高さを変えられるようにした。ほかにもこの乗り物を製作する者があちこちに現れ、それぞれに少しずつ違うものを販売しはじめていた。おそらくは特許を無視して、ジョンソンのヴェロシペードのコピー品を作る者が多かった。

一八一九年になるころにはイギリスではこの新しい乗り物がすでに数百台はあり、ウィンチェスターでもカンタベリーでもハルでも、街の通りでも田舎道でその姿が見かけられた。ハンプシャーの田舎道では、ヴェロシペードに馬が驚いたせいで女性が馬車から転落して亡くなるという出来事もあった。マンチェスターやシェフィールドやリーズではヴェロシペードのデモンストレーションを見物するために群集が押し寄せた。デニス・ジョンソンは、売り上げを伸ばすためにバーミンガムやリヴァプールなどの街へ興行に行き、ホテルや音楽ホールにマシンを展示した。ヴェロシペードの競走も行われた。その多くはフェアバーンが小冊子に書いたような私的なイベントだった。あるとき、ヴェロシペード乗りが自分のマシンを披露するというのでグラスゴーの路上に数百人が集まったという話が残っている。「そしてみな一杯食わされた」と新聞は伝えている。「ついに〈洒落者の馬（ダンディ・ホース）〉は姿を現さなかったのである」。

流行の中心地はロンドンだった。「ニューロード沿いでは晴れた夕方にたくさん［ヴェロシペードを］

見かけたものだ。とくにフィンズベリースクエア付近やポートランドロードの上では時間貸しも行われていた」と、あるロンドン市民は回想している。「練習用の場所も街のそこかしこにできた」。新聞はヴェロシペードへの熱狂を、ロシアとの対立に絡んでイギリスを訪問していたペルシャ外交団への話題になぞらえている。「昨今、人の口に上るのはペルシャ大使かヴェロシペードくらいのものである」。バラエティショーの舞台では世間の流行りものとしてヴェロシペードをネタにした寸劇や歌が上演された。「このごろ世間にはヴェロシペードなる機械が流行っているようです」と一八一九年三月に記したのは詩人ジョン・キーツである。詩人は、ロンドンから弟夫婦に送った手紙の中で、この珍妙な「人の乗る車輪つきの木馬」への困惑を表明している。

フランスとイギリスそれぞれの首都がこの新発明をどう迎えたか、という点にはお国柄のステレオタイプがそのまま現れている。パリジャンがヴェロシペードに結びつけたのはセックスだった。カップルは逢い引きのために公園や郊外の森で二台の二輪車を借りて人気のない場所へ向かうのだと言われた。対してロンドンではこの乗り物は階級のシンボルだった。ヴェロシペードの価格はべらぼうに高かったのである（キーツは八ギニーと手紙に記している）。ヴェロシペードへの熱狂は一部のエリートに限定されていたわけではない。乗り方教室や時間貸しの繁盛は大衆的な人気の証であり、当時は田舎の牧師がヴェロシペードで教区を回っていたという話も残っている。ともかく、新しもの好きで娯楽に目のない一部の裕福なイギリス人男性をとりわけ強く誘惑するものだったことは間違いなかった。

その類いの人びと、つまり気ままな派手好きの若者で、軽薄な娯楽だと世間が眉をひそめるような楽しみを追求するための潤沢な金と時間のある人びとは、一七七〇年代以来、イギリス社会で耳目を集める存在だった。ただしそうした洒落者（ダンディ）といわれる人物像がことさらに目立つようになるのは、ジョージ三世が精神に異常を来たして表舞台を追われ、その長子ジョージ四世王子がその代理人を務めるようになった一八一〇年代である。王子は長きにわたって放埒な行状で知られていた。食と性と芸術に貪欲で、豪奢な宴を催し、浪費し、莫大な負債を抱え、義務やら礼節やらは下らぬものという節があった。摂政の職責を負えば品行も変わるだろうと期待する者もいた。しかし、強大な権力には付随していたのはさらなる悪行にふける機会であり、ジョージ四世はそれを大いに活用した。

ジョージ四世は摂政時代、つまり一八一一年から一八二〇年の間、国を統治する仕事を首相であったリヴァプール伯爵をはじめとする閣僚に任せ切り、ほとんど国の務めに関わろうとしなかった。目下継続中のナポレオン率いるフランスとの戦争も同じことであり、戦争末期の負担を国民が耐え忍び、国内もさまざまな危機に見舞われる中で王子は贅沢三昧の日々を送っていた。この時代の乱脈ぶりを象徴するのは建築家ジョン・ナッシュがジョージ四世のために設計した、アヘン中毒者の夢に出てきそうな東洋風の離宮ロイヤル・パヴィリオンであり、そのサイケデリックなドームや尖塔の下で飲食や乱行にふけるべく、貴族や取り巻きが大挙して現地へ向かった。そこにはジョージ四世の愛人たちやファッショナブルなセレブリティも含まれており、洒落者（ダンディ）の極致というべきイートン校での王子の旧友〈伊達男（ボー）〉・ブランメルもいた。

ジョージ四世とその一派の所業に人びとは憤り、あきれ返った。彼らの世間にかかわるものは人も物もあらゆるものが華美を極め、人びとの憤慨を招いた。ヴェロシペードも例外ではなく、世間の脚光を浴びてほどなく非難が向けられるようになった。人びとは新聞を読み、王子の地所には一ヴェロシペードという乗り物が付きもので、そのパーティーにも華を添えていることを知った。一八一九年の八月、ロンドンを中心に読まれるモーニングポスト紙はウィンザー城で開かれた王子の誕生日の祝宴について報じている。その豪奢な催しでは「さまざまな幼稚な出し物」があり、「パン食い競走」やら「上着を賭けたレスリング」やら「ダンディ・ホースの競走」やらがあったと書かれている。新聞によれば、摂政皇太子のゲストはロイヤル・パヴィリオンまで二輪車で行くのが慣わしとなっていたそうだ（「今では、人びとがロンドンからブライトンまでヴェロシペードで行くのはまったくありふれたことである」）。ジョージ四世自身もこのマシンに興味をもっていた。彼は四台購入したといわれており、これらはロンドンからロイヤル・パヴィリオンまで、軍の将校が「馬車の隊列を連ねた、壮麗で穏やかな軍事パレードの如く」輸送した。皇太子自身がヴェロシペードに乗ったかは定かではない。ただし皇太子の太鼓腹に絡めて面白おかしな話の種にはなっていた。

ヴェロシペードを見るだけなら王室のゲストに選ばれる必要はない。一八一九年に発表された『散策車、または歩行者用ダンディ・ホース』という歌には「ハイドパークではたくさんの洒落者がサドルにまたがる」という歌詞がある。ハイドパークはロンドンのヴェロシペードのメッカであり、洒落男がこぞって集まった（「もし本当に「愚昧が飛びたつのを仕留め」たなら、日曜日のハイドパークは死屍累々でひとりの洒落者も生き残らぬことだろう」と、ヴェロシペードの走る光景を眺めていた者がアレクサンダー・ポープをもじって書き残している）。世間の目からすればヴェロシペードは何よりも「肩書と余暇のある」遊び人のおもちゃであり、評論家の皮肉や、詩人の冷やかしもそんな感覚を裏書きしている。

ご覧あれ、あの巧みな機械が
高貴な血筋を英国から追い出そうとするのを。
そしてあれに乗るダンディたちが、
愛馬を担いで泥の中を歩いていく様を。

もっと手厳しい非難の声もあった。一八一九年五月のある新聞の論説には、ヴェロシペードはあまりに「ダンディズムへの不評や反感」を集めているために、その革新的な設計や「体を動かす」手段としての有用性が見過ごされていると不満を述べている。政治週刊誌『ゴーゴン』の記者は、ヴェロシペードはイギリスのエリートの堕落の証左でありその象徴だと述べている。「この国の抱える、あの非法律家貴族といわれる者はいったい何なのか？　暇を持て余したあの若者たちは……公園で例のダンディ・ホースを乗り回して時間を費す一方で、彼らの浪費に消える税金を払わされる労働者は餓え死にし、商人は薄商いに苦しみ、農民も土地を耕せないというのに」。

この種の批判の辛辣さには当時の政治的背景が反映されている。十九世紀初頭のイギリスは変化と社会不安に揺れ動いていた。製造業の産業化や自由貿易政策の実現といった変化や、対仏戦争の損失や犠牲がもたらした痛手によって、イギリス大衆の間には不満がくすぶり、階級間の緊張関係も激しくなっていた。摂政時代を通じて、イギリスの人口の三分の一にも上る人びとが飢えに直面した。食糧暴動などの騒擾事件も頻発し、軍隊が対処する有様だった。一八一一年から一八一三年にかけて起こったラッダイト運動では、その数年前にウェリントン将軍に率いられてイベリア半島でナポレオンの軍勢に対峙したよりも多くのイギリス軍が、機械を打ち壊す暴徒の鎮圧に動員された。一八一九年の八月には、議会の改革を要求してマンチェスターのセントピーターズ広場に集まった六千人の群集に騎兵隊が突入した。死者十八名、負傷者数百名を出したこの「ピータールーの虐殺」は「イギリス本土で発生した、十九世紀最大の政治的惨事」といわれている。

イギリスのヴェロシペード熱の周囲にはそんな状況が広がっていた。このマシンが本来もっている、その巧みな技術的達成や、進歩の象徴や好奇を誘う珍品としての魅力がどれほどのものだったとしても、けっきょくは人心を顧みない支配階級とむすびついたものという連想を避けられなかった。ヴェロシペードがフランスから海を渡ってきたという話も人びとを鼻白ませた。摂政時代のイギリスでは、「多少なりともファッション好きや趣味人を気取る者」の間にはフランスびいきが蔓延していた。ナポレオン戦争の期間中もイギリスのエリートがフランスへの忠愛を途絶えさせることはなかった。演説にはフランス語のフレーズが交じり、戸棚にはセーヴル焼きが並び、グラスに注ぐのはボルドーワインといった調子で、彼らは「心のふるさとのようにパリに憧れている」のだった。フランスに対する強烈な敵愾心を抱いていた国民の大多数は、次第に上流階級の放縦は単なる堕落ではなく反逆であると確信するようになり、戦争が終わりを迎えるころには、自分たちは裏切られたという空気が世間に蔓延していた。ナポレオンがワーテルローで敗北してからほぼちょうど四年後の一八一九年六月、ひとりのコメディアンがロンドンのコヴェントガーデン劇場の舞台に登場した。ダンディな装いに身を包み、ヴェロシペードに乗って現われたこの喜劇役者は、パリからやってきた「木馬（シュヴァル・ド・ボワ）」を美文調で歌い讃える。このジョークを解さぬ者はいなかっただろう。

とびきり辛辣な皮肉に満ちているのは、風刺画家たちが矢継ぎ早に刷っていた、世間のヴェロシペード熱を面白おかしく描いた銅版画の類だ（一八一九年には、あるロンドンの記者がヴェロシペードは「版画屋に並ぶ風刺漫画によって通行人に娯楽を提供している」と書いている）。当時の独特のどぎつい色調とコミカルなスタイルで描かれた版画には、ヴェロシペードが人びとにとって危険なもの、場合によっては命や手足を失いかねないものだという懸念が反映されている。たとえばコントロールを失ったマシンが全速力でどこかに突っ込んでいくというような、無茶な場面がいろいろ描かれている。

ただし、いちばんの嘲笑の的になっているのは乗り手だ。風刺画家の描く洒落者は、シルクハットやら襟巻やらの派手派手しい衣装に埋もれるような格好をして、突進するヴェロシペードのハンドルにしがみついている。さらに、多くの風刺漫画はヴェロシペードに性的な倒錯を結びつけている。よく漫画にされたのは摂政皇太子その人であり、二輪車と愛人に同時にまたがっている姿など、常軌を逸したいかがわしい姿で描かれることも多かった。有名な風刺画家ジョージ・クルックシャンク作とされるある版画では、皇太子は手足を伸ばしてヴェロシペードに俯せに横たわり、その上に愛人、レディー・ハートフォードがまたがっている。皇太子は轡をくわえ、レディー・ハートフォードが左手で手綱を引いている。頭上に高く掲げられた彼女の右手には馬用の鞭がある。その背景には二人目のヴェロシペード乗りの姿があり、それはこのSM的な情景を朗らかに見守っている様子にも見える皇太子の弟、ヨーク公フレデリックである。

ここには歴史で繰り返されているパターンがある。摂政時代に湧き上がるヴェロシペードへの反感と、現代の洒落者自転車乗りというべき、ファッショナブルな格好で固定ギア自転車〔ピスト、フィクシーとも〕を乗り回す「ヒップスター」への軽蔑の眼差しはどこか似ていないだろうか。今日の自転車をめぐる議論と共鳴するものは別のところにもある。大衆がヴェロシペードに向けた軽蔑の眼差しの大きな部分は、おそらく金持ちのおもちゃという認識に由来していた。しかしイギリスでもほかの国でも、最初期の自転車を待ち受けていたのはNIMBY〔「迷惑」と思う施設などが近所に建設されることに反対する態度〕的な受け止め方、つまりヴェロシペードは不当な侵入者であり、馬や馬車のための道路や、歩行者のための場所である公園や歩道では歓迎されないという感覚だ。一八一九年三月のロンドンの新聞は、「混雑した都会にはこの新規な運動手段を受け容れる余裕がない」との見解を述べている。批判者は、わざわざ乗りたがる者の愚かしさはいうに及ばず、ヴェロシペードは危険であり、管理もできず、人にも動物にも脅威になると指弾する。

貧弱な操縦メカニズムと非力なブレーキしか備えないこの機械にとって、この問題は実は根深いものだ。道路の轍に車輪を取られるだけで乗り手ごと思い切り吹っ飛んでしまい、ほかのヴェロシペードに衝突しながら通りにひしめく歩行者や馬車へ突っ込んでゆく。新聞には大小の衝突事故の記事が詳述されている。ヴェロシペード乗りがスリップして垣根に衝突したり、練習場で床に投げ出されたり、壁やら門柱やら船着場やらに突っ込んだりといった話や、骨や歯が折れたという話、市場に突っ込んで売り子を吹っ飛ばして品物をまき散らしたという話。さらに「週末この乗り物に興じる者」には「破裂症」つまりヘルニアが蔓延しているとも書かれている。あるロンドン市民は、ヴェロシペードの事故が一部で巻き起こした反応を何年も後に振り返り、次のように書いている。

急な坂をガタガタと駆け下りて自分たちの方に突進してくるヴェロシペードが視界に入り、稲妻のようにそばを通り抜けてどんどん速度を上げ、ついには乗っている者が何もかも放り出すようにして道路脇の堀に頭から突っ込んで泥の中からようやく顔だけ出している、というような状況を目撃すると、穏やかで卑しからぬ人びとは、彼らの野蛮な振る舞いに途方に暮れて言葉を失ってしまい、思わず心の中で、あれは気の触れた所業だと独り言ちるものだった。つまりあれはヴェロシペードがもたらした一時的な狂気なのだと。あるいは、悪魔に魅入られたかのように海をめがけて怒涛のように坂を駆け下り、やがて大挙して溺れ死んでしまう豚の群れのことを思わずにはいられない者もあった。

ヴェロシペードへの反感は暴力に転じることもあり、ハイドパークでは若者の一団が二輪車乗りを襲撃して追い払った。暴徒が乗り物を奪い取ったり、破壊したりということもあった。ある時、ロンドン北東のエッピングフォレストで開催された鹿狩りに、馬に乗った数百名とともに数名のヴェロシペード乗りが参加したことがあったが、「二輪車は攻撃の的になり、完全に壊されてしまった」。こうした自警団的な行為にはまもなく公的なお墨付きも与えられた。一八一九年のうちに、ロンドンではヴェロシペードに乗ることが禁止されたのだ。さらにイギリス各地をはじめ、カール・フォン・ドライスの発明品は、広まった先々のミラノ、ニューヨーク、フィラデルフィアといった場所でも禁止令を出された。コネティカット州ニューヘイヴンの新聞には、市民に向けて「歩道でこの種のもの［ヴェロシペード］が走っているのを見かけたときには、没収するなり、打ち壊すなり、あるいは奪い取って有用な使い方をする」ことを勧める論説が掲載されている。この乗り物は大英帝国の遠く離れた場所にも姿を現わしたが、その後の展開は似たりよったりだった。「ヴェロシペードにまたがった〈カルカッタの洒落者〉とでもいうべき輩が件の都市の有徳の市民を悩ませているようである」。一八二〇年五月のロンドンのサン紙は、そんな皮肉な調子で、総督がカルカッタでヴェロシペードの禁止を布告したことを報じている。

熱に浮かれた二輪車乗りは当初そんな措置を一笑に付したが、その影響はやがて確実に現われた。人びとは二輪車乗りを不法者と見なすようになり、この感覚はなかなか変化しなかった。ほんの数ヶ月前までヴェロシペードをファッションの最先端として紹介していたロンドンのメディアは、いまや時代遅れと書くようになった。ある新聞は一八二〇年の夏に、「ヴェロシペードなるものにはかつて大いなる期待が寄せられたものであった」、「しかしあまりに常軌を逸脱した手に負えない代物であったために、けっきょくはすべて追放の憂き目にあったのである」と告げている。流行に敏感な人士たちは別の新たな熱狂を探すようになり、新技術に目のない人びとを興奮させる発明品も次々に現われた。たとえば「これまでに考案されたあらゆるダンディ・チャージャーを勢揃いさせても、蒸気船という新たな移動手段には比べるべくもない」。

別の変化も起ころうとしていた。一八二〇年にはジョージ三世が没して皇太子が即位した。ジョージ四世は国王になって心を入れ換えるわけでもなく、やはり怠惰で放蕩三昧のままだった

（「この王以上に、もっとも侮蔑すべき下等な悪徳と薄弱さを兼ね備え、卑しむべき臆病者で、手前勝手で情け知らずの犬は存在しない」と、枢密顧問官で日記作家のチャールズ・グレヴィルは書き残している）。しかしジョージ王はすでに衰えを見せ、その晩年は坂を転げ落ちるようなものだった。片目の視力を失い、病的な肥満体で痛風と浮腫に苦しみ、アヘンを常用するようになった。摂政時代はすでに過去の話であり、ヴェロシペードは、仮に思い出されることがあるとしても、その濫費と軽薄の時代に付されたひとつの脚注に過ぎなかった。ある文芸評論家は一八二二年に、バイロンをくさす文章の中で、この詩人もまた「あの洒落者ブランメルかヴェロシペードのようにすぐに忘れ去られるだろう」と書いている。

しかし荒野に呼ばわる声もあった――慈しみとともにヴェロシペードを記憶にとどめ、そこに未来を垣間見た者もいたのだ。歴史には幾人かのそうした先見の明の持ち主の存在が記録されている。ロンドンで発刊されていた科学雑誌『メカニクス・マガジン』に一八二九年に寄せられた匿名の投書の書き手は、ヴェロシペードの「機敏さ、軽さ、優美さ、コンパクトさ、耐久性、そして実に簡単に前に進むこと」を称賛し、「この創意の時代におけるもっとも有望な発明のひとつでしょう……十把一絡げに忘れられてしまってよいものとはまったく思えません」と綴っている。この手紙

の筆者は、さらに、このマシンは「足踏みペダルとクランク」を加えればさらに優れたものになるでしょう、とも述べる驚くべき先見性の持ち主だった。

それから八年ほど後には、さらに強力に後押しをする者が現われている。当時十代だったヴィクトリア王女が即位するちょうど一ヶ月ほど前の一八三七年五月、トマス・スティーヴンス・デイヴィスなる男がロンドンの権威ある面々たちを前にある講演をした。デイヴィスは王立協会フェローでもある数学者であり、ふだんは「球座標で表される球面上の軌跡の方程式について」といった論文を書いているジェントルマン科学者だった。

したがって「ヴェロシペードについて」と題されたその日の講演は彼の通常の守備範囲から外れたものではあったが、これは自転車について語られた内容としては特筆に値するものだ。それはある種の鎮魂であり、同時に予言でもあり、二輪車の優位性の主張として、歴史上もっとも予見性に富むもののひとつとさえいえる。この講演が行われたのはロンドン南東のウーリッジにある王立陸軍士官学校で、デイヴィスはこの権威ある学校のために数巻からなる数学の教科書を執筆したばかりだった。この日の聴衆のほとんどは、むっつりと黙り込んだ、生真面目そうな学者や職業軍人たちだった。デイヴィスは、そんな聴衆に二輪車への賛辞を語っても困惑させるだけだということはわかっていた。なにしろその頃には、このマシンは大方の人間には半ば忘れられたものであり（「今日では」ヴェロシペードは黒い白鳥のように珍しく、若い人びとはほとんど知ることもなく育っています」）、覚えている者にとってはすでに時代遅れだったからだ。「お詫びをしておくべきなのでは、とも思いました」と彼は語っている。「このような会場に集う皆さんのお時間をいただくにはあまりにつまらぬ話題ではないか、そんなふうにお思いになる方もおられるかも知れませんから」。

しかしデイヴィスは、ヴェロシペードには再考の価値があると強調する。それは「目覚ましい発明」であったのに、その時代を迎える前に「虐げられて」「亡きものにされてしまった」と。たしかにヴェロシペードには設計上の問題があり、速度が上がるとコントロールが難しくなるという欠点があった。しかし、とデイヴィスは言う。ヴェロシペードに死をもたらしたのは設計の瑕疵でもなければ洒落者の素行でもない。その背景にあったのは狭量で実利優先の俗物精神であり、自分の信念にそぐわぬ新しいものや馴染みのないものに、反対の怒鳴り声を上げて騒がずにはいられない人びとの声なのだ。「雨傘が最初に世の中に現われたとき、彼らは口汚く騒いだものです。そして蒸気機関が発明されたとなれば、その声が大西洋を渡って北アメリカの人びとの耳に届き、そこから木霊が返ってくるほど存分に大騒ぎをしたものでした」。

ヴェロシペードの命運はその罵声が決定づけてしまったのだ、とデイヴィスは言う。だがそれはもう取り返しのつかないものだろうか。デイヴィスは、たぶんそうではない、と考えた。はるかな遠方を見つめるデイヴィスの目には、カール・フォン・ドライスがその功績にふさわしい栄誉を回復する日が見えていた。それは、ヴェロシペードが、あるいはその子孫が、再び視界にその姿を閃かせる日でもあるはずだ。「新しい機械は、そこに込められた原理や理論が十分に探究される前に捨てられて忘れ去られるべきではない、そのように私は信じています。あなた方の多くも同じではないでしょうか」、そうデイヴィスは語りかける。「独創的なアイデアは見失われてはなりません。なぜなら、仮に発明者自身にその全容や可能性が見えていないとしても、その後につづく者がそれを見出すかもしれないからです」。

第3章　自転車というアート

自転車の車輪を扱う男。1890年代ごろ。

自転車は、まともに使いものになる以前から見栄えはよかった。カール・フォン・ドライスの原始的な二輪車は、安全で頼りになる移動手段という点ではまだまだ未熟なものだったが、芸術品としては否定し難い魅力があった。曲線美のシルエットや、スポークに支えられて優美な円形を描く車輪をそなえた、たいそう端正なマシンであったのだ。

ドライスの発明から私たちの知っている現代の姿になるまで、長年の刷新と洗練の中で生みだされてきた数々のモデルもその点は変わらなかった。一八六〇年代にフランスで自転車が流行する発端となったものは「ボーンシェーカー」つまり骨まで揺さぶるものとあだ名されたが、これは錬鉄製のフレームと鉄の輪をはめた木製の車輪が乗り手には快いものとはいえなかったからだ。一八七〇年代から一八八〇年代初期にかけてのハイホイーラー、オーディナリ型、あるいはペニーファージングと呼ばれた（日本では「ダルマ型」とも）、巨大な前輪と小さな後輪のある有名なタイプでは乗り込むこと自体が難しく、操作するのも危なっかしいものだった。ペニーファージングの乗り手は「頭からまっさかさまに」落車する、つまりハンドルバーを超えて頭から飛び出すような事故をよく起こした。一八九〇年代の一大サイクリングブームの引き金になった革新的なモデルは「安全型自転車」と呼ばれるようになったが、この名前は以前のモデルの危なっかしさをよく示している。

とはいえ、ボーンシェーカーもラウフマシーネと同じようなエレガントに弧を描く曲線美を備えていたし、ペニーファージングも、その見かけは移動機械の歴史上もっとも印象的な姿のひとつには違いない。

現代の目からすると、自転車がそもそも発明されたこと自体が驚くべき話にも思える。一直線に並んだ同じサイズの二つの車輪、後輪を駆動するチェーン機構、そしてダイヤモンド型のフレームというクラシックな安全型自転車の佇まいは、あたかも人間が手足を二本ずつ備えているのと同じくらいに自然で、あらかじめ決まっていたものだったような気さえする。自転車の形状は目に快い。左右に優雅に広がるハンドルバー、チューブで組まれたフレームの流れるような造形、精妙に編まれた車輪のスポーク。キックスタンドに軽やかにもたれかかって停止しているときにも、その流線型の輪郭は走り出しそうな勢いを感じさせる。シモーヌ・ド・ボーヴォワールは、自転車の形状は「いかにもほっそりとして敏捷そうで、ただ置いてあるときでも風を切って進んでいるかのようだ」と書いている。

世の中には、自転車に乗るのは好きだがそれに劣らず眺めるのも好きという人がいる。ぼくは、最初に自分のアパートの天井にフックをネジ止めして、そこに後輪をひっかけて自転車を吊るしたときのことを覚えている。そのとき仕事場への通勤手段は室内装飾となり、小さな生活空間の雰囲気をがらりと変える美術品になったのだ。夜に電灯を消せば、車輪のリムやスポークが外の街灯の明かりを反射してきらきらと輝き、手で前輪を回すと反射した光がミラーボールのようにぐるぐると壁の上を走りつづけたものだった。

そんな光景に愉楽を覚えたのはぼくが初めてというわけではない。「あのホイールが回っているのを見ていると、とても落ち着いて気分がよかった」。マルセル・デュシャンは、二六インチのホイールをスツールに逆さに据えた有名なレディ・メイド作品《自転車の車輪》（一九一三年）の印象をそんなふうに回想している。「ちょうど暖炉に躍る炎をずっと眺めていられるように、それを見ているのが好きだった」。建築家でデザイン理論家でもあったアドルフ・ロースにとっては、自転車はほぼ完璧に近い芸術作品であり、その純粋さにおいて古代の傑作に比肩するものだった。古代ギリシャの壺は「自転車と同じくらいに美しい」とロースは述べている。

自転車のデザインは大事なことの証言者でもある。部材の接合部のラグ、クランクセット、ボトムブラケットの高さ、サドルの形状、トップチューブの傾き。歴史はそのそれぞれを通じてぼくらに語りかけている。あの奇天烈なペニーファージングの巨大な前輪は、今や失われたヴィクトリア朝の世界を物語る。シュウィン社製〈スティングレイ〉の低く抑えられた「ウィーリー」タイプのフレームや前後に長いバナナシートは、ベルボトムのジーンズやスライ・アンド・ザ・ファミリー・ストーンのベスト盤と同じくらいに、一九六〇年代後半から七〇年代はじめのファンキーなアメリカ文化の記念物だ。二十世紀半ばごろのヨーロッパで大半を占めていたのは、スレンダーで禁欲的なクルーザーやロードスタータイプ〔日本の軽快車や実用車の原型とされる〕の自転車だった。その一方で、同じころのアメリカで流行っていたのは太いタイヤをつけた頑丈そうなフレームの自転車で、オートバイの燃料タンクのモチーフを加えたデザインもあった。そこには世界観の違いが浮き彫りになっている。一方には、自転車が実用品として日々の生活と一体となった都市社会があり、他方には自転車が子どものおもちゃとして、あるいはエンジン付きの乗り物の代用品として一段低い地位におかれている自動車カルチャーがあり、そこではガソリン機関への偏愛が自転車のフレームそのものにまで及んでいるのだ。

自転車がぼくらに語りかける物語の本筋は、実用性、単純さ、そして美の融合にある。アドルフ・ロースや装飾を嫌ったバウハウスの理論家が、自転車をモダニズムの理想を体現するものと讃えた理由はそこにあった。自転車ほど明瞭に「形態は機能に従う」という原則を表現する人工物はあまり例がない。たいていの機械は、仕組みを理解しようと思えば取り扱い説明書を熟読した上で機械のはらわたに頭を突っ込んでみないとよくわからないものだ。自動車はそのメカニズムを鉄板とボンネットとつるつるした塗装とシャーシの下にすっかり隠している。しかし自転車は「剝き出しでやってくる」、そうロドリック・ワトソンとマーティン・グレイは書いている。「ホイール、ペダル、チェーン、クランク、フォーク、それらが体現するのはそれ自身の機能だけであり、それ以外には一オンスも余計なものがついていない」。現代の自転車に用いられているコンポーネント〔機能ごとにまとまった部品〕はわずか数十であり、その多くは耐久性も高くメンテナンスもしやすい。いちばん弱いパーツといえるタイヤのインナーチューブは修理も交換も素早く、かつ安価にできるようになっている。

安全型自転車の普及以来、自転車のデザインや構造には数多くの技術革新が反映されてきた。変速機（ディレイラー）、ディスクブレーキ、チタンやカーボン製のフレームに至るまで、これまでに世に現われた部品や素材はもはや数え切れない。まったくそれまでにないタイプの自転車が出現することもあった。折り畳んでバックパックかブリーフケースのように持ち運べる自転車も存在する。ウェブサイトから設計図をダウンロードして、３Ｄプリンターで「印刷」できるオープンソースの自転車もある。ただし基本的な形状、つまりクラシックな安全型自転車のシルエットはいつまでも踏襲され、その存在感を失うことはない。文明批評家・建築評論家のルイス・マンフォードは、「あらゆる芸術には、そのプロセスと不離一体で完全に機能と調和しているために、実際的な意味では〈永遠〉というべき形態が存在する」と述べている。マンフォードが念頭においていたのは、安全ピンやお碗型の食器といった、まさに〈永遠〉という賛辞にふさわしい歴史のあるものだった。歴史という意味は自転車は新しい。しかしその形態は、どんな安全ピンにも、あるいはお碗にも古代ギリシャの壺にも劣らないくらいに本源的で変更の余地がない趣がある。

まずは〔ほかならぬ〕車輪が二つある。この機械を英語でバイシクルと呼ぶのは、ギリシャ語の「円」に由来する「シクル」が二つ、つまり一対の車輪があるからだ。文筆家のロバート・ペンはこんな面白い考察をしている。現代の自転車から車輪を除くほとんどあらゆる部品を、つまりスプロケット〔後輪のギア〕やチェーンやブレーキやペダルを取り除いてもやはりそこには自転車が残る

（実際にやってみれば、やがてはドライスの原始的で剥き出しのラウフマシーネに先祖返りすることになるだろう）。だが車輪はだめだ。車輪を取り外したらどこにも行けない。

自転車の車輪は強さと軽さ、安定性と柔軟性を両立させている――これは車輪以外の自転車のメカニズム全般の特徴でもある。同じような特徴が指摘できるのは吊り橋で、実際にスポークで組み立てられた自転車のホイールはしばしば吊り橋の構造と比較される。自転車のホイールも吊り橋も線材の引張り強度に依拠した構造をしていて、いずれも、優美で、場合によっては繊細ともいえる外観からは想像し難いほどの荷重を負担できる。自転車のホイールは自重の四百倍もの荷重に耐えることができ、人類が考案したあらゆる構造物のうちもっとも強靭なもののひとつだ。理論的にはバッファローが自転車を漕いでもホイールが重さで潰れることはない。

初期の自転車が使っていたのはほぼ馬車の車輪といえるもので、鉄と木で作られており、同じ素材で作られたスポークでがっちりと固定されていた。こうした車輪は重い上に柔軟性がなく、自転車や乗り手の負荷に対して理想的に作られたものではなかった。車輪が回ると車輪のうち地面に近いスポークに荷重が集中し、そこにかなりの負荷がかかるのだ。

この車輪の設計にブレークスルーをもたらしたのは、一八六〇年代後期から一八七〇年代初めごろに出現した金属線のスポークだった。今日の一般的な自転車のホイールには二十八本、あるいは三十二本か三十六本のスポークが使用され、それらがハブとリムとの間を緊結して車輪をテンションがかかった状態に保っている。これらのホイールは乗り手とフレームの重量を支えつつ、道路を進むときに下からかかる力や、チェーンで駆動される後輪にかかるねじりの力など、円周上のいろいろな場所にいろいろな角度で加わる力に耐えることができる。初期のホイールではスポークはハブからリムまで放射状（ラジアル）に組まれていたが、やがて設計者はスポークを接線方向（タンジェント）にして、スポークがハブから交差しながら出てくるように組み立てる方が変形に強いことを発見した。ついでにいえばタンジェント組みのスポークは見映えがする。ロサンゼルスのラテン系自転車文化としてよく知られた、装飾満載で目のくらむようなカスタマイズ自転車であるローライダーの世界では、スポークもクロムメッキや金メッキが施されたものが人気で、それが百四十四本も使われることがある。そんなローライダーは美術品としての自転車のいちばん純粋な形態かもしれない。というのは、ボトムブラケットの位置が低すぎてペダルが回せないとか、もはや乗ることのできない自転車も少なくないからだ。デュシャンと同じように、ローライダー愛好者もまた、きらきらと燃えるような金属の光彩を放つ自転車の車輪に魅入られ、さらなる輝きへの欲求を抑えることができないのだ。

　自転車の車輪は眺めることもできれば聞くこともできる。回転する車輪から聞こえてくるかすかなチリチリチリチリ……という音やフワーンという響きは自然の音のように穏やかで、川辺で水音を聞いているみたいに心が落ち着く。自転車の車輪の音はどんな音楽にもなる。一九六三年に『スティーヴ・アレン・ショー』に出演した若きフランク・ザッパは、クルーザー型の自転車のスポークをコントラバスの弓で弾いて不穏な音を鳴らしてみせた（目を丸くしているアレンにザッパは「かれこれ二週間くらい」自転車を弾いているのだと語っている）。自転車の組み立て職人は、ホイールの出来具合を確かめるためにスポークをギターの弦のように爪弾き、その音を音叉と比較して正確な張力（テンション）がかかっているかを確認することもある。

スポークの張り具合を調整してリムの形状を修正し、ブレーキパッドの間をまっすぐ回るようにする「振れ取り」の作業は英語ではトゥルーイング、つまり「正しくすること」と呼ばれている。哲学っぽくいえば自転車の車輪をより正しいものに、大いなる真実へと近づける。振れ取りの完了したホイールはユークリッド的な理想を獲得し、正確な音程を奏でる。スポークは、そんなふうにして、綱引きをするようにハブとリムを引っ張り合いながら、車輪を真円に保っているのだ。

自転車をよく見るとさらに円があり、その円の中にもさらに円がある。まずはダンロップの円、すなわちタイヤと、その中で充填された空気を円形に保っているインナーチューブがある。さまざまな留金やワッシャー、ボルト、軸受などにも円形の部品が数多くある。これらは自転車のコンポーネントを組み立て、所定の場所に固定する。そしてチェーンはチェーンリングと後輪のスプロケットという一定間隔の歯が刻まれた円盤の外縁に沿って周回する。

チェーン駆動の実現は、ドライスが二つの車輪を縦に並べることを思いついて以来、自転車の設計における最大のマイルストーンともいえるかもしれない。その第一段階は、一八六〇年代に生じた、ドライスのラウフマシーネ＝走る機械からペダルで駆動するボーンシェーカー・ヴェロシペードへの改良である。このヴェロシペードは「ダイレクトドライブ」式、すなわち回転するペダルとクランクが前輪のハブに固定されており、クランク一回転につき前輪も一回転した。この場合、効率を高めるためには、つまりクランク一回転でより速く自転車を前に進めるためにはホイールの外周を大きくする必要があった。そこで生まれたのが巨大な前輪をもつペニーファージングだった。こうすることで前進の効率は上がったものの、乗ること自体が厄介で危険になってしまった。道の凹凸をよけ損ねるだけでハンドルバー越しに投げ出されかねず、頭から道路に突っ込む、打撲、骨折、首の骨を折る、卵の殻のように頭蓋骨を割るなどの危険があるのだ。

機械工や発明家たちは十年以上この問題に頭を悩ませていた。その解決法として世に生み出されたのが、一八七〇年代の終わりに考案された、ダイレクトドライブ式をドライブトレイン式の動力伝達機構に、つまり乗り手によるペダルの駆動力をチェーンによって自転車の後輪に伝達する方式に変更した新しい設計だった。初期の実験ではチェーンで前輪を駆動する方式が検討されていたが、現代の自転車ではクランクとペダルが自転車の中心に移され、チェーンがクランクセットから後輪までわたされている。ペダルを踏むとクランクが回ってチェーンに引張り力がかかり、後輪が前に引っ張られるように回転し、自転車は走り出す。

これはシンプルかつ巧みな改良だった。異なるサイズのギヤにチェーンをかける、たとえばクランクセットに大きなチェーンリングをつけ、後輪のスプロケットには小さなギヤを使うなどすれば、自転車はギヤ比の効果を利用できる。つまりペダル一回転につき後輪を何回転も回すことが可能になるのだ。そうなると、ペニーファージングのように巨大な前輪と極小サイズの後輪を使うよりは、初期の安全型自転車のように近いサイズの車輪や、そのすぐ後に実現されたように、まったく同じサイズの車輪を使うことが好まれるようになった。その方が乗り降りも操縦も簡単だからだ。さらに前輪は操舵のためだけに使うことができるので、同じ部品が操舵の仕組みとペダルによる駆動の両方を兼ねるより、はるかに単純な構成になった。端的にいえば、チェーンによる駆動のメカニズムは自転車を大いに民主化するものだった。おかげで自転車は安全でシンプルなものになり、サイクリングもスポーツマンや向こう見ずの冒険家だけのアクティヴィティではなく、あまり運動に縁のない人を含めて、子どもからお年寄りまでに開かれた移動の手段になった。そして重要なことに、安全型自転車の考案によって、女性は自転車を乗りこなせないという男性にありがちな思い込みは覆された。女性は、それまでのボーンシェーカーやペニーファージングといった過酷な乗り物に挑むには繊細すぎると思われていたのだ。

　技術的な意味でも、チェーン駆動の自転車の実現は歴史的快挙だった。これは人類がよりよい器械を求めて長い間ずっと考えつづけてきた問題への解答でもあった。手動クランクを使った装置は古代から存在していたが、安全型自転車の駆動機構は人間の筋肉の中でももっとも大きな太ももの筋肉を利用してきわめて効率的な推進力を生むことができた。ここにあるのも円という形の神秘だ。自転車が前に進む効率の鍵は、足踏みペダルを上下に動かすという反復的な運動をペダルとクランクのなめらかな回転運動に変換することにある（英語圏の自転車乗りの間では、ペダリングのスキルがなかったり、疲労してペダリングが乱れることを「四角く漕ぐ」と言ったりする）。これはエネルギーの効率的な利用につながる。ロバート・ペンの言葉によれば、「一般的なペダルとクランクを使った自転車に乗るとき、私たちの脚はペダルの一回転のうちごく一部、角度にして約六十度分しか力を加えていない。回転の残りの三百度の部分ではハムストリングスや大腿四頭筋といった脚の主な筋肉はお休みであり、血流から新たなエネルギーを受け取ることができる」。

自転車にとって大事なもうひとつの形は三角形だ。一八八〇年代の安全型自転車の考案によって定式化されたクラシックなダイヤモンド型フレームは、実のところ二つの三角形の組み合わせでできている。ひとつはトップチューブとダウンチューブとシートチューブから成る「前三角」であり、もうひとつはやはりシートチューブと、その端部から伸びて後輪の車軸で交わっているシートステイとチェーンステイがつくる「後ろ三角」である。もう少しわかりにくいが、フロントフォークと前輪の車軸がつくる三角形、チェーンステーと後輪の車軸とつくる三角形もある。構造の専門家は大昔から三角形がもっとも強い幾何学形態であり、強い力がかかっても変形しにくいことを知っていた。自転車はひどいクラッシュに遭遇するとフォークが曲がったり、ホイールがタコスのように折れ曲がったり、あちこちの部品が壊れたりはするが、フレーム自体が壊れることはあまりない。フレームが完成度の高い形状をしているおかげで、自転車の設計者はアルミニウムやチタンやカーボンファイバーを使ったチューブなど、軽い素材を構造的な安定性を損なわずに用いることもできた。いくつもの三角形がその形状を保っているのだ。

どんな自転車でも、フレームのジオメトリ（各部の寸法）や機能の決定には円や三角以外のさまざまな要素が考慮される。各チューブの長さや太さ、ハンドル軸の傾き（キャスター角）、ボトムブラケットの位置、前後の車軸の間隔、さらにその他のさまざまな要素によって、自転車のフレームと乗り手との相性や、その自転車に適した巡航速度、操縦のしやすさなどが決まっている。フレームの設計にはつねに多少の変化はあり、二十一世紀にもラディカルな設計や新しいフレーム形状が生まれている。しかしダイヤモンド形状が基準になっている点は常に変わらず、新しいフレームもたいていはそれをベースにしたヴァリエーションにすぎない。「チューブで構成するリジッドフレーム〔サスペンションを使用しない〕の自転車を作る際に、ダイヤモンド・フレームを越える構造はありそうもない」と、自転車ビルダーのシェルドン・ブラウンは書いている。「これは人類の知る中でほぼ完璧といえるデザインのひとつだ」。

完璧なデザインの機械も、それほどでもないものも、魔法のように生まれるものではない。自転車をつくるためにはまず原料を手に入れて運んでこなければならない。たとえば、アルミ製のロードバイクで使われている素材には、アルミニウム、鋼、鉄、銅、マンガン、マグネシウム、亜鉛、クロム、チタン、鉱物油、硫黄、カーボンブラック〔炭素粉末〕、合成ゴム、天然ゴムなどが含まれる。これらの材料は地中から掘り出したり、植物から抽出したり、工場で合成したりして作られる。

自転車やその部品の製造では、そこからさらに粉砕、精錬、ハイドロフォーミング〔パイプ成形手法の一種〕、押し出し成形、加硫などの精製や処理工程を経たものが使用される。もちろんそれぞれのプロセスには廃棄物や排出物がある。ぼくらの中には、自転車に乗ることはエシカルで環境的にも正しい選択だ、と思って安心している人もたくさんいるが、その製造過程の現実から逃れることはできない。資源の採取、エネルギー消費、そして製造に関わる労働には相応の代償がある。二輪車といえども、確実に足跡（フットプリント）を残しているのだ。

その足跡がどれくらいの規模なのかは、はっきり述べることが難しい。自転車産業はグローバルであり、複雑に入り組んでいる。現代の自転車の多くでは、複数の国で製造された部品が使われている。自転車という製品のライフサイクルを解き明かそうとする研究者たちにとっても、サプライチェーンを原点まで辿るのは困難を極める。アルミのフレームの原材料になるボーキサイトが露天掘りされている鉱山はギニアなのか、ガーナなのか、中国なのか。タイヤに使われている天然ゴムは世界のどこで収穫されたものなのか。とりあえずは、自転車のライフサイクルの最初のところに関わっている資源産業は、穏当にいっても環境や人権という点ではこれまでまったく問題がなかったとはいえず、したがって、イメージだけで自転車をクリーンでグリーンに生まれてきたものと思い込むのはナイーブに過ぎる、ということは指摘しておこう。組み立て工場の状況も同じことだ。自転車産業における労働搾取の問題はすでにジャーナリストに告発されていて、カンボジアやバングラデシュなどの自転車工場では児童労働も指摘されている。

歴史にはさらなる暗部が記録されている。それを知るためには、たとえばジョン・ボイド・ダンロップと、彼の発明品であるゴム製の空気タイヤを掘り下げてみるだけでもいい。一般的に語られる自転車の歴史において、ダンロップの発明をめぐる物語は、まさにこの本のプロローグがそうだったように技術と商売における大成功の物語であり、十九世紀末の自転車ブームをもたらした決定打だったとされている。しかし、そうしたストーリーは莫大な量のタイヤとインナーチューブの原料がどこから来たのかには言及しない。それはアマゾン流域のゴムプランテーション農場であり、「赤いゴム」というおそろしい名で知られる、ベルギー領コンゴで途方もない規模の犠牲者を出した天然ラテックス収穫の現場にほかならない。ブラジルではゴムの収穫一五〇キログラムあたり一人が死んだ計算であり、コンゴでは一〇キログラムあたり一人である。「仮にあなたが一八九〇年代の自転車ブームで自転車に乗り始めた世界中の無数の人びとのひとりだとすれば、あなたの自転車はコンゴのゴムで走っていたはずである」と歴史家のマヤ・ジャサノフは書いている。世紀転換期の自転車ブームがヨーロッパ列強による人道およびエコロジー的な醜行へとつながっている、という話は、少なくとももうひとつの自然原料にも共通する。天然アスファルトだ。ヨーロッパやアメリカの大勢の自転車乗りが車輪を転がしていたならめかな道路は、イギリス植民地だったトリニダード島で奴隷的な労働によって採掘されたアスファルトで鋪装されたものだった。

こうしたぞっとする現実は、自転車の歴史は綺羅星のごときヨーロッパの発明家たちに彩られた偉大な人類の歴史なのだ、という盲信に冷や水を浴びせるかもしれない。しかし、それでも彼らの業績が目覚ましいものであることに変わりはない。自転車史の専門家は、ドライスやダンロップ、そして安全型自転車のパイオニアであるジョン・ケンプ・スターリーに並んで、たとえばピエール・ミショーの名を挙げる。ミショーはパリの鍛冶職人で、一部の専門家は彼が最初のボーンシェーカー・ヴェロシペードの製作者であると考えている。そして、ハイホイーラーの考案に欠かせない役割を果たしたとされるウジェーヌ・メイエル。さらには極小の部品で自転車の構造に寄与した人物もいる。その重要人物のひとりは、パリの自転車ビルダーであり、「機械時代の原子」すなわちボールベアリングの特許を取ったジュール＝ピエール・シュリレだ。この発明は自転車や自動車に限らず、釣りのリールからエアコン、コンピュータのハードディスク、果てはハッブル宇宙望遠鏡や火星探査機に至るまで、あらゆるものの働きに欠かせないものとなった。

記録というものは、それを誰に帰すべきなのかをめぐる論争にまみれているのが常だ。歴史家は、ペダル式の自転車を発明した功績を誰に帰すべきなのか、ミショーなのか、あるいは十九世紀半ばのフランスの自転車業界で活躍したほかの誰かなのかについて議論をつづけている（近年の学界では、コネティカットに移り住んだ後、一八六六年にアメリカでペダル式のヴェロシペードの特許を取ったフランス人機械工ピエール・ラルマンの功績ということで意見の一致を見ている）。ほかにも、スコットランドのダンフリース出身の鍛冶職人カークパトリック・マクミランが、一八三〇年代に踏み板と棒材の機構を用いたペダル式後輪駆動の自転車を発明していたという説があり、これも議論がつづいている。

自転車の進化の歴史は製造業の歴史でもあり、そこには革新的な製品やそれを世に出した企業の物語がある。大小の自転車ブームを牽引したのは、そのときどきに世に出た新しいタイプの自転車だった。一八八〇年代には三輪自転車、一九三〇年代には競技用自転車、六〇年代から七〇年代にかけては変速機付き自転車とＢＭＸ、八〇年代にはマウンテンバイクがあり、今日でいえばｅバイクだ。そして自転車のコンポーネントや装備に詳しい愛好家には、それぞれに神聖視するパーツやお気に入りのメーカーがある。カンパニョーロやシマノやスラムといった自転車コンポーネントのメーカーはある種の神話性を帯び、自転車狂たちはどれかのブランドの信奉者となって忠誠を誓う。そこには本一冊を書けるくらいの物語がある。

しかし、自転車がどこかの高みからやってきたもの、英雄的な個人や独創的な製作者たちによって世にもたらされたものと考えるのは間違っている。自転車は大衆の営みの産物であり、草の根の創意と、多方向の知識の交換によって生み出されたものだった。自転車の形態の決定的な特徴は、それが創意工夫や、新たに手を加えること、あるいは手直しや改造に開かれていることだ。シンプルでわかりやすい自転車のメカニズムは数え切れないほどのマッド・サイエンティストを生み出した。好奇心と手頃なレンチのセットさえあれば、子どもでも自転車をベアリングまでバラバラにすることができるし、もう一度組み立て直すこともできる。飾りや装備を付け加えることもお好み次第だ。

十九世紀末から盛んになった一般人の機械いじり文化を最初に牽引していたのは、自分たちの安全型自転車をいじる簡単さと楽しさを発見した自転車乗りたちだった。「自転車を使ってエクササイズする方法は二つある」と、イギリスのユーモア作家ジェローム・K・ジェロームが一九〇〇年に書いている。「全バラシして整備するか、乗るかだ」。ペダル駆動で空を飛ぶ自転車から、水上を進む自転車、ベッドのように横になれる自転車など、雑種的自転車や自転車もどきの機械の数々は自転車の改造の容易さの証左であり、同時に、自転車は無限に新しい形態や新しい機能を備えることができる、そうせねばならないという確信のなせるわざである。一八八六年には、アメリカのあるジャーナリストが、雑種的自転車を作り出している熱意をからかってこのようなことを書いている。「いつの日か、完全装備の自転車、つまり蒸気機関と大小の帆とその他のあらゆるお薦めの装備と発明品を備えた自転車ができれば、新手の自殺手段として間違いなく人気を博するだろう」。

自転車の改変は歴史の行く末も改変した。ヴェトナムに最初に登場した自転車は帝国の道具だった。つまりフランス領インドシナに赴任した植民地政府官僚の移動と娯楽の手段だった。長い間ヴェトナムの自転車市場はフランスの自転車メーカーがほとんど独占し、そのドル箱となってきた。しかし現地の住民はやがて自転車を自分たちの目的のために使うようになり、フランスに対する反植民地主義のレジスタンスやゲリラ闘争、さらにはアメリカ占領政府を相手にした武装闘争の手段として活用した。ヴェトナム人は自転車を爆弾の運搬手段として使い、時にはシートチューブやトップチューブに爆発物を詰め、それ自体を爆弾にした。一九六六年五月に作成された米軍の機密報告書には、この種の行為への注意が記されている。「自転車そのものが兵器として使用される場合がある。宙空のチューブで構成されたフレームにプラスティック爆薬を充塡し、サドルの下に時限装置を隠すのである。テロリストは目的地まで自転車を漕いで移動し、破壊目標の建物に自転車を立てかけ、時限装置を始動して立ち去る」。それ以降の数十年間にわたって、「自転車爆弾」は非対称戦争や圧制下の闘争におけるお馴染みの武器となってきた。いわゆる対テロ戦争においても、米軍はイラクやアフガニスタンでたびたび自転車に隠された爆発物の標的になっている。

余計なものを削ぎ落としたり、性能アップを目指して改造したいという欲求は世の中には新しいタイプの自転車を生み、新しいタイプの乗り方も生んだ。たとえば現代的なマウンテンバイクの起源を遡ると、一九七〇年代の北カルフォルニアの一群のサイクリストに辿りつく。彼らは旧型の自転車を改造して、マリン郡にある有名なタマルパイス山を登り下りできるような自転車を作ろうとしていた。そして、戦前のシュウィン社製のモデルをベースにしてフレームを補強し、ハンドルバーを交換し、新しいタイヤ、ギヤ、クランク、ブレーキを装着して「クランカー」と呼ばれる自転車をつくった。これはタマルパイス山の麓の丘陵のひとつパインマウンテンの、高低差が四〇〇メートル近くある凸凹した登山道を乗り回せるような自転車だった。自転車乗りたちは、この道に「リパック」という彼らの泥くさい手作業に由来する呼び名をつけている。彼らの自転車でダウンヒルを敢行すると、コースターブレーキが悲鳴と煙をあげるので、たびたびブレーキハブにグリースを再充塡(リパック)する必要があったのだ。

やがて、リパックのレースで上位の常連だったジョー・ブリーズが自ら設計・製作した専用のマウンテンバイクを売るようになり、自転車業界もそれに続いた。見方によっては、マウンテンバイクは安全型自転車以来、もっとも人びとに人気を博した自転車のタイプだ。頑丈な構造、低いギヤ比、路面の衝撃を吸収するサスペンション、そして取り回しのしやすさによって、マウンテンバイクはオフロードとは縁のない多くの人びとにも好まれている。

今日でもＤＩＹ的な実験は自転車文化の根本に残り、自転車サブカルチャーの土台になっている。さまざまな実用的な用途で自転車が活躍しているアジア、アフリカ、ラテンアメリカの開発途上国は、二輪車を三輪や四輪の荷物運搬車に改造したり、ペダルと駆動機構を工具の動力や電力源に転用したりといった具合に、自転車のカスタマイズのホットスポットにもなっている。一部の自由人の界隈では自転車の製作は政治的行為であり、反体制の表明でもある。アメリカの都市部には、拾い集めた材料で変わった形やサイズの自転車を製作する「フリークバイク」や「ミュータントバイク」と呼ばれるムーヴメントがあり、これはパンクやアナーキズムと親和性をもつ文化だ。フリークバイクはリサイクルとリユースの理想を体現するものでもある。見るからにぼろぼろな素材で作られたローテクな自転車は、一種のパンキッシュなアート作品、不条理なパフォーマンスや見世物であると同時に、大量生産工場で生産されるピカピカの自転車も、職人が手作りするオーダーメイドの高級自転車も鼻で笑ってみせる消費文化への反旗でもあるのだ。街の通りであの奇矯な「トールバイク」、つまり「エイプハンガー」型のハンドル〔持ち手の位置が高い極端なアップハンドル〕のついた、ダイヤモンドフレームを三つ積み重ねて溶接した高さ二メートル以上ある奇妙な機械の大群に遭遇すれば、誰でも自転車づくりという文化の見え方が変わるだろう。

手の汚れる自転車いじりに興味や才覚をもたない人にも、自転車は触れる者に独特の愉楽をもたらしてくれる。たとえばグリップシフトを切り替えるカチカチとした感触。ブレーキパッドをタイヤのリムに押し付けるキャリパーの動き。デジタル機器の全盛期にあって手触りの希薄なインターフェースに囲まれる中で、ある種の懐しい、機械時代のテクノロジーがもっていた感触の充足感を自転車は思い出させてくれる。自転車のコンポーネントの働きには詩情のようなものもある。「チェーンが完璧な状態で巡りつづけ、スプロケットの歯に吸いつくように噛み合わさってゆく様を思うのは尽きることのない愉楽である」と、文学研究者のヒュー・ケナーは書いている。

「チェーンのひとつひとつのリンクはスプロケットの歯にぴたりと吸いついてはすぐに遠ざかり、その繰り返しにはいかなる脱調もない。そのことを考えるのは、なにか心を落ち着かせる謎を心に受け容れるようなものだ……一生考えつづけても理解することのできない謎を」。

自転車の部品でもっとも重要なものはエンジン、つまり乗り手だ。自転車の設計の真髄は、機械と人間の不可思議な融合にある。ハイエンドのカスタム自転車のビルダーはコンピュータや数式を駆使して繊細に形状を調整した自転車を仕立て上げる。自転車のフレームをヒトのフレームにぴったりと適合させるのである。そうでなくても、スクラップの山から拾ってきたような自転車に乗る者でも、自転車と一体化する不思議な感覚を味わうことはできる。詩人のテオドール・ド・バンヴィルは、一八六九年に書かれた「ヴェロシペード」という詩の中で、自転車乗りを「新しい動物……／半分は車輪で半分は脳」と描写している。もっとも偉大な自転車詩人のひとりであるフラン・オブライエンはこのことを「人間と自転車の間で原子を交換した結果、本来の性格と自転車の性格が混ざりあっている……ほぼ半分人間、半分自転車となっている人びとがいる」と書いている。自転車に乗るときのある種の感覚をいちばんよく表現するのは、こうしたキメラ的な比喩かもしれない。体のあらゆる部位、肩、手、腰、脚、骨、筋肉、皮膚、脳が力強く、しかもしなやかな自転車のフレームと溶け合い、何も抵抗を感じることなく自転車で走っているときの感覚だ。そんな瞬間には、自転車を人を運ぶ乗り物として考えるのはおそらく正しくない。ある種の義肢のようなものと考える方が正確だろう。どこまでが乗り手でどこから自転車なのかが、もはやはっきりとわからないこと。それが自転車の究極の理想なのだ。

第4章　もの言わぬ駿馬

「ホーシー」という「自転車用の後付け飾り」。2010年に韓国のデザイナー、キム・ウンジが考案。

何千年もの間、人類文明の移動にはヒヅメが地面を蹴る音の伴奏がつきものだった。パカパカ、パカパカという音が旅のリズムを奏で、メトロノームのように移動の時間を刻んだ。馬の足音は田舎道の静けさを際立たせ、都会では石畳に響く音が周りの雑音を圧倒する。耳に快い音だ。「馬のヒヅメ！　うっとりするような素敵な音！／それは蹄鉄を履いた脚から地面がこっそり盗んできた音楽」と詩人ウィル・H・オグルヴィは書いた。それは同時に、死の先触れとなる恐しい音でもあった。たとえばエレミヤ書にはこうある。「地に住まう者はみな馬のヒヅメの踏み鳴らす音に叫び、敵の戦車の響きとその車輪のとどろきに嘆く」。いずれにせよ、その音はどこでも聞かれるものので、逃れる術はない。陸地を素早く移動することには、その聞き慣れた騒音の伴奏がつきものだった。

自転車は、世間が夢にも思わなかった斬新さをもたらした。ほとんど音をたてずに高速で移動することだ。この乗り物は、ほとんど音を立てない車輪に人を乗せて大地を飛ぶように走る。十九世紀の自転車は忍び寄ってくるものだった。「視界に入った自転車が、音を立てないまま、そばを通り過ぎて走り去ってゆくのは何かおかしな感じで不気味ですらある」と、一八九一年にあるジャーナリストは打ち明けている。初期に自転車を目撃した人びとは、現代人には少し意外なほど第一に自転車が立てる音、正確にいえばその無音ぶりに驚いている。これは社会の変革につながるとも考えられていた。一八九二年にある文筆家は、自転車は馬の引く乗り物が立てる「けたたましい騒音」をすっかり消し去り、「あらゆる都市住人が神経を悩ませている原因」を過去のものにしてくれるだろうと予言していた。そして、いななきながら客や荷を引く旧来の動物とこの新しい機械を区別して、自転車を「もの言わぬ馬」というウィットのあるあだ名も考案された。

あだ名はほかにもある。鉄の馬、機械の乗り物、ニッケルめっきの種馬、鋼鉄の乗用馬、二輪のブケファロス号〔アレキサンダー大王の軍馬の名〕。フランス人では機械の馬（シュヴァル・メカニク）、フランドルでは自転車は「ヴェロシペード」の音をもじったフラマン語フロッセペールトつまり「フロス馬」とも呼ばれた。中国で自転車が「外来馬」と呼ばれていた時代もあった。この種の通称は自転車の黎明期から存在している。英語圏の人びとがカール・フォン・ドライスのラウフマシーネに対して与えた〈ホビー・ホース〉とか〈ダンディ・ホース〉とか〈ダンディ・チャージャー〉といった馬にちなんだ呼称は、その連想を自明さを示すものにほかならない。もちろんドライス本人にもそのつながりは明らかだった。ドライスの初めての試乗の目的地がシュヴェツインゲンの駅馬交代所（リレーハウス）、つまり郵便運びの馬を停めておき、疲れた馬を休ませて元気な馬に乗り換える場所であったことは偶然ではないのだ。

十九世紀における自転車と馬の対立は、現代の自転車と自動車の思想的反目とは比べものにならないものだった。それは単に移動手段が「うるさい」か「静か」かという問題ではなかった。自転車と馬の対決において激突していたのは、近代の世界と旧時代のやり方であり、都市と農耕社会であり、機械と自然だった。つまり進歩と旧態の対立であり、浮わついた希望や展望が悲観的な黙示録的世界観と正面衝突していたのだ。

十九世紀にそんなドラマが起こるのは初めてではない。その何十年か前、同じように「鉄の馬」と呼ばれた蒸気機関車が到来したときも同じような論争が勃発していた。ただしこのときの類比はあまり適当とはいえない。鉄道は線路を通り、決まった点の間を往復しながら大量の乗客を輸送する。対して自転車は個人的な移動手段であり、歴史家のデヴィッド・ハーリヒーのいうように「ただひとりの主人に従う一頭の馬」なのだ。自転車もまた、馬のように野を越え丘を越え、家々を結ぶことができた――少なくとも詩想においては。

我がもの言わぬ駿馬の影が

丘を越え谷間を越えて飛んでゆく
あの雲のように素早く
穏やかな南風にのって
鞭も拍車もなく、そのなめらかな脚を傷つけることもなく
手荒に手綱を引かれることもなく
だがヘリオスの馬のように自由に
輝ける平原を駆け抜けてゆく

こうした比喩は当を得たものだった。自転車乗りは、馬の背に乗る騎手のように自分のマシンに跨がるものだ。現代に至るまで、自転車のシートポストに据えられているクッションはサドル、つまり鞍と呼ばれている。自転車について書かれた初期の文章では、自転車は馬のような見方をされていた。「［ヴェロシペードは］軽量で小柄で、軽く支えていると寄りかかってくるようだ。その足取りは乱れがなく扱いやすい。」「それはニッケルとエナメルの厚い皮の下で動物のように震え、ときどきはいななくような音も出す」「走り、跳び、前足を上げ、身をよじり、後退りし、蹴りつける。束ねられた鋭敏な神経のように落ち着きなく動きつづける。乗り手の下で生き物のように息衝いている」。

自転車乗りの第一世代は大人になってから自転車に乗ることを覚えたが、御し難さの点で自転車は馬のようだと受け止めていた。つまり、自転車は野生馬のように「調教」が必要なものに映った。

ジェローム・K・ジェロームは、自転車は「あらゆる卑怯な手を尽くして乗り手を振り落とそうとする。家の壁や塀を駆け上がろうとしたり、溝に寝転がったり、わけもなく逆立ちをしたり、後ろ向きにジャンプしたり、といった具合に。辻馬車や乗り合い馬車に戦いを挑んだりもする。乗り手に本気で懲らしめられるまで、あらゆる手を尽くして乗り手を不快にしようと試みる」。マーク・トゥエインは一八八六年の「自転車を飼い馴らす」というエッセイに、背の高いオーディナリ型の自転車を乗りこなすまでの苦労を綴っている。「私のものは完全に大人の自転車というわけではなく、まだ若馬だった。車輪は五〇インチ、ペダルは四八インチ用の短いもので、ほかの若馬と同じように臆病でびくびくしていた」とトゥエインは書いている。この馬は乗り手を投げ出す癖が抜けなかった。

突然、このニッケルをまとった馬は勝手に暴れ出して縁石めがけて突進を始め、どんなに祈っても、力を振り絞っても言うことを聞かなくなる。心臓が止まった気がして、息をするのも忘れ、脚は動かず、なすすべもなく突進するのだ。もう縁石まで二、三フィートしかない……そして縁石をなんとか避ける方向に車輪を向けようとするものの、ついには石で縁取られた冷たい道端にばったり投げ出されてしまう。

自転車は、馬を生活の糧にしていた人びとにとってはまた別種の脅威となった。イギリスのヴェロシペード熱が最高潮に達していた一八一九年に描かれた風刺版画には、鍛冶職人と獣医が蹄鉄も医療も必要のない新手の「馬」に仕返しをする様子が描かれている。鍛冶職人はこの乗り物をハンマーで打ちすえ、獣医は事故を起こした自転車乗り——もちろん洒落者である——を苦々しく睨みつけながら巨大な注射器で注射している。

その描写は空想だが、そこに反映されている不安は現実のものだ。自転車はそもそも最初からコスト的に有利な馬の代用品として売り出されていたのだ。「節約できる馬の餌、寝藁、蹄鉄、馬医者の費用はどれほどになるだろう」とロンドンのヴェロシペード愛好家は一八一九年に書いている。「膠鍋（にかわなべ）、金槌、釘、それに少々の油があれば用は足りる。乗っているうちにダンディ・チャージャーの頭が取れてしまっても、降りて釘で留め直せばいいだけだ」。その半世紀ほど後に、自転車の歴史家を自称した最初期の人物のひとり、J・T・ゴダードも同じような感慨を述べている。「私たちにとって自転車とは動物であり、しかも馬よりはるかに優れたものだ。何より費用がかからない。食べることも蹴ることも噛み付くことも病気になることも死ぬこともない」。自転車を製造する者はこの点をセールスポイントにした。コロンビア・バイシクルの広告には、同社のハイホイーラーを「何も食べずにいつまでも乗ることのできる馬」と謳う有名なものがある。

この比較はみなに気に入られたというわけではない。一八六八年に、ニューヨークのあるジャーナリストが自転車競走というアイデアは馬のいない競馬のようなものだと鼻で笑っている。「ここに説明されている通りの競走が行われるとすれば、競技場では大勢の血の上った紳士諸君が馬の代わりにお互いの頭を鞭の柄で殴りあうことになるのだろうか」。あるフランスの漫画家はさらにその線の想像を進めて、競技場を駆け回る自転車を馬がスタンドから眺めていたり、馬が日傘の下で談笑している様子を描いている。ポロ競技や猟犬を連れた狩猟といった、エリート階級好みの馬を使う趣味を自転車に置き換えた光景を茶化して描く者もあった。

しかし現実はパロディの先をゆく。一八六九年にはリヴァプール・ヴェロシペード・クラブの主宰する競技大会が開かれ、自転車に乗ったフェンシングや槍試合や槍投げが行われた。アメリカやイギリスでは自転車ポロの愛好会も人気を博した。田園地方で開催される馬術を中心にした運動大会は次第に自転車の姿が増え、テントペギング〔全速力で走りながら地面の杭を抜く馬術競技〕やメイポールダンスといった出し物では馬に代わって自転車が登場するようになった。ジェントリ階級の地所でも自転車はファッショナブルな存在になり、一八九五年にパリの記者が記した自転車に関するニュースには「新種の使用人が出現している。自転車の世話係である。……田舎の大邸宅では客人も多く、しかもみな自転車に乗るとあって暇な仕事ではまったくない」と報じられている。

当時には、自転車乗りを「馬ではなく二輪に乗った」現代の遍歴の騎士として描くというお決まりのユーモアのモチーフがあった。いちばん有名なのはまたしてもマーク・トゥエインの作品に登場するものだろう。一八八九年の『アーサー王宮廷のコネチカット・ヤンキー』には、自転車に乗る騎士ランスロットの分隊――「鎧を着た五百人の自転車の騎士たち」――がやってくる場面がある。しかし、またしても現実はフィクションを凌駕する。フランス軍は一八七〇年から翌年にかけての独仏戦争で偵察目的の自転車兵を出動させたのだ。一八八〇年代になると、ヨーロッパの列強ではどの国の軍隊にも自転車部隊が配備されていた。自転車騎兵と従来の騎兵はどちらが優れているのか、という点は軍事理論家の間でかなり論争になった。『アメリカ軍事研究』誌の論説委員は、一八九六年に自転車は馬にいくつか重要な点で勝っていると判断を下している。「馬は負傷すると進軍の負担になる場合がある……［自転車は］そのうえに秘匿しておくのも容易で、馬のように持ち主が戻ったときに見当たらないということもない」。

自転車の最大の軍事的利点はその隠密性だった。「自転車は音を立てず、したがって、足音や声をたてる馬より明らかに優れている」。もの言わぬ馬は戦場で敵を不意打ちすることもできた。自転車の軍事利用が実地に試される重要な舞台となったのは、第二次ボーア戦争（一八九九―一九〇二年）だ。これは、南アフリカの土地とその下に眠るダイヤモンドと金鉱をめぐる、大英帝国と二つのボーア人の共和国の間で戦われた泥沼の戦争だった。初めてイギリス歩兵が折畳み自転車を手にして戦場に姿を現したとき、オレンジ自由国の兵士は「さすがイギリス人、座ったまま移動する方法を発明するとは」と冗談を言った。しかし、やがてイギリス側もボーア人の側も、この紛争の地形や戦術における自転車の適性を思い知ることになった。徒歩よりも迅速に、馬よりも静かに移動できる自転車兵は側面攻撃や奇襲を次々に成功させたのだ。

その優越性を見せつけたのは、ボーア軍の自転車偵察部隊だった。リーダーは狡猾かつ勇敢で知られたダニエル・セロンで、すでに「騎馬の名手」として名を馳せた人物だった。セロンの部下は鬱蒼とした木立の間でも開けた土地でも自在に自転車を進め、要所で待ち伏せを仕掛け、鉄道や橋を爆破してイギリス軍を苦しめた。何百名という敵兵や将官を捕え、ボーア人の捕虜を解放した。イギリス軍の司令官ロバーツ卿はセロンを「イギリス軍の進軍を阻む最悪の棘」と呼んだ。ロバーツはわずか百八名のボーア人の自転車乗りを殲滅するために四千名もの兵士を投入し、敵の頭領の首に賞金をかけた。セロンは一九〇〇年九月、単独で敵陣の偵察をしているときにマーシャルズ・ホースと呼ばれるイギリスのエリート騎兵部隊に遭遇してついに最期を迎えた。しかしセロンはただで殺されることはなく、七名のイギリス騎兵を撃って四名を殺した後、ようやく「爆薬と砲弾の破片の地獄」に沈んだ。手痛い教訓を学んだイギリス軍は、セロンの死から間もなく、自軍の自転車部隊を四倍に増強した。

市民の世間には別の闘いの炎が上がった。馬術家には彼らなりの格率と自負があった。馬は立ち止まっても倒れない。自転車をかわいがることはできない。前方から何かがやってくるとき、自転車はいつでもそちらへ突進するが、馬はいつでも後に退くことができる。自転車派は反駁した。自転車は決して投げ縄を必要としない。自転車は道路に馬糞を撒き散らすこともない。自転車は行き倒れることもないし、死体が腐って困ることもない。こうした当て擦りは、それぞれにもう少し高尚な議論とも共鳴している。都市の衛生状態の向上を訴える進歩的な改革論者は、街路を汚して伝染病の懸念を広げる馬よりも自転車を好んだ。また、改革論者は動物の福祉の点においても自転車を支持した。アメリカの会衆派〔プロテスタントの一派〕の聖職者チャールズ・シェルドンは、「イエス

ならどうなさるか？」というフレーズを人口に膾炙させた一八九六年の小説『みあしのあと』の中で、自転車こそが倫理的な選択だという立場を表明した。「もし主イエスが私たちの立場であったならば、きっと主は御自分の力を蓄え、また荷を引く動物をお思いになって自転車に乗ったことでしょう」。

自転車とフェミニズムのつながりは、伝統主義者に馬への支持を強めさせるものだった。自転車に乗る「新しい女（ニュー・ウーマン）」はブルマーを好むが、馬ならば裾の長い服を着て横鞍（よこぐら）に乗ることができるからだ。他方で自転車擁護派は、二輪車こそが、馬車という「贅沢で女々しい」男性性を損なう移動手段に代わるものだと主張した。

自転車と馬についての議論の大半は社会の階級をめぐるものであり、洒落者の乗用馬（ダンディ・ホース）が「大衆の駄馬」になるまで、つまり摂政時代のエリート階級のおもちゃが安価で民主的な馬の代替品になるまでには何十年もの時間を要した。一八六〇年代から一八七〇年代のボーンシェーカー・ヴェロシペードやペニーファージングは上層ブルジョワ階級のステータス・シンボルだった。これに変化が訪れるのは、〈安全型〉の登場によって二輪車が大衆の手の届くものになる一八八〇年代のことだ。もちろん裕福な人びとの二輪車人気が衰えることはなく、ベルグレイヴィアやバークシャーといった高級住宅街の邸宅では自転車の世話係が雇われていた。しかし自転車がさまざまな社会的な階層に普及してゆくと、馬は階級差の指標とみなされるようになる。一八九五年のある新聞の論説は、その手のスノッブ的な自転車批判の典型的な例といえる。「この世でもっとも興味深いことのひとつは……生まれてこの方二、三回ほどしか馬に乗ったことのない若者が、自転車をもっているおかげで馬の費用をどんなにか節約できたかという話を微に入り細に入り友人たちに聞かせることである」。

そういった小馬鹿にしたような評言の背後には、ある種の警戒感と、もしかすれば憤りのようなものも見え隠れする。混雑する馬車の隙間を縫うように自転車が群れをなして突進する――そんな世紀末の路上で展開されていた狂乱の光景は、その先にさらなる変動を、つまり社会の秩序がより流動的で混沌としたものになる将来を予見するものでもあった。馬の牽く馬車は、品格や、旧いヒエラルキーや由緒ある社会的地位の象徴だった。そして自転車は無秩序な反乱のそれであり、混沌と変化をもたらすものだった。「富める者を貧しい者から区別する徴がひとつあるとすれば、それは何だろうか？」と、アメリカ海軍長官ジョン・D・ロングは一八九九年のスピーチで問いかけた。「かつては富める者は乗り、貧しい者は歩くということだった」。ロングは、今やその区別は根こそぎ消滅したと続けている。「自分の自転車をもつ者はその自分の〈馬〉に乗る。そして、馬車に揺られる者の顔に土埃をお見舞いするのだ」。

自転車と馬の対立はメタファーやレトリックの次元に留まっていたわけではない。ヨーロッパでもアメリカでも、自転車の分類をめぐって政治的・法的な議論が展開された。そもそも自転車とは何なのか？　ただの遊び道具なのか？　それとも、それ自体が法的にも正当な乗り物、運輸の手段として扱われるべきものなのか？　アメリカの諸都市では、街路や公園から自転車を締め出す条例が自転車派の運動家の反発を招き、法廷闘争になることもあれば、使用を禁じられた路上であえて法を犯す直接行動もしばしば行われた。

自転車に向けられる不満として、馬が自転車のせいで驚いてしまうというものがあった。脅威とみなされたのは自転車の静かさだ。自転車が気づかれずに馬に近寄ってしまい、事故や混乱を引き起こすことがあるからだ。自転車にびっくりした馬は「半狂乱」になり、騎手を振り落としたり、荷馬車が引っくり返したりすると言われた。馬に乗る者の立場には、荷馬車や貸し馬車の御者をはじめ、その他の馬車で生計を立てる者の厚い支持があった。荷馬車の御者はしばしば道路を横切るように馬車を停めて自転車を妨害したり、示しあわせて道路を封鎖したり、自転車の通り道に馬を走らせて突き飛ばしたりした。自転車乗りが自転車を道路の脇に停めてその場を離れていると、戻ってきたときには「荷馬車の馬に引き倒され、ほどんと面影がなくなるまで踏み付けられた」自転車が待っているということもあった。一八九五年には、エミール・ロスペッツという名のニューヨークの荷馬車の御者が、仲間の荷馬車の後ろに乗って自転車乗りに唾を吐きかけた廉で逮捕されている。判事はロスペッツを四日間拘留するように求め、この処分が「二輪車乗りを嫌がらせして楽しんでいる」多くの馬車乗りの戒めになれば、との意見を述べている。

路上で頭に血を上らせる者はどちらの側にもいた。自転車関連のメディアでは、馬車乗りが原因で事故や良からぬことが起こった話は定番の娯楽になっていた。カール・クロンという筆名で多くの自転車旅行記を書いた、アメリカの自転車旅行者で作家でもあるライマン・ホチキス・バッグは、馬や馬に乗る者に対する辛辣な批判者でもあった。一八八七年に刊行した『自転車一万マイル』ではバッグはこんなことを書いている。「馬を購入すれば同時に公共の道路における特権が手に入るのだ、という奇妙な幻想を除けば、臆病でいうことを聞かない馬を操るという危険な娯楽にはあえて長舌を振うに値する楽しみもないだろう」」。現代の英語に伝わる「路上のブタ」という二つ名は、一部の馬に乗る者に対してバッグが与えたものである〔悪質な自動車ドライバーに対して使われる road hog という蔑称のこと〕。

起業家や興業主は自転車と馬の反目を放っておかなかった。そこには金の匂いがあったのだ。一八八〇年代の初めには、アメリカの屋内競技場や屋外催事場には自転車と馬の競走を見物するために大勢の人びとが押し掛けた。この種のイベントはしばしば象徴的な対決と宣伝された。「新旧の対決、人間の移動を助けてきたもっとも原始的な手段に、あらゆる現代的な推進機械の粋が挑戦する」といった調子だ。よく知られた一八八四年の春にサンフランシスコのメカニクス・パヴィリオンで開催された競走では、騎手チャールズ・アンダーソンがルイーズ・アルマンドとジョン・プリンスの自転車チームと対決した。この競走は六日間の自転車レースをモデルにした体力とスタミナを競うもので、正午から真夜中までほぼ一週間にわたって行われ、周回数と走破距離によって勝者を決めることになっていた。騎手は観客席に近い外周コースに馬を走らせ、自転車乗りたちはパヴィリオンの床に石墨で示された内側のコースを走った。総合勝者は相手の八七二マイルを上回る

総計八七四マイルを走ったアンダーソンだった。しかし、華やかなショーマンシップで観衆とメディアの心を摑んだのはカナダ出身の自転車走者アルマンドだ。「彼女の逞しい脚の駆る自転車は軽々とトラックを周回した」と、デイリー・アルタ・カルフォルニア紙は報じている。「愉快なことに、馬たちもさも驚いたように目を見開いて、アルマンドのきらきらしたマシンが通りすぎるのを見つめていた」。

イギリスやヨーロッパ大陸でも自転車と馬の競走は人気を博し、ときには国際紛争の代理戦争の趣きを帯びることもあった。一八九三年には、アメリカ西部開拓時代の英雄バッファロー・ビルに扮して「カウボーイの王」を自称するアイオワ出身のサミュエル・フランクリン・コーディという人物が、イギリスやヨーロッパ各地を巡業しながら各地のサイクリストに挑戦し、大勢の人びとが見物に訪れ、新聞も盛んに報じるということがあった。

コーディには生来のセルフプロモーションの才覚があった。左右に垂れ下がった口髭を生やし、ツバの広い帽子にバックスキンの上着という出で立ちで、牛泥棒をしたとかスー族と戦ったとかいったホラ話をしてインタビュワーを楽しませた。彼の興行でいちばん有名なのは、一八九三年の十月に行われたフランス人の自転車走者メイエ・ド・ディエップと対決した競走で、このときはパリ郊外のルヴァロワ＝ペレに何千人という人びとが押しかけた。この競走はヨーロッパ的な偏見そのままに、元気のよい田舎者が馬の背に揺られて平原を行く、という「新世界」アメリカの旧時代風の光景を演じてみせるものだった。対照的に、自転車の祖国たるヨーロッパは都市、テクノロジー、そして未来を象徴するというわけだ。おそらくはそんな背景もあり、ルヴァロワでのメイエに対する勝利や、その後のヨーロッパ巡業で重ねられるコーディの勝利はそれほど刺々しい反応には迎えられなかった。歴戦の勝利賞金および自分への賭け金でコーディは一財産築いたといわれている。そしてコーディには新しいあだ名も付けられた。新聞は「カウボーイの王」に並べて「ヴェロシペード乗りの征服者」と彼を讃えるようになった。

しかし次の時代は自転車乗りの時代になるだろう。少なくとも、一八九〇年代にはそう思われていた。アメリカの自転車アクティヴィズムは、一八九六年の大統領選挙キャンペーンで究極の盛り上りを迎えた。共和党のウィリアム・マッキンリーと民主党のウィリアム・ジェニングス・ブライアンが、アメリカ自転車同盟（LAW）の支援獲得をめぐる、つまり「自転車票」をめぐる争いを繰り広げたのだ。LAWは、一八八〇年にロードアイランド州ニューポートでコロンビア・バイシクル社の創業者アルバート・A・ポープによって設立された組織で、各地に無数にある自転車クラブを傘下におさめ、ひとつの全国的な自転車ロビー団体にまとめ上げた。初期の構成員の多くは上流の紳士サイクリストたちだったが（会員にはジョン・D・ロックフェラー、ジョン・ジェイコブ・アスターといったいわゆる〈金ぴか時代〉の大物も含まれている）、マッキンリー対ブライアンの大統領選のころになると、LAWは十万名を超える会員数を擁する強大な影響力と人気を備えた組織となっていた。そしてLAWは人種差別的だった。一八九四年に定められた組織の綱領では白人以外が会員になることは禁じられていた。LAWはアメリカの自転車競技を統括する団体でもあったため、アメリカで行われるほとんどの自転車競技では非白人の選手は出場できなかった。フィラデルフィアで四日間にわたって開催された一八九七年の年次総会では、締め括りのイベントとして二万五千人の会員が仮装して通りを走る「大自転車パレード」が行われたが、このとき多くのライダーは〔顔を黒塗りして黒人の格好をする〕ブラックフェイスの扮装をしたり、「日本人（ジャップ）、インディアン、エスキモー、……および南洋諸島人」などの民族や人種を模して参加した〔LAWでは地方組織でも全国組織でもイベント時にミンストレル・ショー〔主に黒人の扮装をした白人が出演するバラエティ・ショー〕が開催されるのが長らく定番になっており、LAW関連のサイクリング・パレードやデモではブラックフェイスの会員が見られた〕。LAWはその歴史の中で二度の解散と再生を経ているが、現在はアメリカ自転車連盟となったこの組織が人種による会員資格の制限を正式に撤廃したのはようやく一九九九年のことだった。

LAWは社会的な意味では進歩的とはいえなかったにせよ、政治的には実力と先見性を備えた組織だった。その会員が団結して推進していたのが組織の柱ともいうべきミッション〈道路改良運動（グッド・ロード・ムーブメント）〉だった。これは道路から「砂、砂利、泥、小石、水溜り」を一掃し、広大な国土を縫ってアメリカの諸都市と田舎地方を結ぶ、滑らかに舗装された安全な道路やハイウェイのネットワークづくりを推進する運動だった。これに似た運動はイギリスでも進行中で、ヨーロッパ諸国は既存道路の舗装化の点ではアメリカに数十年ほど先行していた。アメリカでは、とりわけ都市域を離れると道路は酷い状態だった。「道路改良のできない国に文明の進歩はない」、そうポープは一八九三年の議会への公開書簡に記している。この言葉遣いは注目に値する。LAWは、目指すべきはアメリカを単に近代化するのではなく文明化すること、つまりこの若い国をヨーロッパと互角の国家に成長させ、植民地国家の拡張主義的な「進歩」を続けることだと強調した。明記されてはいないものの、そこに暗に示されているのは北米大陸に存在する道路の多くがネイティブ・アメリカンの通行路だったという事実である。そして、同じく明記はされていないものの、アルバート・ポープのような自転車企業の重鎮にとって、道路の質はビジネスチャンスに直結していた。

今ではほとんど忘れられてしまったが、道路改良運動は後世への影響という意味においてアメリカ史上有数の社会運動だった。まず、これは自転車と馬、およびアメリカの生活におけるそれぞれの地位に確実な影響を与えた。自転車の「本来の家」は都市だったが、都市域の外まで自転車にフレンドリーな道路を拡張するという事業は自転車の支配地域を拡張することでもあり、それは四足の馬の領域を二輪の馬が侵略することを意味していた。

一八九〇年代の半ばには、アメリカにおける馬の地位はいくつかの意味で衰退傾向にあった。まず馬の市場は不況であり、その原因は自転車のブームだと広く信じられていた。一八九七年のニューヨークのサン紙は干し草の販売の縮小を報じており、その下落の原因を「馬の利用を大きく上回っている自転車」に帰している。厩舎オーナーや馬車職人のビジネスの不調の背景には自転車があるとされ、馬で商売していた者が自転車業界に鞍替えしているとも報じられている。「鞍などの馬具をつくる職人たちは……自転車のサドルに関心を寄せている。乗馬アカデミーは自転車の乗り方教室に変わった」。

歴史家は、こうした変化における自転車の役割はおそらく誇張されており、馬の衰退の原因としては一八九〇年代の全般的なデフレや、馬車の代替として登場した電気による路面電車の方が大きいのではないかと考えている。しかし世紀の転換期には、「いまや自転車の時代であり、馬の栄華は終わった」などという端的な言葉も聞かれた。この時代には、大衆のイメージの中の馬は新しい性格を帯びるようになっており、それは麗しい自然が具現化した、野で遊ぶ優しい動物という理想化された存在と、都市に汚物や病気を持ち込む「手に負えない獣」で「頑迷で信頼のおけない乱暴者」、つまり「田舎にいるべき存在」という両極端なものだった。尊ぶにせよ、軽蔑するにせよ、馬がもはや時代の歩調には合致しないものであり、自転車の象徴する進歩にとって障害となるものであることは明らかだった。

もちろん、二十世紀の進歩を牽引する存在が自転車ではなかったのはいうまでもない。最初のT型フォードがデトロイトの組み立てラインから登場したのは一九〇八年のことだ。その翌年に売られた自転車の台数はアメリカ全体で十六万台で、その十年前の百二十万台に比べれば大きく減少していた。ヨーロッパでは自転車が脇に追いやられるまでにはもう少し長い時間がかかるが、エンジンを積んだ乗り物の優勢は否定できないものだった。未来はもの言わぬ駿馬のものではなく、四輪の「馬のない馬車」のものであり、雄叫びを上げて回転する内燃機関のものだったのだ。

現代戦われている自転車と自動車をめぐる論争には、かつての自転車と馬の反目の再演となっているものも多い。自動車カルチャーにとって自転車は目障りな過去の遺物であり、道路で邪魔になるのろまな存在である。自転車派はどこかで聞いたようなモラルに訴えて自分たちの立場を主張する。馬を道路を汚す存在と罵った十九世紀末の自転車乗りと同じように、今日の自転車擁護派は自動車が公衆衛生や環境にもたらす害毒を列挙する。車でいっぱいの都市の「地獄のような騒音」が「ストレス性の疾病」の原因になっている、という自転車擁護派の主張を聞くことも少なくない。

馬はといえば、移動手段をめぐる議論からは退いてしまったものの、ぼくらの集合的な意識の中でまだ生きている。自動車メーカーはいまだにエンジンの能力を馬力で表現する。自転車の物語もすっかり馬の影を追い払えたわけではない。アメリカでは一九五〇年代から一九六〇年代にかけて、自転車業界による子ども向け自転車の販売戦略として馬のイメージが再浮上した。メーカーは、「男の子向け自転車」に「ブロンコ」〔西部の半野生の小馬〕「ホパロン・キャシディー」〔クラレンス・マルフォードの小説に登場するカウボーイ〕「ジュヴナイル・レンジャー」といった、野生馬が闊歩する神話的な西部の光景や、そうした馬を手懐けるヒロイックな男性のイメージに訴える名をつけ、自転車の色の呼び方も馬に由来する「スタリオン・ブラック」や「パロミーノ・タン」といった調子だった。そして、「カウボーイ」的な装飾物をつけた自転車も多かった。たとえば、モナーク・シルバー・キング・カンパニー製の、往年の西部劇俳優の名を冠した〈ジーン・オートリー・ウェスタン・バイク〉のフレームにはラインストーンが貼られ、蹄鉄型のリフレクターを備え、トップチューブには房飾りのついた鞍のようなものがついていて、「ジーン・オートリー公認の赤いグリップのピストルと、本革製ホルスター」がついていた。郊外の少年たちは馬に擬態した自転車に乗り、総距離何万キロという州間(インターステート)高速道路のアスファルトとコンクリートの道路の下に消えてしまった手つかずのフロンティアを夢見るというわけだった。それはもはや、かつてのアメリカ自転車連盟の誰にも予想できなかったほどに巨大な、そして自転車を寄せ付けない道路のネットワークになっていた。

　コメディは歴史を保存する形式である。最近の自転車のお遊びにも、かつての自転車と馬をめぐる議論が再浮上することがある。ここ数年、ニューヨークでハンドルバーにプラスティックの馬の頭を取り付けた自転車に遭遇することがときどきあった。こういう洒落は珍しいものでもない。インターネット上には、おふざけで馬のように仕立てられた自転車の写真がいくらでも発見できる。クリティカル・マスの集団走行の先頭に紙粘土製の馬の頭をつけた自転車が走っていたり、トップチューブに子ども用のお馬さんが縛りつけられていたり、三輪自転車のリアホイールの間におしゃれな馬のしっぽがあしらわれていたり。自転車とユニコーンの組み合わせも流行している。

数年前に、ロンドンのデザイン事務所が「自転車と馬をハイブリッド化する世界的にも先進的なデバイス」と銘打った装置を売り出した。「トロティファアイ」というその装置は、自転車のフロントブレーキに装着する小さな装置で、自転車が前進するとココナッツの殻を打ち合わせて音を出すというものだ。その音は駆け足の馬の立てる音に不気味なくらいよく似ている。背後から馬が迫ってくる蹄の音を聞いたら自転車仲間はびっくりするに違いない。もの言わぬ駿馬が声を取り戻すというわけだ。ほとんど無音で走る自転車の上で、トロティファアイが古（いにしえ）のリズムを刻む。過ぎ去りし時代の歌、あのパカパカ、パカパカという音を。

第5章　自転車狂時代　一八九〇年代

「道路でいちばん幅を利かせる人たち！」
ニューヨークの雑誌『パック』1896年5月号の表紙。ルイス・ダルリンプル画。

一八九九年『アクロン・デイリー・デモクラット』*（オハイオ州アクロン）

クリス・ヘラーが民事裁判所にレナ・ヘラーとの離婚を申請。理由は甚しい怠慢で、妻は何もせず家事も食事の準備も拒むと訴えている。夫によれば妻は自転車熱の犠牲者であり、ほとんどの時間を費して非常識な人びとと一緒に自転車に乗っている。

一八九六年『ウィチタ・デイリー・イーグル』（カンザス州ウィチタ）

自転車は新たな役割を帯びた。幸福な家庭の破壊者という役割である。問題の中心にいるのはかつてブルックリン、フィフス・ストリート五一三番地に暮らしていた二十三歳のエルマ・J・デニソン夫人、ブルマーを着て男用の自転車に乗る「自転車娘」である。一八九二年にチャールズ・H・デニソンと結婚したころは家事に専念し、二人の子どもにも恵まれて忙しい日々を送っていた。

デニソン氏の不幸は妻に自転車を与えたことだ。デニソン氏によれば、妻はあらゆること、つまり家のことも子どもも夫も忘れてしまうほどに自転車に熱を上げてしまった。彼女はもははや自転車のために、自転車の上で生きるようになった。そしてすぐに男用の自転車に乗り換え、スカートをやめてブルマーを履くようになった。彼女の言い分としては、それ以来夫は冷淡になったので別れを切り出さずにはいられなかったという。彼女は夫の冷淡さを根拠に離婚訴訟を提起している。デニソン氏は妻の方が自転車中毒なのだと反論しており、その証拠として最近受け取った次のような手紙を示している。「愛する夫へ。三番街の七丁目の角で会いましょう。私の黒いブルマーと、油の缶と、自転車用のレンチを持ってきてください。」

一八九六年『ザ・ワールド』（ニューヨーク州ニューヨーク）

ヘンリー・クリーティングとその妻はかつてニュージャージー州パターソン近郊の町バトラーで幸せに暮らしていた。しかしいまや二人は離婚訴訟の最中で、すべての原因は妻の自転車と真っ赤なブルマーである。先週の土曜日、夫は完全な離婚を求めて訴訟を提起すると宣言した。その理由は、妻が家の務めをほったらかしにしてブルマーを履いてずっと自転車に乗ってばかりいるからである。クリーティング夫人によれば、先週水曜日にサイクリングから帰宅した折り、家から飛び出してきた夫に乱暴に引き倒しされたので赤いブルマーはぼろぼろに

＊この章の各エントリはすべて一八九〇年から一八九九年の間に刊行された大衆雑誌や学術誌、医学誌などの抜粋である。ほとんどは一字一句そのまま引用しているが、一部については可読性と明瞭さのために冗長な文章を省略、誤解の恐れのある古い言葉使いを変更している。

なってしまった。悲鳴を上げて走り回りながら家に逃げ込むと、彼女の言によれば夫は斧を持ち出して自転車をさんざん打ち据えたので、スポークはひん曲がり、タイヤは裂け、フレームはお釈迦になってしまった。件のブルマーはもはやブルマーの用は為さないが、離婚訴訟の証拠品として提出される予定。

一八九一年『エセックス・スタンダード』（イギリス、エセックス州コルチェスター）

ストーク・ニューイントンのワーウィックロード九番地に住むフィリップ・ピアス、別名〈スパージョン〉十五歳は、七月二十四日にティンダルストリートに住むアルフレッド・ブーン氏の自転車を盗んだ廉で、チェルムスフォード裁判所の裁定により一ヶ月間の重労働刑を課された。八月二十二日に監獄から釈放されたものの、その外で別の自転車を盗んだため、ただちに再び逮捕された。父によれば復活祭まで息子はシティの協同組合の店舗で働くとてもいい子だったのだが、「自転車熱」に囚われてしまったのだという。それが彼の破滅の道であった。

一八九五年『ジャーナル・アンド・トリビューン』（テネシー州ノックスヴィル）

彼らは〔ニューヨーク州〕グレンアイランドに七月十一日に到着した。自転車を持っていて、自分たちはジョンとピーターのカールストン兄弟、ペンシルベニアからやってきた大学生だと名乗った。二人とも仕事を得てジョンはホールの給仕係を任された。二人はずっと自転車に乗っているのですっかり注目の的になっていた。昨日、ある男性に料理を運んだ際にジョンはテーブルの側で〔お盆を〕取り落して逃げ出した。この老齢の客はジョンを追いかけようとして、給仕頭に引き止められた。

「あの給仕係は私の娘のティリーだ」とこの老齢の客は言った。「男の格好をしてるんだ」

二人の若い「男」は自室で泣いているところを発見された。白状したところによると、二人ともシカゴのオークパーク近郊に住むヘンリー・カールストンの娘だった。

「私はシカゴ・アンド・ノースウェスタン鉄道の監査役です」と彼は言う。「この二人は私の娘です。ジョンと名乗っているのは二十歳のマティルダで、ピーターと呼ばれてるのはハリエット、十八歳」

「自転車狂いのせいだ」と彼は続けた。「二人とも自転車を欲しがり、その次にはブルマー、しまいには丸きり男の格好をするようになってしまった」

一八九六年『デモイン・レジスター』（アイオワ州デモイン）

日曜日、警察は非道きわまる事件の詳細を明らかにした。元市会議員のフランク・ディーツが、娘を家に閉じ込めておくためにその脚を丸太用の頑丈な鎖に結びつけたのである。娘が外で自転車に乗りたがるので、それを好まない父は自分の外出中に娘が外に出かけることを恐れ、鎖を使ったとのこと。

一八九五年『アレンタウン・リーダー』（ペンシルベニア州アレンタウン）

ニューヨーク州ユーナディラ発、適齢期の娘の自転車とブルマー姿への母の反対が、結局は新奇な自転車婚につながってしまった。フランク・モーゼス夫人は十七歳の娘フロレンスが自転車とブルマーを購入してからというもの、何ごとにも反対を突き付けている。

二度ほどは路上に鋲をばらまき、娘の自転車のタイヤをパンクさせんとした。また別のときには自転車をペンキで汚し、ブルマーなどの衣類を台無しにするところだった。ただしモーゼス夫人は、娘をブルマー好みにしたのは娘の交際相手のジェローム・スノウだと考えている。先週、スノウ氏がモーゼス嬢を自転車パーティに呼びにきた際、モーゼス夫人はスノウ氏にさっさと消えて二度と戻らないようにと言い渡した。

まさにそのときに姿を見せた娘は自転車で出かける格好をしており、家を飛び出すやいなや二人して道の彼方へと消えていった。二人は何マイルか移動し、さきほどの不愉快な出来事について語りあった。そのとき、若者は不意にこう告げたのだ。

「今夜、自転車結婚をしよう。もうこの厄介事にケリをつけるんだ」

「いいわ」とモーゼス嬢は答えた。「司祭はどこにいるかしら？」

年若いカップルがそのあと自転車パーティの一行に合流したところ、そのなかにミード師がおられた。必要な手続きがつつがなく取り行われ、司祭は結婚の誓いの言葉を唱え、その復唱を確かめ、二人が夫と妻であることを宣言した。自転車が時速一〇マイルで走りつづけながらの出来事であった。

一八九五年、『センチュリー・イラストレイテッド・マンスリー・マガジン』（ニューヨーク州ニューヨーク）

この時代、世間をまるきり変えてしまう力において自転車に比肩するものはない。自転車の影響とは、有史以来初めて人類が車輪が得たことにほかならない。すでに実現されている高速移動や、自転車がほかに助けのいらない簡便な手段であることを考えれば、この新しい秩序に対応するには非常に多くの根本的な改革が必要であり、世界を一からつくり直すのと実質的に変わらないとしても驚くことではない。

一八九六年、『マンシーズ・マガジン』（ニューヨーク州ニューヨーク）

自転車はあらゆる文明的な土地で見かけるようになったし、場合によっては世界の辺境というべき場所にも行き渡っている。ヨーロッパの王族も、アメリカの社交界の名士に劣らぬくらい二輪車にご執心だ。全ロシアを象徴する若き貴人ニコライ二世が自転車の傍らでポーズをとる写真がある。その周りにいるのは彼のいとこ、すなわちヨーロッパでいちばん背の高い王子たち、ギリシア王子ゲオルギオスとデンマーク王子カールである。カールはさきごろ婚約者のプリンセス・「ハリー」・オブ・ウェールズに自転車の乗り方を教えていた。ルイーズ王女などのヴィクトリア女王の一族もすでに乗り方を習得ずみだ。フランスの正統を名乗る二派のごとくに、自転車界にも自転車乗りのプランス・ナポレオンとプランス・アンリ・ドルレアンがいるというわけだ。その前者の血族のアオスタ公爵夫人は、トリノの街をひどく開放的な服装で「かっ飛ばした」ために、物静かな人物として知られる兄ウンベルト王を憤慨させたとのことだ。

トルコではすこし以前に自転車が正面切って「悪魔の乗り物」と指弾され、このスルタンの統べる地では使用が禁止されている。しかしコンスタンチノープル、スミルナ、サロニカの三都においては、今でも千を越える自転車乗りがいるという。エジプトでは、スフィンクスが動かぬ目を自転車に注いでいる。暗黒大陸アフリカの反対側では、イギリス人の入植者がテニスのラケット、クリケットのバットとともに自転車をもたらした。これは世界中どこでも同じなのだ。リオデジャネイロには見事な自転車競技場があるし、最近カブールの首長はハレムの女性たちのために自転車を注文した。

一八九七年、『マンシー・イブニング・プレス』（インディアナ州マンシー）

アメリカの自転車はアラビアに到達した。ここは北極圏と南極圏を除いた地球上で、アメリカの自転車が進出していないほぼ唯一の地域であった。

フェニキア人の時代から今日に至るまでの、商売と金銭にまつわるあらゆる驚異の物語の中で、自転車の話ほど人を仰天させるものはない。

ただの玩具が世界の貿易をたった五年でひっくり返してしまったのである。歴史には南海泡沫事件やゴールドラッシュや炭鉱や石油ブームはあったものの、この種のカネ狂いも自転車をめぐる熱狂とは比べるべくもない。これには文明社会も大騒ぎだ。

五年前、我が国では全国で製造・販売された自転車は六万台にも満たず、実直で鈍感な商売人たちはその「おもちゃ」を鼻で笑っていたものだった。

この変貌ぶりを見たまえ。恩寵と空気入りタイヤの恵み深きこの年には、アメリカに限っても八十万台の自転車が売り出される予定だ。

自転車の業界リーダーらによれば一台あたりの平均価格は八〇ドルであるという。かけ算してみたまえ。今年、アメリカのみで六六〇〇ドルが自転車に使われるのである。世界は自転車に狂っている。

一八九六年、『ザ・ジャーナル』（ニューヨーク州ニューヨーク）

全キリスト教世界の男性、女性、子どもが自転車に乗っている。今や「ビジネスアワー」とは自転車での移動と移動の間に流れている隙間時間にすぎない。自転車店という侮り難い相手がいるかぎり、肉屋やパン屋やロウソク職人はもう支払いを期待できないのだ。

教会には行かないのか？　そんなものはもう忘れられてしまった。安息日とは？　自転車に乗る日のことである。劇場のお芝居は？　時代遅れの娯楽だ。馬は？　馬とはジェントルマンのしるしのためのペットか、道草を食っている雑用馬である。宝石は？　時計は？　服飾は？その種の業界を営んでいた男たちはゴムタイヤとボールベアリングの製造に鞍替えした。

煙草はもう見向きもされない。ワインは馬鹿にされる側になった。二輪車とジンジャーエール、それが当たり前になったのだ。鉄道会社の配当金は悲惨な状態だ。政治は自転車乗りの要求に迎合するだけのものになった。


一八九六年、『ザ・フォーラム』（ニューヨーク州ニューヨーク）

この世間の新風がもたらす経済的な影響はいろいろと興味深く、掘り下げるてみると面白い。いちばん大きな悲鳴を上げているのは時計や宝石のメーカーだ。廃業して自転車製造に鞍替えした者も少なくない。

煙草の業界誌によると、葉巻の消費量は今年に入ってから一日あたり百万本というオーダーで減っており、この「熱狂」がはじまって以来の減少幅は総計で七億本を下らないという。仕立屋は少なくとも二五パーセントの損害を受けていると語っている。その理由は、客は自転車用の安価な既製服を買って自転車に乗っているばかりで、まともな服が以前ほど着古されなくなったからだ。靴職人は、以前ほど人が歩かなくなったので商売はひどい有様だと語っている。自転車乗りは安いキャップをかぶり、高いものを含めてその他の帽子をかぶらなくなったので帽子職人にも被害が出ている。怒りを隠せない職人のひとりは、議会は自転車乗りに対して一年に最低二つの中折れ帽を買うよう義務づけるべきだと語っている。

酒場の主人もほかの業界のように影響が出ているという。天気のいい夕方には客足が途絶えてしまうし、自転車乗りは来店してもビールと「ソフトドリンク」しか頼まない。商売に影響が出ているという者はほかにも多く、いくらでも列挙できるのだが、ここではもう一人だけ紹介しておこう。これは私がいちばん心を打たれた話といってもよい。ニューヨークの床屋の談である。「もう私の商売はすっかり駄目です」と彼はいう。「自転車がめちゃくちゃにしてしまった。自転車ブームがやってくるまでは、男は土曜の晩に女の子を劇場やらデートやらに連れていくために、午後になると髭剃りと散髪、時には洗髪もするためにここへ来ていたものです。いまでは自転車に乗って出かけるだけで、髭を剃るかどうかなんてどうでもいいんです。男が一日髭剃りをしなかったからといって、翌日に二回分の髭剃りを売ることはできないんですよ。だからこの商売には痛いんです。その分の髭剃り代がパアですから」

一八九七年、『アナコンダ・スタンダード』（モンタナ州アナコンダ）

シカゴのトマス・B・グレゴリー師は自転車を激しく非難している。グレゴリー師によれば自転車は精神への脅威である。すなわち読書の習慣を壊滅させる。読書室や図書館といったものには、以前に比べれば、ほとんど人が来なくなった。そして健康への脅威である。心臓疾患や腎不全や肺結核、そしてあらゆる類の神経疾患を誘発する。そして家庭的な美徳への脅威である。家庭をばらばらにして破壊してしまう。父と母が自転車に乗りに出かけている間、子どもたちは通りに放り出されるか、家で留守番しなければならない。さらに道徳への脅威である。自転車は女性を下品にする。全能のお方が女性にお与えになった麗しい慎みを捨て去れば、彼女たちは危うい場所に追いやられることになろう。女性らしさを失ってしまった女性が何をしでかすかわかったものではない。自転車は夥しい数の若き男女に、それさえ無ければ避けられていたはずの破滅への道を開くのである。

一八九五年、『オシュコシュ・ノースウェスタン』（ウィスコンシン州オシュコシュ）

なんであれ健康な楽しみも度が過ぎれば健康でなくなってしまう。医者は、このたび「自転車症（ビシクロリス）」なる新語を考案した。これは過度の自転車の使用による貧血や虚脱を意味する。

一八九三年、『バッファロー・クーリエ』（ニューヨーク州バッファロー）

大方の医者は自転車病というべきものがあると考えているようだ。体を二つ折りにして自転車に乗り、山火事かインディアンの一団にでも追われているかのように疾走している者を見たことがあれば、このことには何の不思議もあるまい。自転車乗りが好む二つ折りの姿勢は、自転車に最大の力を加えて速さを得るためのものだが、背骨に不自然な屈曲を生じさせることになる。これは背中の一部に目で見えるものとなり、醜い姿勢であるだけではなく、十四歳以下の少年においては深刻な、場合によっては命にかかわる危険を伴っている。

一八九六年、『ザ・メディカル・エイジ』（ミシガン州デトロイト）

自転車はしばしば直腸の深刻なトラブルの直接の原因になる。そして直腸疾患はすべて自転車によって悪化するといってよい。裂傷、痔核、肛門部の瘙痒症は自転車に乗ることで悪化し、これは自転車を捨てぬ限り治療のしようがない。

急性の下痢症の際に肛門の表皮は水様便による損傷を受け、直腸粘膜には充血や炎症を生じるが、自転車は炎症を悪化させ、裂傷、直腸潰瘍、あるいは内痔核を生じる直接の原因となる。

ジョン・T・デヴィッドソン医師は、自転車の過度な使用は男性の不妊をもたらすと考えており、とりわけ淋病の既往症による尿道奥部の過敏症がある場合に顕著であるという。

一八九六年、『ザ・デイリー・センチネル』（コロラド州グランドジャンクション）

自転車のもたらす異常のうちで、「自転車顔」として知られる引きつった神経質な表情ほど目につくものはない。これは最近あまりにあり触れているので、ここで説明するのも貴重な紙幅の無駄というものであろう。

「自転車首」も日増しに目立つようになってきた。天気のよい日の大通りでは「自転車腕」を目にすることもある。これは肘を目一杯外側に突っ張らせたまま無我夢中で自転車を漕ぐものである。乗り手はたいていこの不自然な姿勢に慣れてしまっているので、腕をまっすぐ伸ばすとか、それ以外の姿勢で自転車に乗ることがほとんど不可能なのだ。

この症例では「自転車脚」も認められる。これはしばしばふくらはぎの異常な発達を伴う外反膝である。特殊な姿勢によって爪先が内向して、内股に似た「自転車足」をもたらすこともある。

見境いのない自転車の使用や競走の結果としてもたらされるのは、緊張で引きつった神経質な表情をした、曲がった首、猫背、外反膝、内股の人間である。

一八九八年、『チャタヌーガ・デイリー・タイムズ』（テネシー州チャタヌーガ）

歪んだ顔に猫背の猿じみた人間、すなわち「飛ばし屋」として知られる人物がふたたび野放しになっている。飛ばし屋はすべての歩行者のみならず、まともな自転車乗りにとっても危険であり、やめさせるべきだ。警察は彼を厳しく取り締まり、発見しだい検挙すべきである。問題は飛ばし屋が自身の安全に無頓着であることではなく、彼が他人の安全を顧慮しないことである。郡刑務所の独房に何日か収監しておくのが有効だろう。

一八九六年、『トロント・サタデー・ナイト』（カナダ、トロント）

この自転車狂は見つけ次第、射殺すべきである。彼には「悪鬼の如く」という形容詞はもはや適当ではない。なぜなら悪鬼にも脳味噌はあるのだが、この人物は無謀で、邪悪で、無責任な脅威であり、いかなる配慮もすべきではないからだ。最近の比較的穏当な所業としては、カレッジストリートの歩道の脇をぶっ飛ばし、ほかの自転車が近付いてくると「どけ、俺の道だ！」と怒鳴り、減速するどころか加速する始末だ。ならず者の振舞いを知らぬ女性が怯えるばかりではなく、彼自身もびっくりした相手もひどい怪我をすることもある。あいつは電車で轢いてしまいたい！

一八九七年、『セントポール・グローブ』（ミネソタ州セントポール）

フランスの医者たちは自転車に乗る女性をさいなむ新種の神経症に首をひねっている。女性は自転車に乗るとひどく冷酷になるのである。

最初に世間の知るところとなったのはウジェニー・シャンティイ夫人の症例である。シャンティイ夫人は自転車に乗るようになって久しく、遠方の友人を訪ねるときも自転車に乗っていく熱心さだ。夫人が奇妙なヒステリーに襲われたのも、少女時代の友人アンリ・フルニエ夫人をパリに訪ねた際の出来事だった。フルニエ夫人もまた自転車乗りであり、ある朝、二人はパリの名高い大通りで自転車に乗っていた。

パリ植物園の近くまで来たとき、フルニエ夫人は速度を上げて友人を引き離し、その際に肩越しに振り返って笑いながら「お先に失礼」と一声かけたという。この出来事について語るフルニエ夫人によると、相手からの返事はなかったが、しばらくして振り返ってみると友人が猛烈なスピードで迫ってくるのが見えた。追いついてもあの速度では止まれそうにないと思ったフルニエ夫人は脇に寄ったのだが、恐しいことに友人は彼女に向けてまっすぐハンドルを切ってきたのである。フルニエ夫人が避ける間もなくシャンティイ夫人の自転車がぶつかり、フルニエ夫人は倒されてしまった。シャンティイ夫人は少しばかり後ろに下がってからふたたび猛烈な加速をして地面に投げ出されたフルニエ夫人を轢いたのである。

フルニエ夫人は恐怖のあまり悲鳴を上げながら起き上がろうとしたものの、怒りに我を忘れた友人に何度となく轢かれるままだった。フルニエ夫人は人に助けられて、ようやくシャンティイ夫人の執拗な攻撃から逃れた。フルニエ夫人の怪我は数日間、医師がつきっ切りになるほどのものだった。この世にも稀な暴行事件に興味を抱いた医師は仔細な調査を行い、シャンティイ夫人の状態について検査をすべく精神異常の専門家に依頼した。

この二人の医学の専門家が検討の末に達した結論は、彼らはまさに自転車のみを原因とする新しい病気を発見したということだった。そして、フランス全体を対象にして注意深く調査した結果、十七人の女性が、隙あらば同性の自転車乗りに危害を加えたいという抑えがたい欲求に襲われたことがあることを発見した。医師たちはまた、この神経症はあらゆる残酷な行為に強烈な快楽を感じさせるという別の証拠も発見している。ある女性は、飼い犬をいたぶっているところを見咎められてどうしてそんなことするのかと問われ、スペインの異端審問をやってみせているのだと答えた。

一八九四年、『シカゴ・トリビューン』（イリノイ州シカゴ）

問題は、自転車乗りから「新しい女」が生まれるのか、それとも、「新しい女」から自転車乗りが生まれるのか、ということであろう。少なくともこの二つは非常に近い関係にある。

自転車に乗る姿は美しいか？　愚問だ。小さなサドルに腰かけてバランスをとっている女は見苦しい以外の何者でもない。自転車で走っている様は蛸を連想せる。両腕、両脚が一斉に動いているからである。

一八九六年、『ネブラスカ・ステート・ジャーナル』（ネブラスカ州リンカン）

〈女性救済同盟〉の代表、シャーロット・スミス女史は、女性が自転車に乗ることは女性を

「悪魔へまっすぐ導くもの」であると述べ、議会はこれを禁止すべきであると提案している。

一八九五年、『アメリカ産婦人科・小児科ジャーナル』（ニューヨーク州ニューヨーク）

女性の自転車使用に関して重大な異議が唱えられいる。それが仮に真実であれば、今後この運動を推奨する際には十分に慎重を期すべきであろう。なんとなれば、これは自慰行為を助長し、その習慣化を促すといわれているのである。

特定の条件において自転車のサドルがこの忌まわしい行為の引き金になり、蔓延させる原因になることは十分に考えられることである。どんな自転車でもサドルは好きな角度に調節でき、三角形をしたサドルの革はバネによって硬軟の調整が可能である。これを利用して女性はサドルの鞍頭（くらがしら）つまり前端部を高くし、あるいは革の張り具合を緩めて深さのあるハンモック状のくぼみをつくり、外陰部の全体を前部までぴったりと覆うようにして、陰核や陰唇に持続的な刺激を与えることができる。前傾姿勢をとれば刺激の圧力も高まり、継続的な運動によって生じる熱も感触に寄与するであろう。

一八九五年、『ザ・メディカル・ワールド』（ペンシルベニア州フィラデルフィア）

この件について同胞諸兄にはつつみ隠さず本心を申し上げねばならない。我々は性に関する問題を十二分に抱えている中で、わざわざパンドラの箱を開いて自転車を引っ張り出す必要があったのだろうか？　若く純潔な娘に最初に性的成長を自覚させるものが初めて乗る自転車だとは、考えるだけでも恐しい。神よ、我らの娘たちを救いたまえ、そして彼女たちの純潔と貞節を守りたまえ！

一八九七年、『ザ・シンシナティ・ランセット・クリニック』（オハイオ州シンシナティ）

男女が二人乗りすることについて。これは見るからに下品としかいいようがない。年ごろの娘がいわゆる「飛ばし乗り」の前傾姿勢で自転車に乗り、その後ろに飛び跳ねるウシガエルのような姿勢で男が乗って二人して脚を揃えて漕ぐ。すべての市町村ならびに州は、街で見かけるこの種の自転車の二人乗りを軽犯罪として禁ずる法律を制定すべきである。

一八九六年、『ザ・サン』（ニューヨーク州ニューヨーク）

この大通りの自転車乗りの間では、彼女は「黒衣の女」として知られている。警察裁判所の記録にはキャリー・ウィットンとの名で記載されている。どちらも同じくらいそれらしい名前である。彼女が警察裁判所の記録に残っている理由は、尋常な速度で自転車に乗ることに飽き足らなかったためだ。彼女は自転車に乗るときも裁判所に出頭するときも異性を同伴した。自転車でも二人乗り、逮捕されるときも二人、罪状認否も二人一緒（タンデム）だった。

ミス・ウィットンがあらゆる意味でゆっくりとは程遠い速度で走行していたのは衆知のことだ。彼女がふだん自転車に乗る格好は、小粋な黒いキャップに、洒落た黒いジャケット、ぴったりとした黒いニッカーボッカー——ブルマーの類とはまったく別のもの——および黒いシルクのストッキングである。ついでにいえば、ミス・ウィットンはその格好をしているときもしていないときもまことに見栄えのする娘である。彼女はそんな魅惑的な格好をして大通りを疾駆する。しばしば速度違反を犯すだけでなく、彼女に気を取られた他の（主に男性の）違反行為をも誘発するのである。

一八九六年、『チェルトナム・クロニクル』（イギリス、グロスターシャー州チェルトナム）

バタシー・パークで驚くべき事件があった。自転車乗りとしてよく知られるワンズワース・コモンズ在住のミス・バーローが、午後三時ごろ自転車に乗ってこの公園を訪れたところ、通常のスカートではなく「ブルマー」を着用する女性に興味をそそられたと思われる少年らが、群れをなして彼女を取り囲み、追いかけ回したのである。彼らの叫び声に誘われて不良たちもに加わった。追われた女性は湖畔の小屋に逃げ込んだが騒々しい集団に取り囲まれてしまった。その後、警官の助けを借りてミス・バーローはようやく公園を後にした。

一八九七年、『パブリック・オピニオン』（ニューヨーク州ニューヨーク）

　イングランド・ケンブリッジ発、五月二十一日。ケンブリッジ大学は千七百十三票対六百六十二票で女性への学位授与の提案を否決した。投票開始時には議場は満員となり、建物の外にも大勢の人びとが集まるほどであった。「大学は男のため、男は大学のため」と書かれたポスターがいたる所に貼られていた。騒動は次第に大きくなり、街にも広がった。議場の外にはブルマー姿で自転車に乗った女性の像が吊るされていた。

一八九六年、『グレンコー・トランスクリプト』（カナダ、オンタリオ州グレンコー）

　別の流行り物に世間の関心が移るまでは、自転車への熱狂が消えてしまうことはないだろう。次のブームの主役は間違いなくこの馬なし車だ。フランスとドイツの製造業者には注文に追いつかないほどの需要がある。本邦には二年以内にこの熱狂が訪れ、五年もたたないうちにあらゆる街が二輪車と自動車の混乱の渦に変わるといわれている。

一八九六年、『フィラデルフィア・タイムズ』（ペンシルベニア州フィラデルフィア）

　果たして自転車の世は終わりを迎えつつあるのだろうか。今や哀れな馬は絶滅に瀕しているのだろうか。

本当の意味で馬なしの馬車は、聞いたことのある者は多くても見たことのある者は少ない。これは、世間の評価としては一八七〇年代初頭の自転車と似たようなものだ。しかし、ひとたび世紀末の社会でブームが起これば、自転車は表舞台から退場して馬なしの馬車が「王様」となり、今の自転車に匹敵する人気を得るだろう。

将来、自動車がほかのすべての陸路の輸送手段を圧倒するようになると、今日の道路交通法規は根本的に見直されねばならない。大小を問わず、道路は車止めや細い駐車帯によってはっきりと区画された二つの部分に分けられることになるだろう。

今日の苦しめる人類がこの馬なしの馬車が人気を得た暁に得られる最大の恩恵は、死人のような顔をした自転車狂という世紀末の怪物を、恥ずべきものとして過去へ追いやり克服できることかもしれない。

一八九九年、『コンフォート』(メイン州オーガスタ)

自動車が自転車に取って代わるという者があるが、これはまったく馬鹿げている。自転車乗りは何百万人もいる。自転車に愛着を覚えている者は、かさばって臭い自動車に乗る「喜び」のために、鳥のように田舎道を駆け抜ける(あるいはかっ飛ばす)本当の喜びを簡単に諦めることはない。

一八九六年、『フォート・スコット・デイリー・モニター』（カンザス州フォートスコット）

自転車ブームは終わりつつある、などということを信じたがる向きはバッファローの新聞に掲載された以下の個人広告を熟読するがよい。「交換希望。折畳みベッド、幼児用の白いベッド、書きもの机のいずれかを女性用自転車と交換してください」

第6章　バランスの妙技

頭上を行くダニー・マカスキル。スコットランド、グラスゴーにて。2012年。

アンガス・マカスキルは歴史上もっとも背の高い男のひとりだった。「本当の巨人」、つまり巨人症ではなく、発育もホルモンも正常な人物としてはいちばん高身長だったという説もある。その体軀は巨大ではあったが均整は取れていた。身長は二三六センチ、体重は一八〇キロを越え、掌のサイズは幅一五センチ、長さ三〇センチ、肩幅は一二〇センチ近くあったといわれる。怪力ぶりも数々の逸話が伝わっている。彼は重さ一・一トンあまりの錨を胸の高さに掲げ、波止場の端から端まで運んだ。ひとりで帆船のマストを立てた。漁船の綱を引っ張って船首から船尾まで真っ二つに裂いてしまった。成馬を持ち上げて柵を越えさせた。五〇〇リットル入りのスコッチウィスキーの樽を顔の高さまで持ち上げ、ジョッキのように直に飲んだ。

マカスキルは一八二五年にスコットランドのバーナリー島で生まれた。六歳のとき一家はカナダのノヴァスコシア州ケープブレトン島に移り住んだ。二十四歳でアメリカの興業師P・T・バーナムのサーカスに入った。「巨人たちは私の興業の文字通り最大の出し物だった。彼らはよく私や私の客に腹一杯の驚きや楽しみをご馳走してくれたものだ」と、バーナムは自叙伝に書いている。バーナムは見かけで笑いを誘うパートの一部で、興業のスターのひとりだった身長一〇二センチの小人〈親指トム将軍〉とマカスキルにペアを組ませた。親指トムがマカスキルの掌の上でタップダンスをしたり、マカスキルの上着のポケットに収まってみせたり、といった出し物だ。小人と巨人が殴り合いを演じてみせることもあった。マカスキルはサーカスの余興の出演者としてアメリカやヨーロッパなどへ興業の旅に出かけた。ウィンザー城で、ヴィクトリア女王の臨席する舞台に立ったこともあった（女王は彼にスコットランド高地の伝統衣装を下賜した。巨大な体格に合わせて仕立てられたタータンチェックのキルト、ツイードのジャケットとベスト、そして皮袋〔スポーラン〕）。やがてマカスキルはショービジネスから引退してケープブレトンのセントアンズ村に戻り、粉挽き場や乾物屋を営んで暮らした。彼は一八六三年八月に脳炎で亡くなった。三十八歳だった。地元の人びとによれば、その棺は三人の男が乗りこんでセントアンズ湾を横断できたほど大きかった。

その棺のレプリカが、スコットランド、スカイ島のダンヴィーガンという小さな村の目抜き通りのそばにある〈巨人アンガス・マカスキル博物館〉に展示されている。この博物館にはほかにもいろいろなものが展示されている。等身大の〈親指トム〉像の脇にそびえ立つ等身大のマカスキルの像。マカスキルのセーター。巨大な靴下。長大なベッド。そしてマカスキルが使ったものを再現した椅子。見学者がこの巨大な椅子に座って写真のためにポーズをとると、足が床にまったく届かずにぶらぶらとするので、大人も子どものように見える。

ここは巨人を記念する博物館ではあるが、ささやかな施設だ。庭園の一隅に、一間だけの草葺き屋根の小さな建物が建っている。この庭に隣接する家にはピーター・マカスキル一家が暮らしている。アンガスの子孫にあたるピーター・マカスキルがこの博物館を開設したのは、一九八九年のことだった。その翌年、四歳になる末息子のダニーは自転車をもらった。ピーターがゴミ捨て場で見つけた、ラレー社製の黒白模様の子ども用自転車だった。ダニーは二、三日も経たないうちに乗りこなすようになり、少し変わったことを自転車でやり始めた。庭の小道を全速力でかっ飛ばす、前輪を持ち上げてウィリーする、ジグザグに走る、ドリフトする、そして岩とか椅子とか、その辺にあるものに自転車で飛び乗ったり、飛び越えたり。ダニーは腕白で、活発で、恐いもの知らずな子どもだった。彼が歩き始めるころには、両親はもはやあきらめて庭であばれ回るダニーを見ているほかなかった。毎日のように木登りをしたり、両親の車の上に登ってそこから飛び降りたり、家の壁をよじのぼったりしていた。だから自転車を手にしたダニーはこんなことを考えた。自転車で木とか家の壁によじ登ったらどんな感じかな。〈巨人アンガス・マカスキル博物館〉の屋根の上まで行って飛び降りるのはどうだ？　二本の足で登ったり飛び降りたりできるなら、二つの車輪でもできるんじゃないか？

五歳になったころのダニーは、手足のように自在に自転車を操る少年としてダンヴィーガンの有名人になっていた。朝、一・五キロほど離れた丘の上の学校に自転車で向かい、午後には仲間たちと競走しながら戻ってくる。自分より年長の子どもたちと、曲がりくねった村の下り坂を駆け降りるのだ。年上の子から手放しで乗る方法を教わると、両手を頭上に上げたまま通りを疾走するようになった。雨天晴天を問わず、昼も夜も乗れるときはいつでも自転車に乗っていた。冬のスカイ島は日が短く、天気は荒れがちで雨が多い。午後の三時半か四時には、太陽が島の西側のミンチ海峡に沈む。暗くなった後も、ダニーは雨で滑りやすくなった路上で何時間も自転車に乗っていた。

とにかく、ダニーは車輪を地面から浮かせるのが好きだった。縁石から路面にジャンプしてふたたび縁石に飛び上がる技を習得し、少しずつジャンプの長さと滞空時間を、つまり車輪が空中に浮いている時間を伸ばすように練習をつづけた。ダニーの頭の中にあるダンヴィーガンの地図には、障害物とジャンプの場所が詳細に刻み込まれた。どの路肩の、どの縁石に突っ込めばジャンプできるのか、すべて頭の中に入っていた。あまりに何回も自転車で走るので地形も少しずつ変わり、芝生に刻まれた凹凸は彼の小さなジャンプ台に変わった。

八歳になるころにはかなり大きく跳べるようになり、高さ一・二メートルほどもある塀や段差から草地や砂利の地面に飛び下りるようになった。ラレー社製の新しい自転車、BMXタイプの〈バーナー〉を手に入れてさらに難しいチャレンジに挑んだ。友人たちの前で、ダンヴィーガンのリサイクル用ガラス集積場の大きな金属製コンテナの上から二メートル弱下のコンクリートの地面に飛んでみせた。転倒したことは数知れない。時には脚が自転車のフレームと絡んでしまう。しかし痣や傷だらけになっても大きな怪我をすることはなく、彼はすぐに起き上がった。

語源学者によれば、スカイ島の名前の由来は古代ノルウェー語の「雲の島」に由来するという説がある。ゲール語の名前は「イリアン・スキーアナハ」で、これは「翼ある島」と訳されている。これは「翼を大きく広げて降り立つ、あるいは獲物につかみかかろうとする大きな島」と形容される、島の海岸線の形のことだと考えられている。スカイの地形は視線を上空へ、霧の世界へと誘う。それがひとりの子どもの心を飛ぶことの夢へ――あるいは自転車で飛んでみることへ――駆り立てたとしても不思議ではないかもしれない。

この島はスコットランド本土から見て北西の沖合、メキシコ湾流に暖められた北大西洋の海に浮かんでいる（巨人アンガス・マカスキルが生まれたバーナリー島は、さらに四〇キロほど北西のミンチ海峡の反対側にある）。スカイ島はインナーへブリディーズ諸島で最大の島であり、最も北に位置する。冬の夜には岬からオーロラが見えることも珍しくない。スカイ島の風景は壮大だ。緑の草地、眩暈のするような谷、きらきらと輝く淵へ落ち込む滝、火山岩に囲まれた深い湖。この島のいちばんの名勝は、雲を刺して天に突き立つのこぎりの歯のような峰が並ぶクーリン山地だろう。映画の舞台のようなファンタジックな光景が広がり、杖を手にした魔法使いが地平線の彼方にドラゴンを探している姿を想像したくなる。この島がたくさんの映画のロケ地になってきたのも当然だ。タイムトラベルものの大作『ハイランダー 悪魔の戦士』（一九八六年）の一シーンで、ショーン・コネリーとクリストファー・ランバートが剣を交じえる舞台は、キオッホと呼ばれる、氷河に削られた谷の上に突き出た有名な岩場だ。おそらくこのシーンは、映画史上もっともドラマチックな舞台で展開された、もっとも気の抜けたアクションシーンだろう。二人の俳優は岩に張り付いたようにまったく足を動かさず、ほとんどコミカルなくらいに怯えた様子で武器を振り回している。わずかでも足を置く場所を間違えたら真っ逆さまに転落しかねないとわかっているからだ。

荒野のようなスカイ島の風景は、数々の伝説や魔術や争いの物語の舞台となってきた。そこには流血と抗争に彩られた歴史も反映されている。島の北西岸の入江を見下ろして建つダンヴィーガン城には、マクラウド家の歴代当主の宝物がいくつか残されている。その中には、その旗を掲げるだけで火事が鎮火し、戦ではマクラウド家の勝利を導き、スカイ島の牛を苦しめた疫病をも退けたといわれる「妖精の旗（フェアリー・フラッグ）」がある。この旗の由来にはいくつもの説がある。一説には妖精がマクラウド家の幼い族長に授けたものといわれている。あるいは族長が妖精の恋人からもらった別れの品だという説もある。スカイ島には、もっとありがたくない生き物も住んでいたといわれている。火のような鼻息を吐き、海から現れて陸上に災厄をもたらす水に棲む牡牛（ウォーターブル）。山道を徘徊する悪魔の犬。コラン・グン・ヒャンと呼ばれる無頭の怪物は夜に島の細道をうろつき、八つ裂きにされた屍体を残してゆくといわれた。伝説によれば、クーリンの荒々しい山並みは巨人の男女が丸一日剣で闘った際に、振り回した剣で削られたものでだ。スカイ島の北端のトロッターニッシュ半島の崖の上には、夜になると悪魔が直々に姿を現わしたともいわれている。

　ここは臆病者や甘やかされた子ども向けの場所ではないのだ。ダニー・マカスキルは、自転車に乗っていないときはスカイ島中を徘徊してあちこちに爪痕を残した。祖父が第二次世界大戦で使っていた鉈を持って森へ入り、木を倒し、枝を切った。のこぎりを隠して学校に持ち込み、昼休みに木を彫っていた。彼は何かが壊れたり、燃えたりするのを見るのが好きだった。友人たちと山に登り、鉄の棒で大きな石を転がして崖から海へ落とした。流木を集め、柴刈り機の燃料をかけて篝火を焚いた。学校の教師たちが、将来やりたいことは何かと訊くと、ダニーは「解体の専門家」と答えた。ダイナマイトで建物を破壊する日々を夢見ていたのだ。まだ十代初めだったころ、ダニーと友人たちはスクラップにされるはずだった車を手に入れて、草地で乗り回して遊んだ。そして仕上げに、坂の上から無人の車を下の林に突っ込ませた。少年たちは近くの家の屋根に上り、残骸が炎に包まれるのを眺めていた。

いつも、空中に飛び出そうとする衝動に駆られていた。あるとき浜辺で漂着物を探していたダニーは、古い漁網が打ち上げられているのを見つけた。彼は網をダンヴィーガンまで持ち帰り、古いサッカーゴールのネットと結びあわせて木に結びつけた。ターザンのように網につかまって枝から空中へ飛び出すのだ。仲間といっしょに、マカスキル家の裏手の丘の上にある樫の木にツリーハウスをつくったこともあった。誰かの父親の道具小屋で、かなり長さのある太さ六ミリのロープを見つけて、ツリーハウスから一〇〇メートル以上離れた塀までロープを張った。それで「フライング・フォックス」をやる、つまり架け渡したロープにぶら下がって高さ一五メートルの木のてっぺんから滑り降りるのだ。「スカイ島の子ども時代は自由だった」とダニー・マカスキルは語る。「自然を相手にエネルギーを発散できたんだ」。

ダニーの場合、そのほとんどの時間は自転車のハンドルバーを握っていた。十一歳のとき、ラレーの〈バーナー〉からマウンテンバイクに乗り換えた。マウンテンバイクの世界にのめり込むようになり、トライアルという競技に夢中になった。これは障害物を配置したコースを、足を地面に付けずに自転車で飛んだり跳ねたりしながら攻略するスポーツだ。この自転車競技は、自転車の外観も含めてそれまでの自転車の常識をひっくり返すものだった（たとえば、多くのトライアルバイクにはサドルがない）。ダニーと仲間たちはトライアルの記事が載った雑誌を回し読みしたり、オンライン動画が存在しない当時に通販で買ったり、愛好家のツテを頼って手に入れたりしたＶＨＳのビデオを貸し借りしながら見ていた。

ダニーをとりわけ魅了した一本のビデオがあった。一九九七年に出た『チェーンスポッティング』という有名なビデオで、イギリスのシェフィールドの街などを舞台に数名のライダーが曲芸を披露しているものだ。競技化されたマウンテンバイク・トライアルは障害物を設置した区切られたコースで行われ、審判が勝者と敗者を決める。それとは違って、この『チェーンスポッティング』のストリート・トライアルはもっと自由で、即興的で、ルールや場所の制約もなかった。ビデオに登場するライダーたちは公園のベンチを跳び越え、貯水タンクの上に乗り、道路の車止めの上でバランスを取り、車止めの柱から柱へとジャンプし、三メートルの塀から一回転しながら飛び降りる。ストリート・トライアルのルーツはいわゆるエクストリーム・スポーツ、つまりスケートボードやスノーボードやBMXの「フリースタイル」の類いだが、ほかのジャンルよりももっとトリックや機転や発想が重視されている。大事なのは地形や物の形状を目測してアプローチの距離や経路や角度を判断すること、そして街の風景や自然の場の全体を、ひとつの巨大な遊び場に見立てることだ。これは単なる自転車の乗り方のスタイルにとどまらない、ある種のものの見方なのだ。十代はじめのダニー・マカスキルはその虜になった。『チェーンスポッティング』の素人っぽいカメラワークや、映像に重ねられる大音量のロックミュージックには独特の魅力があった。公共物や決まりきった考え方に対して自転車乗りがゲリラ攻撃を仕掛けているような感じで、道路の使い方や自転車にできることや、重力の作用といったものについての人びとの先入観に挑んでいるような感覚があった。

ダニーは十七歳でスカイ島を後にした。高校は卒業していたものの、大学に進むつもりはなかった。将来についてダニーは新たな野心を抱くようになっていた。解体業で働く計画をやめ、自転車のメカニックとしてキャリアを積むことに決めた。実際のところ、この二つの仕事は関係がないわけではなかった。ダニーはいつでも自転車をバラバラに解体してゼロから組み直すのが好きだったのだ。

ダニーはスコットランド、ハイランド地方のリゾート地アビモアに移り住んだ。アビモアは小さな街だったが、自転車のトライアル界隈は元気だった。スキーのためのルートや、大きな岩がごろごろしている駐車場や、街中のストリートファニチャー〔路上の公共物〕など、乗りに行く場所には事欠かず、自転車で乗り越えたり飛び越えたりするものもたくさんあった。ダニーはアビモアに三年滞在して、メインストリートの自転車店で働き、オフの時間には自転車に乗った。二〇〇六年になるころには、もう街の隅々まで自転車で乗り倒していた。そしてエディンバラに移り、友人と共同生活しながらよく知られた自転車店マクドナルド・サイクルズでメカニックとして働きはじめた。二十歳のマカスキルはすでに驚異的なライディングのスキルを身につけていたが、エディンバラは

まだまだ自転車に乗りまくれる場所がたくさんありそうで胸が躍った。

マカスキルが街角の風景に向ける眼差しは独特だった。エディンバラのトライアル愛好家に人気があるのは、ベンチや車止めの柱といったごく普通のターゲットだった。マカスキルは丸みのある手摺りや危なかしく入り組んだ階段のような、もっと手応えのあるチャレンジに惹かれた。彼は「フック」と呼ばれるテクニックを自力で身につけた。これは高い壁に自転車で飛びつき、跳ね上がるように壁のへりによじのぼる技術だ。マカスキルは鬼のように練習した。ホイールをダメにしたりフォークを曲げてしまうことは日常茶飯事だった。怪我もした。骨折、脱臼、靭帯損傷。手首の痛みが消えることはなかった。エディンバラにはトライアルの名手が大勢いたが、マカスキルの技術とやる気は別格だった。

二〇〇八年の秋、彼は友人デイヴ・サワビーと動画の撮影をはじめた。サワビーは悪くないビデオカメラをもっていて撮影のセンスがあった。マカスキルの大胆なトリックの映像集を作ろうという話だ。マカスキルはこのチャレンジにのめり込み、新しい試みにもトライするようになった。まだ誰も成功させていない、それどころか誰も考えついていないトリックはないか? 街の通りを見渡しながらマカスキルは新しい場所、変な場所、建物の庇や出っ張りやちょっとした要素に目をつけ、強引にやれば自転車で走れそうな場所、二つの、あるいは片方の車輪を一瞬でも支えられそうな場所、ジャンプ台にできそうな場所を探した。

撮影が終わったのは半年後の二〇〇九年四月だった。マカスキルとサワビーは五分三十秒に編集した映像をYouTubeにアップロードした。タイトルはあまり深く考えることなく「インスパイアド・バイシクルズ」(自転車の神技)とした。

そのタイトルはまさにぴったりだ。ビデオの中でマカスキルの自転車は歩道から三メートルくらいの壁に跳び上がり、跳び下りる。フェンスや塀の上を疾走する。落差が五、六メートルある地下鉄の入口の階段を飛ぶ。マクドナルド・サイクルズの屋根から隣のコピー店の屋根に飛び移り、そこから道路に飛び下りる。自転車のタイヤに特別な接着剤でもついているようだ。ありえないような大きなジャンプをした後、ごくごく小さな場所に完璧な着地をして、ぴたりと静止することができる。あるシーンでは、マカスキルの自転車が完全に垂直になってオークの木を登り、そこから後ろに宙返りをして着地する。この映像に収められた離れ業には、マカスキルに見えているもの、イマジネーション、とんでもない場所に自転車の舞台を見出す彼のセンスがよく表現されている。細い縦棒が並ぶ鉄柵の上でさえ、彼にとっては自転車の通り道だ。

サワビーがビデオをアップロードしてから三日後には、再生回数は何十万回にもなった。自分のパソコンさえ持っていなかったマカスキルに、世界中から何十ものメディアの問い合わせが舞い込んできた。

『自転車の曲乗り』と題されたキネトスコープ〔エジソンが発明した初期の映像技術〕の映画が公開されたのは、マカスキルの「インスパイアド・バイシクルズ」がアップロードされる百十三年前、一八九六年のことだった。制作したのはメディア事業に手を広げつつあったトマス・エジソンのエジソン・マニュファクチャリング・カンパニーだ。この映像の主人公はレヴァント・リチャードソンという名の自転車の操縦が巧みな男で、この人物は後に初期のローラースケートの製造会社を興している。『自転車の曲乗り』の上映用プリントは現存していないが、エジソンはこれを端緒に、いくつか自転車を使った曲芸の短い映像を制作している。このうち『自転車の曲乗り2』（一八九九年）、『自転車の曲芸師』（一九〇一年）の二本はインターネット上で検索すると見つかる〔原題はそれぞれ *Bicycle Trick Riding No. 2*、*The Trick Cyclist*〕。撮影技術は拙いものだが、映像に記録されている後ろ向きに進む、前輪をハンドルごと一回転させる、自転車で縄跳びするといった技は、今でも自転車トリックの定番となっている。しかも巧い。

最初期の商業映画で自転車の曲乗り師がフィーチャーされているのは興味深い話だ。エジソンが制作した映画のタイトルを眺めるとその背景が想像できる。『投げ縄師』『ブランコ乗りの脱衣』『ファウスト一家の曲芸』『アレニのボクシングする猿』『オブライエンの芸達者な馬』『チン・リン・フーの妙技』『サーカス見物』『パイと乞食とブルドッグ』といったものだ。つまり自転車の曲乗りは、サーカスの曲芸とか、動物の芸、手品、ドタバタ喜劇、異国情緒を売りにした芝居と同じような、十九世紀から二十世紀の変わり目ごろにアメリカとヨーロッパで人気を博していた、にぎやかなバラエティ・ショーの出し物と並べても違和感がない。一言でいえば、自転車の曲乗りは

P・T・バーナム的な興業だった。上着のポケットに小人を入れて大股で舞台を歩き回る巨人と同じように、重力を嘲笑うような危険を顧みない芸を繰り出す自転車乗りは、余興に登場する奇人の類いだったのである。

今から考えれば、自転車の曲乗りがエンターテインメントとして人気を得るのは当然にも思える。自転車は目立ちたがりや命知らずを惹きつけるものだし、自転車とショービジネスが結びついて新しいものを生み出すのは宿命的な成行きだった。カール・フォン・ドライスが初めてラウフマシーネに乗った時も、メディアに予告され、公衆の面前でお披露目されるという、ある意味では劇場の出し物のようなものだった。その日マンハイムに集まった人びとは、単に新しい発明品の実用性を確かめにきたのではなく、スペクタクルを目撃しに来たのだ。ドライスのハンドル捌きとか、その機械から振り落とされずに疾走するテクニックといったものは、観ている者の目には曲芸のように映ったことだろう。

P・T・バーナムもまた、自転車の曲乗り師を舞台に上げた最初の興業家のひとりだった。いちばん有名になったのは、イギリス人の兄弟姉妹が出演する「エリオット家の自転車乗りたち」だった。六歳から十六歳までの女の子二人と男の子三人からなるこの一座は、一八八〇年代はじめごろのバーナムのサーカスで名声と評判を得た。エリオット一座の出し物は特製の背の高いオーディナリ型自転車と一輪車を使った、巧みに振り付けされた自転車の「ダンス」や芸で構成されていた。火のついたロウソクを並べた障害物コースを巧みにくぐり抜けたり、自転車でパリ風の四人組み(カドリール)ダンスを演じてみせたり、一台の自転車の上で人間ピラミッドをつくったりしてみせた。

回転するテーブルの上に自転車で飛び乗って妙技を披露してみせることもあった。わずか二メートル弱ほどの丸いテーブルの上で、五台の自転車がぶつかることなく曲芸をこなすのだ。『ザ・スポーティング・アンド・シアトリカル・ジャーナル』には、賞賛を惜しまないファンが寄せた詩が掲載されている。「速く、閃光のような速さで／彼らは車輪の上で眼前を飛ぶ／……そして机の上にやすやすと飛び乗る／エリオット兄弟姉妹の自転車はその思いのまま」。

一八八三年の春、ニューヨークのマディソン・スクエア・ガーデンでバーナムのサーカスが長期興業を行っていたとき、エリオット一座はニューヨーク児童虐待防止協会（NYSPCC）の調査対象となり、バーナムと二人の従業員、およびエリオット家の家長として興業をマネジメントしていたジェームズ・エリオットへの捜査令状が発行された。この四名はニューヨーク州の児童保護法違反の嫌疑で逮捕され、裁判所で議論されることになった。聴取に先立って、「エリオット家の自転車乗りたち」は児童虐待防止協会の会長、警察官、「十名以上の高名な医師からなる」委員会を含めて「約四千人の招待客」の前でデモンストレーションを披露した。司法手続きを兼ねて曲乗りが披露されるのは、間違いなく史上初だったはずだ。最終的には裁判所はバーナム側の言い分を認め、エリオット家の兄弟姉妹はサーカスでの出し物を再開し、大いに賞賛を集めた。医学の専門家として証言した医師ルイス・A・セイヤーは、自転車のトリックの訓練は子どもの健康にとって「とてもすばらしく有益」で、「あらゆる子どもが同じような訓練をすれば、医者や薬に優る効果をもたらすだろう」と述べている。

エリオット家の兄弟姉妹は、一部のスタントをニューヨークの司法関係者の前ではあえて演じなかった。「炎の大車輪」もそのひとつだ。これは長男トム・エリオットが大きな車輪の中に配置された円筒の上で自転車に乗り、大きな車輪の外周から火が噴き出すというものだった。その大がかりな曲芸を、自転車に乗った少年は「皿回しで火の輪を作りながら」こなしてみせる。

　自転車の曲芸はアクロバットという古（いにしえ）のわざに自転車という当世のものを結びつけるもの、つまり旧来のものと目新しさを融合するものだった。曲乗りはセクシーだった。乗り手は優美で力強く、その肉体は彫刻のようだった。『ミリオン嬢の女中――愛と運命のロマンス』（一九一五年）という通俗小説には、「彼は……小柄ではあるががっしりとした体軀で、猫のようにしなやかだった」というふうに、自転車の曲乗り師がセックス・シンボルとして登場している。

　自転車の曲芸の多くは男女混成であり、男性の乗り手と同じように、「女自転車乗り（ホイールウーマン）」もまた能力と肉体の両方を披露してみせた。女性だけで構成された「カウフマンズ・サイクリング・ビューティーズ」は、タイツや丈の短いズボンやバレー風のチュチュなど、体にぴったりフィットして胸や太ももや尻の曲線を強調する、エドワード朝風の衣装で登場した。この時代、大衆のイマジネーションの中では自転車はすでに性の解放と結びついており、曲乗りのスリルにはしなやかな動きや躍動する肢体といった乗り手の肉感性も加わることになったのだ。観客が知らず知らず自転車の曲技から閨房のそれに思いを致していたとしても、それは実に自然なことにすぎなかった。

　曲乗りは別の意味でも神経をくすぐるものだった。超人的なスキルの披露はいつでも、恐ろしくもあり、恐いもの見たさもそそる、とんでもない大失敗スレスレの見世物だったからだ。曲乗りは笑えるショーだった。スタントに挑む自転車乗りを見るのは、次々に繰り出される決め台詞を目で味わうようなものだ。多くの曲乗り師は自分たちを「自転車に乗った喜劇役者」だといい、道化や乞食紳士の格好で舞台に上がった。しかし、ドタバタ喜劇にはいつでも意図しない事故に突入してしまう可能性がつきものだった。観客は、飛び上がった自転車乗りがきれいに着地することを望んでいたのか、それとも無惨な大失敗を見たがっていたのか。もちろん答えはその両方だ。そして、しばしばその望みは叶えられた。

センセーショナリズム――バーナムが「いかさま」と呼んだもの――は後期ヴィクトリア朝の大衆文化の流行だった。「危険きわまる」、「きわどい挑戦」、「地上最大のショー」。興業の看板からは、そんな自転車の曲乗り師につけられたステージネームやキャッチフレーズが見世物小屋の呼び込み文句にように聞こえてくる。〈W・G・ハースト、銀輪の王者〉〈セントクレア姉妹とオデイ、ブレーキなしの十の車輪〉〈ジョー・ポーリー、猫人間にして自転車の曲芸師〉〈元祖マクナッツ家、驚異の空中自転車〉〈プリンス・ウェルズ、現代のもっとも偉大で鮮烈な自転車乗り〉。「自転車芸の世界チャンピオン」とか「自転車トリックの世界記録保持者」とか「全米選手権優勝メダル保持者」といった肩書きを自称する演者が大勢いた。こうした称号はメディアにも登場したが、もちろんこの手の選手権、メダル、記録などはまったくのでっち上げだった。

だとしても、曲乗り師たちが最上級の賛辞に値しなかったかといえばそうでもない。彼らは自転車の前輪を跳ね上げ、後輪でウィリーしながら後ろ向き、前向き、後ろ向きと自在に方向を変え、舞台の端まで突進してギリギリで急停止して、フィギュアスケートのようにぐるぐると回ってみせることもできた。曲乗り師は両手を放して自転車を操りながら、剣を振り回したり、火のついた矢で的を射たりしてみせた。彼らは自転車に乗った射撃の名手でもあった。〈バッファロー・ビルのワイルド・ウェスト・ショー〉の自転車パートを担当していたアニー・オークリーは、自転車に乗りながらウィンチェスター・ライフルを撃ち、クレー射撃の標的に命中させた。

曲乗り師の中には体を小さく折りたたむ軽業を得意とする者もいて、自転車のダイヤモンド・フレーム〔前三角・後ろ三角で構成される一般的なフレーム形状〕に体を捩じ込み、反対側から出てきて見せた。もちろんその間自転車は走りつづけていて、体を地面につけずにやってみせる。音楽が得意な曲乗り師もいて、自転車に乗ったままバンジョーをかき鳴らしたり、ヴァイオリンでソナタを奏でたりしてみせる。「驚異の少年ハッリー」という子どもの曲乗り師は、トロンボーンを演奏しながら空中に張ったワイヤーを自転車で渡ってみせた。あるいは舞台に組まれた高い台までの長い階段を上り下りしたり、それをバニー・ホップでやってみせたりもした。イギリスの自転車乗りシド・ブラックはこの技にさらにスリルを加えて、斜めに据えられた長さ二〇メートルの梯子段を全速力で駆け下り、そのまま客席中央の通路に飛び降りてみせた。ブラックはそのまま観客席の間をものすごい速度で駆け抜けて劇場の後方からロビーに出ていき、巻き起こす風が、観客の帽子を称賛のしるしのようにふわりと浮かせる。

自転車の曲芸のエッセンスは「釣り合い」、つまり自転車の上で体のバランスを取り、物理法則を無視するようなクリエイティブな技巧を見せることにある。これは危険をともなう。ドイツ、ブレーメンでの演技で、カウフマン・サイクリング・ビューティーズのスターのひとりミニー・カウフマンは「フリップ・フラップ」という技に挑んだときのこと。これは動いている自転車の上で、逆立ちしたまま手でジャンプしてハンドルバーとサドルを行ったり来たりするものだが、カウフマンはバランスを崩してオーケストラ・ピットに落ち、一〇メートル下の大太鼓に突っ込んだ。

曲乗りは自転車にも激しい負荷がかかるので、乗り手は酷使に耐えるよう各自で自転車を改造していた。フレームやホイールを補強し、タイヤの空気圧を慎重に定め、ギアの組み合わせを調節し、独自の改造や装備をたくさん発明した。同業の曲乗り師以外には、こうしたカスタマイズに気がつく者はほとんどいなかった。

一方で、大胆な改造を売り物にするパフォーマーもいて、自転車コメディアンの中には度肝を抜くような改造を施した自転車を巧みに操ることを得意とする者がいた。キリンのように背が高くてサドルの高さが四、五メートルある自転車、今でいう「フリークバイク」に乗る者もいた。乗り手は自転車のフレームについた梯子のような足がかりをよじ上ったり、空中ブランコからサドルに飛び移ったりした。四角形の車輪、三角形の車輪、半円の車輪の自転車もあった。イギリスのミュージックホールの舞台で人気のあったヴィリオンズという一家は、巨大な卵のような車輪の一輪車を使っていた。ピエロの格好をした小柄な少年がこの卵自転車に乗り込むので、いっそう面白おかしく見える按配だった。

卵形であってもなくても一輪車は曲乗り師に人気だった。演者は野菜やボウリングのピンのようなクラブや、時には自転車の車輪をお手玉しながら一輪車に乗ってみせた。さらには綱渡りをしたり、階段を上ったり。よくあったのは二輪の自転車を一輪車に変えてしまう芸当だ。乗ったまま自転車を少しずつ分解していって、最後には前輪だけでバランスを取る。ボードビル芸人ジョー・

ジャクソンの十八番はこのネタの趣向を変えたものだった。ジャクソンは乞食紳士の格好で盗んだ自転車を乗り回しているが、その自転車が少しずつバラバラになっていく。警笛に始まり、ハンドルバー、ペダル、後輪、フレームがひとつずつ外れて落ちる。ジャクソンの演目は、曲乗り師が得意とする超絶技巧を巧妙に反転してみせるものだった。つまり、それはたどたどしさのパントマイムになっているのだ。ジャクソンは危かしくふらついたり急にハンドルを切ったりするのだが、自分の足下で自転車がバラバラになっていくにもかかわらず、転ぶこともなく、自転車を停めてしまうこともない。

もうひとつ、観客の笑いと感嘆を呼んだのは動物が自転車を操る芸だ。これは一八九〇年代の半ばから人気を獲得した新しい趣向だった。自転車に乗るのは犬、チンパンジー、クマといった動物だ。ライオンや象が乗る特製の三輪車もあった。今でも自転車に乗る動物の芸を見ることはできるが、この種の芸はひどい事故を起こすこともある。二〇一二年に上海で開催された「動物オリンピック」で、さまざまな種類の動物がトラックを周回する自転車競走が行なわれたが、出場していたサルの自転車が競走相手のクマのコースに入って衝突してしまい、何百人もの観客の眼前でクマがサルに襲いかかるという出来事があった。この様子は携帯電話で撮影され、動画がインターネット上に拡散した。YouTubeに投稿されている動画には、「クマとサルが自転車で競走して、クマがサルを食う」というタイトルがついている。

四足の動物による自転車の芸が人気を博したのは、ある部分では二本脚の乗り手はもう十分、という飽きのせいかもしれない。一八九〇年代には、曲乗りは余暇の遊びの定番にもなった。曲乗りのハウツー市場は、筋肉づくりにも効果あり、という文句で入門者を煽った。それによると、自転車の曲乗りは「あらゆる筋肉のエクササイズになる」とのことだった。豪華な挿絵のついたある手引書には、「人並みの運動神経があればどんな人でも……優美で大胆な、驚くべき技の数々ができるようになります」という（やや嘘くさい）文句が謳われている。そして、自転車の操縦技術の奥義を体得すれば、通勤で自転車に乗るときにも役に立つかもしれません、という（もう少し信用できそうな）助言もある。「［曲乗りのできる］自転車乗りは、大通りにひしめく交通の混雑を苦もなく抜け出すことができます」。

裕福な顧客向けの曲乗りの教室もできた。ニューヨークで人気の自転車学校の主任講師だった、黒人の曲乗りの名手アイラ・ジョンソンは、夏の間はロードアイランド州ニューポートの瀟洒な別荘地に出向して、海辺に滞在している生徒たちに教えていた。曲乗りはロンドンの社交界でも流行した。一八九七年に、女性向け雑誌『炉端と家庭』がこの流行を紹介している。「六十年前には、社交界の美男美女はダンスのレッスンに通って社交クラブへの切符を手にしたものですが、今では車輪の上の曲芸を練習することに精を出しています」。後にイギリス王ジョージ六世となるアルバート王子は、十代のころ、父親ジョージ五世の許しを得てお忍びでミュージックホールへ足を運んでいたといわれている。それは最新の自転車のトリックを見学するためだった。王子はウィンザー城やサンドリンガムの王室別邸で、見てきた「プロのパフォーマンス」を真似していたのだ。

曲乗りの流行は上層階級に限られていたわけでもなかった。大都市では、自転車乗りが集まる流行りの場所、たとえばニューヨークのコニーアイランドの自転車道や、パリのトロカデロ宮前の広場などが誰でも参加できる自転車トリックのステージになった。自転車乗りのまわりには観客も集まったが、自転車関係のメディアからは鼻につくふるまいとして非難の的になった。自転車乗りの品位を汚す下品な行為とされたのだ。アメリカのいくつかの都市では、公共の場での自転車トリックは警察の取り締まりの対象となり、法律で禁止するところもあった。今でもテネシー州メンフィスには「自転車、三輪車、……およびヴェロシペードによる」「公園や遊歩道におけるあらゆる種類のトリックや曲乗り」を禁じる時代錯誤な法規がある。

アマチュアの間で曲乗りが流行し、プロも増え、やがて市場には飽和の気配が現れる。一九〇五年の劇場業界誌『ブロードウェー・ウィークリー』には自転車の曲乗り師は「市場の麻薬」であり、「多少の曲芸ができたところで食い扶持は稼げない」と書かれている。この論説は、その解決法はもっとエキサイティングで危ないスタントをやること、とも書いている。「馬もたじろぐような曲芸をやることだ……もし自転車で壁を上れたり、天井を走ったりできたら自転車芸でも利益は出せるだろう」。

曲乗り師はだんだんと危険なチャレンジに挑むようになった。速度は上がり、斜路の角度は急になり、ジャンプもさらに危険な場所を飛ぶようになった。こうしたパフォーマンスの多くでは、自転車が走るための専用のコースが造られた。劇場や催事場の限られた空間で高低差や速度をかせぐための螺旋や斜路が組み込まれた、ロココ調の装飾のついた建造物だ。「自転車の渦」とよばれた、地上何メートルかの頭上に支持された円周状のヴェロドローム〔バンクのついた自転車用周回コース〕や、逆さになって走り抜ける垂直の宙返りコースもあった。演目には「運命の宙返り」「恐怖のリング」

「死の輪」といった、危険性を強調する名前がつけられていた。

実際のところ事故は多く、死者も出た。空中ヴェロドロームの羽目板に自転車のホイールが引っ掛かり、放り出された乗り手が墜落死した。斜路を外れたり、宙返りコースから落ちることもあった。乗り手の集中力が切れたり、車輪がよろめいたり、通路が崩れたりすることもあった。一九〇七年に、ベルファストの演芸場を訪れたある観客は、十代の曲乗り師ヒルデガード・モルゲンロットが舞台から落下し、首の骨を折って死ぬのを目撃した。またシャルル・ルフォーという若い乗り手は、パリのポルト・ディタリー近くの城壁の上で今でいうバイシクル・トライアルの技に挑み、バランスを崩した。「彼は空堀に落下して即死した」と新聞は報じている。

死人は出ていたが、それでも、あるいはそれゆえに、曲乗りの人気は衰えなかった。とりわけ、自転車を空飛ぶ機械に変えてしまうスタントには乗り手も観客も大いに熱狂した。そのスペシャリストもいて、たとえばチャールズ・カブリッチは「空飛ぶ自転車パラシュート乗り」を自称し、パラシュートを装着した自転車で空中バレエのような技を披露した。バーナムの競争相手アダム・フォアポウのサーカスで人気があったサルヴォという名の曲乗り師の出し物では、お決まりのおどろおどろしい売り文句が並ぶ「月への恐ろしい旅」と題された演目があった（「命を顧みない冒険、月に届くか、死へ真っ逆さまか」）。これは無謀な曲乗りで演じられる宇宙旅行劇だったが、夢のあるロマンチックなものではあった。サルヴォは急斜面を駆け下り、スキージャンプのように、サーカスのテントのいちばん上に鎖でぶら下がっている三日月へと飛び上がるのだ。「胸をぎゅっとつかまれるような恐ろしい跳躍である」と、ある記者が一九〇六年に書いている。「青白く、張り詰めた表情をした若者が大砲の弾のように空中へ打ち出される。細身の体を上の方で揺れている月まで届かせるのは、その力強さと決意のみ。彼を凄惨な死から隔てているのはただそれだけ」。

自転車の曲芸の人気は時代とともに変化はしたものの、表舞台から姿を消すことはなかった。二十世紀半ばに演芸の人気が衰えるまで、曲乗りは寄席の定番だった。一九二〇〜三〇年代のスイング・ジャズ全盛期には自転車に乗ったダンス・バンドも登場した。レイ・シナトラ（フランク・シナトラの再従兄弟）が率いる、キラキラのクルーザータイプの自転車〈シルバー・キング〉に乗る十六人が演奏する「サイクリング・オーケストラ」なるものもあった。一九三〇年代の半ばには、シナトラのバンドはNBCで毎週放送される「サイクリング・ザ・キロサイクル」というラジオ番組も持っていた。ラジオは必ずしも自転車バンドに適した媒体とはいえないが、リスナーはみんな自転車に乗っていると思って聞いていたことだろう。

アメリカ以外では、自転車の曲乗りはバレエや体操にも似た上品なエンターテインメントの地位を得るようになった。中国の雑技には、演者の華麗な衣装や凝った態勢を売り物にした自転車の曲芸が登場する。十人以上の演者が一台の自転車の上でクジャクの羽のように広がってバランスを取ってみせるのだ。中欧や東欧ではアーティスティック・サイクリング〔サイクルフィギュア〕の競技が盛んだ。これは固定ギアの自転車の上でバランスをとったり、体操の床競技のような巧みな技を演じるもので、シングル、ペア、四人組、六人組といったチームで争い、審判が採点をする。

現在いちばん目立っているのはスポーツになった自転車のスタントだ。ＢＭＸレースは二〇〇八年からオリンピックの正式競技に採用されている。専用のオフロードコースで行なわれる、モトクロスの自転車版のような競走である。スキージャンプのようなジャンプや手に汗握る宙返りといった、命知らずで「エクストリーム」なアクロバットの方面にもＭＴＢやＢＭＸの競技がある。かつての「運命の宙返り」や「死の輪」はＸゲームズのジャンプ台やハーフパイプに化けているというわけだ。死の危険を冒して宙を舞う自転車乗りの魅力はどうやら不滅のようである。

ダニー・マカスキルは偉大なアスリートだが、彼のパフォーマンスをスポーツと呼ぶのは間違いだろう。彼はエンターテイナーなのだ。マカスキルが史上もっとも有名な自転車スタントの名手であることはほぼ間違いない。「インスパイアド・バイシクルズ」の公開以来、マカスキルは数多くのビデオを撮っている。だんだんと撮影予算も増え、プロダクションの質も上がり、ますます並外れたスキルやトリックを見せつけ、考えられないような危険なジャンプを敢行し、高さにも挑むようになった。そうした映像は何百万回も再生されている。いちばん人気のある映像のひとつ、二〇一四年の「ザ・リッジ」では、マカスキルは故郷のスカイ島を再び訪れて、クーリン山地の眩暈のするような切り立った尾根でさまざまなトリックを繰り出している。「ザ・リッジ」はいくつもの視点から撮影された映像で構成されていて、マカスキルといっしょに岩山を登ったクルーが撮影した部分もあれば、ドローンを使って、鳥の目のような上空からの眺望を収めたシーンもある。なかでもいちばんハラハラさせるのは、マカスキルのヘルメットに装着したGoProカメラの映像だ。岩だらけの尾根を上り下りする自転車乗りの視点を記録した目の眩むような実録映像で、尾根筋はほんのわずかしかタイヤを走らせる幅がなく、ひとつでもミスをすれば、崖のはるか下まで真っ逆さまだ。

「ザ・リッジ」を代表するシーンは英雄的な絵画のようだ。山の霧に囲まれて、通称〈到達不能の頂き（イナクセシブル・ピナクル）〉と呼ばれている、スカイ島を代表する岩塊の頂点にバイクに跨がったマカスキルが立っている。マカスキル自身が「度胸が必要だったシーン」と呼ぶこの映像はいかにも壮大だが遊び心も忘れていない。この特徴はマカスキルの挑戦の全般に当てはまることだ。彼の映像は技を繰り出す強靭さ、敏捷さ、大胆さが前面に出ているが、それでいてジョークやスラップスティックの要素もあり、にぎやかな音楽や軽口も聞こえてくる。「イマジネート」というタイトルの映像では、子どもが床におもちゃを散らかしたようなセットを組み、その中を小さな自転車乗り人形になったマカスキルが走り回っている。トランプのカードで作ったジャンプ台を跳び、ミニカーを跳び越え、おもちゃの戦車の砲身からバースピン〔ハンドルをくるくる回す技〕をしながら飛び降りる。「ダニー・デイケア」では、自転車の後ろにベビーカー用のトレーラーをつなぎ、そこに小さな女の子を乗せたまま野や丘を駆け回り、宙返りをしたり、細い塀の上を走ったりする〔実際にはトレーラーの中には人形が座っている〕。マカスキルのムービーはだいたい最後にNG集があり、転んだり失敗したりする様子も見せている。ムービーの出来栄えはまさにインターネット時代、ミレニアル世代のそれといった趣きだが、そこには一世紀以上前の、命知らずで笑える自転車の曲芸を思い出させるものがある。マカスキルはデジタル時代のボードビリアンなのだ。

マカスキルは一年の大半を遠征と撮影、および新しいムービーのためのロケハンに費している。撮影した場所はアルプスやキリマンジャロといった場所から、アルゼンチン、台湾、あるいはプレイボーイ・マンション〔『プレイボーイ』誌を発刊したヒュー・ヘフナーの邸宅〕やテムズ川の艀（はしけ）までさまざまだ。自身が創設した自転車チーム「ドロップ・アンド・ロール」のライブ・ショーにも参加している。企業スポンサーもつき、自分の名を冠した自転車も売られている一方、本人はあまり出しゃばらず、舞い込んでくるオファーはだいたい断っている。自転車に乗る時間を削るような移動を強いられたり、自分やトライアル・サイクリングのコミュニティの信用を落とす妥協を強いられることを恐れるからだ。著名なトークショー司会者エレン・デジェネレスからの出演依頼は断わったし、韓国からサーカスへの出演を依頼されたときも断っている。

マカスキルは現在グラスゴーに住んでいる。ぼくはスコットランドの冷たい冬の終わりかけにその家を訪ねた。彼はルームメイト数人と一緒に住んでいて、みんなシリアスなサイクリストだった。自転車に乗っていないときのマカスキルがどんな様子かといえば、とても有名人や世界的なアスリートには見えない。たしかに彼は強靭で逞しいのだが、びっくりするような肉体の持ち主というわけではない。背の高さは一七五センチくらい、短く切った赤毛の髪で、顔付きはハンサムだが子どもっぽいところもある。ジーンズとフーディにベースボールキャップという格好だ。ガールフレンドはいるが、余暇のほとんどは自転車に乗って過ごしていると打ち明けた。「自転車に乗る以外はマジで何もやってない」と言う。トライアル・バイクでストリートに繰り出していないときには、マウンテンバイクに乗っている。eバイクでモトクロスをやるときもある。彼は「ハンドルバーがついていれば何でも好き」と言った。

長年の間には、怪我をして何週間か何か月か表舞台を遠ざかることもあった。自分の仕事に潜む危険についての幻想はない。二〇一三年に、マカスキルの子ども時代の憧れの存在だったトライアルのレジェンド、マーティン・アシュトンが三メートルのバーの上から後ろ向きに転落して脊椎を二箇所骨折した。アシュトンはこの事故で下半身不随になった。その後、アシュトンは改造した自転車でマウンテンバイクに復帰している。二〇一五年に、アシュトン、マカスキルはもう二人のライダーとともに、ノースウェールズにあるアントゥル・スティニオグというMTBトレイルで撮影された「バック・オン・トラック」というムービーに出演した。マカスキルにとっていちばん厄介なのは恐怖を克服することだ。「脳ミソを使うんだ。体はやめたほうがいいと言っているときには、頭で体を落ち着かせて背中を押す。どこまでも冷静にならないといけない」。

マカスキル自身は物静かな男だ。自転車に乗っているところを見ると、主張が激しく、自分のスタイルに自信をもつ派手な人物にも見えるが、それ以外のときは控え目で注意深く、無口だ。トライアル、とくにストリート・トライアルは知的な探究だ。都会のわずかなディテールの目録を作っていくような、ある種の心理地理学(サイコジオグラフィー)の実践でもある。探索、考察、計測、判断が必要だ。街の風景を見るとき、マカスキルには剝がれた舗装がジャンプや加速のためのコブに見える。彼は障害物から障害物へのつながりを探す。手すりを踏み台にして郵便ポストへ、さらにそこからベンチへ跳ぶ、というように。そしてターゲットの間の距離やギャップを吟味する。トライアルで重要なのは静止することだ。マカスキルのパフォーマンスで目を引くのは急加速や素早い転回や高々と飛び上がる瞬間だが、この芸当のエッセンスはバランスにある。危なかしい場所で、ゆっくりと移動しながら、あるいはまったく完全に止まったまま、自転車の上でバランスを取る。その技こそが肝なのだ。

ぼくはマカスキルがトライアル・バイクを操るところを見たいと思っていた。グラスゴーの街で彼の後についていって、マカスキルが垣根を飛び越え、壁を登り、街を縦横無尽に走り回るのを公園のベンチに座って見物したい。けれどマカスキルには別の考えがあり、マウンテンバイクに乗りに、グラスゴーの都心から南東の方にあるカスキン丘陵に行こうと提案してきた。アップダウンのあるエリアで、何エーカーかの広さの森を縫って自転車用のトレイルがつくられている。何気なく、ぼくも自転車乗りで毎日のように乗っているとは伝えていたのだが、マカスキルは勘違いしたのか、ぼくにマウンテンバイクの素養があると思ったらしい。そういうわけで、その平日の朝、ぼくらはマカスキルのヴァンに乗ってカスキン丘陵まで行き、駐車場でマウンテンバイク二台を下ろし、ライドに出発した。ぼくはマカスキルの後を追って霧雨の林を走った。そして、ものの一分も経たな

いうちに、ぼくの自転車のスキルではビギナー・レベルのトレイルより先には進めないということがはっきりした。

自転車に乗ることはそれ自体が曲芸だ。自転車は不安定で、すぐにでも倒れようとする。停まっている自転車は壁にもたせかけたり、スタンドを使ったりしないと倒れてしまう。人の乗っていない自転車を走らせると、運転手のいないハンドルバーはくるりと回転して自転車はひっくり返る。つまり、自転車に乗ることはクラッシュを避けつづけることであり、この機械を垂直に維持しつつ前に進める、終わりのない調整と補正の連続なのだ。自転車に乗る者は、誰でも基本的なトリックをマスターしている。あまりに何気ない、直感的な行為なので、ぼくたちのほとんどはそのことに気がついてもいない。誰もが、自転車が倒れようとする方向にハンドルを切って転倒を防いでいる。そして方向転換をはじめるときには、誰でも一瞬だけ前輪を逆方向に向けている。ダニー・マカスキルをはじめとする曲芸師の離れ業は、並の自転車乗りとは桁違いの能力を必要とする。ただしそれも、自転車のごく基本的なトリック、つまり誰もが自転車の上でやっている、バランスを取る身のこなしを大胆に強調しているだけだ。

マカスキルと同じように自転車の修理工として仕事を始めたウィルバーとオーヴィルのライト兄弟は、自転車のバランスに学んだことから歴史上最大の成果を引き出した。ライト兄弟は、自転車と同じ原理が空を飛ぶことに応用できると考えた。飛行機もまた、自転車と同じように本質的に不安定な機械かもしれないからだ。「ぼくらの飛行機の操縦は、自転車と同じように乗り手の平衡感覚に基づいている」と、ライト兄弟は一九〇八年にジャーナリストに語っている。飛行機を操ることは「いずれは自転車のバランスをとるのと同じように、飛行機乗りが意識せずに行うことになるだろう」とも語っている。一九一一年に刊行された航空学の専門書『新しい飛行の技術』では、飛行機のパイロットと自転車の曲乗り師が比較されている。「現代の飛行士は、パラソルを片手に綱渡りをする自転車乗りに通じるところがある」とのことだ。ダニー・マカスキルもまた、自転車のバランスと飛行機の操縦法について語るライト兄弟と同じ教訓を体現しているともいえる。ただし順番は逆だ。確かな技術と優れた乗り手がいれば、自転車は空を飛べる。それがマカスキルの教えなのだ。

もちろん、乗り手に技術がなければ、空飛ぶ自転車は災難でしかない――とりわけ乗っている本人にとって。マカスキルとぼくが走るトレイルはさらに森の中へと進み、急なアップダウンやきついカーブが連続して、乗りこなすのが難しくなってきた。気がつけばぼくも曲乗り師になっていた。しかもかなり下手くそな。ぼくはハンドルバーに必死でしがみつき、狂ったようにブレーキレバーを操作する。それでもタイヤは地面から浮き上がり、フレームは横滑りしてどこかへ行ってしまいそうになる。危険と恐怖の連続だが、傍目にはドタバタ喜劇のような面白おかしい光景だったかもしれない。下りの斜路がさらに急になると、体ごと振り回されているような感覚だった。冬の暴風が吹き荒れる街の洗濯物みたいにバタバタ打ちつけられる感じだ。マカスキルは、尻をサドルの後ろ側まで下げて、体重を後ろにかけて自転車を抑えるんだと教えてくれた。しばらくはその効き目もあったが、おっかなびっくりで体も頭もガチガチのぼくがクラッシュするのは時間の問題だった。比較的なだらかなジグザグ道を進んだ後、ぼくらは大きな段差にやってきた。ぼくはパニックになって前ブレーキを力いっぱい握ってしまった。後輪が浮き、ぼくの体はハンドルバーを越えて勢いよく投げ出された。空高く、そして遠くへ。

ぼくは尻から落下した。正確にいえば尾骨で着地した。幸いにもケガは大したことはなかったが情けなくはあり、尻だけではなく尊厳にも傷がついた。よろよろと再び自転車に跨がっていると、マカスキルは心配そうに声をかけてきた。彼は礼儀正しく、大袈裟なことは言わない男だ。

「ちょっとヤバかったね」と彼は言った。「死にそうな勢いだったよ」。

ちょっと休んだ方がよさそうだと言うと、マカスキルは何も言わなかったが同意してくれたようだった。ぼくらは森の中のトレイルから出て、きれいに整地されたダートのエリアに入った。両脇には壁のような盛土があり、コースには大波のようなアップダウンがある。ぼくは自転車を脇に寄せて、マカスキルが走り回るのを見ていた。坂道を駆け上がり、急カーブからコースに入ると、体と自転車をほとんど真横に倒してカーブをこなしてゆく。

彼が乗っているマウンテンバイクはかなり重さのあるマシンだ。トライアル用のバイクほどキレのある動きやジャンプに向いているわけではない。それでも、マカスキルが操る様子を見ていると、自転車の種類などとは無関係にあっけに取られてしまう。目の前のスペクタクルが巧みなテクニックの産物だということはわかっている。微妙な体重移動や力の加減、細やかな調整、即座の判断、そして直観のひらめきの結果として、自転車は吸いつくようにマカスキルと一体化して、その思い通りに宙を舞う。しかし、ぼくにはテクニックの細かいところはわからない。素人の目にわかるのは、彼が自転車を操る様子は、速度と力強さと流れがひとつになった、純粋で暴力的な美しさそのものだということだ。

彼はトレイルをかなり下ってから引き返し、再び流れるように俊敏に走りはじめた。十分な速度でコースの斜路に入ったからにはジャンプするに決まっている。予想通りだ。宙に躍り出る瞬間に後輪を蹴り出して、ハンドルバーに捻りを加え、ウィップ〔ジャンプ中にテールを振る動き〕をキメながら自転車は高く高く飛び上がる。頂点に達したようにみえても自転車はまだ上空へ向かっていた。その軌道はあまりにも不合理で、ありえないくらい長い間空中に留まっている。思わず携帯電話を取り出して写真を撮ろうかと思ったほどだ。しかしそれは思い留まった。理屈でいえば重力の法則はずっと効いているのだ。ならばあの自転車ももうすぐ地上に戻ってくるはずだ、と信じて。

第7章　脚のあいだの悦楽

〈銀輪の女王〉。スタジオで撮影されたポートレイト。1897年。

自転車をファックしたい。ファックできるようにカリストに自転車をバラしてほしい。フレームをファック。ペダルをファック。ハンドルバーをファック。前輪をファック。後輪をファック。スプロケットをファック。スポークをファック。サドルをファック。シートポストをファック。ハブをファック。リムをファック。サスペンションをファック。前ブレーキをファック。バルブをファック。変速ギヤをファック。ヘッドチューブをファック。……自転車用ポンプを手に入れて欲しいの。長持ちするやつ。ウォルマートなんかで買ったらダメ。それをファックしたい。私がポンプされて、ポンプして、膨らんで浮かんじゃいそうになるの。それで自転車ポンプをファックしていると、体の中の空気が圧縮されるのがわかる。ポンプしてファックするの。

――ヴィ・キ・ナオ『亡命中の魚』(二〇一六年)

ベトナムの作家ヴィ・キ・ナオの小説のヒロインは、「カトリック」というあまり聞かない名前の女性である。彼女の人生は、二人の子どもの死と自身の結婚生活の破綻によって混迷の極みにある。彼女が自転車にいだく妄想は、たぶんより大きな危機の徴候として、つまり純粋なフェティシズムではなく、動揺から生まれた逸脱に、たぶんあまり健全とはいえないマゾヒズムを加えたものとして理解されるべきものなのだろう(「たっぷり時間をかけてポンプしてファックしたら私の子宮は雷雨みたいになるかしら?」と彼女は訊く)。それはさておき、ナオが小説に描写している欲求が存在することは確かだ。つまりその種の性的な奇癖はフィクションのみならず現実に存在していて、そういった方面の欲望を抱く者が内面の問題や屈折を抱えている者ばかりというわけでもない。シンプルに自転車をファックしたい人びとがいるのである。

二〇〇七年十一月のある午後、エアというスコットランドの街の公営住宅の管理人がある部屋を訪れると、そこには白いTシャツだけ身につけた下半身裸の男がいて、自転車を手に「セックスをするように腰を前後に動かしていた」。五十一歳のロバート・スチュアートは逮捕され、エアの州裁判所で裁かれることになった。嫌疑は「風紀紊乱および無生物との性交を模することによる性的加重事由のある治安妨害」だった。判事のコリン・ミラーは、一風変わった事件の知見をそれなりに持っていた。一九九〇年代のはじめにはタブロイド紙を大いににぎわせた訴訟に関わり、児童に性的虐待と「悪魔的儀式」を行ったとされた夫妻の容疑を晴らしたこともあった。しかしミラーにもこのケースは斬新だった。「四十年のあいだ司法に携わり、人間が手を出すあらゆる倒錯に触れた気でいました」と、彼はスチュアートに三年間の保護観察を言い渡す中で述べている。「ですが、自転車に性欲を抱く者は聞いたことがありませんでした」。

判事のリサーチは明らかに不十分だったといわねばならない。インターネットに接続された環境であれば、わずか数クリックで自転車性欲の存在は証明されてしまうのだから。そこで見つかるのは、いってしまえばポルノ、しかもありきたりのものである。自転車がストーリーの要素になっているもの、あるいは性的な小道具として、つまり車輪のついた大人の玩具として使われている写真や動画もたっぷりある。人気のあるサブジャンルのひとつは、マウンテンバイクで出かけたカップルが人気のない森で行為に及ぶもので、大方の予想に違わないやり方で自転車も用に供される。アマチュアがスマートフォンを使って出演と撮影を兼ねて制作した自転車ポルノもあれば、明らかにプロの仕事と思われる、凝った照明を使い、複数のカメラで撮影されたものもある。そういったものには身のこなしの器用な人物が出演していて、自転車と絡まりながら性行為をしても足がつったり深刻な事故を起こしたりすることはない。自転車は単に口実で、古典的なポルノのストーリーを踏襲しているものもある（『自転車の修理代が払えない尻軽女』とか、『美女が跨がるのは自転車のみならず』とか）。裸の女と自転車のサドルの組み合わせは頻出である。サドルに性具のついた自転車を漕ぐ女、サドルやシートポストでマスターベーションする女、などなど。

メインストリームの自転車ポルノと別に、さらにアンダーグラウンドな領域もある。二〇〇七年にオレゴン州ポートランドでバイク・スマットというゆるやかなコミュニティが結成された。創始者は通称レヴェレンド・フィル（フィル師）として知られる自転車乗りのアクティヴィストである。このグループは自分たちは「欲情の同盟」であると謳っている。その名を冠したイベントであるバイク・スマット映画祭では、「世界中の才能あるサイクリストによる短編ポルノ映画」が上映され、「性に肯定的な文化および人力移動手段のよろこびと解放」が讃えられる。映画の傾向は寛容かつ自由なもので、ストレート、ゲイ、バイ、トランス、その他の性のあり方が含まれている。フェミニストなポルノ、つまり女性が女性のために制作した作品も多い。

バイク・スマットの作品に共通しているのは、文字通り猥褻物（スマット）としての自転車である。人の肢体や陰部に負けず劣らず、舐めるようなカメラワークでチェーンリングや自転車のフレームが映し出される。実際に裸の男女がハンドルバーやトップチューブを舐めたりさすったりしている映像もある。かと思えば、ごくわずかな衣服を着た女性が六角レンチと潤滑油を手に、自転車メンテナンスの基本を教えてくれるものもある。『ファックバイク001』という作品では、長髪でタトゥーの入った男性が室内に固定された自転車のようなものを漕いでいる。というのは、それは自転車のフレームやホイールその他を寄せ集めた四メートルほどのからくり仕掛けになっていて、チェーンは最終的に長い金属棒の先についたディルドを駆動しているのである。装置の先にはマットレスの上に脚を開いた女性が横たわり、悩ましく悶えている。『ファック・バイク001』には数秒間の間この「カップル」、つまり裸のサイクリストと裸の女性を映している場面があるが、この映像の性的な対象、本当に刺激的なアクションが器械の方、つまり音を立てて回転するクランク、チェーン、ホイール、その金属に反射する光のきらめきであることは明白だ。これは本当の意味で自転車ポルノグラフィなのである。

自転車のパーツから倒錯的な発想を思いつく者は他にもいる。ウィーンで活動するアーティストでアクティヴィストのレタ・フルストラは、「バイクセクシュアル」という、古い自転車のパーツを「アップサイクル」してアダルトグッズを作ることで「身体規範と性規範に異議を唱える」プロジェクトを行っている。バイクセクシュアルはそのウェブサイトおよびヨーロッパ各地で開かれているワークショップを通じて、使われなくなった自転車から回収したゴムや金属部材からアナルプラグや手錠や各種の鞭などのボンデージ用具を作る方法を広めている。「日頃から拘束具が欲しいと思っているけれど……真っ昼間に都会のショップには行きづらい人」でも、壊れた自転車のインナーチューブとチェーンといくつかの留金があればすぐに作れるし、「中古の変速ギヤをディルドに使うことも」できるというわけだ。

バイク・スマットと同じように、バイクセクシュアルもまたひとつのサブカルチャー、あるいはカウンターカルチャーであり、自転車をある種の反エスタブリッシュメント的な抵抗手段とみなすアンダーグラウンド的アクティヴィズムに連なるものだ（フルストラによれば、バイクセクシュアルは「DIY精神、菜食主義、エコロジー、自転車文化、そしてクィア・ポリティクスの思想を束ねるものである」）。しかし、自転車に性的な視線を向けるのは逸脱した現象でもなければ新しいことでもない。ダンディ・チャージャーが一世を風靡した束の間の時代には、ロンドンの版画屋はいかがわしいカリカチュアであふれていた。男根を強調した洒落者と胸の大きな女性が、ヴェロシペードに乗ったまま互いをまさぐったり性行為に耽っている類いのものである。つまり自転車はエロティックな装置、あるいは少なくとも艶事の小道具と見られていた。摂政時代の「欲情の同盟」における大人の玩具というわけだ。一八九〇年代の自転車ブームの時代には、風紀を気にする向きが自転車のサドルは「陰核や陰唇に持続的な刺激を生ずる」と非難（および妄想）していた一方で、写真スタジオでは自転車にまたがった裸の女性の写真が撮影されていた（eBayではキャビネ版にプリントされたこの種の写真が高値で取引されている）。

こうした時代、自転車のいかがわしさは巧妙に大衆エンターテインメントにも忍び込んでいた。一八九二年にイギリスの演芸場でヒットした「デイジー・ベル（二人乗りの自転車）」という演目は、王室のセックス・スキャンダルにヒントを得ているというもっぱらの噂だった。元になったのはウォーウィック伯夫人デイジー・グレヴィルと皇太子エドワード（後の国王エドワード七世）の情事だ。歌われる歌詞には自転車パーツにひっかけたきわどい地口が散りばめられており（「きみはベルさ、ぼくが鳴らしてあげるよ」といったもの）、タイトルの「二人乗りの自転車」は別種のタンデム走行を仄めかすアナロジーになっている。「ぼくらの旅の行く先は／いつでもきみの言うままさ／ぼくがへまをしたら／きみがブレーキをかけてもいいのさ」。

自転車はもっと高尚な芸術家にも淫靡な霊感を与えており、そこには近代の名だたる作家も含まれている。ジェイムズ・ジョイスは『フィネガンズ・ウェイク』の中に「自嬶車（じてんしゃ）」を操る「撫子遊女（なでしこゆうじょ）」を登場させている〔原文はそれぞれ bisexycle と prostituta in herba。この訳は柳瀬尚紀による〕。ジョルジュ・バタイユの『眼球譚』（一九二八年）には明からさまにポルノグラフィックなシーンがある。この小説の名前の明かされない語り手はシモーヌという娘と裸で田舎へのサイクリングに出かける。このサイクリングはク、ラ、イ、マ、ッ、ク、スはシモーヌがオーガズムを迎えて自転車から道端へ投げ出されてしまう場面である。

きちんと衣服を着た人びとが生きる現実の世界ははるかに遠く、もう二度とそこに戻れないような気さえしました。……革のサドルがシモーヌの裸の尻に密着し、脚でペダルを踏むたびに、否応なく陰部をこすることになります。私の目には、自転車に乗るシモーヌの裸のお尻の割れ目のなかに、自転車の後輪のタイヤが没しているように見えました。そのうえ、車輪の回転のすばやい動きが私の欲望を刺激し、勃起をうながし、勃起したものはサドルに密着する女の尻の深い裂け目のなかまですでに入りこんだも同然でした。……シモーヌはますます激しく強弱をつけてサドルで自慰をおこなっていました。つまり、彼女も私と同じく、裸になったことがきっかけで巻きおこった肉体の嵐を鎮めることができなかったのです。彼女の発するしわがれた唸り声が聞こえてきます。そして、シモーヌは快感に文字どおり打ちのめされ、彼女の裸体は、鋼鉄が小石の上を引きずられる騒音のなかで、道の脇の土手に放りだされました。

〔中条省平訳『マダム・エドワルダ／目玉の話』光文社古典新訳文庫、二〇〇六年〕

バタイユの描写する不埒なサイクリングと、「田舎道で長時間自転車に乗る」ことは「性的な行為」につながるのだという、世紀の変わり目ごろの批判者の主張を見比べてみよう。つまりこれは古典的なモラル・パニックなのだが、事実関係についてはおそらくそれほど間違っていなかったのだ。一世紀をゆうに越える年月の間、街から田舎へ向かう自転車の小旅行は性的な逸脱の可能性に満ちたものと思われていた（サイクリストが辺鄙な森で密会する、というポルノのモチーフはその最新版に過ぎない）。田舎道を通って空の開けた場所へ行ってしまえば、社会の決まり事はもはやどうでもよくなる。そして自転車乗りは真の自由を味わい、剝き出しの欲望に身を任せることができるのだ。

『これが翼だ！』（一八九八年）で、小説家モーリス・ルブランは二組のパリのカップルの話を書いている。パスカルとレジーヌのフォヴィエール夫妻、およびギヨームとマドレーヌのダルジョル夫妻である。四人はノルマンディとブリターニュの田舎へ自転車旅行に出かける。旅が進むにつれて道徳心はゆるみ、コルセットもゆるみ、女性陣はコルセットをやめてもっとゆるやかな服を着る。やがてレジーヌとマドレーヌはブラウスまで脱ぎ捨て、胸を露にして、楽園のような風景を自転車で走ってゆく。ルブランにとっては自転車に乗ること自体がセックスのようなものだ。自転車に乗る者、自転車、風景、周囲の自然、そのすべてが享楽の宴に身を任せる性の化身なのだ。

> ゆるやかに上り下りする坂道に、彼らは気が違ったような勢いで突入していった。大地はまるで、息衝く胸のようにふくらんでは落ち込む。……〔自転車に乗る彼らは〕何かを抱くように腕を大きく広げた。空気の抵抗が、まるで何かが向こうからやってきて、胸にやさしく擦り寄ってくるように感じさせた。唇に触れる風は、言葉ではいいようのない愛の口づけのようだった。スイカズラのほのかな香りが、ひそかな愛撫のように彼らを弄んだ。……彼らの意識は遠退いて、千々に乱れた。四人は本能の力に飲み込まれて、自然の一部になった。空を流れる雲やうねる波、ただよう芳香やこだまする音のように。

小説が終わるころには、フォヴィエール夫妻とダルジョル夫妻は互いのパートナーを交換し、二組の新しいカップルとなって自転車で漕ぎ出してゆく。彼らの未来にはサイクリングに事欠かない刺激的な夫婦生活が待っているに違いない。『これが翼だ！』は、サイクリングは解放の象徴であり、解放とは放縦の言い換えであると宣言しているのだ。

こうした時代がかった考えはスキャンダルに敏感だったヴィクトリア朝時代の忘れ形見のように思える。しかし、これは現代の自転車カルチャーにも通じる話だ。世間では毎年、おおぜいの自転車乗りが服を脱ぎ捨て、「思うきり裸になって」街を走行する「ワールド・ネイキッド・バイク・ライド」（ＷＮＢＲ）というイベントが多くの都市を舞台に開催されている。二〇〇四年にこのイベントを創始したカナダ人のコンラッド・シュミットによれば、これは自転車の原点回帰であり、その本質の祝福である。「裸で自転車に乗るというコンセプトは、自転車が誕生した時代にまで遡る」と彼は言う。「自転車に乗ることと裸になることには、きっと運命的な結びつきがあるんだ」。ＷＮＢＲの参加者には、ボディ・ペイントを施していたり、ソックスを巧みに活用している者もいるが、それを除けばみんな全裸である。新型コロナウイルスが猛威を奮いはじめた二〇二〇年の春には、多くの参加者がマスクのみを着用した。ついでに股間にマスクをした者もいた。

このイベントはさながらカウンターカルチャーのお祭りだ。素っ裸の人びとが大群となって街中をゆくのである。しかしWNBRのオーガナイザーが強調するのは、このイベントの目的はただ「ブルジョワの度肝を抜く」〔ボードレールやランボーら十九世紀後期の詩人たちの合言葉〕ことではない。裸になってプロテストする人びとは「複雑なメッセージを発信している」と、フィリップ・カー＝ゴムは書いている。「彼らは挑発的に振舞うことで現状への異議を申し立てつつ、恐れずに何も隠さない、という態度を示すことで自分たちとその運動をエンパワーしている。しかし同時に、人間の脆弱さや儚さも露にしている」。WNBRが援用しているのはクリティカル・マス〔都市部を自転車の集団で走行する市民運動〕と同じ直接行動戦術であり、そのレトリックは裸であることを、セクシュアリティや環境保護、道路の安全性、反自動車運動に結びつけている。WNBRのミッション・ステートメントには、「私たちは裸で自転車に乗ることによって、各々の身体の美と個性への誇りを宣言する」とある。「私たちは、自動車交通に裸の体で対峙する。それは私たちの尊厳を守り、路上の自転車や歩行者が直面させられる危険を白日に曝し、石油等の非再生可能エネルギーに依存する私たちが等しく向き合う悲観的な帰結を示すための、もっとも優れた手段なのである」。

自動車運転手とサイクリストの対立では、しばしば性やジェンダーの語彙が援用される。自動車はマッチョな男らしさの象徴であり、自動車に支配されたこの世界では、自転車に乗ることを去勢的で幼児的な行為と見なす者は少くない。筋金入りの自転車嫌いである作家P・J・オロークは、「自転車に乗っていると、どうにも自分が大人である気がしない」と二〇一一年のウォール・ストリート・ジャーナルの論説記事に書いている。「世界中の広場や公園を探しても、国の英雄が自転車に乗っている像はひとつもないだろう。この種の子どもっぽいものが選挙民の間で持て囃されるということは、つまり自転車専用レーンは始まりに過ぎない。近い将来、私たちの街の道路にはスクーター専用レーン、スケートボード専用レーンが作られ、ソープボックス競走専用レーン、ポゴスティック専用レーン、ラジオフライヤーワゴン専用レーンができあがるだろう」〔ソープボックスは動力をもたない手作りの車両で、欧米ではレースも行われている。ポゴスティックは和名「ホッピング」で知られる棒状の道具。乗って飛びはねて遊ぶ。ラジオフライヤーワゴンはアメリカで開発された手押し車のような運搬具〕。この性的に未熟な男性サイクリストというモチーフは、ハリウッドでも飽くことなく繰り返されている。ピーウィー・ハーマンが消防車のような赤色の自転車を乗り回す『ピーウィーの大冒険』（一九八五年）のワンシーンとか、『40歳の童貞男』（二〇〇五年）で、運転免許のない主演のスティーヴ・カレルが、モールの家電量販店という冴えない職場まで自転車通勤していたことを思い出してほしい。この種の態度は、現実世界の道路上で繰り広げられる戦いで表面化する。道路交通をめぐる口喧嘩で、自動車のドライバーがサイクリストを馬鹿にするときには同性愛嫌悪的、あるいは女性嫌悪的な語彙がよく用いられる。社会学者によると、広く用いられているのは「プッシー」「カント」「カマ野郎（ファグ）」といった罵倒語や、さらにピンポイントな「自転車カマ野郎（バイシクル・ファグ）」といった言葉であるらしい。ぼくの実地の経験もこれに合致している。

自転車アクティヴィストは軽やかな快楽主義によってこの種の敵意に対峙する。「またがって楽しもう」とか「私はバイクセクシュアル」とか「俺は何にでも乗る」とか「自転車乗りのポンプは強力」〔ポンプ pump は空気入れの意味とセックスの意味がある〕とか「今日は自転車でイク」とか「ケツ（アス）駆動、燃料（ガス）要らず」とかいった横断幕や裸の体に書かれているスローガンは、自転車に乗ることを本能と生命力に満ちた行為として謳うものだ（それとは対照的に、自動車を運転することはセクシーでない、堅苦しい、鯱張った行為とみなされる）。サイクリストの中には、自転車に乗ることを女性的なこと、あるいはむしろフェミズム的な行為だと考える者もいる。ポートランドの改造自転車コミュニティのメンバー、エイドリアン・アッカーマンは、巨大な張りぼての女性器をあしらった二階建て自転車という耳目をあつめるカスタム自転車を制作した。この自転車の前輪のあたりにはアッカーマンが「びっくりまんこ（ショック・トゥワット）」とか「からくりまんこ（カントラプション）」と呼ぶものが装着されている。アッカーマンはリアラックに載せた赤ワインの容器からチューブを伸ばし、その造形物の真ん中に蛇口をつけている。彼女は志願者を募り（たくさん集まるらしい）、この自転車の前に跪かせる。そして彼らはクンニリングスをする要領でその「からくりまんこ」から流れる「経血」を牛飲する。女性解放の即興劇場としてはまことに強烈だ（「そこから噴き出る紙パックのワインを飲むためだけに、何百人もの大の大人が列をなして巨大な手作りヴァギナの前に跪く」のは「経験でも稀な、強烈なパワーのあらわれ」だったとアッカーマンは述べている）。これは、ある学者の言葉を借りれば、「進入する、突き進むという男根的な力づよさ」の象徴として自動車を崇め奉る文化に対する、ウィットに富んだ応答でもある。

自動車と自転車の文化的対立を性の代理戦争とみなすことには首をかしげる向きもあるかもしれない。ただし、原動機つき四輪車と二輪車のそれぞれは対照的なエロス的個性、つまり相異なるセックスアピールがある、ということはそれほど見当違いではないだろう。作家のジェット・マクドナルドによれば、両者の違いは二輪車では乗り手の体が外気に晒され、他人からも見える点である。「北ヨーロッパに住む私たちはプライベートな体を屋内に閉じ込め、冬の間は肉体も変わりやすい気候に統制されている。しかしついに太陽の季節が到来すると、家を出て軽々と自転車に飛び乗り、自分の親密なところを外に解き放つ。車はそんなことはしない。車は車輪つきの部屋であって、身体性を欠いた運転手が壁にかこまれたまま加速していく。性的なシグナルと呼べるものは、せいぜい渋滞で点滅する方向指示器のウィンクくらいのものだ」。

ついでにいえば、車を運転する動作では自転車よりもはるかに少ない筋力しか使わず、したがって体も温まらない。その意味ではセックスとの類比は陳腐だが当を得ている。自転車に乗ることは親密な関係性への参入なのだ。自転車を太腿ではさみ、上に乗り、ペダルを往復させる。体が自転車のボディと溶け合う。一体になって同じリズムを刻む。乗り手の奮闘に応えて自転車も速度を上げる。乗り手が押せば自転車は引く。そうやって遠くまで行く。そのぞくぞくする興奮、高揚、恍惚。自転車に乗ることがしばしばオーガズムを連想させる語彙で語られることは、もはや指摘する必要もないだろう。

この種のメタファーはやり過ぎかもしれない。あるいはまだまだ不十分かもしれない。ぼくが自分の自転車や、自転車一般に抱く胸のうずくような感謝や愛着は、ほかのどんな無生物への感情よりも深い。正直にいえば、ごく一部を除く命あるものへの感情よりも深い。史上稀にみる変態のひとりである作家のヘンリー・ミラーは、自転車にまつわる猥褻な話は書き残さなかった。しかし、『わが自転車とその他の友人たち』（一九七八年）という回想文では、二十世紀初頭のニューヨークで過ごした十代のころの「最愛の友人」への心底からの情愛を綴っている。それは、マディソン・スクエア・ガーデンで自転車レースを見物した後に購入した、ドイツのザクセン州ケムニッツで作られた自転車のことだ。ミラーは家族で暮らしていたブルックリン、ウィリアムズバーグの自宅からほど近い自転車店のメカニックについて書いている。彼は修理の依頼を無料で引き受けてくれた。「その理由は、彼の言葉によれば、私ほど自転車を深く愛している人を見たことがなかったから、ということだった」。

ミラーはその自転車と「沈黙の言葉を交わしていた」。彼は自転車を溺愛していたのだ。初めての恋愛に燃え上がる若者のような慈しみを込めて。そして毎夜の習慣になっていた自転車のメンテナンスの描写には、どこか将来のこの作家を、つまり密会とか愛撫とか排泄に造詣の深い官能作家を予感させるものがある。「帰宅時には決まってやることがあった」とミラーは書く。「自転車をひっくり返して、きれいな布切れを持ってきてハブとスポークを磨きあげる。そしてチェーンをきれいにして油を差し直す。これをやっていると、通路の床に汚ない染みがついた。母は……ひどく怒り、ありったけの嫌味を込めて、お前がそれをベッドに持ち込まないのが不思議なくらいだね！と言ったものだ」。たとえ相手が自転車でも、愛のあるセックスこそが最高のセックスだという事情は人間と違わない。

第8章　凍てつく大地

吹雪をものともせず。インド、ジャム·カシミール州スリナガルにて。2021年1月。

船は錨を上げ、大海原へ出港する。目指すのは北、地球の頂点だ。これはイギリス海軍の「ヘクラ」、全長は三二メートル、全装状態で十枚あまりの帆を翻す三本マストの臼砲艦だ。この船は一八一六年に英蘭連合艦隊として戦闘に参加し、アルジェのバルバリア海賊の拠点を攻撃した。その二年後にヘクラに与えられた新たなミッションは北極圏の探検だった。流氷との衝突に耐えられるように船体は鉄の装甲で補強された。一八一九年から一八二五年にかけて、ヘクラは北西航路の探索のために三度の遠征を行なった。この日、一八二七年四月二十七日、テムズ河の河口を後にするヘクラが目指すのは北極点だった。船上には船長ウィリアム・パリーと二十八名の船員が乗り込み、甲板には二隻の「橇（スレッジ）つきボート」が括りつけられていた。これは滑走するための鉄のブレードと風を受けるための帆を備えたハイブリッドな乗り物だった。パリーの計画では、ヘクラはヨーロッパ本土から千キロ離れたスピッツベルゲン島に向かうことになったいた。周囲を北極海とグリーンランド海とノルウェー海に囲まれた島だ。船乗りたちはそこで小さな船に乗り換え、水と氷の上をさらに千キロ以上旅する予定だった。

　報じられたところによれば、パリーと乗組員にはもうひとつ、スピッツベルゲン島での任務が与えられていた。ヘクラには大量の銃や弾薬、煙草、ラム酒などに加えて、珍しい船荷が積み込まれていた。「数台のヴェロシペード」である。この荷物はスピッツベルゲン島で降ろされることになっていた。ロンドンのモーニング・アドバタイザー紙は、遠征前の紙面で、これらの器械は凍てついた北の地にセンショーションを巻き起こすだろうと書き立てている。「ペルー人が初めて馬に乗るスペイン人を見たときの驚愕は計り知れないものだった。ヴェロシペードに乗ったイギリス人を初めて見るエスキモーの驚きもそれに劣らないものになるだろう」。

これらのヴェロシペードについてそれ以上のことは記録されていない。報道が間違っていた可能性もある。いずれにせよ「エスキモー」に目撃されることはなかっただろう。当時のスピッツベルゲン島は前哨地としてスウェーデン＝ノルウェー連合王国に統治される捕鯨のメッカであり、ノルウェーの罠猟師たちがホッキョクグマやホッキョクギツネ目当てに訪れる場所でもあった。そしてスウェーデン人をはじめとする科学者や博物学者が目指す場所でもあった。つまり仮に想像するならば、スピッツベルゲン島では「エスキモー」ではなく怪訝な顔をしたスカンジナヴィア人がヴェロシペードを迎えていたはずだ。今日、彼らの子孫は世界有数の情熱をかたむけて二輪の乗り物に乗りつづけている。仮に報じられた通りなら、初めて北極の気候に直面した自転車がヘクラで運ばれたものだったことはおそらく間違いない。

天気に勝てる自転車乗りはいない。自転車で移動することは、外気に身をさらすことの愉悦と危険を経験することだ。そして世の中には、凍えるような寒さや、雪と氷に覆われた大地の危険にいっそうの愉悦を見出す自転車乗りが存在する。イギリスのサイクリスト、R・T・ラングは一九〇二年に次のように書いていた。彼は「十月の、陰鬱な季節の最初の日が訪れるやいなや自転車を仕舞い込んでしまう好事家」を鼻で笑う。ラングにとっては冬のサイクリングこそが、たくましい祖先が代々受け継いできた、ブリテン人の持って生まれた権利なのである。

雪がスポークの周りに渦をまき、からみつき、くるくるとまとわりつくようになる季節。私はチェヴィオット丘陵の真ん中や、ダービーシャーの岩山の頂きや、スコットランド高地の天然の要塞を通り抜けながらそんな雪のふるまいを見てきた。……民族に古の狂戦士（バーサーカー）の精神が蘇るのはそんな季節だ。それはすべての自然を敵とする戦いの時、人間と、その永遠の敵の終わりなき激闘の時なのだ。少しも前には出させまいと吹き荒れる風の中で、腱は緊張し、あらゆる筋肉が怒張する。両手を握りしめ、筋肉のすべてを動員しても車輪はほとんど動かない。ほとんど死闘のようなその数秒間。睨みあったまま静止したような一瞬の後、ついに風が屈して勝利の高揚の中でペダルが回転を始めるが、また数ヤード先では次の闘いが始まる。しかし今度は勝利する力の自負をもって臨む。これはヴァイキングの息子たちだけに許された英国のスポーツなのだ。

民族主義に絡めたラングの戯言は少々的外れである。冬場に自転車に乗る情熱はヴァイキングの末裔に限られた話ではないし、「息子」つまり男に限られるわけでもない。ただし頑健な体と苦痛に耐える我慢強さが求められるのはその通りだ。この分野のエキスパートを自認する友人は、冬のサイクリングは「死ぬほどクソ大変」だとぼくに語ったことがある。自転車乗りを悩ませる悪天候はいろいろあるが、極端な場合を除けば自転車で走れないことはない。しかし冬はそれ以上にやばいのだ。

暴風雨ならば自転車はなんとかなる。まともなタイヤなら路面が濡れてもそほれど滑らないし、慣れた乗り手は細かくブレーキを操作して効きが悪くならないように水を切る方法を知っている。台風でもない限りは風が強くて進めないことはない。ゆっくりでも前には進む。飲み水さえあれば砂漠でも灼熱の熱帯でも自転車で走ることはできる。

覚悟を決めた自転車乗りにとっては寒さも問題ではない。最近では全身をくまなく天候から守ってくれる装備もある。手袋をした手をハンドルバーごと覆うミトンに突っ込み、中綿とかネオプレン、フリースといった断熱素材で外気から体を守る。ウィスコンシン州マディソンに住んでいたころにはそんな格好の自転車乗りをたくさん見かけた。マディソンは、二月の朝に外に出ると鼻水が鼻の中で凍るような場所だった。街の目抜き通りのステート・ストリートにはスノースーツを着た自転車乗りが行き交っていて、彼らの顎ヒゲには極地探検家みたいなつららが下がっていたものだ。

冬の自転車の敵は低い気温ではなく路面の悪さである。これには百戦錬磨の自転車乗りも歯がたたない。自転車は吹き溜まった雪をかき分けて進んだり、スケートリンクを走り回るようにはできていない。路面をグリップできなければタイヤはその場で空転するし、雪が積もればまったく進むことができなくなる。

それでも、冬は自転車の遺伝子に刻まれた季節だ。自転車の始祖というべきカール・フォン・ドライスのラウフマシーネは、異常気象による「夏のない年」に胚胎されたいわば冬の乗り物であり、アイススケートにヒントを得た方法で地面を蹴って滑るように進む。それ以来も機械いじりを得意とする者は自転車で冬の路面を乗りこなす方法に知恵を絞り、この季節に特化した自転車をつくり出してきた。もっとも簡単でＤＩＹ的改造は、タイヤのトラクションを増すためにホイールに鎖を巻き付けたり、釘やネジなどの突起物をタイヤに打ち込んでスパイクタイヤをつくることだ。一九四八年に撮影された写真には、アメリカのバイクビルダー、ジョー・スタインラウフが史上もっとも尖った、パンクロック的な自転車に乗っている姿が記録されている。その車輪はもはやタイヤがなく金属のリムが剝き出しで、前後輪それぞれに長さ七、八センチのトゲが三十本あまりついている。中世の異端審問官が異端者を串刺しにするのに使いそうな車輪である。

一八六〇年代の終わりごろには、アメリカでもヨーロッパでもさまざまな種類の「氷上ヴェロシペード」が出現していた。その多くはボーンシェーカーのペダルのついた大きな前輪に鋲を打ち込み、フレームにスケートや橇のような部品を装着したものだ。一八六九年の年始のブルックリン・デイリー・イーグル紙には、「ハドソン川の最新流行は氷上ヴェロシペード」という記事が書かれた。安全型自転車の発明は冬用自転車のデザインにも新しい波をもたらし、潤滑油を塗ったブレードを前後に設置した自転車や、巨大なスキーのような形の自転車、あるいは「後付けのスノーシュー」を装着した自転車がつくられた。運河が凍結するうえにみんな自転車が大好きなオランダは冬のサイクリングのメッカというべき国だが、ここでは前輪を無くし、エレガントな曲線をした前後二対の橇の間でチェーン駆動の後輪を回すというクレバーな自転車が発明された。シカゴ・アイスバイシクル・アパラタスというアメリカの企業は、「最近の安全型自転車であればどんなスタイルや設計の自転車でも」冬用の乗り物に変えられると謳う、後付け部品のキットを一五ドルで売り出した。「夏よりもスピードが出る」という売り文句で、試作品で計測したところ、凍結したミシガン湖で四〇〇メートルを二十秒で移動できたとのこと。

世紀の変わり目の自転車ブームにおける「驚異の年」である一八九六年は、カナダ北西部で金鉱が発見された年でもある。人びとの熱狂に乗じようと、起業家たちは一攫千金を夢見て北へ向かう者に自転車を売ることを考えた。一八九七年の夏には、あるニューヨークの企業は代表的な金産地の地名を冠した「クロンダイク・バイシクル」を製造し、ユーコン地方を目指す探鉱者にうってつけのハイテク装備として売り出している。この自転車は中まで詰まったゴム製のタイヤを使い、鉄のフレームは低温下で乗り手の手を守るために生皮が巻き付けられていた。さらにトップチューブには折り畳まれた一組分の予備のホイールが装着され、ハンドルバーとシートステイには荷物を括りつけるためのアタッチメントも設けられていた。

クロンダイク・バイシクルの目論見は、人と荷物を両方運べる乗り物にすることだ。探鉱者が未開の地で行き倒れにならないために、カナダ当局はひとりあたり一トンもの食料や装備品の持参を求めていた。クロンダイク・バイシクルの所有者はこれを展開して四輪の荷車として使い、二〇〇キロを越える荷を引いて金鉱地帯まで徒歩でたどりつき、その後は補助用の車輪を折り畳んで二輪車にして、これに乗ってもう一度荷物を運ぶために山道を引き返す。金鉱地帯に殺到する人びとのうち、自分で荷物を背負ったり、荷運びの動物を使う者は宝探しを始める前に何度も往復する必要があり、その移動距離はトータルでおそらく四〇〇〇キロに及ぶ。しかし、自転車を使う者はわずか二回の往復ですべての装備を運べるので、競争相手に大きな差をつけることができる。

……というのが、クロンダイク・バイシクルを売り込むセールスマンの言い分だったが、それほど信用されてはいなかった。『アラスカとクロンダイク金鉱——探鉱者のために実用ガイド』の著者A・C・ハリスは、ユーコン地方へ「自転車を持ち込んだ素人探鉱者たち」を一笑に付し、彼らは自転車が使えないほどの現地の過酷さを知らないと述べている。ハリスによれば、自転車を推奨する者は「山野で移動するために、まともな車輪のほかにも必要なものがあることを忘れている。それはまともな道路である」。

実際にも現地は険しい土地だった。ユーコン川の上流にたどりつくためには山岳地帯の峠道を通っていく必要があり、たとえばそのひとつであるチルクート・トレイルの頂付近には「黄金の階段」として悪名高い、雪と氷に刻みこまれた千五百段もの階段があった。無事に山を越えられてもその先には過酷な土地が待つ。ユーコン地方の天候で予測できるのは、何がどうあれ過酷であることだけだ。気温は摂氏マイナス四十五度まで下がることもあった。吹雪が吹き荒れ、視界には霧が立ち籠め、雪崩や突風が襲う。探鉱者は凍傷、低体温症、栄養失調、そして飢えに苦しめられた。男たちはどうにかして腹に入れるものを得ようと、履いていたブーツを煮てその出汁を飲んでいるとまで噂された。

困難はそれに留まらない。春の雪解けが到来すると人びとはぬかるみに苦しめられた。夏は短かったが、暑く、ハエや蚊が大量に発生した。無法者の天下であり、暴力が蔓延していた。山道には探鉱者を待ち伏せる山賊が出没した。自殺者が大量に出ているともいわれた。ユーコンの行政長官からカナダの内務大臣宛ての一八九七年秋の書簡には、「大勢の人びとが強いられている惨状と苦痛は想像を越えている」とあり、悲惨な状況が述べられている。所詮行っても無駄だ、という噂が南へ伝わるまでさほど時間はかからなかった。金の出る土地はもう残らず誰かの手に渡っていて、クロンダイクで金を儲けられるのは初期に投資した者か、ゴールドラッシュに押し寄せた大勢の人びと相手に商売した者だけ、といわれるようになった。ちなみにドナルド・トランプの祖父フレデリック・トランプも金を設けたひとりだった。彼はドイツから徴兵を逃れてアメリカに渡り、ユーコンの河畔の街ベネットとホワイトホースに宿を開き、一財産を築いた。

それでも希望を胸に北へ向かう探鉱者は後を絶たなかった。そしてそのうちの何百人、あるいは何千人かは自転車で乗り込んだ。一九〇一年のスキャグウェイ・デイリー・アラスカン紙は、二百五十名が自転車に乗ってドーソンシティへの山道へ入っていったと推測している。ドーソンシティは、金が最初に発見されたユーコン川とクロンダイク川の合流地点にできた新興の街だ。当時の写真には、先住民のイヌイットを含めたさまざまな男たちが、北極圏で使えるように改造された自転車に乗る姿を見ることができる。二台のフレームを横材で結合した手製の四輪車もあった。自転車乗りの多くは自転車の後ろに橇を括りつけ、積荷を載せて引っ張っている。犬を何頭か連れている者もいるが、犬に引かせる犬ゾリの場合とは逆に、犬の前で自転車を漕いでいる。

探鉱者が自転車を使うメリットは、荷役のための動物を使わなくていいことだった。動物は餌代がかかり、扱いも難しく、死んでしまうことも少なくなかったからだ。アラスカの幕営地スキャグウェイからユーコン川に向かう起点になっていたホワイト・パス・トレイルには〈死馬の道〉というあだ名がついた。道中で何千頭もの馬やラバが、崖から転落したり、雪の中で行き倒れたり、餌不測の中で酷使されたりして死んだためだ。犬も似たようなものだった。ある自転車乗りは、ユーコン川の南岸を走っているときに目撃したぞっとする光景を記録している。「褐色の短い毛の犬がガチガチに凍りついていた。誰かが小さな雪の山をつくり、その上に鼻先で逆立ちになるように犬の死骸を突き立てていた。尻尾がぴんと立ち、脚は駆けているような格好だった。サーカスのピエロが曲芸をしているような格好だった」。

そのほかにも、クロンダイクの自転車乗りが馬や犬に優ると自負することがあった。速度だ。天候が味方してくれるときには、自転車はほかのどんな手段よりも速かった。平坦な道なら一日に一六〇キロ進むこともあり、これは犬橇の約二倍だ。道が険しくなると、自転車乗りは自転車を背負って徒歩で登らなければならなかったが、その分は下り坂で挽回できた。犬橇が残す幅四五センチから五〇センチくらいの跡がお誂え向きの自転車道になった。自転車乗りは細い溝から車輪が外れないように自転車を操って進む。視界の効かない真っ白な世界の中で、その細い道をたどりながら凍りついた路面や氷結した川面を越えてゆくのだ。

当然ながら、ユーコン地方で自転車に乗ることには特有の困難があった。器用に犬橇の跡をたどるのは簡単ではなく、苦痛をともなう試行錯誤の連続だった。ある自転車乗りは、山道を走った最初の日に「二十五回も頭から雪に突っ込んだ」と記録している。川辺で道が途切れ、氷づたいに対岸にも渡れないときには、自転車乗りは凍えるような川を歩いて渡らなければならなかった。流れてくる氷を避けながら、自転車を頭上に支えて急流を渡る。橇の痕跡のない、荒れた氷が自転車の行く手を阻むことも多かった。しばしば馬はそうした荒れた雪道をつくる。重い橇を引く馬は歩きながら雪に大きな力をかけるので路面を荒らしてしまうのだ。ぎざぎざになった氷は馬のひづめを傷つける。さらにそんな馬の足跡が鋭利な刃のようになって、後につづく犬橇の犬の足から爪や肉片を削ぎ取る。そんなふうに粉々に踏み砕かれ、馬と犬の血におおわれた大地を自転車が進んでゆく。

ほとんどの自転車乗りの服装は十分ではなかった。目を守る眼鏡をもたない者は雪盲に苦しめられた。凍傷の進行を遅らせようと、片手で自転車を操り、もう一方の手で鼻をこする者もいた。寒さは自転車にとっても敵だった。タイヤは低温で硬くなってひび割れができ、ベアリングは動かなくなった。一度の転倒でも自転車がひどく壊れたり、使い物にならなくなったりした。ペダルが破損したり、ハンドルのステム〔ハンドルバーをフレームに固定する部材〕が真っ二つに割れたりする。たびたび修理が必要になり、部品や道具が足りない者はその場で工夫するしかなかった。インナーチューブがパンクしたときにはタイヤにロープや布切れを詰めてやりすごした。ドーソンシティから一八九八年の終わりごろに金が発見されたノームまで、約一六〇〇キロを自転車で移動していたエド・ジェッソンは、その道中で何度か自転車の修理に知恵を絞らなければならなかった。ユーコンのソウトゥース山地にあるランパート峡谷を走っているとき、ジェッソンは自転車ごと突風に飛ばされてのこぎりの刃のような氷の山に叩きつけられた。ジェッソンはこの事故で手の皮がぼろぼろになり、膝をひどく打撲した。自転車はハンドルバーの一部がきれいに折れてしまった。ジェッソンは足をひきずりながら幕営地に戻り、そこで自転車の「手術」を行った。「木目の通ったトウヒをナイフで割って二本の棒をつくり、フロントフォークを延長するように括りつけ、その上に横棒をわたしてハンドルとして使えるようにした。実にうまくいった」。

ノームに押し寄せた自転車乗りのなかに、マックス・ヒルシュバーグというオハイオ州ヤングスタウン出身の十九歳の男がいた。ゴールドラッシュの最初の波に乗ってクロンダイクを訪れたヒルシュバーグは、ドーソンシティの街外れで二年ほど宿を営んでいた。一九〇〇年の年明けに、彼は宿の持ち分を現金に変えて採掘権を少しばかり購入し、犬橇用の犬を確保してノームへ向かった。ノームでは金が大量に出ていて、ベーリング海の海岸では掬って取れるほどだといわれていた。ヒルシュバーグが出発するはずだった日の前の晩、最後の夜を過ごしていたドーソンシティの宿が火事になった。ヒルシュバーグは燃えあがる建物から逃げ出したが、そのときに錆びた釘を踏み、敗血症になってしまう。回復するころにはもう三月で、雪融けが始まっていた。ヒルシュバーグはもはや時間との闘いであることに気づく。犬橇で移動するにはもう遅過ぎる。融け始めた雪とぬかるみにおおわれた道では犬は役に立たない。ノームへ向かう最良のルートは凍りついたユーコン川をたどることだが、川の氷もまもなく融け始める。ヒルシュバーグの耳には、ノームの金鉱発見の報せを聞きつけた探鉱者が大挙して船で北へ向かっているという話も届いていた。奴らを出し抜くにはノームに早くたどりつく方法を探さなければならない。彼は自転車を買った。

ヒルシュバーグが自転車でドーソンシティを出発したのは三月二日だった。空は晴れ、気温は摂氏マイナス三十五度だった。彼は天候に備えてほかの者より周到に着込み、肌を外気にさらさないように努めた。耳をおおう毛皮の帽子をかぶり、毛皮のマスクで鼻を護り、肘まである毛皮の手袋をした。腕や手の防寒のために自転車のハンドルにも衣類を巻きつけた。足下にはウールの靴下をはき、くるぶしまであるフェルトの靴を履いてしっかり紐で締め上げた。フランネルのシャツの上に裏地つきのオーバーオールを二枚重ね着して、さらに厚いウールの半コートを着て、その上に厚手のパーカを羽織った。体を動かせるのが不思議なほどの着込みようだ。ただし、それ以外は身軽だった。自転車のサドルのスプリングに括りつけた袋に入れたのは着替えと時計、小さなナイフ、マッチ、鉛筆、それに防水のカバーをつけた日記帳くらいのものだった。あとは小さな袋に一五〇〇ドル分の砂金と少しの金貨と銀貨を入れた「財布」を持ち、さらにもう二〇ドル分の金貨を肌身放さず持っていた。ヤングスタウンの叔母が金貨を縫い込んでくれたベルトを、オーバーオールの下にしっかりと締めていたのだ。

旅路は困難を極めた。ヒルシュバーグは自転車移動の経験は充分だったが、橇が残した五、六〇センチ幅の道に慣れるまでには何度も転倒した。吹雪が来ると雪で道がわからなくなった。晴れているときでも道を見失う危険があった。山道は北や西へ曲がりくねりながら凍結したユーコン川に沿い、あるいは横断して伸びてゆく。ところどころに支流の分岐点があり、どれが正しい道なのか判然としない。自転車にとっても過酷だった。千キロ弱進んだあたりで、ヒルシュバーグは川面の氷で滑ってペダルを壊してしまう。木で代わりのペダルを拵えたものの、すぐに駄目になってしまうので一二〇キロくらい進むたびに取り替えなければならなかった。これを解決してくれたのは交易の町ヌーラトにいたイエズス会士だった。彼はトタン板と銅のリベットを使って頑丈な代用品を作ってくれた。

ヒルシュバーグが道中で目にする風景は壮観だった。カリブーの群れに遭遇したこともあった。快晴の空の下、タナナ川の河口近くを自転車で通っていると、南にかすかなマッキンリーの山影が見えた。後年に書かれた旅の記録の中で、ヒルシュバーグはユーコン河畔の町フォーティーマイル付近でカナダからアメリカへ国境を越えたことを回想している。「風にはためく星条旗が見えたときは体に震えが走るような気がした」。たしかにアメリカではあるが、そこははるか昔に遡る古の文明の地だった。ヒルシュバーグは幾晩も先住民の村に泊まりながら、北極圏に入ってさらに一・五キロほど北のユーコン川の北端、フォートユーコンに到着した。この旅路は何十年か前に入植者が初めてグウィッチン族の人びとの土地を訪れたときの経路だ。フォートユーコンには聖公会の司祭で宣教師のロバート・マクドナルドが住んでいた。マクドナルドは先住民の女性と結婚し、九人の子を設け、グウィッチン語のための文字体系を考案した。そして聖書や祈禱書や多くの聖歌を土地の言葉に翻訳した。町のすぐ外の墓地には、一八五〇年から一八六〇年にかけての日付が刻まれた墓石が並んでいた。そのアラスカで死んだ最初の白人たちの墓の脇をヒルシュバーグの自転車は通り過ぎた。

ヒルシュバーグの自転車の旅における最大の障害物は、文字通り行く手を阻むもの、つまり凍結と解氷を繰り返す水がつくり出した障害物や落とし穴の類だった。凍りついたユーコン川は腕を伸ばすように氷の壁を突き出し、垂直の壁をつくったり、道を遮るような障壁となった。気温の変動とともに、河岸に点在する支流は凍ったり融けたりを繰り返した。しばしば支流は河岸からあふれ出し、ガラスのような氷でおおわれた地面の上を濡らして、さらに滑りやすい状態をつくり出した。地面の様子に目を欺かれることもあった。ヒルシュバーグはクロンダイク川の河岸から氷のようにきらきら光る方へ自転車を進めて急流に落ちてしまったこともある。終いにはずぶぬれの靴下、霜だらけの靴で自転車を漕ぐことにも慣れた。

三月から四月へ入ると空気もぬるくなり、凍った水路の旅はさらに危険になった。ヒルシュバーグには車輪の下で氷に亀裂が入る音が聞こえた。氷の切れ目や穴が出現して急ブレーキをかけることもあった。ある日、ベーリング海まで向かう道中で雪融けのシャクトゥーリク川を横断しているときに川面の氷が割れて転落し、凍えるような水の中、まだ凍りついている河床と川面の氷の間を流される破目になった。ヒルシュバーグはどうにかして川面の氷を割って浮氷の上に這い上がり、自転車を引いて対岸まで渡った。

目的地の直前には、ヒルシュバーグの冒険の最後の災難が訪れた。凍りついた山道をノームのすぐ東まで来たとき、タイヤが滑って乗り手もろとも自転車が吹っ飛んでしまったのだ。起き上がってみると自転車のチェーンが切れていた。ヒルシュバーグは知恵を絞った。強い風が東から西へ吹いていたので、ヒルシュバーグは分厚いウールのコートを抜ぎ、木の棒に括って追い風を受ける帆にした。一九〇〇年三月十九日にチェーンのない自転車でノームに到着できたのはこの工夫のおかげだった。彼はもはやティーンエージャーではなくなっていた。二十歳の誕生日は旅路の途中で過ぎた。彼がノームでどれくらいの金を見つけたのか、そもそも金を見つけられたかは定かではない。おそらく正味でいえば、この企ては損失の方が大きかった。というのは、ヒルシュバーグはシャクトゥーリク川に落ちたときに一五〇〇ドル分の金を入れた袋を失くしていたからだ。ただし手元には別の成果が残った。自分の冒険譚だ。そのクライマックスはノームへ向かう最後の行程だ。それはアラスカのみならず、世界のどこでも聞いたことのないスペクタクルだった。氷と雪の海を、たった一人で、自転車に帆をかけて突き進むのだ。「チェーンがないので自転車のスピードは調節できなかった」とヒルシュバーグは回想している。「風が強すぎるときには、わざと柔らかい雪に突っ込んで暴走を止めなければならなかった」。

クロンダイクのサイクリストたちに匹敵する冒険は、その無謀さも含めて二度と繰り返されるものではない。しかしそれから一世紀後の現代には、世界のいたるところに、冬に自転車に乗る者のエクストリームなサブカルチャーが存在する。そして彼らの偉業（と呼ぶのが正当だろう）の狂気の度合いはマックス・ヒルシュバーグをも凌ぐ。彼らは必死に宝物を探すわけではない。彼らを英雄的所業に駆り立てるのはただの気晴らしと、純粋なスリルと栄光の追求のみだ。

冬のサイクリングにおけるスリルと栄光の最たるもの、もっとも命知らずな形式は単純な計算を応用したものだ。すなわち、かたく締まった氷と雪の斜面では、倒れさえしなければものすごいい速度で駆け下りることができる、ということ。ユーコン地方では、探鉱者が急な下り坂で安全型自転車のペダルを後転させてコースターブレーキをかけると、厳寒でもブレーキが真っ赤になるほど熱くなった（乗り手は雪溜まりに自転車を倒してブレーキを冷やした）。現在のダウンヒル専用自転車は、高速で駆け下りる負荷に耐えるためにさまざまな工夫が凝らされている。そして、そんなマシンで雪山を下ることに特化した競技者もいる。「メガヴァランチ」や「グレーシャー・バイク・ダウンヒル」といったイベントは、アルプスのスキー場の斜面を猛スピードで駆け下りる自転車競走だ。自転車の速度の世界記録を持っているのは元スキーヤーでスタントマンのエリック・バローヌというフランス人だ。二〇一七年、五十六歳のときにバローヌは世界有数の高速スキーコースとして知られるフレンチ・アルプスのヴァルにあるシャブリエール・スロープをマウンテンバイクで下り、自分の世界記録を更新した。最高速度はなんと時速二二七・七キロだ。

この歴史的な走行の映像はインターネットで観ることができる。バローヌの自転車は小型バイクのようにごついもので、彼は宇宙飛行士のようなヘルメットをかぶり、空気抵抗の低減と「事故の際にバラバラにならないための」ぴったりして堅い真っ赤なラバースーツを着用している。バローヌの自転車はアシスタントに押し出されて標高二七〇〇メートル地点からシャブリエール・スロープを下りはじめる。一瞬挿入されるドローン映像はバローヌを左上から捉えていて、乗り手の目線から見えるコースの様子を見てとることができる。何もない白い空間へ真っ逆さまに落ち込んでゆくようなものだ。そのおそろしさは路肩の段差くらいしか知らない自転車乗りでもよくわかる。

バローヌの偉業と趣味の自転車乗りの娯楽の間には大きな隔たりがあるが、それらがまったく関係ないと思い込むことも間違いだ。自転車に乗ることはおしなべて危険なのだ。自転車利用の推進者は、負傷や死亡事故の驚くほど高い発生率の元凶として構造的な不平等性、つまり自転車よりも自動車に有利につくられているインフラや交通法規を指摘している。これは正当だ。しかし、仮に理想的な条件でも動く乗り物に乗ることには本来危険がつきもので、とりわけ自転車にはいろいろな特有の危険がつきまとう。わざわざ自転車で道路に乗り出す者には、おそらく誰であろうと、必ずどこかに命知らずなところがある。面倒な天気はリスクを高め、大事故の見込みも大きくなる。冬のサイクリングが大好きな自転車乗りがいる理由は、たぶんそのせいだ。脅威が大きければ大きいほどスリルも強烈になるのだ。

一部の者にとって、冬に自転車を走らせることのよろこびは感官の刺激にある。肌を噛むような冷風に身をさらすことで血流が増し、鳥肌が立つような興奮がさらに高まる。さらに、そこには男らしさの側面もある。先に引用したR・T・ラングが狂戦士（バーサーカー）の精神を持ち出したのはいささか行き過ぎだった気はするが、大人になってから毎年の冬をニューヨークで自転車に乗って過ごしているぼくにいわせると、凍えるような二月の朝は自転車乗りがもっとも無謀なやる気を感じる（あるいはそうであればなあと思う）瞬間である。寒さに震えたり車の中で縮こまったりしている人びとを横目に見ながら、自分は汗をかきつつ雪の舞う道路を自転車ですいすいと進んでいると、少し特別な気高さとか力を感じるものだ。脚をくるくると回して向かい風を切って進むと、自分の吐いた息が一瞬見えて、すぐその向こう側へ突き進んでゆく。まるで雲を突き抜けてゆく神のようではないか。温暖な季節はサイクリストの自我（エゴ）――あるいは無意識（イド）――にそれほどの刺激を与えてくれない。

もちろん一年を通して冬に自転車に乗っているような場所もある。世界地図を広げて一番上のあたりを眺めてみよう。アラスカからカナダの北部を通り、グリーンランドを横断してその先まで行くと、氷の海を越えた先にスピッツベルゲンと記された塊が見えてくる。そこが、一八二七年にウィリアム・パリーの一行が何台かのヴェロシペードを上陸させたともさせていないともといわれている北極圏の島だ。

スピッツベルゲン島はノルウェー領スヴァールバル諸島のなかで最大の島であり、現在永続的に人が住んでいる唯一の島である。今ではもう二世紀前のような捕鯨や狩猟の拠点ではないが、島の中心の町ロングイェールビーンの外へ向かう者は、ホッキョクグマの襲撃に備えて銃を携行することが義務付けられている。この島はノルウェー国営の石炭会社の採掘地になっている。そしてスピッツベルゲン島は今も科学者を惹きつけてやまない。ロングイェールビーンにほど近い雪に覆われた山麓には、世界中から何百万もの植物の種子を集めて空調された地下壕に保存しているスヴァールバル・グローバル・シード・ヴォールトがある。スヴァールバル大学センターには極地生物学、地質学、地球物理学、工学の専門家が集まっている。開設されているのは「北極海の動物プランクトン」「大気・氷・海の相互作用」「北極圏インフラのための凍土エンジニアリング」といった講座だ。

ロングイェールビーンの人口は二千百人で、大学の学生とスタッフがその二割を占める。世界最北の町として知られるこの町は、これほどの高緯度で一千人以上の人口を擁する世界唯一の集住地だ。そして観光地でもある。人びとは極北の美に酔い痴れ、ハイキングし、スノーモービルや犬ゾリに乗り、オーロラを見るためにやってくる。タフなエコツーリストは氷の洞窟でキャンプする。ぼくも何年か前の冬にスピッツベルゲンに一週間滞在した。到着したのは二月の半ばで、何か月も続いた極夜が終わり、太陽がようやく地平線の上に姿を現しはじめる時期だった。日中は暗くはないが明るくもない。日光は低緯度地方の夜明けのような感じで、どんよりとした青色の布を空いっぱいに広げたようだった。美しくもあり、メランコリックでもある。

友人たちには曖昧なメールを送ったので、ぼくの旅が『エンデュアランス号漂流記』のアーネスト・シャクルトンの探検のようなものだと思わせたかもしれない。しかし実際には、スヴァールバル空港で飛行機を降りると綺麗なターミナルがあり、そこからロングイェールビーンまではタクシーがある。泊まったのはラディソン・ブルー・ポーラー・ホテル・スピッツベルゲン。ホテルのレストランにはアザラシやクジラのメニューがあり、大きな窓からはツンドラの大地の向こうに聳える、雪をかぶった山並みが見えるが、快適さとか便利さという点ではたぶんフロリダ州オーランドのラディソン・ホテルとあまり変わらない。ロングイェールビーンには小さな商業地区もあり、旅行客がいつものブルジョワ的な都会生活に浸ることもできる。朝にエスプレッソを出すカフェもあるし、晩にカクテルを注いでくれるバーもいくつかある。ロングイェールビーンのスーパーでは、後ろ足で立ち上がって牙を剝いた剝製のホッキョクグマが買い物客を迎えてくれる。店内にはノルウェー本土から空輸された生鮮食品が並び、その大半には økologiske（オーガニック）というラベルが貼ってある。

そして、ロングイェールビーンには自転車がいっぱいだ。昼も夜も、町の中心でペダルを漕ぐ住人の姿を見かけるし、朝は自転車で引く橇に子どもを乗せて小学校へ送り届ける親が行列になっている。お店や図書館や大学の前には自転車が並んでいる。そして商店街の先の傾斜地に点在する住宅の前には十中八九、雪溜まりに立てかけられた自転車がある。吹雪が近づくと、地元の新聞は自転車を屋内に入れるようにに呼びかける。そうしないと風で自転車が吹っ飛んでいくので危険なのだ。

冬の自転車のためのテクノロジーはここ数十年でかなり進化した。冬季サイクリングの実験場とでもいうべきアラスカではファット・バイクと呼ばれる新種の自転車が生まれた。前後輪のフォーク幅を大きくとり、通常のマウンテンバイクの二倍の十センチもの幅があるタイヤを使えるようにした自転車だ。極端に幅広のタイヤは、軟弱な地面や荒れた路面を苦にせず、深い雪や滑りやすい氷も走破できる。さらに通常に比べてタイヤの空気圧をかなり低くできるので、接地面積が大きくなってしっかり地面を捉えられる。ファット・バイクは見た目こそマンガに出てきそうな、自転車とモンスタートラックのハイブリッドのような外見をしているが、人一倍勇敢な者たちをも挫折させた大地を軽やかに走れる点では実用的だ。

それほど多くないがロングイェールビーンにもファット・バイクが走っている（ファット・バイクで観光スポットをめぐるツアーを組む旅行店もある）。見かける自転車の大半はマウンテンバイクで、メーカーも価格帯もさまざまだが、どれもかなり使い古されている。ロングイェールビーンは自転車にやさしい土地ではない。町は周囲の山を巨大なアイスクリーム・スクープで掘り込んだような小さな谷にある。谷底は一年のほとんどの間、分厚い雪と氷に覆われている。そして非常に寒い。冬の気温は摂氏マイナス三十五度くらいまで下がり、七、八月でも十度を越えることは滅多にない。住人は重い防寒着を着込み、かさばるスノー・ブーツを履く。とても自転車に乗るのに適した格好とはいえない。

しかしロングイェールビーンの自転車乗りは乗り方をよく知っている。滞在している間には自転車に乗る者を何十人か見かけたが、事故を見たのは一回だけだった。それも自転車や乗り手のせいではなく、雪や氷のせいでもなかった。北極圏特有の災難というべきか、事故の原因はトナカイだったのだ。マンハッタンにハトやリスが跋扈するように、ロングイェールビーンではトナカイが街中を走り回る。彼らは住宅街をうろつき、ラディソン・ホテルの前にやってきて、玄関脇の雪から顔をのぞかせている草を食む。そして時々、自動車や自転車の前に飛び出してくる。ある日の午後にコーヒーを飲みに出かけようとしていると、自転車に乗った女性が軽やかにホテルの前を通りすぎ、その前にトナカイが飛び出すのが見えた。その瞬間はスローモーションのようだった。女性は大きく目を見開いてハンドルを目一杯左に切る。車輪が自転車の下から飛び出すように見えて、女性の体がゆっくりと傾き、落ちていった。大きく傾いて竜骨を海面から覗かせた帆船のようだ。小走りに駆け寄って声をかけると、彼女は黙ったまま、大丈夫、と手で合図をした。恥ずかしそうでもあり、腹立たしげでもあった。大した怪我もなかったし、誰にも見られない方がよかったのかもしれない。なのでぼくは視線を逸らして、斜面を駆け上がってゆくトナカイを眺めていた。青と白の風景の中を灰色っぽい動物がどんどん遠くへ走り去っていき、永遠につづく極夜の黄昏に飲み込まれて見えなくなるまで。

第9章　山間の王国

ブータン、ティンプー近郊の山道をゆく自転車。2014年。

ブータンには自転車で山を駆け回る王様がいる。ヒマラヤ東部の南向きの山麓に抱かれたこの小さな国のお話はいつもおとぎ話のように現実離れして聞こえるが、これは真面目な話だ。ブータンの第四代〈雷龍王〉、ジグミ・シンゲ・ワンチュクは熱心な自転車乗りで、よく首都ティンプーを囲む急峻な山麓の道で自転車に乗っていることが知られている。国王が自転車に熱を上げていることはブータン国民にはよく知られた話だ。二〇〇六年十二月に長男に王位を譲って退位した後、先王が自転車に捧げる時間はいよいよ増えた。ティンプーでは、先王とばったり出会った話やニアミスした経験を語ってくれる人に事欠かない。たしかに先王だった、あるいはびっくりするくらいよく似ていた人が、早朝の山道を自転車で登っていったとか、首都の南に聳える巨大な仏像の近くで霧の中から飛ぶように走り出してきた、という話だ。

その金箔で覆われた高さ六〇メートル近い仏像は、この国王の六十歳の誕生日を祝って建立されたものだ。彼はブータン国民に愛されている。この国の歴史でもっとも崇敬の念を寄せられる人物かもしれない。来歴も神話のような趣きがある。父王ジグミ・ドルジ・ワンチュクの死を受けて国家元首になったのは一九七二年、まだ十六歳だった。その二年後に正式に即位した。これは国の歴史における激動の時代の出来事だった。ブータンは何千年にもわたって隔絶された場所だった。この敬虔な仏教徒の国をとりかこむ手つかずのヒマラヤの美しい自然は、外国の侵攻や近代化の波を押し止める防壁にもなっていた。外へ向けて国が開かれたのはようやく一九五〇年代後半のことだ。このころようやく農奴や奴隷が廃止され、中世以来のインフラや政治体制や文化を二十世紀に適合させる困難な道のりが始まった。その変革の重責は十代の国王の双肩にのしかかることになる。彼のリーダーシップのおかげで、電力や近代医療が国の奥地に行き届いた。さらに、国土を流れるたくさんの急流のエネルギーを使う水力発電事業を軌道に乗せ、地理的条件がもたらすあやうい地政学的バランスをやり過ごすこともできた。ブータンは四方を陸地に囲まれ、大国と大国の隙間に楔のように差し込まれた小国だ。たった八十万人の国民が暮らすブータンは、中国とインドという地球上でもっとも人口の多い国と国境を接する。二〇〇六年に、国王は治下の人びとが驚く中、ブータンの絶対君主制の廃止を一方的に宣言した。そして憲法の起草を主導し、民主制への移行を促した。二〇〇八年には最初の総選挙が実施された。

この第四代国王は、国外ではある種の政治哲学と呼べるものへの貢献でよく知られている。あの「国民総幸福量」という概念を提唱したことだ。これは良き政治、環境の保全、そして伝統文化の維持に基づく国民の全体的な満足度を国の発展の指針とするという理念だ。この国民総幸福量（GNH）によって、ブータンの国名は国際的な開発関係者が話題にする流行語になり、同時に観光客が目指す地になった。観光客の多くは裕福な、ニューエイジ指向の西洋人だ。

そうした道のりのどこかで国王は自転車に関心を抱く。噂によれば、自転車に乗ることを覚えたのは、ブータンの西の国境から一二〇キロほどのダージリンの寄宿学校に滞在していた時らしい。

彼はその後イギリスのバークシャーにあるヘザーダウン・スクールへ進学したが、この学校の広々としたキャンパスには、寮や教室やクリケット場へ移動する生徒たちの自転車が行き交っている。やがてブータン王家は国に一台の自転車を持ち込んだ。一説によれば、これはラレー社製の競技用自転車で、香港で製造されたものだった。部品の状態で持ち込まれたものを従者が「上下反対に」組み立ててしまったところ、王家の友人であるスイス人フリッツ・マウアーがそれに気がつき、手づから組み立て直したとのことだ。無事に使えるようになった自転車は若き皇太子のお気に入りとなり、彼は各地にある王家の居所に滞在するたびに、その近くの山深くまでサイクリングを楽しんだ。彼が「泥の道を恐ろしいスピードで」自転車で走るという話は有名になった——廷臣たちには心配の種ではあったが。

もしかすると王家が持ち込んだその一台はブータンの最初の自転車だったかもしれない。ブータンは自転車が到達した地球最後の場所だった可能性がある。一九六二年より以前には、この国には舗装された道がなかった。今日でも、ふつうの意味ではブータンは自転車には向かない国だ。ほぼ確実に、世界でもっとも山がちな国土だからだ。ブータンの平均標高は約三三〇〇メートルで、ある調査によれば国土の九八・八パーセントが山地である。道は曲がりくねり、のしかかるような上りと身の毛もよだつ下りの連続だ。泥におおわれ、岩が散らばる荒れたオフロードの路面は、タイヤやサスペンションがどれほど丈夫でも自転車には過酷だ。

にもかかわらず、今ではブータンには何千台という自転車があり、その数は増えつづけている。ティンプーは人口十万人ほどで、交通信号もないが、坂だらけの通りには自転車があふれている。

大きな交差点はひとつだけだが、そのラウンドアバウトの真ん中には飾りつきの四阿があって、スマートな制服を着た警察官がその中から行き交う自転車の交通整理をしている。政府はといえば、「ブータンを自転車カルチャーの国に」という目標を声高に呼びかけている。この国の環境やサステナビリティへの取り組みを思えば、このアイデアはそれほど驚くものではない。とはいえ、ヒマラヤ山中の国に「自転車カルチャー」を根づかせるという目論見はやはり根本的に突飛なものではある。市民生活と自転車がもっともうまく融合した社会が北ヨーロッパにあることは偶然ではない。なにより、そういった国々は文字通りに「低い」のだから〔ネーデルラント（オランダ）は「低地の国」を意味する〕。

ブータンの自転車熱は別の点でも特筆に値する。そもそものはじまりが、国王とその自転車だった点だ。もちろんこれには先例があり、歴史を繙けば君主やそれに近い者が最初に自転車を持ち込んだ場所はいろいろある。しかし、少なくとも二十一世紀になって、王宮から人びとへ自転車への情熱が広がるのはあまり普通ではない。二〇一三年から二〇一八年まで五年間ブータンの首相を務めたツェリン・トブゲは、「ブータンで私たちが自転車を愛好するには理由があります」という。「第四代国王陛下はサイクリストでおられましたし、退位の後にはもっと自転車に乗られています。人びとは自転車に乗っている陛下を見るのが大好きなのです。陛下が乗られるからこそ、ブータンではみんな自転車に乗りたいと思うのです」。

毎年、ブータンには自転車を祝福する日がやってくる。ヒマラヤの地で自転車に乗る厳しさと喜びを分かちあう日だ。ブータン中心部のブムタン県から、西側の国境まで一〇五キロほどのティンプーにかけての一六六・五マイル、約二七〇キロメートルでツアー・オブ・ドラゴンというロードレースが開催されるのだ。手つかずの森や原野の只中をゆく壮大な旅だ。無数のまがりくねった谷をわたり、当然ながら数々の大きな登りを越え、道中の小さな村々を駆け抜けてゆく。とんでもなくきついコースだ。自転車乗りは四つの峠をこなし、標高は一二〇〇メートル弱から三三五〇メートルまでおよぶ。ところどころで道路の勾配は一五パーセントにもなり、四〇キロ近くつづく長い上り坂もある。レース主催者は世界でもっとも過酷なワンデーレースと自負している。

ぼくが訪問した年、このレースは九月はじめの日曜日に開催された。三ヶ月つづくブータンの雨季の終わりごろだ。朝、ティンプーの中心の人が集まる時計台広場には表彰式のステージが組み立てられていた。空は曇っているが雨の予報はない。自転車には悪くない天気だ。近くでは、レースを監督するブータンのオリンピック委員会の係員がフィニッシュ・ラインのあたりに集まっている。みなオレンジ色の制服を着て、お揃いのキャップをかぶっている。颯爽とした風貌のカップルの写真のバッジをつけている者もいる。現国王のジグミ・ケサル・ナムゲル・ワンチュクとその妃ジェツン・ペマだ。父王と同じく、現国王もまた自転車愛好家である。二〇〇八年十一月の即位に先立って、彼は国民と触れあうためにブータン中を旅した。旅の大半は自転車で行われ、行く先々の民家に宿泊することもあった。王はティンプーでも自転車に乗っていることが知られている。王宮に近い路上で妻と二人乗りの自転車を漕いでいる写真がある。

時刻は十一時。時計台広場に掲げられた垂れ幕には「すべての人にスポーツを通じた卓越を」と書かれている。大きなステージの背後には大きな看板があり、そこにはハンドルバーの上に身をかがめ、炎のような赤い龍につづいて走るサイクリストのシルエットが描かれている。ブータンの国名はブータン語ではドゥク・ユルといい、ドゥクは「雷竜」を、ユルは「国」を意味する。国歌になっている「雷竜の王国」という歌は古い民謡を元にした曲調こそ切々としているものの、歌詞は決然として雄大だ。

ダルマの主権が治めるドゥクパの王国にて
悟りの教えは広がりゆく
苦しみも飢えも争いも消え去り
平和と幸福の太陽が輝かんことを！

その歌詞の通りにレースの日にも正午ごろに雲の隙間から太陽が顔をのぞかせた。ややあってひとり目のサイクリストがティンプーに到着した。マウンテンバイクに乗って現れたのは、背の低い、ほっそりした泥だらけの男だ。鮮やかな色のサイクルウェアに誇らしげな「NEPAL」の文字がある。過去五回、自転車レースのネパール・チャンピオンになったアジェイ・パンディット・チェトリだ。彼は今回が初のツアー・オブ・ザ・ドラゴン参戦だった。午前二時にレースがスタートして、彼がフィニッシュラインを先頭で通過したのは十時間と四十二分四十九秒後のことだった。これまでの記録を十七分更新した。

ツアー・オブ・ザ・ドラゴンはツール・ド・フランスなどとはかなり趣きが違う。出走した選手のは四十六人だけで、大半はアマチュアだ。ゴールまでたどりついたのはわずか二十二人、先頭から何時間も遅れて苦しんだ者も少なくなかった。いちばん元気だった参加者のひとりは、この国でよく「殿下」とあだ名されている非公式の参加者だった。王位継承順位第一位のジゲル・ウゲン・ワンチェク王子殿下だ。王子はブータンオリンピック委員会の会長を務め、ツアー・オブ・ザ・ドラゴンの考案者でもある。王子はその日、自転車で競技参加者に併走して激励を交わしたりしながら何時間も山道を走り回っていた。そして頃合いを見て自転車から下り、運転手つきの車に乗り込んで、競技者を迎えるためにティンプーへ先回りした。

その夕方、ツアー・オブ・ザ・ドラゴンの参加者は時計台広場に面したテントで一同に会した。表彰式を見ようと数千人の観衆も集まっていた。ライダーは一人ずつ壇に上り、王子や貴人たちの祝福を受けた。セレモニーの後、ぼくは優勝したチェトリに声をかけてみた。来年もブータンに戻ってきてタイトルを守るつもりですか？　まだわからない、とチェトリは答えた。今まで出場してきたレースと比べてツアー・オブ・ザ・ドラゴンのコースはどう？　峠は厳しかったけど、景色は素晴らしかった。チェトリは朗らかな笑顔を絶やさず、ジャーナリストの質問に慣れた滑らかな口調で語った。彼は長い答えを返しながらも語りすぎない術を知っている。大事なのは、ホスト国たるブータンへの感謝を述べること。その言葉は「国民総幸福量」の国にふさわしいもののように感じられた。「本当に幸せだよ」と彼は何度も繰り返していた。「ブータンに来れてとってもハッピーなんだ」。

ブータンでは国民総幸福量（GNH）がよく話題になる。GNHはこの国の象徴であり、難題でもある。誇るべきものであると同時に、突っ込んだ検討や議論や混乱を呼ぶものでもあるのだ。ブータンの人びとの多くにとって、GNHとは何かをはっきり説明するのは難しい。理念が誤解されているという者も少なくない。ブータンの政治をみてきた者の中には、GNHは深い意味があるというよりはむしろ曖昧で、哲学というよりは訪問者にアピールするためのぼんやりしたブランドやスローガンだと指摘する者もいる。特にたっぷりお金のある、東洋に憧れを抱く想像力豊かな観光客向けのものだと。

キンレイ・ドルジはよくGNHの説明を求められてきた人物のひとりだ。ブータンの全国紙

〈クェンセル〉の前編集長であり、長年ジャーナリストとして活動してきたドルジの飾らない物言いにはどこか記者時代の面影が感じられる。ただしぼくが彼と面会したときにはもう別の仕事をしていた。ブータン情報通信省の次官としてティンプーの総合庁舎の快適なオフィスで働いているのだ。「ＧＮＨの要点はつまりこういうことです」、と彼は話し初めた。「幸福それ自体は個人が追求する。そして国民が幸福を追求できる環境をつくり出すという意味で、国が国民総幸福量に責任をもつ。これは幸福の約束ではありません。政府は幸福の保証はしないけれど、幸福のための条件を準備する責任をもつのです」。

「私たちが「幸福」というときにはっきりさせておかなければならないのは、それは楽しみとか快さとかスリルとか興奮とか、そういった一時の感覚ではないことです。幸福とは永続的な満足感のことで、それは自分自身の中にあるものです。大きな家とか速い車とか上等の服があっても満足は得られません。ＧＮＨは良き政治のためのものです。そして伝統文化を維持するし、持続可能な社会経済的発展を促すためのものです。そもそもＧＮＨがＧＤＰつまり国内総生産をもじったものだということを思い出してください。その違いが大事なのです」。そうドルジは言った。

　ブータンには地球のほぼあらゆる場所から人がやってくるが、誰の目から見てもここは異世界だ。風景は息をのむほど美しい。聳え立つ山々に、緑ゆたかな谷間。急流が白波を立て、その上には何百年使われてきたかわからない吊り橋が架かっている。崖のはるか上にはへばりつく鳥の巣のような修道院がみえる。パロ国際空港のターミナルやティンプーのチャンリミタン・スタジアムは修道院を彷彿とさせる。スタジアムは四万五千人を収容してサッカーやアーチェリーの試合が行われる。

ブータンはヴァジラヤーナ仏教を国教とする世界唯一の国だ。公用語のゾンカ語はこの国でしか使用されない。一九九九年にはテレビ放送やインターネットが導入されたが、二十一世紀的な生活様式の受け入れにはまだ躊躇いと両義的な態度が見える。あらゆる建物は「伝統的」なブータンの意匠や工法で建てなければならないと法律に定められている。政府の官吏や学童は、男ならゴ、女ならキラと呼ばれる日本の着物に似た伝統的な服装をしなければならない。ブータンはこれまで新型コロナウイルスとの闘いに成功しているが（二〇二一年末時点で新型コロナウイルスの犠牲者はわずか三人）、その要因は地理と地形の条件、つまりヒマラヤ山脈が巨大なソーシャルディスタンスとして機能しているためといわれる。ただし、成人のほぼ全員のワクチン接種を達成した政府の有能さもまたブータンの卓越性を示すものだ。理屈の上ではより「先進的」なはずの世界の国々が苦しめられている一方で、この小さな開発途上国は優秀な官僚機構と社会の団結によって疫病から自分たちを守っている。

ブータンの特別さの最たるものは国土そのものだ。ブータン国民の大半は農耕と家畜業を営み、今なお土地に根差した暮らしをしている。標高の低い亜熱帯地方と松の森林と高山地帯が生物多様性を護る壁になっていて、ウンピョウ、インドサイ、レッサーパンダ、ナマケグマ、ヒマラヤカモシカ、そしてブータンの国の動物である、ジムで鍛えたヤギのようにずんぐりしたターキンと呼ばれる有蹄類など、ここ以外にはほとんどいない生き物がたくさん生息している。「世界でもっともグリーンな国」とも呼ばれるブータンにとってこうした生態系の保全は最優先事項だ。ブータンの電力はほぼすべて水力で賄われ、憲法では国土の六〇パーセントを森林として維持すると定めている。現状では国土のおよそ四分の三、約三九〇〇〇平方キロを森林が占める。その樹々のおかげでブータンは二酸化炭素を吸い込む場所になっており、排出量の三倍にのぼる二酸化炭素が吸収されている。この国は世界で二つしかないカーボン・ネガティブな、つまり二酸化炭素の排出量よりも吸収量が多い国なのだ（もう一国はスリナム）。さらに年間に排出される四四〇〇万トンの二酸化炭素は、水力発電による電力の輸出でオフセットされている。主な輸出先はインドで、ブータン政府はオフセットの量は二〇二五年に二二〇〇万トンに増加すると見込んでいる。政府が将来に見据える目標は野心的だ。二〇三〇年までにブータンは温室効果ガスの排出量と廃棄物の量を実質ゼロに、そして二〇三五年までに国内農業をすべて有機農業化することを目指している。

こうしたすべてによってブータンは「地上の楽園」、汚れを知らない最後の場所と呼ばれてきた（ニューヨークタイムズはブータンを「現実のシャングリラ」と称した）。ブータン政府はこうした扱いを否定する一方で利用していることは間違いない。かつてブータンが入国を認める観光客は年間で二千五百人だけだったが、現在その数は十万人に膨れ上がり、僻地にもエコツーリズム客のための豪奢なリゾート施設が次々に出来ている。ブータンの公式観光スローガン〈幸せは場所にあり〉は、いかにもエリザベス・ギルバートの『食べて、祈って、恋をして』の読者に受けそうなアピールだ。

ブータンの現実はもちろんもっと複雑だ。ティンプーの街角には薬物依存症患者のためのリハビリ施設やピザ店が並んでいる。子どもたちは学校を出るとゴやキラを脱ぎすててフーディとスキニージーンズに身を包む。ブータンの国会は二〇二〇年に同性愛を合法化する法案を通過させたが、ゲイ、レズビアン、トランスジェンダーはいまだにスティグマになっているし、偏見も根強い。

ジェンダー平等も改善の途上にあり、女性が選挙で選ばれることは稀だ。二〇一七年の調査によれば、調査対象になったブータン女性の四〇パーセントはパートナーからの物理的あるいは性的な暴力を経験しているが、誰にも言わずに泣き寝入りをしている。

国民総幸福量そのものにも、ややこしい歴史的な経緯がある。ブータン政府の公式な解説によると、GNHは一九七〇年代から国の政策だったことになっている。しかし研究者であるロクラン・T・マンローは、GNHは「創られた伝統」だと指摘する。一九八〇年代にニューヨークタイムズ紙のインタビューで第四代国王が語ったちょっとした洒落た表現が、後になって「ブータンという国をまとめる政治思想」の地位に持ち上げられたものに過ぎない、というのだ。

マンローによれば、その変化は一九八〇年代から九〇年代初頭にかけて続いた内政および地政学的な危機に対するブータン王国政府の「巧妙でしたたかな」対応の一環だった。この時期には、国内では急速な近代化と国際社会への接近に反対する仏教ナショナリズムが盛り上がっていた。伝統主義者を懐柔しつつ、若年層が西洋的な価値観や大衆文化を取り入れることによる社会の分断に対応するために、ブータン政府は「ひとつの国、ひとつの国民」という題目の下で大量の新法の制定や改革をはじめた。ブータンの文化と仏教の規範にもとづく伝統衣装や作法が定められたのもその一部だった。同時に、王国政府はローツァンパ（「南部人」を意味する）と呼ばれる人びとに厳格な対応する方針を定めた。これはブータン南部に住む、多くがネパール語を話すヒンズー教徒のマイノリティの人びとのことだ。政府は学校でのネパール語の使用を禁止し、ローツァンパにもブータン仏教徒の伝統衣装の着用を強制した。さらに国勢調査を行ったが、これはブータンに数世紀にわたって居住している人びとの立場を非合法化し、ネパール系ブータン人を「移民労働者」や不法移民として扱うためだったと批判されている。ある人権報告書によれば、この時期には「数千人のネパール系ブータン人が逮捕、殺害、虐待され、もしくは終身刑に処された」。一九九〇年から九一年にかけてブータン軍は推計十万人のネパール語話者を追放し、東ネパールの難民キャンプでの生活を強制した。ヒューマン・ライツ・ウォッチはこうした追放処分を「民族浄化」とみなしている。ブータンは「国民一人あたり最も多い難民を生み出している国」と呼ばれているのである。

ブータンが国民総幸福量を公式な方針として打ち出し、「物質的な消費ではなく、幸福にもとづいた別の発展の道を探る」、「山の中の気概に満ちた小国というイメージ」を喧伝するようになったのはこうした出来事の後だ。ブータンの持続可能な発展へのコミットメントは真剣で独自なものだし、物質主義に反対するGNHの理念はブータン国民の多くに深く支持されている。しかし、GNHがプロパガンダとして機能していること、民族的・宗教的ナショナリズムから目を逸らすためのニューエイジ風の目眩しとなっていることも事実だ。ブータンでもほかの国でも、幸福は目標であり、理想だ。しかし〈幸せは場所にあり〉かといえばたぶん違うだろう。

たしかな幸福が見つかる場所、少なくとも陽気な馬鹿さわぎに出会える場所といえるのはティンプー中心部の北西の住宅地区だ。そこでは坂だらけの裏道で子どもたちが遊んでいる。ティンプーの子どもが興じる「ベアリング」という遊びを誰が考えついたのかは謎だ。この呼び名は金属製の回転ベアリングに由来している。それを木の板切れに取りつけて、スケートボードと台車とゴーカートと橇を組み合わせたような原始的な乗り物をつくるのだ。前輪は一つで後輪は車軸についた二輪のものや、四輪のものがある。車体に木切れを釘で打ちつけて手動ブレーキにしたものもある。素朴だが目的はしっかり果たす器械だ。子どもたちはそれを坂道の上まで持って行き、板の上にしゃがんで一気に走り下る。

ティンプーで子ども時代を過ごしたソナム・ツェリンは、夕方になると友だちといっしょにベアリングで遊んだ。この遊びは危かしくて愉快なうえに、悪いことをしているような感覚もあり、それがスリルを盛り上げる。転がるように坂道を下ると、金属の車輪が路面に削られて火花を散らす。花火を上げながら真っ逆さまに飛び込んでいくようだった。ソナムは手動ブレーキを使って下るスピードを調整することができたが、フルスピードが一番だった。彼はスピードとスリルが好きだった。冷たい空気が体中を通り抜けていくような感触と、路面を擦るベアリングが立てる甲高い音が大好きだった。「昔から車輪のついたものは大好きだった」と彼は言った。

彼は一九八八年にティンプーで生まれた。敬虔な仏教徒の家の、八人兄弟の六人目だった。小さなころは大きくなったら僧侶になるとソナムは思っていた（家族の知人の占い師が、ソナムの前世は僧侶なので、きっと彼は宗門の道に惹かれると言った）。十代になると、彼はもっと地上的な関心をもつようになった。王立ティンプー・カレッジで地理学を学び、卒業にあたって公務員試験を受け、政府庁舎の事務員の職を得た。

　これは徴税人として政府の職にあった父親にとって嬉しいことだった。しかし、ツェリンはだんだん車輪の魅力に抗えなくなる。ツェリンは子どものころ近所で自転車を借り、ティンプーのあちこちを乗り回しながら乗り方を覚えた。カレッジを卒業して間もないころの二〇一〇年、ブータンオリンピック委員会がブータン中部からティンプーまでのワンデーレースを企画していると友人に聞いた。それが初めて開催されたツアー・オブ・ザ・ドラゴンだった（ただし厳密にはレースではなく、競技として成立するかを試す試験大会だった）。オリンピック委員会は、自転車競技に興味のあるブータンの若者に五台の自転車を提供していた。その一台がまだ残っていた。

　ツェリンの義兄にはドイツ育ちのブータン人がいて、彼は本格的なマウンテンバイク乗りだった。彼は基本的なメンテナンスや修理のやり方を含めて、ツェリンに少しばかり自転車の手ほどきをした。しかしツェリンは山で自転車に乗ったことがなく、変速器つきの自転車に乗ったこともなかった。彼が受けとったのはトレック社製のマウンテンバイクと、サイクルウェアの上下、それにサングラスだった。ティンプーで二日間の講習があった。九月のある金曜日、ツェリンは車に乗り、ブムタン県のジャカルまで向かった。ブムタン県はブータンの中部から北部にまたがり、緑の濃い山(やま)谷(たに)が広がる。翌日の朝午前二時、ツェリンは二十人ほどの参加者とともに泥濘んだ道に集まり、走りはじめた。

　空は真っ暗で空気は冷たく、地形は険しかった。ライダーは一・五キロほど曲がりくねった川沿いの道を走った後、上りに突入した。その先は六キロつづく上り坂で、濃霧をくぐり抜けた先には標高約三〇〇〇メートルのキキ・ラ峠が待っている。ツェリンが受け取ったものも含めて、参加者の自転車にはリフレクターはついていたがまともなヘッドライドは装備していなかった。みなインド製の安価なLEDの自転車用ライトを渡され、粘着テープでハンドルバーに括りつけていた。その手のテープは万能ではない。参加者の中には、キキ・ラ峠までの過酷な上りの間、ずっとライトを口にくわえていた者もいた。自転車乗りたちは峠を越え、現実味のない暗闇の中で、タイトなヘアピンカーブの連続するつづら折りの道を下っていく。明滅するLEDライトを見ているツェリンの脳裏には、ティンプーの坂道でベアリングが火花を上げる光景がよみがえる。

その最初のツアー・オブ・ザ・ドラゴンでは、ツェリンは一八〇キロの地点でリタイヤした。しかし彼は取り憑かれてしまった。オリンピック委員会は提供した自転車を参加者の手元に残した。ツェリンはその後の一年間、トレーニングと技術の習得に明け暮れた。サドルのポジションや変速の技術をはじめ、マウンテンバイクのテクニックを身につけ、同時にスピードを高め、スタミナを鍛えた。二〇一一年、ツェリンはふたたびツアー・オブ・ザ・ドラゴンに挑んだ。そして優勝した。

公務員の仕事が始まる二、三週間ほど前にソナムの義兄がやってきて、ある提案をもちかけた。義兄はフランスの自転車会社と伝手ができ、その会社がティンプーにフランス製の自転車やマウンテンバイク用品を揃えた店を開くことを決めた。店主になる気はないか？

即断だった。それがブータンで二軒目の自転車店〈ホイールズ・フォー・ヒルズ〉だ。店に立たない時間、ツェリンは自転車に乗った。国際的な大会にも出場し、国境を越えてインドのレースにも出た。アメリカに行き、〈モアブの二十四時間〉という、ユタ州の砂漠で毎年秋に開かれるマウンテンバイクの大きなイベントにも参加した。

ある日の午後、ティンプーの南側の山麓でツェリンに会った。この町のサイクリストにはよく知られた場所で、山道に沿って仏教の五色旗が翻っている。ツェリンの傍らには彼の自転車があった。コメンサル社のメタSXというフランス製のいかしたマウンテンバイクだ。ホイールは二六インチでフレームはアルミ製、色はホットピンク。彼は黒いTシャツに蛍光イエローのショーツという格好だった。左脚の膝下には自転車に乗って不気味に笑う骸骨のタトゥーがある。

ツェリンはブータンの自転車シーンで最も愛されている人物のひとりだ。二〇一一年のツアー・オブ・ザ・ドラゴンで優勝した後、彼は王子殿下にサイクリングに誘われた。「王宮の門を入るときには心で祈ったね。どうかまたここに来られますようにって」とツェリンは言った。その冬、ツェリンは南ブータンのマナスにある離宮で二週間王家と過ごした。彼はそこでもう一人のマウンテンバイクの達人に出会った。第四代国王その人だ。ブータンの多くの人びとと同じように、ツェリンはK4というニックネームでその人を呼ぶ。噂は本当だった、とツェリンは言った。K4が自転車に乗るときにいつでも伝統衣装のゴを着ていること、そしてとんでもなく体力のある自転車乗りだという噂だ。「ブータンで会った中ではいちばんタフなライダーの一人」とツェリンは言う。「技巧派ではないしダウンヒルが得意なわけでもない。でも上りは誰も勝てそうにない」。

ツェリンは世界のトップ選手になれると夢想することはなかった。彼の目標はもっと慎しい、地元のコミュニティに根差したものだ。彼は十歳から十九歳まで十人あまりのライダーが所属する自転車クラブのコーチをしていて、このクラブがいつか最高級のトレーニング設備を備え、世界レベルの舞台に立つことを夢見ている。自分が自転車に乗ることについては、かつての若き僧侶が自転車に抱いた夢は満たされたようだ。「山道を自転車で走っているとき、たったひとり、自然の中で自然の音に囲まれているあの感覚は最高なんだ」とツェリンは語った。「ぼくの幸福、ぼく自身のGNHはマウンテンバイクと森だね」。

国民総幸福量と自転車をむすびつけるのはツェリンだけではない。ぼくは前首相のツェリン・トブゲとも面会した。トブゲはブータンを代表する人物として、国際的な舞台で環境やサステナビリティに関して発信していて、彼自身もツアー・オブ・ドラゴンを走ったサイクリストだ。「国民総幸福量のめざすものは健全な発展です」とトブゲはいう。「そしてサイクリングも健全な発展につながっています。サイクリングを愛しつつ環境保護に反対することはできません。それも、ブータンでもっと自転車を奨励しなければならない理由です」。

交通問題を抱えた西洋の大都市では、自転車アクティヴィストがこうした主張を唱えることは珍しいことではない。世界でもっとも長閑なな環境先進国でまったくおなじ考えを耳にすると不思議な感覚があるが、第四代国王やソナム・ツェリンをはじめとするサイクリストたちが好んで訪れる山道から首都ティンプーを見下ろすと、眼下には見慣れた光景が広がる。そこにあるのは自動車文化と市街地のスプロール化によって着々と変貌しつつある風景だ。ティンプーの人口はわずか一世代で倍以上に増加した。どこへ目を向けても真新しい道路は自動車の群れに埋め尽くされ、竹の足場をまとって高みへ伸びてゆくビルが見える。そこは数年前までは一面の田圃がひろがり、農民と家畜が悠揚迫らぬ足取りで闊歩していた場所だった。

しかし、ブータンの自転車ブームの根幹には原初的な衝動もある。さかのぼれば自動車の時代のずっと前からつづいている、自転車乗りたちを難関への挑戦に駆り立てる強烈な欲求だ。それはギヤ比や構造を厳しい登坂や高速ダウンヒルに最適化したマウンテンバイクが売り出されるよりももっと前の時代、〈リパック・レーサー〉〔第三章参照〕たちがシュウィン社の旧型自転車を改造してタマルパイス山のスロープを駆け下りるよりもさらに前の時代にまでさかのぼる。その淵源は自転車がまだ新奇な乗りもので、いまに比べれば幾分原始的な仕組みだった十九世紀にある。その原始の時代から、自分の操る二輪で空の高みへ、天空に触れる頂を越えようとする衝動を抱く者はいた。

アメリカの作家で冒険家のエリザベス・ロビンズ・ペネルは、一八九八年にアルプスを自転車で越えた最初の女性となった。シングルギアの安全型自転車だった。「太陽に灼かれ、砂ぼこりで息が詰まり、雨でずぶぬれになった」とペネルは書いている。「何キロもの上り坂を登らなければ下り坂はやってこない」。ペネルはなぜそんな大それた挑戦に乗り出し、苦痛に堪えられたのだろう。「アルプスを自転車で越えられるか試してみたかった」、それがペネルの答えだ。自転車に乗る人の大半はただ移動や運動のために乗る。しかし中には大それた野望を抱く者もいる。「自分がとくに変わり者とは思わなかった」とペネルはいう。「象に乗ったハンニバルやら御輿に乗ったカエサルやら、アルプス越えを果たした偉人は大勢いる」。山頂を究めた自転車乗りは名誉を手にする。世の人びとは彼女を賞賛の眼差しで見上げる。彼女もまた、高みから世界を見下ろして栄光を目の当たりにする。中には、大いなる高みの光景から何かの洞察を得る者もいる。それは、低地にとどまり、脳にエンドルフィンを滾（たぎ）らせない者には決して得られない悟りなのだ。

ヒマラヤは、そもそもこの惑星で自転車に乗るにはもっとも過酷な場所だ。しかし当然といえば当然だがブータンはほかの平坦な土地と違って自転車で登りに挑むこともそれほど大それた話ではなく、気負いもない。ブータンではあらゆるサイクリングがマウンテンバイキングなのだ。

たとえば、ツェリン・トブゲはブータンの地形が厄介だとは思わない。「実際のところ、私たちのブータンの土地は自転車向きです」とトブゲはいう。「ぜんぶ真っ平らだったら楽しみもないでしょう」。ブータンの政策について、何でも仏教の寓話のように解釈してしまうのは外国人の悪い癖だが、とはいえ、こうしたトブゲの言葉は幸福のメタファーだとか、なにかしら国民や心や個人の安らぎに関わる含蓄を探したくなる。トブゲはいう。「ここブータンの風景には、上り坂もあれば下り坂もあります。上りがあるところには必ず下りがある。どちらもが必要です。そしてどちらも楽しい。その意味で、ブータンは自転車に最高だと思っています」。

第10章　停まったまま全速力で

タイタニック号のジムでエクササイズ用バイクに乗る乗客。1912年。

北大西洋の海底、深度三八〇〇メートルに眠る二台のエクササイズ用バイクがある。ニューファンドランド島から南南東へおよそ六〇〇キロの海底だ。一九一二年には、これらの自転車は「電気仕掛のラクダ」と呼ばれたボート漕ぎマシンなどといっしょに当時最先端の器具として英国郵便汽船タイタニック号のジムに並んでいた。このエクササイズ用バイクには一枚のフライホイール（はずみ車）がついていて、乗り手の正面には赤と青の矢印がついた大きなダイヤルがあり、漕いで進んだ距離が四分の一マイル（約四〇〇メートル）までわかるようになっていた。乗客の男女がこのバイクを使っている様子を写した有名な写真がある。イギリスのサウサンプトンから出港する何時間か前に、ロンドンの新聞社のカメラマンが撮影したものだ。二人はきっちりとした服装をしていて、いかにもエドワード朝時代に豪華客船で旅をする人びとといった佇まいだ。女性は黒いウールの上着をはおり、花飾りをあしらったヴェールつきの帽子をかぶっている。男性はツイードのスーツ姿で、たぶんかっちりと糊付けされた白いシャツの襟がのぞいている。この二人のような人びとがどこへも進まない自転車のペダルをこいでいる間に、巨大な船が彼らを海底に沈める事故へと突き進んでいったと思うとすこし怖気がする。

この二台の自転車に乗った最後の乗客は、チャールズ・デュアン・ウィリアムズというジュネーヴに住んでいた五十一歳のアメリカ人弁護士と、二十一歳になるその息子、R・ノリス・ウィリアムズだった。息子はハーヴァード大学の学生で、テニスの花形選手でもあった。ウィリアムズ父子は船の浸水が進むなかでもジムで自転車をこいでいた。最期までスポーツマンだったというわけだ。沈没が避けられないとわかると二人は甲板に向かった。父チャールズは甲板で倒れてきた煙突に当たり、海に叩き落とされて落命した。R・ノルス・ウィリアムズも海に落ちたが、なんとか救命ボートまで泳ぎつくことができた。彼はひどい凍傷を負ったものの、両脚を切断するという医師の方針を拒み、後に一九一四年から一九一六年にかけて全米テニス選手権のシングルスのチャンピオンとなった。

タイタニック号の残骸は五平方キロにわたって散らばり、エクササイズ用バイクがそのどこにあるのかははっきりしない。海中写真ではジム室の壁が内側に押し潰されていて、専門家は船首が海底に衝突したときに流れ込んだ水の力のためだろうと推測している。二台の自転車、あるいはその残骸はおそらくまだジムの中だ。きっと錆びてぼろぼろで、イソギンチャクだらけになり、魚たちに囲まれている。

その場で漕ぐ自転車は、前に進むものよりも早くから存在していたといわれている。引き合いに出されるのは一七九六年に特許が取得されたジムナスティコンという器械だ。木製のペダルを漕いで二枚のフライホイールを回す形式のもので、現代でいえばリカンベント型のエクササイズ用バイクに少し似ている。これをどう位置付けるかは、自転車の系譜のいろいろな議論と同じように、各々が自転車をどのように定義するか、どのくらい細部に目をつぶるかという問題になってくる。確実なのは、一八七〇年代の末期には屋内で一インチも進まずに自転車を漕ぐためのさまざまな装置が使われていたことだ。

最初期の装置はローラー台（三本ローラー）とよばれる形式が多い。金属製か木製の四角形の枠があり、床から数センチ浮いて回転するように三本の回転する筒状のローラーが据えられたものが一般的だ。乗り手は自転車をローラーに乗せてまたがり、ペダルを漕ぐ。するとベルトで接続された「シクロメーター」が連動して動き、走った距離が示される。ローラー台はすぐにプロの自転車選手が練習に取り入れ、現在でもアマ、プロにかかわらずシリアスなライダーに広く使われている。このローラー台上の自転車漕ぎ自体をスポーツにしようという試みもあったが、こちらはあまり成功しなかった。一九〇一年に、演芸場で二人の世界的な自転車選手がローラー台で対決する一連の試合を行った。出場したのは黒人の自転車チャンピオンの先駆けだったマーシャル・〈少佐（メージャー）〉・テイラーと、記録保持者の速度狂チャールズ・〈毎分一マイル（マイル・ア・ミニット）〉・マーフィーだったが、彼らのようなスター選手でもまったく前に進まないレースで興行を成立させるのは難しかった。

初期のローラー台は乗り手がペダルを漕ぎながら自転車のバランスをとる必要があったが、やがて自転車を固定するタイプのものが現れた。さらに、固定型のエクササイズ用バイクもつくられるようになった。これはその場に自立する本体にハンドルバーと調整可能なサドルを備えたもので、ほとんどの場合は回転する車輪がひとつついていた。こうした「ホームトレーナー」は自転車の負荷を再現して抵抗を加えるさまざまな機構をそなえ、乗り手はそれぞれに難度を調節して屋内ライドをすることができた。このカスタマイズ性は先進的な発明だった。平坦路ののんびりしたサイクリングからきつい登坂まで、乗り手はあらゆる自転車体験を再現することができたのだ。「ホームトレーナーを使えば最高の屋内エクササイズができる」と、自転車アクティヴィストのルーサー・ヘンリー・ポーターが一八九五年に書いている。「快適な運動から過酷なものまで、あらゆる段階に利用できる」。

　ホームトレーナーの登場は、自転車やサイクリングについての人びとの考え方にも大きな変化をおよぼした。その場に静止した自転車に乗ることはエクササイズすること、つまりペダルの回転という純粋に物理的な運動、自転車で移動することから切り離された運動それ自体を目的とする考え方を受け容れることだ。その場で自転車を漕ぐことは、サイクリングを「トレーニング」として捉えることであり、自転車を第一にスタミナを鍛え、筋肉を増強し、贅肉を落とすための装置、つまりはフィットネス・マシンとすることだ。これは自転車の健康へのメリットがまだ広く議論されていた時代にはかなり奇抜な考え方だった。動かない自転車を、しかも屋内で漕ぐのはナンセンスだという者もいた。あるイギリスのジャーナリストは一八九七年に、「近い将来、停まったままの自転車を家庭用に宣伝する馬鹿げた広告を目にすることになるだろう」と鼻で笑っている。この人物はその何年か前に、その種の機械がすでに発明されていることに気づいていない。「その広告主は［停まった自転車に乗ることが］自然ゆたかな田舎道を走ることと同じ恩恵をもたらす、などと宣うかもしれない」。

室内ライダーのなかは、戸外のサイクリングを再現するためにあれこれ工夫する者もいて、ホームトレーナーを窓の前に据えたり、風の抵抗を感じるために送風機に向きあわせることが推奨された。一八九七年には、野心あふれる室内サイクリストがロンドンの自宅の居間に田園風景のパノラマを描いた。この男はもともと舞台美術家で、二枚の長細いカンバスに「横長の田舎の眺望」を描き、ローラー台の左右に配置した回転軸に巻いた。カンバスは細いワイヤで自転車の後輪のリムにつながれており、車輪が回転すると風景も連動して流れるようになっていた。すると、室内ライドは「本当の草原や村や町々のような風景」をゆく牧歌的なものになるのだ。さらにその効果を高めるために、カンバスを巻く軸の上には丘や谷をわたる風を再現する四つのファンが取り付けられていた。

もちろん今日では、戸外のサイクリングを再現しようと思えば、もっと進んだテクノロジーを使うことができる。現代の自転車乗りはアプリをダウンロードし、ヘッドセットを装着してホームトレーナーに乗りながらヴァーチャルリアリティの旅に出ることができる。二〇一七年の一月には、アーロン・ピュージーというスコットランドのソフトウエア・エンジニアが自分で制作したVRアプリを使って一五五〇キロを走破した。ピュージーのアプリはグーグル・ストリートビューのデータを使い、コーンウェルのランズ・エンドからスコットランド北東端のジョン・オグローツ村までの道のりを3Dで再現した。これは、これまで幾世代にもわたるサイクリストが風雨の中で挑んできたブリテン島縦断の旅だ。ピュージーはその経路を居間に置いたままの自転車で走破した。

とはいえ停まったままの自転車は通常の自転車移動に代わるものではないし、そうなる必要もない。その場でペダルを漕ぐことはそれ自体がひとつの自転車体験なのだ。停まったままの自転車に乗ることと、それ以外の自転車の体験の違いはトレーニングと移動の違いには留まらない。十九世紀風な古典的表現でいえば、自転車とは空間を無化する、つまり大きな世界を小さくするものだ。自転車は、紛い物のイギリスの田園風景が描かれたロンドンのアパートから、舞台美術画家を現実の緑あふれる戸外へ飛び出させる。それとは対照的に、エクササイズ用自転車は時間を貪る。停まったままの自転車のペダルを漕いでもどこにもたどりつかないし、何も生まれない。意味があるのはどれだけの時間、どれくらいのペースでペダルを漕いだかということだ。一九八〇年代末には「スピニング」というスポーツとしての「スタジオ・サイクリング」が出現し世界中のフィットネスでブームとなるが、そこでサイクリストが競走する相手は時だった。ジムのスピンのクラスは持久力の試練であり、休みなしで一回あたり四十五分、六十分、七十分の間ペダルを回すように命じられる。フィットネスバイクはペダルつきの時計ともいってもいい。たいていのモデルにはデジタル・ディスプレイがついていて、経過時間を十分の一秒単位で計測し、速度、一分間あたりのペダルの回転数、燃焼したカロリー等々のデータとともに乗り手に表示する。

室内に据えられた自転車はいろいろなことに使える。自転車に乗ることとはあまり関係のない、場合によってはまったく関係のない突飛な目的に供されることも珍しくはない。たとえばエクササイズ用バイクは、スポーツ医が下半身や脚の怪我のリハビリのためによく患者に使わせている。診断のためにも使われる。心臓医は専用に設計されたエクササイズ用バイクを使って心電図をとったり、心肺機能を計測したり、そのほかの心臓、肺、筋肉機能を検査する。医師によれば、自転車漕ぎには多くの筋肉や身体部位が動員されるため、それまでのランニングマシンを使った心肺負荷試験よりも正確な結果が得られるらしい。被験者は自転車にまたがり、体中に電線をつながれる。胸部と上腹部に電極をつけ、指先か耳朶にパルスオキシメーター、顔には呼吸を計測するマスクを装着する。電線まみれの格好で室内自転車のサドルやリカンベント型バイクのシートに据えられている被験者は、自転車の乗り手というよりは自転車の部品のように見える。ピタゴラ装置（ルーブ・ゴールドバーグ・マシン）の発明家がグーグルと協同開発した奇怪なメカニズムの一部のような感じだ。

室内に固定された自転車は、デジタル時代のはるか以前から意外な使途にも使われていた。一八九九年から実施された、ウェズリアン大学のW・O・アトウォーター教授の研究チームによる「人間エンジン」の効率を測定する有名な実験だ。研究者は金属で内張りした大きな木の箱の中に自転車を設置し、チェーン駆動の後輪の回転を磁石と小さな発電機で電流に変える。この自転車をモルモットになった男性サイクリストが数日間、昼夜を問わず断続的に漕ぎつづける。箱の中には折りたたみベッドと椅子とテーブルが備えつけられていて、木の箱から出ることは許されない。食べものや飲みもの、および自転車乗りの「排出物質」は自転車が発生させた電流とあわせて計測され、「精密に」分析された。そうすることで、研究者はサイクリストが消費する「燃料」と、彼がペダルを漕ぐことで発生するエネルギーを計算することができる。その結果、疑念の余地のない事実が判明したとアトウォーターは宣言した。それは、人間は世界でもっとも経済的なエネルギー源だということだ。「機関車よりもはるかに優秀で……与えられた燃料あたり二倍に達する出力を発生できる。……実際のところ、蒸気、ガソリン、電動機といったこれまでに考案された機関のいずれをとっても、エネルギー効率の点で人間に伍する技術は存在しない」。

同じ成果から違う結論をみちびくこともできるかもしれない。つまり自転車に乗ることは人間の運動からエネルギーを取り出すきわめて効率のよい手段であり、とりわけ室内に固定された自転車はエネルギーを電気その他の形にして機器や道具の動力源に利用できるということだ。ペダル駆動の自転車のエネルギーは実際に、ニューディール時代に市民保全部隊の歯科医院で使われたドリルや、ベニート・ムッソリーニのために造られたローマの地下壕の空調から、最近ではコペンハーゲン市庁舎広場の巨大なクリスマスツリーの灯りや、リトアニアのヴィリニュスの映画館の映写機に至るまで、何十年も使われてきた。一八九七年には、セントルイスの奇特な発明家が「シャワー自転車」を売り出していた。これは、自転車の後輪スプロケットのあたりにポンプと配管を組み合わせて、頭上にジョウロのようなノズルを配置し、乗り手がエクササイズと同時にシャワーを浴びられるようにしたものだ。ペダルを速く回せばそれだけ強いシャワーが出てくることになっていた。コロンビア南西部にあるナシラ・エコヴィレッジという、独身女性と子どもたちのためのコミュニティではこれと原理的に同じものが使われている。ポンプの動力のために固定自転車が一台設置されていて、四百人が共同利用するシャワー設備がすべてそれでまかなわれているのだ。

エクササイズ用バイクを代替エネルビー源にする発想は環境保護論者の想像力を刺激してきた。

小さな農場や共同生活集団では、穀物の製粉や脱穀に固定された自転車が利用されてきたし、もっと大きなスケールで農場や工場や家庭に展開して、農業や製造業での大規模な利用を夢見る論者もいる。その種のアイデアを縦横に展開しているのが一九七〇年代の自転車ユートピア論の精華というべき『労働・余暇・輸送におけるペダル・パワー』だ。これは研究者とアクティヴィストらによるマニフェストと歴史書とハウツーを兼ねたような本で、サステナビリティ関連書に特化した出版社ローデイル・プレスから刊行された。この本は自転車アクティヴィズムにありがちな科学技術恐怖症(テクノフォビア)とマチズモを綯い交ぜにしたレトリックにあふれたており、「レーザー技術と深宇宙探査の時代である現代」においては「産業社会のなかで筋肉の大部分は木偶(でく)人形のように使われぬまま放置されている」と批判する。この本の著者陣によれば、その解決は「バイコロジー〔自転車によるエコロジー〕の気運」、「自転車を利用するときに引き出される人間の全ポテンシャルを」活用することである。

この本は、「エナジー・サイクル」という、エンジニアのディック・オットと「ローデイル・プレス研究開発部門」が開発したローテクなペダル駆動装置の利用を推奨している。エナジー・サイクルは付属物をとり払った自転車のフレームと、タイピング用オフィスチェアと、作業台と、さまざまなクランクや歯車やプーリーを組み合わせたものだ。農作業からちょっとした製造業や家事など、いろいろな作業のための道具と組み合わせることができた。旋盤、ドリル、グラインダー、陶芸のろくろなどを動かすことができ、雑草を引き抜いたり、鋤を引いたり、畑に溝を掘ることもできた。さらには穀物の選別、トウモロコシの脱穀、オートミール作りにも使えた。台所での使途は数限りなくあり、巨大なフードプロセッサーともいえるものだった。缶詰を開ける、包丁を研ぐ、パン生地をこねる、バターをつくる、バターをクリームにする、羽毛を抜く、魚のうろこを取る、肉やチーズをスライスする、果物や野菜のピューレをつくる、ソーセージやアイスクリームやアップルソースをつくる、等々。エナジー・サイクルは力のいる労働を脚の筋肉で負担することによって、乗り手の両手をそのほかの仕事に回せるようにする。「研究者の報告によれば、サクランボを扱う場合は手で分別したり実を外したり食べたりしながら脚で種取りができる」。しかし『〜ペダル・パワー』の著者らが夢想するこのペダル駆動装置の将来像は、さらに現実離れしたものだ。

前世紀から今世紀への変わり目に自転車がある意味で人びとを「解放」したように、ペダルの力はふたたび無数の人びとに自由を与えることができる。毎日厄介な手仕事を強いられている世界中の女性にも利益がある。……ペダルの力が階級や経済格差の境界を越えて広がれば、私たちは地理的な違いを乗り越えられるはずだ。

四十年以上あとから見ると、このヴィジョンは純朴だが先賢の明があったともいえる。いまのところは「バイコロジー」で万人が解放されたわけではないし、地理的な条件も過去のものにはなっていない。しかしペダル駆動の装置は普及しつつあり、とりわけ発展途上国の農村地帯では肉体労働の負担を軽減し、経済生産性の向上に寄与している（ペダル式の装置が普及しているラテンアメリカでは、「自転車器械」を意味する「ビシマキーナス」という現地語が生まれている）。人道支援活動でも、貧困地域や災害地域で飲料水の確保にペダル式の浄水器が使われるなど、自転車式の動力の利用が増えている。

一方、西洋諸国の「自転車器械」は左翼アクティヴィストが重宝する見映えのしない器械の地位に甘んじている。二〇一一年秋に二ヶ月にわたって睨み合いが続いたオキュパイ・ウォール・ストリートの現場では、デモ参加者はマンハッタンのズコッティ公園で発電機と組み合せた固定自転車を漕ぎ、充電やコンピュータの電源に使っていた。これはズコッティ公園のテント村のエネルギー源としては安価で現実的な方法ではあったが、政治家と金融街と化石燃料業界の悪しき結合を糾弾するデモの参加者にとっては、うなりをあげて回転する自転車の車輪は象徴的な意味合いが大きかった。つまりローテクで巨大な石油資本主義に抗議するということだ。

ウォール街からみれば固定自転車は革命の原動力ではない。むしろこの二十年間に少しずつ価値の上がってきた商品だ。今日では、世界の固定自転車市場の規模は六億ドルに迫り、二〇二六年までに八億ドル近くまで成長すると推測されている。デザインも洗練され、質素な人力フードプロセッサーの世界にも高級化の波が訪れた。エナジー・サイクルを世に出した夢想家たちはたとえば「フェンダー・ブレンダー」を見て何を思うだろうか。フェンダー・ブレンダーはペダル駆動で回転する二八インチのフライホイールの力でブレンダーを回すフィットネスバイクで、派手な色のラインナップで売り出されている。デザインと販売を行っているのはペダル駆動のいろいろなアクティヴィティに特化した「イベント用テクノロジー」企業であるオークランドのロック・ザ・バイク社だ。このフェンダー・ブレンダーは「最小限の手間と最大限の楽しさで大量のスムージーを作れる」とのことで、販売価格は二七〇〇ドルくらいだ。

固定自転車の市場はフィットネスに牽引されている。フィットネス熱の高まりにより、室内で自転車を漕ぐ運動はステップエクササイズやヨガと並ぶワークアウトの主力になった。現在、この市場の最大多数を占めるのは自宅用にエクササイズ用バイクを買う消費者だ。そのうち、ぼくが祖父母の家で見かけたバイクのような運命をたどるマシンはどれくらいの数になるだろうか。あれはライムグリーン色のシュウィン社製〈エクササイザー〉だった。そのマシンは長い年月を経て居間から来客用のベッドルームに移動し、さらにカビくさい地下室の隅へと追いやられ、愛情をかけられなくなった卓球台の隣りでぐったりとうなだれていた。そうやってタイタニック号とともに沈んだバイクのようにこの世界から失われてしまったのだ。きっと無数の固定自転車が地下室の暗がりに眠っていることだろう。それは忘れ去られた年始の決心の遺物であり、暗礁に沈んだフィットネスプログラムの忘れ形見だ。

今日、エクササイズのためにペダルを漕ぐことは、夥しい数の人びとがこれまで以上に真剣に取り組むアクティヴィティに返り咲いている。現在のブームの起こりは一九八七年にさかのぼる。この年、ジョナサン・ゴールドバーグという南アフリカ出身のプロ自転車選手が、カリフォルニア州サンタモニカの自宅付近で夜間の路上練習をしているとき、すんでのところで命にかかわる重大な事故を逃がれる出来事があった。ゴールドバーグは自家製の固定自転車をこしらえて自宅のガレージで練習するようになり、やがてビジネスとして室内サイクリングの可能性をあれこれ考えるようになった。

ジョニー・Gという愛称で知られるゴールドバーグはビジネスに目鼻が効くハンサムな男で、結果として彼が「スピニング」と名付けた新しい、あるいは昔からあるやり方を巧みに再定義したエクササイズが世に生まれた（ゴールドバーグはすぐに「スピニング」という単語を「スピン」「スピナー」「ジョニー・G・スピナー」とともに商標登録している）。スピニングはエアロビクスをモデルにしたエクササイズで、ジムやフィットネス・センターで開講される高負荷のクラスであり、腹に響く音楽をかけた中でインストラクターがもっと強く、もっと長くペダルを回せと檄をとばす。ゴールドバーグの発明は、このビジネスにある種の精神性と自己救済（セルフ・ヘルプ）の考え方を持ち込んだことだ。「この世でもっとも退屈な器械かもしれないフィットネス・バイクにも輝く瞬間がある、けれどそのためにはあなたが本気でエネルギーを注がないといけない」と、ゴールドバーグは回顧録にして自らの理念表明でもある著作『自転車に愛を注ぐ――五本のスポークのバランスの物語』（二〇〇〇年）の中に述べている。「スピニング・プログラムとは……大宇宙に自らを捧げることであり、精神を解き放ち、心の扉を開いて、ひとりひとりの指標をつくりだすことなのです」。宣伝用のポートレイトをみると、ゴールドバーグはほとんど真っ白に脱色した金髪の強健そうな男で、まるで禅の導師のようだ。写真の中ではビーチで風に吹かれながら格闘技の練習をしたり、庭園の小さな仏像の隣りで蓮華座を組んだりしている。その種のイメージは「東洋的」だが、自己実現を説く本人の信条は疑いなくアメリカ的だ。「スピニング・プログラムの恩恵はひとつの本質的なメッセージにまとめられる。それはあなたは世界でいちばん重要な人間だということ、いかなるときも自分自身を信じなさいということだ」と彼は書いている。

近年では、フィットネス・スタジオの自転車漕ぎ運動は新しい世代の仕掛け人によって先端的なテクノロジーやさらににぎやかな音楽が投入され、また新しいものへと変貌しつつある。スピニングのクラスは運動としてはエクストリームなもの、ある種の儀礼的な集団行動へと再構成されている。この変化の主役のひとつはマンハッタンのアッパーウェストサイドの一カ所から始まった「ソウルサイクル」で、この企業はすぐにアメリカとカナダで十を越えるスタジオを経営するまでに急成長し、企業価値は数億ドル規模に達した。ソウルサイクルは二〇〇六年にエリザベス・カトラー、ジュリー・ライス、ルース・ズッカーマンの三人のニューヨーカーによって創業された。彼女たちは、フィットネスに関心をもつ都会の裕福な若者がジムにソーシャルな体験を求めていることに目をつけた。ソウルサイクルの売り文句は、「カリスマ・インストラクター」の指導で「ビートに乗ってひとつになる」「有酸素運動（カーディオ）パーティー」だ。スタジオはナイトクラブと健康志向のスパを足し算したようなもので、リズミカルでアップテンポで大音量な音楽が流れ、キャンドルが灯されていて、壁にはスローガンやありがたい言葉が掲げられている。〈私たちは感動を与える。決意を吸い、希望を吐く。登りにコミットし、スプリントに自由を求める。リズムは限界を越えさせてくれる。バイクに執着し、中毒し、異常な愛着をもつ。汗と車輪の回転にハイになる。バイクに乗るたびに体のコアから全身を再構築する〉。

こういったフレーズはたわごとだ。カリスマ・インストラクターも決意を肺に吸い込むことはできまい。ただしあえてのことだろう。「魂の自転車」を意味するブランド名にはじまり、ソウルサイクルのマーケティングの巧妙さは否定できない。ジョニー・Gと同じように、ソウルサイクルは固定自転車のペダル漕ぎ運動を精神的な修行として、ある種の啓発の方法として売り出しているのだ。こうした発想は自転車カルチャーの一部で存在感を増しつつあり、オンラインやサイクリングに特化した自己啓発書の類でよく目にする（たとえば『バイシクル・エフェクト――瞑想としての自転車』『自転車一〇〇の最強の言葉』『サイクリストのためのマインドフルな思考法――二輪にバランスを求めて』『ペダル・ストレッチ・呼吸法――自転車ヨガ』）。ソウルサイクルが売り出している精神性（スピリチュアリティ）とは、内面の平穏が外面の美を生むという教義だ。これは啓発されたサイクリストは外見もイカしている――たとえば引き締まった体にタトゥーと入れたソウルサイクルのインストラクターのように――という強烈なメッセージである。

新型コロナウイルスの流行ではスタジオの閉鎖を余儀なくされつつも、ソウルサイクルは「室内サイクリング」のクラスを戸外で開催するなどして生き延びた。とはいえ、ソウルサイクルの熱狂的な人気の理由はスタジオの雰囲気にあったことは間違いなく、これは真昼の戸外では再現しようがない。スタジオの照明は薄暗く、腹に響くような音楽が流れ、キャンドルの灯りがちらちらと星座のように揺れている。壁にはこんな言葉だ。〈旅に出よう、魂を探しに〉。七十人のサイクリストがどこへも行けない自転車に乗ってペダルを漕ぐ。彼らが目指すのは地図には見つからない、遠く離れた無限の広野だ。彼らは果てしない内面の道へ旅に出るのだ。

固定自転車が開拓したフィールドはほかにもある。サブスクリプション・メディアとエクササイズ機材のサービスである「ペロトン」は、何千人ものライダーが参加するライブストリーミングのセッションを開催している。ペロトンが販売する専用機材は高価で洗練されており、タッチスクリーン付きで、ユーザーは自宅にいながらライブセッションに参加したりオンデマンドのトレーニングを受けたりできる。これは固定自転車をラグジュアリーなステータスシンボルの地位にまで高めた。二〇一三年に創業されたこの会社が急成長したのは、新型コロナウイルスの流行で大勢のフィットネス中毒者が隔離生活を強いられた二〇二〇年だった。二〇二〇年四月、新型コロナの危機がはじまって数週間のころ、ペロトンではひとつのライブセッションに二万三千人が参加するという記録がつくられた。ソウルサイクルから流れた大勢の人びとが含まれていたことは確実だろう。ペロトンはソウルサイクルの会員が愛する汗だくの連帯感を提供することはできない。それは現代におけるリアルの場での固定自転車の醍醐味というべきものだ。その代わりに、本書執筆時点で数百万人、運営会社は数億人を目指しているというペロトンのユーザーがやっているのは、自転車を漕ぐという古い文化に、数えきれないヴァーチャルな人びととつながりつつ孤独に画面を見つめるというきわめて二十一世紀的な経験を融合させることだ。仮にペロトンがその目標を達成すればまた別の史上最大の集団走行の記録が生まれるだろう。何百万もの人びとが仮想の群れとなってサイバースペースを駆け抜けるのだ。

少なくとも一台のエクサイズ用バイクはこうした地上のあれこれとは無縁の場所へ旅立った。地上三五〇キロに浮かぶ国際宇宙ステーションにはCEVIS（振動遮断および安定機構つき自転車エルゴメータ）と呼ばれるマシンがある。国際宇宙ステーションのミッションは通常半年程度つづく。軌道上に滞在している期間は重力が微小なので、宇宙飛行士は空中にふわふわと浮かび、両脚で体重を支える必要がない。この状態は人体に悪影響がある。宇宙飛行士は骨密度の低下や筋肉量の減少を防ぎ、脚の機能を衰えさせないために高負荷のエクササイズを定期的に行う必要がある。そうしないとふたたび大地に降り立ったとき両脚で立って歩けなくなってしまうのだ。

CEVISは国際宇宙ステーションの「デスティニー・ラボラトリー」という区画に設置されている。通称は「NASAの固定バイク」と呼ばれているが、正確にいえば固定されているわけではないし、外観も自転車とはやや異なる。マシンにはハンドルバーもなければサドルもなく、一組のペダルと、遊星歯車で連動する小さなフライホイールで構成されている。フライホイールが小さな四角い箱に内蔵されていて、そこからペダルが突き出している格好だ。そしてこの箱が大きな金属のフレームに固定され、さらに緩衝機構を介して宇宙ステーションの壁に取り付けられている。CEVISを使う宇宙飛行士の準備は、靴をペダルの固定具にはめ込むだけだ。背中側には上半身を支えるパッドがあり、さらにベルトとショルダーストラップで体を固定することができるが、実際上はトークリップだけで問題なく自転車と体が固定できるので、ほとんどの宇宙飛行士はペダルの上に立ってバランスをとりながらペダルを漕ぐ。ちょっとした曲芸のようだ。自転車とサイクリストが微小重力に漂いながらペダルを回す。宙に浮いた一輪車のようにも見える。「振動遮断および安定化機構付き自転車エルゴメータ」という名前からは想像できない光景だ。

宇宙飛行士はCEVISの負荷レベルを調節することが可能だ。負荷を変えながらのトレーニングやインターバル練習もできる。ペロトンのマシンと同じように目線の高さにコンピュータのモニタがあり、ペダルを漕ぎながら音楽を聴いたり映画を見たりもできる。CEVISはデータ収集装置でもあり、搭載されているコンピュータが乗り手の情報を集めて地上へ送信している。NASAの医師はそのデータをもとに、個々の飛行士にあわせた自転車のエクササイズプログラムをつくっている。

CEVISは、宇宙をゆく自転車という往年のファンタジーを完璧に実現してくれるわけではない。ペダルを回す宇宙飛行士をみて、昔の広告ポスターで月や星の間を駆け巡っていた妖精を想起する者はいないだろう。ただしNASAのこの自転車は別の意味で驚異の乗り物だ。宇宙飛行士は通常、九十分間の連続した運動を課されている。その時間で宇宙ステーションは地球をまる一周して二回の日の出を目にする。NASAでは、エクササイズ中の宇宙飛行士こそが史上最速のサイクリストだと冗談をいう。なにしろ一回の運動で地球をひとまわりしてしまうのだ（宇宙飛行士のエド・リューはブログに「どうだ悔しいだろう、ランス・アームストロング！」と書いたことがある）〔ランス・アームストロングはツール・ド・フランス七度優勝という前人未踏の記録を樹立したプロ選手。後にドーピングを告白し記録抹消〕。

CEVISのペダルに足を固定した自転車乗りが走るのははるかな大空の上だ。雲も砂漠もジャングルも島々を浮かべた大海原も眼下にして、ヒマラヤ、アマゾン河、ニューファンドランド島、ニューヨーク、北極、アフリカ、アジアを跳び越えながら時速二七六〇〇キロで天空を翔ぶ。停まったまま全速力で、どこにもたどりつくことなく。

第11章　アメリカの海から海まで

バーブ・ブラッシュとビル・サムソーのバイクセンテニアルIDカード。

僕らは二人乗りの夫婦になって
人生という道を走っていく

——ハリー・ダクレ「デイジー・ベル（二人乗りの自転車）」一八九二年

オールド・パリ・ハイウェイは、ホノルルの中心部とオアフ島の北東側を隔てる山を越えて延びる。この道はハワイの歴史や神話に特別な存在感をもつ。いくつもの古い小道とつながり、カメハメハ大王のハワイ統一の戦いで重要な戦場となった場所の近くを通る。その戦いは一七九五年の五月に、カメハメハ大王の兵士が何百人ものオアフの兵士をヌウアヌパリの崖から追い落として決着がついた。三〇〇メートル以上の落差で谷に落ち込んでいる崖だ。オールド・パリ・ハイウェイにはこのときの兵士たちが亡霊となって取り憑いているといわれてきた。一九六〇年代の初頭に山腹にトンネルが掘られ、新たにハワイ州高速道路六十一号線が開通した。旧道は自動車が進入できなくなり、ハイカーやサイクリストに愛されるルートになった。

バーブ・ブラッシュはホノルルで若い看護師として働いていたころからオールド・パリ・ハイウェイをよく知っていた。友人のクリフ・チャンといっしょに自転車に乗りに行って、十段変速の自転車のペダルを漕いでいた場所だった。二人は恋愛ではなく友だちの関係だったが、バーブはクリフの美貌や長い髪や気ままな精神にほれぼれとしていた。クリフが自転車好きなことも彼女には好印象だった。休暇になるとバーブはクリフと落ち合って自転車でこの道を走った。急坂や強風と闘いながら坂道を上るのだ。そしてアボカドの木陰を抜け、カメハメハ大王が勝利を宣言したとされる見晴らし台を過ぎ、ヘアピンカーブを高速で回って下ってくる。

一九七五年の冬のある日、パリの山を横切ってホノルルに戻ろうとするとき、クリフはバーブにたずねた。今度の夏に、アメリカ独立宣言二百周年記念の自転車ライド・イベントが本土で企画されてるんだけど、聞いたことはある？　だいたい田舎の二車線のハイウェイをたどって、オレゴンからヴァージニアまで、アメリカ横断の集団ライドをやるんだ。

バーブ：クリフは〈バイクセンテニアル〉というイベントなんだ、と言ったの。やりたい、と思って即決した。私たちはパリの山を超えて自転車ショップに行っていろいろ教えてもらって、申し込みをした。フジのロードバイクを買って、七六年の春には実家に戻ってトレーニングを始めた。〔バイクセンテニアルは二百周年＝バイセンテニアルとバイクをかけた名称〕

バーブはオレゴン州ローズバーグで育った。ポートランドの南二七〇キロほどのアンプクア川のほとりにある人口二万人ほどの街だ。ここ何十年か、ローズバーグは「アメリカの木材の首都」を自称してきた。やや大げさだがそれほど間違ってはいない。一九六〇年代、バーブが子どもだったころには、街には三百もの製材所があり、多くは周辺の山間の森林から伐り出されるダグラスファー〔米マツ〕、別名「緑の黄金」を扱っていた。バーブの母はアンプクア・コミュニティ・カレッジの図書館で働いていて、父は土地管理局の木材鑑定人だった。

バーブ：父は背が六フィート四インチ〔一九三センチ〕あったの。森で働く大男よ。自転車の乗り方を教えてくれた。子ども時代には自転車が移動手段だった。ローズバーグの街を移動したり、学校に行ったり、近所を走りまわったり。

一九七六年の春、バーブはバイクセンテニアルの準備のために六週間のハードなトレーニングをした。アンプクアの〈百の谷〉と呼ばれている一帯で、川沿いの道や、峠道のロングライドを繰り返しながらスタミナをつけ、筋肉を鍛えた。このあたりの道はホノルルのヌウアヌパリよりも厳しく高度もある。

バーブ：あのころは体力もあった。坂道が厳しくて膝には負担だったけど、私は強かったし、どんどん強くなっていった。

バーブは、一九七六年六月十二日、二十四歳の誕生日を迎えた。その二日後の月曜日の朝、彼女はヒマワリのように鮮やかな黄色のフジの自転車を一家の車の屋根にくくりつけた。バーブが母と向かった先は北西へ一二〇キロほどの距離にある、リーズポートという海に近い街だ。そこが、バイクセンテニアルの西海岸の起点となる二つの地点のひとつだった。

バーブ：ローズバーグを発つ直前、父は「俺の娘ならやり遂げられる」って言ったの。やばい、もう後戻りできないなと思った。

バーブと母がリーズポートに着くと現地はすでににぎやかに盛り上がっていた。リーズポート自体は保守的な土地柄だが、バイクセンテニアルを歓迎する街にはどことなくカウンターカルチャーの雰囲気のある男女があふれていた。長髪やひげ面をしたおおぜいの人びとが長い旅路に向けて自転車を整え、身支度をしている。

みんなはウェルカム・ホテルという三階建てのアールデコ時代の建物のまわりに集まっていた。ここは出発地点の事務所と、ライダーが出発前に一晩か二晩寝泊まりする宿泊所になっている（ライダー全員分のベッドはないため、ホテルは一部の部屋から家具を運び出し、寝袋で七人まで泊まれるようにしていた）。バーブはバイクセンテニアルのIDカードと参加者用の資料一式を受け取った。そして現地の図書館で、ほかのライダーとともに『アメリカ自転車行』という十二分間の映画を観た。これは六八〇〇キロ弱の自転車旅を記録した大いに鼓舞される映画で、風光明媚な小さな町や平原の風景や、紫色に染まる山の威容が映し出される。映画の最後にはジョン・デンヴァーの「スイート・サレンダー」が流れる。どこまでも延びる道と、青春の自由への感傷を歌うセンチメンタルなフォーク・ロックのバラードだ。「たったひとり、どこかの忘れられたハイウェイで／通り過ぎた者は多く、覚えている者はほとんどないその道で／何か信じられるものを探しているんだ／何か人生でやりとげたいことを」。

バーブはその夜ウェルカム・ホテルに泊まった。若い女性が何人か同室の部屋だった。翌朝、六月十五日に目を覚まし、朝食を摂り、ホテルの外で出発の支度をしている自転車乗りに加わった。彼女は自転車のリアラックとパニエに十六キロ弱の荷物を積んだ。予備のタイヤとパンク修理キット、その他の修理のための道具と寝袋、繊維用品店で手に入れたマットもあった。着替えは少しだけで、防寒着はロッキー山脈を越えたら家に送り返すつもりだった。

経験豊富なサイクリストや、交流よりも冒険を求める一部のライダーはソロで挑んでいたが、大部分の参加者はリーダーが率いる十人から十五人くらいのグループで参加した。バイクセンテニアルのグループには二種類あった。「キャンプグループ」は大雑把な計画で移動して、キャンプ場や農地にテントを張ったり、場合によっては露天の寝袋で夜を過ごす。キャンプグループの予算は八二日間のアメリカ横断旅行で五八〇ドル、つまり食費込みで一日あたり約七ドルだった。バーブが参加したの「宿泊グループ」で、こちらは一日あたりもう四ドルほどかけて屋根のあるところ、つまり教会の地下室、学校の体育館、大学の寮、退役軍人クラブの会館、ライオンズ・クラブの図書館といった、道中の簡素な宿泊場所で寝ることにした人びとだった。

その六月十五日の朝、リーズポートのウェルカム・ホテルの前で、バーブの宿泊グループは同じ日に出発するキャンプグループのひとつと少しの時間交流した。キャンプグループのリーダーがバーブの目を引いた。痩せた頑強そうな男で、落ち着いて自信ありげな雰囲気だった。バーブには自分と同年代の二十代初めに見えた。彼は白い自転車用のヘルメットをかぶっていた。

バーブ：当時はヘルメットをかぶっている人は少なくて、珍しかった。この人は茶色っぽい髪をして顔中にひげを生やしていた。長髪ではないけど、長い髪よ。運動ができそうなタイプに見えた。そういったことを切れ切れに覚えている。ヘルメット姿を思い出せる。それがビルと会った最初ね。

ビル：ぼくの両親はどっちもマットレス会社のシモンズで働いていて、そこで出会った。母は事務員、父はシモンズの梱包部門で四十四年エンジニアをやっていた。

ビル・サムソーは一九五三年にウィスコンシン州ケノーシャで生まれた。ビルが生まれて数年後、サムソー家はイリノイ州シカゴハイツに移った、シカゴ中心部の南、五〇キロくらいにあるワーキングクラスの多い郊外都市だ。

ビル：二輪の乗り物に乗れるようになったのは五歳か六歳のころかな。父は心臓が悪かったので、お向かいの家の人が教えてくれたんだ。自転車を後ろで支えて走ってくれてね。はじめて乗れたときはすばらしい気分だった。自由で、一人前になったようななんともいえない感覚があった。

ビルは一九七〇年に高校を卒業し、イリノイ州ブルーミントンにあるイリノイ・ウェズリアン大学に進んだ。大学を出ると保険代理店に就職した。

ビル：その職場にいたのはひと月だけ。その冬に北ウィスコンシンに来たんだ。この小さなスキーの町にね。ぼくはスキーに入れ込んでいた。当時は人生をどうするか大した考えはなかった。そこでスキーに狂ってる同類の友人ができて、そのひとりがアメリカユースホステル協会のリーダー研修を受講するように勧めてくれた。自転車ツアーのリーダーができるようになるんだ。ぼくは講習を受けて、一九七五年の「ヤンキー・エクスプローラー」という自転車旅行のリーダーをやることになった。

その自転車旅はコネチカット州から出発して、マサチューセッツ州を通過し、ニューヨーク州の北、ヴァーモント州、ニューハンプシャー州、メーン州を経て南に転進してボストンへ向かうコースだった。

ビル：参加者はほとんどまだ子どもで、みんな中学二年を終えたばかりだった。旅行のリーダーになったのはこのときが最初で、自転車の長距離旅行も初めてだった。

ユースホステル協会の研修で知り合った二人の友人がモンタナ州ミズーラに引越して、新しい組織のためのリーダー育成を始めた。彼らは翌年の夏にアメリカを横断する大それた自転車旅行を企画していた。ビルが「ヤンキー・エクスプローラー」の旅の後で二人に連絡をとると、ぜひミズーラに来てバイクセンテニアルのために働いてくれと誘われた。ほかにやることもなかったのでビルは彼らの家に転がりこみ、ミズーラ中心部のアパートに寝袋で寝泊まりする生活を始めた。当時は、バイクセンテニアルの事務所で頼まれたことを何でも引き受けていた。自転車の修理ツールや救急セットを準備したのも彼だった。参加者のための大量のＩＤカードも作った。そしてキャンプグループのリーダーとして自分も参加できるということになり、一も二もなく引き受けたのだった。

ビル：どうなるのかまったくわかなかった。八十二日間の自転車旅行のリーダーだから責任はいろいろあるけど、若いときにはそんなことは気にならないんだ。成り行きまかせだよ。

バイクセンテニアルのグループを率いるのはハードな仕事だ。まずサイクリストとして体力が必要だし、緊急事態に対応できなければならない。グループリーダーは受け持ちの参加者全員の安全と健康の責任を負う。人づきあいのスキルも必要だ。大人が二ヶ月間も顔をつきあわせていれば対立も起こる。冷静さとユーモアが必要なシーンも多い。パンク修理キットや救急セットの使い方も知っている必要もある。料理ができればそれも役に立つ。

ビル：リーズポートを出発して、初日に自転車に乗ったのはたった六五キロくらい。ちょっとした慣らし運転だね。ぼくが料理用のコンロを持って行き、みんなで順番に調理番をすることになっていた。初日の晩はぼくが拝命して、たしかマカロニチーズとホットドッグを作ったかな。その晩みんなで話し合って、その後はぼくはあまり料理しなくていいことになった。

ビルのグループはすぐに日課に慣れていった。過酷な自転車旅行の日々はキャンプ場で一日の終わりを迎える。寝る場所を設営し、順番に食事の準備をする。読書をしたり、日記をつけたり、自転車の点検をしてチェーンを掃除したり、パッチで応急処置したインナーチューブを新しいものに交換したり。十日ごとに、家族や友人からの手紙がまとめて届けられた。ビルはよく姉のマージから手紙を受け取った。彼女もバイクセンテニアルのグループリーダーとして、同じルートを旅していた。

ビル：姉はちょうどぼくらの二週間前にオレゴンを出発して、ヴァージニア州のヨークタウンを目指していた。彼女は絵葉書でぼくらが向かう先のことを教えてくれた。いいキャンプ場とかね。どこかで自転車乗りを目の敵にしている黒白模様の犬がいる、と知らせてくれたこともある。もちろんそこに通りかかったら犬が飛び出してきたよ。

ビルのキャンプグループはまがりくねった経路で東へ向かった。オレゴン州から州境を越えてアイダホ州へ入り、北進してモンタナ州へ入る。独立記念日の七月四日の晩はモンタナ州のウィズダムという小さな町にいて、地元の人が提供してくれたあばら家に泊まっていた。白黒テレビがあり、誰かがワシントンDCやニューヨークの独立二百周年祭の生放送にチャンネルを合わせた。ワシントン・モニュメントや自由の女神の上空に花火が上がっていた。町に繰り出して、地元の子どもといっしょになって花火やクラッカーで祝った仲間もいた。

ウィズダムからは南東へ向かい、モンタナ州ディロンを経てヴァージニアシティへ。その後はワイオミング州に入り、イエローストーン国立公園を通過し、グランド・ティトン国立公園をかすめて南下し、コロラド州に入った。大きな空と大きな山。大きな美しい国土。ビルのグループはみんなの波長が合ってきた。ハイウェイを自転車で走るときも息が合った。

ビ　ル：あるとき、コロラド州のプエブロからオードウェイという場所に向かっていたとき、グループ全体がきっちり列になって走っていた。珍しいことだよ。そんなふうに隊列になることはほとんどなかった。ほんの少しの下り坂だったけど飛ぶように進んでいた。道端に停まっていたパトカーの横を通ったんだけど、拡声器の割れた声で「君たち時速一八マイル〔約三〇キロ〕出てるぞ。その調子だ！」っていわれたよ。

彼らは順調に東へ進んだ。コロラド州オードウェイからイーズへ。カンザス州トリビューン、それからスコットシティ。山地からグレートプレーンズに入るとかなり暑くなった。七月三十一日の朝にビルのグループがテントを撤収したのはカンザス州ニュートンだった。ウィチタから北に四〇キロだ。目指すのは一二〇キロ南東にある同州のユリーカ。グループリーダーのビルはいつも集団のしんがりを務めていたが、その朝は副リーダーに代わってもらった。うだるように暑い日で、熱気がまとわりつき、風の気配もほとんどなかった。長丁場を前にビルは早く進みたかった。だから彼は先にひとりで出発した。六〇キロあまり必死に進み、キャソデイという小さな田舎町で軽食をとることにした。この町は「世界のプレイリー・チキン〔和名はソウゲンライチョウ〕の首都」を名乗っていた。

ビル：小さなレストランがあって、プレイリー・チキンの首都なら卵料理にするかな、と思った。で、そこで卵を食べた。そしてまた自転車で走り始めた。キャソデイを出発してそれほど進んでないところでバーブとレスに追いついた。

バーブ・ブラッシュと彼女の友人レスリー・バッベは前の晩ニュートンに泊まり、同じようにユリーカに向かっている途中だった。バーブの宿泊グループとビルのキャンプグループは道中でよく遭遇した。オレゴン州ベーカーシティでどっちもＹＭＣＡに泊まっていたこともあった（宿泊グループの参加者は屋内に泊まり、キャンプグループの参加者は外にテントを張った）。その日の夕食前、バイクセンテニアルの参加者はＹＭＣＡのバレーボールコートとラケットボールコートに繰り出した。ビルとバーブはラケットボールのダブルスで敵同士になって試合をした。ビルがバーブのことを気にしはじめたのはそのときだった。

ビル：彼女がスポーツ得意でびっくりしたんだ。ラケットさばきがサマになっててね。自転車でも強かったし、正直にいえば脚もすごく素敵だった。

その後ビルとバーブは路上でも二人で過ごすようになった。焦げるような太陽の下、西海岸と東海岸の真ん中あたりの広大な平原の中、二人は話し込んでしまうので自転車が進むのもゆっくりになった。

ビル：レスは気が利くのでバーブとぼくを放って先に行ってくれたね。

二人は家族のこと、故郷のこと、そして将来の計画を語りあった。気温は灼けるように暑く、長く平坦な道路の先はもやがかかっていた。あるとき、不意に空の色と雰囲気が変わったような気がして、不思議な音が二人の耳に聞こえてきた。

バーブ：二人で走っていたときに、バリバリいう音が聞こえたの。

ビ　ル：急に別の気候になったみたいな感じだった。そしたら空からあれが降ってきたんだ。

バッタの大発生を生む気象条件はさまざまだ。典型的には雨季の後の日照りの時期に大群が生まれる。雨の多い時期に爆発的に繁殖したバッタが日照りになると少ない餌を求めて狭いエリアに密集するからだ。蝗害はまさに天変地異を思わせる（聖書に登場するイナゴの大群もバッタの一種である）。群れ飛ぶバッタは空を暗く翳らせ、大地を覆い尽くす。時には気象レーダーに映り込むほどの大群になる。一八七〇年代の大蝗害ではテキサス州からノースダコタ州・サウスダコタ州に至る平原にロッキートビバッタが飛来し、農作物を食い荒らし、生きた羊を丸裸にし、木でできた道具の柄や革製の鞍まで食い尽くした。線路がバッタで埋まって機関車の車輪が滑るので鉄道も停止した。地面にいる人間にとっては、大群に襲われるのは突然の嵐に見舞われるようなものだ。

バーブ：目、鼻、口、耳、全部に飛び込んでくるの。そこら中バッタだらけで体中にとりついてくる。

ビ　ル：何十万匹、あるいは何百万かもしれない。道路にもびっしり。ぐしゃぐしゃ踏んでいくんだ。

バーブ：それが何マイルも続くの。シュールな光景よ。

ビル：あの日は忘れられないね。

バーブ：あの旅行中、ビルと私はなんとなく他人行儀だったんだけど、あのバッタのせいでちょっと近づいた気がした。

ビル：「人間の中でいちばんいいのはバーブだな」って思ったよ。

一九七三年四月のある午後、グレッグ・サイプルという名の男が北メキシコの小さな村のカフェのテラスに座っていた。彼の脳裏には不思議な光景が展開されていた。自転車の巨大な集団がアメリカ合衆国を横断するのだ。まるで虫の大群のように。サイプルはオハイオ州コロンバス出身の二十七歳の男で、妻のジューンと、別のアメリカ人夫婦のバーデン夫妻といっしょにメキシコに来ていた。サイプル夫妻とバーデン夫妻は自転車で旅に出てから十ヶ月、もう一万一千キロ近く走っていた。グレッグはこの旅を「地球半周ツアー」と呼んでいた。アラスカ州アンカレッジからアルゼンチンの南端ティエラ・デル・フエゴまで、アメリカス（南・北・中央アメリカ）を踏破する約三万キロの壮大な旅だ。この日、この二組の夫婦はチワワ砂漠の街トレオンの郊外のキャンプ場から、ショコラテというほとんど町ともいえないくらい小さな町まで、さらに六〇キロあまりを走った。

四人はカフェのテラスで鉄鍋で温められた（ショコラテではなく）ポーク・シチューを囲んだ。しかし談笑するグレッグの脳裏に浮かんでいたのは、越えてきた国境のあちら側のことだった。今度はアメリカ横断の自転車旅行をやるのはどうだろうか？　太平洋から大西洋まで、何千人もの集団で走る。自転車に乗った群集が大いなる大地で発見の旅をする。きっと人気が出て盛り上がるイベントになるに違いない。

「最初の思いつきは広告とかフライヤーをばらまくことだった。『サンフランシスコのゴールデンゲート・パーク、六月一日、自転車持参で集合』と書いてね」、サイプルは後年のインタビューでそう語っている。「アメリカ横断の自転車旅行をするんだ。荷物を括りつけた自転車に乗って何千人も集まると思ってたよ。年寄りも来るだろうし、太いバルーンタイヤの自転車とか、このために飛行機で来たフランス人とか、もう目に見えるようだった。誰も号砲を鳴らしたりはせずに、九時になったらただみんなで動き始める。きっと、バッタの大群がアメリカを移動していくように見えたはずだ」。

グレッグの生業はグラフィック・デザイナーだったが、彼の情熱と使命感は長距離の自転車旅行に捧げられていた。一九六二年七月、十六歳のときにグレッグは父チャールズと二日間の旅行をした。コロンバスの自宅から自転車で南に向かい、オハイオ川の河畔の街ポーツマスまで行った。この旅は「ツー・センチュリー」、つまり一日あたり一〇〇マイルの旅だった。チャールズは疲労困憊したが、グレッグはもっと乗りたくなった。

その翌年、グレッグは三人の自転車仲間を見つけて、もう一回コロンバスからポーツマスまでの往復旅行をした。一九六四年には六人が参加した。一九六五年には一気に十六人まで増えた。その翌年の参加者は四十五人になり、グレッグの幼馴染のダン・バーデンとジューン・ジェンキンズ、後のジューン・サイプルも加わった。ジューンは熱心なサイクリストになり、ユースホステル協会のコロンバス支部で自転車ツアーのリーダーをやることになる。そのころにはこの自転車イベントにはスポンサーがつくようになり、TOSRV（サイオト川流域ツアー）というわかりにくい略称もついた。そして数年後には、アメリカ全土でも最大規模の年次自転車ツアーイベントへと成長した。

一九七三年のTOSRVには二千二百人が参加した。ただしグレッグは――ジューンと、ダン、リスのバーデン夫妻の四人で――オハイオから何千キロか離れたメキシコを南下していた。その午後ショコラテのカフェで、グレッグは大胆なアイデアを打ち明けた。それは「TOSRVと地球半周ツアーのいいところを組み合わせたような、一夏かけてアメリカを横断するライドイベント」をやりたい、という話だった。ちょうど三年後はアメリカ独立二百周年だ。その節目を記念して、自転車文化を祝福するような巨大な自転車イベントができれば最高じゃないか。

ジューンとバーデン夫妻は二つ返事でやりたいと答えた。彼らには通じていた。わかったのだ。同じ思いを抱く者が同時に何かを発想するときに特有のめまいがするような瞬間だった。霧が晴れて先が見通せたように、進むべき道はすぐにはっきりしてきた。友人同士の四人にとって、その先の三年間へのモチベーションに疑いはなかった。何週間か前にジューンはシクロメーターという、自転車のハブに取り付けて走行距離を測る器具を買っていた。その夕方にショコラテ郊外の道路脇のキャンプ場所に到着したとき、ジューンはメーターを使い始めてからの走行距離をチェックした。

すると一七七六マイル、アメリカ独立宣言の年号と同じだった。これはいい兆しだとみんなが思った。

グレッグとジューンのサイプル夫妻が地球半周ツアーを完遂し、アルゼンチンのウシュアイアに到着したのはそれから二年ほど経った一九七五年二月二十五日だった。一九七三年の秋から冬にかけての五ヶ月間は一旦休止していたが、三年間の大部分は路上で過ごしたことになる。ダンとリスのバーデン夫妻はその前に、メキシコの太平洋沿岸の街サリナ・クルスで旅を終えていた。ショコラテから南に一六〇〇キロほどの場所だ。ダンがアメリカに一時帰国中に肝炎に罹り、バーデン夫妻の旅はそこまでになった。

一方でバイクセンテニアル（独立二百周年ライドイベント）の準備は急ピッチで進んでいた。自転車雑誌に暗号めいた広告を掲載するというゲリラ的な手法で告知も始めていた（たとえば「骨まで興奮する冒険の万華鏡、海から海まで田舎道で七十日間、バイクセンテニアル76」といったもの）。ミズーラに居を構えたダンとリスの自宅アパートが企画の本拠地になった。こちらで一〇〇〇ドル、あちらで五〇〇〇ドルといった具合に補助金や寄付も集めた。非営利組織として免税資格も得た。ポスターを貼り出し、フライヤーを自転車ショップで配布した。少しずつ噂にもなってきた。情報を求めたり、支援を申し出る手紙がミズーラに届きはじめた（その中には、「移動式のウッドストック音楽祭をやるようなもので、永遠に自転車文化の汚点になる。出発前に失敗に終わることを祈っている」といったありがたくない手紙もあった）。ダンとジューンは地図を片手に友人のフォルクスワーゲン・マイクロバスに乗り込んでアメリカ中を巡り、田舎道で西海岸から東海岸まで横断するルートをプロットしていった。

「アメリカ横断自転車トレイル」と呼ばれたこのルートは十の州にまたがるものになった。アイダホ、モンタナ、ワイオミング、コロラド、カンザス、ミズーリ、イリノイ、ケンタッキー、そしてヴァージニアだ。二十を越える森と五つの山地を通過する。草原を越え、砂漠も通り、無数の小さな町を経由する。バイクセンテニアルの参加者は全行程を走破してもいいし、一部に参加するだけでもいい。西から東に行っても、その逆向きでもよかった。

一九七六年には、アメリカ横断の六八〇〇キロを自転車で走るアイデアは多くの人にとって突拍子もない話で、馬鹿げているといわれても仕方がなかった。参加者にとっても同じだっただろう。とはいえ、自動車が全盛となる以前には、自転車の大旅行は間違いなくアメリカ大衆文化に欠かせない話題のひとつだった。一般的には自転車は長距離旅行に適した手段とは思われていなかった（そのためには鉄道とか蒸気船があった）。長距離の自転車旅、自転車による「ツアー」は、一部の冒険家とかアスリートとか名声を求める者といった特殊な人びとの領分だった。頑健さとかスタミナといった自らの肉体の強さや、気骨とか忍耐とかいった精神力を誇示する手段だったのだ。つまりは英雄になる方法だった。

ヴィクトリア朝時代には、自転車旅行者の偉業が新聞や雑誌の紙面を飾っていた（すべてではないがほとんどはアメリカ人かイギリス人、同じく全員ではないがほとんどが男性だった）。自転車について書かれた本のうち、もっとも初期に人気を誇った本にもその種のものがあった。自転車の競走は次第に大規模な「ツアー」の様相を呈するようになった。つまり山岳を経由しながら都市間を移動していく、長大な距離にまたがる競走だ。もっとも有名な長距離レースであるツール・ド・フランスは新聞社が考案した。一九〇三年に、パリのスポーツ紙『ロト』が購読数を増やすために考え出した宣伝イベントだったのだ。新聞発行者は、自転車競走の動向を日々伝えれば売り上げを伸ばせるとわかっていた。

自転車による「遠征」の物語には穏やかでない側面もあった。この種の冒険譚に登場する自転車は植民地化や文明化を進める力として、つまり世界の「原始的」な領域を啓蒙する存在として描かれていた。アメリカ人サイクリスト、トマス・スティーヴンスによるペニー・ファージング（だるま型自転車）での世界旅行を綴った『自転車世界一周』（一八八七年）はもっとも著名な自転車旅行記のひとつだが、このジャンルに典型的なあからさまな人種差別が見てとれる。スティーヴンスがアメリカ西部のインディアンの地や中東、アジアといった場所で遭遇した「原住民」は野蛮で間抜けな人びとで、スティーヴンスの自転車を驚きや恐怖や無理解で迎えたと書かれている。スティーヴンスにとって自転車は帝国の、つまり世界の「未開」の僻地に到達するための道具であり、かつそれを正当化する手段となっている。自転車を理解しない人びと、自転車を作らない文化は征服されて当然ということだ。

他方、ヴィクトリア朝時代の自転車ツアーへの熱狂には別の顔もあった。小説や歌謡や言い伝えの世界では、長距離の自転車旅行は幸福な婚姻のメタファーになっていた。二人乗り自転車の場合も二台の自転車で併走する場合もあるが、人気を博した歌にあるように、愛しあう者同士は「二人のための」乗り物で旅をする。自転車は二人を近づけ、愛を深め、夫と妻を乗せて人生の紆余曲折という長い旅路を運んでゆくというわけだ。

自転車ツアーの魅惑は、自動車や飛行機といった、さらなる長距離をはるかに高速に移動する交通手段の登場によって色褪せたものになった。しかし、グレッグ・サイプルとその父が初めての二〇〇〇マイルの旅を敢行したころになると、新たな自転車熱とともに自転車による長距離旅行がふたたび息を吹き返しつつあった。

アメリカ人はずっと自転車を子どもの玩具扱いしてきたが、一九五〇年代後半から六〇年代初頭には、イギリスで製造されていた新しいタイプの自転車がアメリカの大人に人気を博するようになった。イギリスから輸入される自転車は軽量なうえに三速、八速、十速といった変速器がついており、それまで数十年間アメリカの市場を支配していたバルーン・タイヤの鈍重な乗り物とは別物だった。フィットネス熱が高まりつつあったアメリカで、乗りやすく、速度も出せる新種の自転車は新しいエクササイズを求める大人たちの注目の的になった。

新しい自転車に誘われて、サイクリストはふたたび田舎や開けた土地へ赴くようになった。「フロリダや南カリフォルニアといった温暖な土地では、大人が十速の自転車に乗って日帰り旅行やもっと長い休暇に出かけるようになった」と歴史家のマーガレット・グロフは書いている。自転車の広告には、のどかな風景の中で自転車を漕ぐ健康的な肉体のカップルが登場するようになった。アメリカの自転車ツアーは、六〇年代から七〇年代初期にかけて、自転車による田舎への遠出という需要に応える業態として勃興してきたのだ。

広告には一八九〇年代の空飛ぶ自転車のイメージも復活した（人気を博した十速モデルのAMFロードマスターの広告には「フライング・マシン」というコピーが躍っている）。実際のところ、この新しい自転車熱は、十九世紀から二十世紀の変わり目の時代のそれよりもはるかに大規模だった。一九七二年の連邦政府の報告書によると、当時の国内のサイクリスト人口は八千五百万人、つまり七歳から六十九歳までのアメリカ人の半数に達したと見積もられている。この中には都市圏の通勤者や大学生といった日常的に自転車を使う者が含まれているが、それ以上に多いのは娯楽や余暇として自転車に乗る者、つまり運動のために乗る者や、むしろその種の日常から逃れるために自転車に乗る冒険家だ。いずれにしろ夥しい数の自転車が売れた。一九七二年から七四年にかけての三年間にアメリカで売れた自転車の数は自動車を上回った。

これには地政学も関わる。第二次世界大戦中のアメリカでは、燃料配給制度が導入された結果として、それまでの半世紀で最大の自転車ブームが起こった。一九七三年にはＯＰＥＣの石油輸出制限によって再び燃料の不足と価格高騰が生じた結果、多くのアメリカ人は自動車以外の移動手段を模索するようになった。そこにさらに別種のポリティクス、つまり政治意識の変化も加わる。この時代は、レイチェル・カーソンの『沈黙の春』（一九六二年）や初のアース・デイ開催（一九七〇年）、さらには大気汚染防止法（一九七〇年）、水質清浄法（一九七二年）、絶滅危惧種法（一九七三年）といった画期的な法律が制定された、エコロジー意識の芽生えの時期でもあった。ヴェトナム戦争の失敗に幻滅したアメリカの若者は、この国の制度や、型に嵌まった消費行動や、褒めそやされてきた生活様式に疑いの眼差しを向けるようになった。数十年間にわたってアメリカの経済やインフラや神話を形づくってきた自動車もまたその攻撃の的になった。

多くの人びとにとって、自動車はもはやアメリン・ドリームを体現するマシンではなかったのだ。車は悪臭を放って道路を支配する怪物であり、汚染と毒を撒き散らす存在だった（「ガソリン喰らい」という呼び方が広まったのもこのころだった）。一九七〇年の冬、サンノゼ州立大学では学生たちが一週間にわたって「サバイバル・フェア」という環境問題の啓発イベントを開催した。二月二十日には自動車の儀礼的な「埋葬」が上演された。学生たちはお金を出し合って新車の一九七〇年式フォード・マーヴェリックを買い、深さ三メートル半の穴に埋めたのだ。そして重々しい演出で埋葬の儀式を執り行った。サンフランシスコ・クロニクル紙の記事によれば、「地元住民が歩道から見守る中、楽団の奏でる哀しげな曲にあわせて学生たちのゆっくりとした葬列が進んで行った」とのことだ。

そんな一方、自転車をめぐる新しい政治状況も生まれようとしていた。アムステルダムでは住宅地で頻発する交通死亡事故に心を痛めていた中流市民の間に、プロヴォ（一九六〇年代オランダのカウンターカルチャー・ムーブメント）が喧伝するアンチ自動車のメッセージが広まりつつあった。彼らはみんなで通りに繰り出して抗議を行い、より安全で自転車に優しい、サステナブルな都市環境を要求した。自転車アクティヴィストは北米にも現われつつあった。一九七一年には〈環境問題を懸念する自転車乗り〉というグループがロサンゼルスで開催した、「ポリューション・ソリューション」（＝汚染問題の解決法）と称するライド・イベントに千五百人のサイクリストが参加した。一九七〇年代半ばのモントリオールでは、〈自転車の世界〉というプロヴォに似たアナーキストや芸術家のグループによって、自動車文化の弊害を糾弾し、「詩的な自転車革命（ヴェロリューション）」の流れを推進するための直接行動イベントが行なわるようになった。

「世界史上最大の自転車ツアー」への参加を誘う宣伝がアメリカの全国に広がったのは、まさにそうした新しい世代の不満が鬱積した、価値観が変容しつつある世の中だった。「一九七六年という年を、アメリカに向けて農村地帯の森や農地や人びとやその連帯を祝福し、そのかけがえのなさを見せつける年にしよう」。バイクセンテニアルの最初期のフライヤーにはそんな文章が載っていた。バイクセンテニアルは目新しい試みだったが、精神性はそれほど〈自転車革命〉的というわけではなかった。目指すところは古きよき愛郷心とポスト六〇年代的なカウンターカルチャーの妥協点だ。フロンティアを指向するアメリカ的な旅の原型にぼんやりとヒッピー的な味付けをしたもの、組織化された「大地へ帰れ（バック・トゥ・ザ・ランド）の旅ともいえる。つまりクラシックでありつつ、なおかつ新しいものだった。

ビル：旅に参加した人の中にはいわゆるヒッピー的な人もいたけど、そんなに政治的な空気はなかったね。

バーブ：バイクセンテニアルは独特の感じだった。あの当時だけの独特な感じね。

ビル：自分がすごく生真面目に思えたよ。少なくとも髭面で、自分としては十分長い髪をしていたんだけど。なんだか自分が保守的な人間に思えた。政治的な保守ではなく堅物だってことさ。ぼくらのバイクセンテニアルのグループはだいたいそういう人だった。単純に、西海岸から東海岸まで自転車で行きたいと思ってる人たち。

バイクセンテニアルに参加したサイクリストは四千六十五人。そのうち二千人ほどがアメリカ横断の全行程を走破した。その他の人びとは一部分だけの参加か、途中でドロップアウトした。多くは中産階級の白人で、黒人の参加者は四人だけだった。十七歳から三十五歳がほぼ四分の三を占めていたが、仕事を引退した年代の人びとも多く、子どもたちも少し参加していた。アメリカ横断をやりとげた最高齢の参加者は六十七歳、最年少は二人の九歳児だった。五十の州すべてから参加者があった。アメリカ以外では十四の国から三百二十九名のライダーが参加していた。オランダ、フランス、ドイツ、日本、ニュージーランドなど。バイクセンテニアルの夏が終わった後の調査では、多くの参加者はこの経験でいちばん楽しかったのは「アメリカの田舎を間近に見られた」ことだと答えた。

ビ　ル：バイクセンテニアルでは自然の中や小さな町に行った。いろいろ教えられた。この国の美しさをたくさん学んで、たくさんの人に出会った。

バーブ：町に大勢の自転車乗りがやってくるのは壮観よ。

ビ　ル：みんな走り寄ってきて、自分の農場に泊めてやるというんだ。アイスクリームを食べに行こうと誘ってくれたり、自分の土地の池で泳がせてくれたり、家に電話させてくれたりもした。

バイクセンテニアルに参加したサイクリストには、毎日が予想もしない出会い、驚くべき眺め、冒険、そして災難の連続だった。長く暑い一日もあった（反対に長く寒い日もあった）。それでも路上には必ず何かしらの楽しさがあり、一日の終わりにはご褒美が待っていた。市営プールで泳いだり、小さな町のソーダ・ファウンテンで喉を潤したり、地元の人がクッキーを焼いて持ってきてくれたり。宿泊グループの宿でもキャンプ場でもカードやチェスをして楽しんだ。十九歳で旅に参加したブリジット・オコネル（最初は単独参加だったがキャンプグループに加わった）は、毎夜フルートの演奏を仲間に聴かせた。宿泊グループのサイクリストは宣伝用の映画『再び自転車でアメリカへ』を全カット暗記するくらいに繰り返し観た。それ以外に娯楽がないことが多かったからだった。映画に荒れた路面が出てくるとブーイングや野次が起こった。

サイクリストたちはすぐ仲良くなった。忘れがたい人びとも大勢いた。オーストラリアのバカンで旅館のオーナーをやっている四十九歳のウィルマ・ラムゼイは、アメリカ横断の行程のほぼすべてを膝丈のスカートにガードル、パンティストッキング、それにヒールのある靴という格好で走破した。ウィルマは途中から、同じくオーストラリアのアリススプリングスで探鉱業と機械工をやっていた兄のアルバート・シュルツと合流した。アルバートは旧約聖書の族長のような髭を生やしていて、重たいワークブーツを履いてアメリカを横断した。煙草も嗜み、よくパイプを燻らせながら自転車に乗っていた。彼は犬を追い払うための木槌と、穀物蒸留酒エヴァークリアを一瓶持ち込んでいた。毎夜、自分のキャンプ用ポットでお茶を淹れ、その度数九十五度の酒を加えて飲むのだ。バイクセンテニアルに参加する前、この兄妹は二十五年も会っていなかった。ウィルマはその空白を埋めるために兄をこの旅に誘ったのだ。

参加者は誰もが栄光と挫折を経験した。向かい風、日焼け、尻の痛み。スポークの破断。パンクはどこでも起こった。食べ物や天候による苦難もあった。あるキャンプグループはケンタッキー州の小さな町の中華料理店で食事をした後、グループの半分が地元の病院で点滴を受ける羽目になった。雷雨や、時には吹雪に見舞われることもあった。六月十三日に季節はずれの嵐がワイオミング州の一部とコロラド州北部を襲ったときには、参加者の一部は四〇センチの積雪の中で峠道を越えなければならなかった。

多くのライダーは戸外で寝た経験がなく、寝る場所の探し方から学ばなければならなかった。かぐわしい松林とか、せせらぎの隣りとか、心地良い風の通るトウモロコシ畑とか、そういった場所だ。アイダホ州ではティピー〔アメリカ先住民の伝統的なテント〕に泊まり、ケンタッキー州では簡素なキャンプ用シェルターに泊まった。荒天の晩は教会のベンチ、廃屋、洞窟などで何とかして屋根を確保した。キャンプグループのひとつは夜通しの雨を避けるために豚小屋にお邪魔して、ぶうぶうと文句をいう豚の間で寝たこともあった。

野生動物との出会いもあったが、生きているものとは限らなかった。ある日、キャンプグループのリーダーだったロイド・サマーはソウゲンライチョウが車に轢かれるのを目撃した。彼はその死骸を拾ってその晩の幕営地まで持っていき、羽をむしり、きれいに洗って焚き火で焼いて夕食のおかずにした。ヘビや子グマや牛の群れにも遭遇した。カンザス州の西部では陸ガメが何匹かゆっくりと道を渡っていて、自転車はその間を縫うように走らなければならなかった。

アメリカを横断する道路の外の世界から遠ざかり、現実世界の印象が薄れるにつれて、多くのライダーの感じる時間の流れもまた曖昧に変化していった。彼らは自転車の時間に生きていた。平均して一日に八〇キロは遅くはない。それでもやはり、路傍で風に揺れている花や、その花で休んでいるマルハナバチにも気がつくほどにゆっくりした自転車の速度だ。もちろん道が急坂にさしかかる場所では文字通りゆっくりと進んだ。

バーブ：いちばん強烈に覚えているのは山ね。

ビ　ル：タフな坂もあった。標高一一五〇〇フィート〔約三五〇〇メートル〕のフーザー峠も越えた。もう無理だと何度も思ったよ。

アメリカ横断ルートでもっとも悪名高い坂道はヴァージニア州のロックブリッジ郡にある。そこにたどりつく何週間も前から、ライダーはまるで壁のようだといわれるアパラチア山脈のその上り坂の恐しさを聞かされた。その坂のあだ名はヴェスヴィオ山〔噴火の被害で知られるイタリアの火山〕だった。

ビ　ル：坂のふもとにヴェスヴィウスという町があるんだ。だからぼくらはヴェスヴィオ山と呼んでいた。あれは酷かったね。

バーブ：あの上りの勾配がどれくらいか知らないけど、八パーセントとか九パーセントとかいわれたらたぶん信じるわ。ひたすらつづら折りの連続よ。

ビ　ル：死ぬほどきついのが一時間以上続くんだよ。時速三マイル以上は出ないような。

バーブ：本当にペダルを「もう一踏み、もう一踏み」ということしか考えられないの。

ビ　ル：上り切ったらブルー・リッジ・パークウェイというところに出るんだけど、そこから見えるシェナンドー・バレーの眺めは本当にすごかった。誰かが上にたどりつくたびに大きな歓声が上がってたよ。

八月が過ぎて九月になった。ビルとバーブのグループは目的地であるヴァージニア州ヨークタウンに近づく。

バーブ：もちろんゴールにはたどりつきたかったけど、終わらなければいいのに、と思った。「現実の生活に戻れるかな？」って思うのよ。

ビ　ル：旅の終わりに近いある日に、ほかのグループのリーダーたちと田舎の小さな店に寄った。店の外に立っているとバーブが自転車で通り過ぎるのが見えた。その時思わず「これは恋だな」ってつぶやいたんだ。

一九七六年九月六日、ビルとバーブのグループはヨークタウンに到達した。記念に、大西洋に自転車の車輪を浸した。その晩、ビルとバーブを含めたサイクリストたちは一五キロほど内陸に戻ってウィリアムズバーグに行き、ステーキ・ディナーで祝杯を挙げた。

ビ　ル：「ペドラー」という店で、大きなローストビーフを出すんだ。ウェイターがナイフを肉にあてて、「厚さはいかがなさいますか」って言う。それで切り落とした肉の重さを量る。たしか十四人の夕食だったと思う。全部で一〇〇ドルもしなかった。いい時代だね。

夕食後、サイクリストたちは酒を飲んだり踊ったりして思い思いに過ごした。そして夜も更けたころにバーブはビルをダンスフロアに誘った。

バーブ：普段はそんなことしないんだけど。男をダンスに誘うようなタイプじゃないから。でもそうしなくっちゃと思ったの。

ビ　ル：スロー・ダンスでね。とってもよかった。

そして、終わりがやってきた。

ビル：突然で困惑する感じ。ここまでずっといっしょに素晴らしい旅をしてきて、不意にみんな散り散りになってしまう。次の日はワシントンDCまで自転車で行く人もいれば、家に帰る人もいた。ぼくのグループにはオランダ人が何人かいて、オランダに飛行機で帰るから朝早いバスに乗らなきゃいけなかった。ぼくはどうすればいいかわからなかったからコロラドへ向かった。またスキー漬けになろうと思って。

ビルはコロラド州ディロン近郊のリゾート地でスキーのレンタル店員の仕事を始めた。その年のクリスマスに、彼は自分のキャンプグループの全員と、バーブの宿泊グループの何人かにホリデー・カードを送った。

バーブ：本当のところは、あれこれ迷っていたの。

バーブは二年ほど沿岸警備隊員と交際していた。もともと、バイクセンテニアルが終わったらそのまま東海岸に留まって彼と一緒に暮らすつもりだった。

バーブ：自転車旅行が終わると、自分がまるで違う人になってたの。何しろ人生でいちばんの大冒険をやってのけたのよ。恋愛も何か違うと思った。何かが足りない、と。

バーブは郷里のローズバーグに戻った。しかしじっとしていられず、何か月後にはハワイに戻り、看護師の仕事を再開した。

バーブ：そしたら、手紙が届いたのよ。

ビルはローズバーグのバーブの自宅宛にクリスマス・カードを送った。バーブの母親はそれをハワイの娘に転送した。

バーブ：ホノルルのカピオラニ図書館で座っていた場所も覚えてる。その瞬間に人生がそれまでとは変わったことがわかったの。手紙は普通の内容だったけど、雷に打たれたみたいだった。

ビルとバーブは手紙のやりとりを始め、電話で話すようになった。一九七七年春にスキー・シーズンが終わると、ビルは両親のいるダラスに引越した。そして、ブラニフ航空の添乗員の職に応募した。

ビル：一九七七年五月からブラニフで働きはじめた。すると何と、ホノルルまで研修フライトで行くことになった。二時間の滞在つきでね。だからバーブと空港で会うことにしたんだ。

しかし飛行機から降りたビルにはバーブの姿が見当たらなかった。

ビル：公衆電話から彼女のアパートに電話をしたけど誰も出ない。ちょっと打ちのめされたね。だからホノルル空港の周りをぶらぶらして、仲間の添乗員と一杯やりに行って、帰りの便の十五分前にゲートに戻った。それで目を上げたら、バーブがいたんだ。

どうやらすれ違ったらしい。バーブはバーブで、ターミナルで一時間もビルを探していた。

ビル：何分か話して、もう出発しなきゃならなかった。するとと彼女はぎゅっと抱き締めてくれた。それではっきりした──もうすっかり彼女の虜だった。

手紙のやりとりは増えた。バーブは仕事の休憩時間に「クイーンズ医療センター患者経過メモ」

と印刷されたメモ用紙に走り書きをすることもあった。ビルはダラスとかカンザスシティとか、行く先々のホテルの便箋で返事を書いた。読んだ本についても語りあった。『ウォーターシップ・ダウンのうさぎたち』〔リチャード・アダムスの児童文学〕とか、『死ぬ瞬間 死とその過程について』〔キューブラー・ロス〕とか、『テニスのインナーゲーム』〔ティモシー・ガルウェイ〕とか。そして自転車に乗ったこと。それぞれのルームメイトのこと。仕事のこと。神様や宗教についてもよく書いた。もっと深遠な問題を考えることもあった。一九七七年夏のある手紙で、ビルは地球外惑星に生命がある可能性をあつかった『ニューズウィーク』誌の記事を話題にした。「人類は二万四千光年離れた星団に信号を送ったらしい。返事が来るなら四万八千光年。仮にどこかに生命がいたらね。記事の筆者いわく、「仮に第二世代か第三世代の恒星の軌道を昔から回っている文明があったら、そのテクノロジーはあまりに進んでいるので地球人には魔法にしか見えないだろう」……だってさ。バーブはどう思う？」

その年の秋、ビルは数日ずつ何度かバーブを訪れた。電話では電話代を払えるぎりぎりまでよく話した。十二月にビルはホノルルに長期滞在した。

ビル：ブラニフ航空で半年働くと、航空券つきの休暇が一週間もらえる。だからハワイに飛んでバーブと一週間過ごした。

バーブ：十二月十六日ね、ビルがプロポーズしたのは。

ビル：帰る前日にディナーに出かけたんだ。十六日まで待ったのはその日がぼくの誕生日だったから。誕生日にプロポーズしたらかわいそうでノーとは言いにくいでしょ。

バーブ：ちょうどシャワーから出たところで、くたびれたバスローブを着てたのよ。頭にタオルを巻いたまま。するとビルがいきなりひざまづいてあれこれ始めるわけ。なかなかの光景だったわ。私は、あなたがプロポーズしなかったら私がしてたわねって言ったの。

ビルとバーブは一九七八年六月十七日に結婚した。バイクセンテニアルの起点の町リーズポートで出会ってから、ほぼぴったり二年後のことだった。ローズバーグのバーブの両親の家で、こぢんまりとした式を挙げた。

バーブ：子どものころ通ってた教会から司祭様に来ていただいて、家のバックヤードで式を挙げたの。

ビ　ル：三十五人くらいゲストを呼んだかな。

バーブ：今みたいに豪勢な結婚式が流行る前の時代よ。サラダが何皿かあって、もちろんケーキもね。

ビ　ル：ビールは半樽分だったかな。
バーブ：幼馴染の親友がオートハープを弾いて「貴方がどこへ行こうとも」を歌ってくれた。何ブロックか先のご近所さんたちも来てくれた。ホーマーとベティのオフト夫妻。この人たちは変わった人たちで、名前の通りちょっと普通じゃないのよ。
ビ　ル：天気は申し分なくて、最高の結婚式だったよ。
バーブ：最高の結婚式だったわね。

二人はダラスに移り、バーブはそこで看護師の仕事をみつけ、ビルは客室添乗員の仕事をつづけた。裕福ではなかったが必要なものは手に入った。幸福だった。人間関係にトラブルを抱えている友人や家族から見るとうっとりするようで、場合によっては少し妬ましくさえある、二人はそんな感じに幸せなカップルだった。喧嘩は絶対にしそうにない。意見の行き違いや家庭のささいな問題はすぐに解決されて、誰かが声を荒げることもなかった。バーブは一九八〇年に息子のエリックを出産した。

家計が厳しいときにはストレスがなかったわけではない。一九八二年五月十二日、ビルはダラスのフォートワース国際空港に駐機中の飛行機の中にいて、この日四回目のフライトを待っていた。

ビ　ル：その朝はワシントンに飛んで、それからメンフィスへ飛んでからダラスに戻った。最後はカンザスシティで降りる予定だった。その辺で大きな嵐があってダラス発の便がキャンセルされ始めた。で、その後いきなり全便キャンセルになったんだ。

それはブラニフ航空の破産申し立てだった。

ビル：ぼくらはゲートに停まった飛行機の中にいたんだ。何も知らない満席のお客さんと一緒にね。ブラニフ航空はつぶれたけど、自分たちにもちゃんとした情報がなかった。物事の順序は覚えていないけれど、やがて何が起きたのかみんな知るところになった。お客さんは飛行機を降りた。ぼくは後ろのタラップから外に出て滑走路に降りた。ターミナルには入らずに車の方に向かった。家に戻って、バーブにこのことを伝えなきゃならなかった。妊娠七ヶ月のバーブにね。

六月、バーブは娘のケリーを出産した。

ビル：ぼくらにはおそろしい時期だったよ。貯金があと二〇〇ドル、というところまでいったこともあった。あわててお金を稼いだ。夏には芝生の手入れと造園、涼しい季節には煙突掃除もやった。十年それをつづけた。ケリーが生まれてすぐバーブは看護師の仕事に戻った。よくなんとかなったもんだよ。

サムソー夫妻はダラスが好きだった。住んでいたのは街の北東の端にある小さな家だ。子どもたちは友人に恵まれ、幸せそのものの日々を送った。ビルとバーブはダラスの人種や民族の幅広さが気にいっていた。エリックとケリーが通う公立学校では白人の子どもたちの方が少数派で、同級生はみなラテンアメリカや東南アジアからの移民の子だった。サムソー家はよくメキシコ料理のレストランに食べに行き、大都市の文化の豊かさを大いに楽しんだ。ただし、大いなるアウトドアの世界を愛していたビルとバーブは、それとは違う暮らし方、その日その日を生きる生活を求めてもいた。

バーブ：子どもたちには田舎の生活をして欲しかったの。自然の中に出ていって、野菜を育てたり、ハイキングしたり、カヤックに乗ったりして欲しいと思った。娘はまだ十歳のころに「ママ、いちばんいい服が欲しい」なんて言い始めるの。もちろんいちばんいい服を買うのは無理。そんなお金はないもの。それより私は山が恋しくてたまらなかった。本当に山が懐かしかったの。

ビルとバーブにはモンタナ州の南西のラバリ郡に住む友人がいた。サムソー家は友人が住む場所の近くで一四エーカーの土地が売りに出されているのを知った。景色のいい谷で、周囲にはビタールート山地まで続く森もあった。彼らはその土地を見に行った。

ビ　ル：真冬で、雪が積もってたよ。寒々しくて飾り気のない場所だった。でもとっても美しかったんだ。

一家は一九九二年にモンタナ州へ移住した。家ができるまでの九ヶ月間はミズーラで、ビルの姉妹のマージと一緒に暮らした。新しい家はヒマラヤ杉の板張りのツーバイフォー二階建てで、家の両側にデッキがあった。

バーブ：家のために二エーカーを使って、あとの一二エーカーは動物たちが好きに行き来できるようにしたの。

サムソー家の家はビタールート川が湾曲しているところから五〇〇メートルくらいの場所にあり、その一帯はもともとビタールート・サリッシュ族（フラットヘッド族）の人びとの住む地域だった。一八〇五年九月九日にはルイス＝クラーク探検隊がまさにこのビタールート川の湾曲部を通過している。メリウェザー・ルイスの日誌には、「幅一〇〇ヤード（九〇メートル）ほどの立派な川で、澄んだ水が潤沢に流れている」とある。川にはカワウソが生息し、いろいろな種類のマスもいた。周囲の土地にはシカやヘラジカ、アメリカクロクマ、ピューマが棲み、頭上にはハクトウワシが飛ぶ。森林にはハゲタカたちが潜んでいて、動物が死ぬと地上に降りてきて掃除屋の「仕事」をした。死骸は骨の一片も残らない。野生ゆたかなこの土地で、ビルとバーブは望んでいた暮らしを見つけた。

ただしモンタナ生活のはじめのころは苦労も多かった。

バーブ：何も持たずに引越してきたから、来たときには仕事もなかったの。私は看護師だったからすぐに仕事はすぐに見つかったけど、ビルは二年くらい仕事がなくて大変だったわね。

ビ　ル：しばらくはラジオ局で働いた。ビジネスを立ち上げようと思って頑張ったけど、うまくいかなかった。最終的に残った可能性は二つ。小さなソーラーエネルギーの会社で働くか、健康センターで働くか。けっきょく健康センターで十年働いた。そのうちにミズーラの商工会議所の会員管理部門の責任者の仕事を見つけた。これは自分にぴったりの仕事だったな。

ビルとバーブには、ときどき時間が飛ぶように過ぎてゆくように思えた。何十年があっというまに過ぎていく。そうこうする間に地所に植えた木は七十本を超え、二人はその成長を見守った。二人の子が成長し、結婚し、それぞれに子をもつのも。二〇〇〇年代の初頭、ケリーは自分の結婚式の少し前、叔母のマージに呼ばれて二人だけの話をした。マージは、ケリーがどれくらい現実がわかっているかを確かめたかったのだ。結婚生活がときに厳しいこと、誰もが両親のようにうまくはいかないこと、自分たちみたいにぴったり相性のいいカップルは珍しいってことがわかってるのかしら、と。

ビルとバーブは懐具合がゆるす限り旅をして、可能な限りの時間をアウトドアで泳いだり、カヤックを漕いだり、ハイキングをしたり、大自然の探検をして過ごした。そして自転車に乗った。ダラスに住んでいたときは、毎年テキサス州ウィチタ・フォールズで毎年開催される一〇〇マイル（一六〇キロ）のライドイベントに参加した。〈灼熱地獄一〇〇〉というイベントだ。ビルは長年トライアスロンにも参加し、何千キロも自転車に乗っている。

二〇一八年、結婚四十年を記念してビルとバーブはもう一度自転車でアメリカを横断することにした。

バーブ：これ以上ない記念のやり方だと思ったの。

カリフォルニアのサンディエゴからフロリダのセント・オーガスティンまでの「サザン・ティア」ルートを五十九日間でたどる計画で、数字の上ではバイクセンテニアルほど過酷な旅にはならないはずだった。この旅は〈アドベンチャー・サイクリング・アソシエーション〉という、五万人の会員を擁する団体が企画したライドイベントに参加するものだった。この団体はバイクセンテニアルがきっかけとなって、サイプル夫妻（グレッグとジューン）とバーデン夫妻（ダンとリス）が設立した。「サザン・ティア」ルートの総距離はほぼ五〇〇〇キロで、一九七六年の経路より二〇〇〇キロ弱短い。四十二年前にはビルとバーブは旅道具を自分で運んだが、今回はトレーラーを引いたサポート車両が荷物を運んでくれる。キャンプ場に泊まることがほとんどだが、たまにホテルに泊まる日もある。あの夏のバイクセンテニアルの宿泊グループとは比べものにならないほどに豪華な宿だ。とはいえサムソー夫妻はいまや六十代である。

バーブ：西部の山を越えるのはかなり堪えるのよ。本当に辞めようと思ったわ。怪我したときのために保険にも入っていたから、「転んで鎖骨でも折ったら保険は出るし、それで終わりにしよう」って思ったりね。でも二週間が過ぎてスイッチが入ったの。よし、やれるぞってね。

「サザン・ティア」トレイルで目や耳に飛び込んでくるものはバイクセンテニアルとは違っていた。このルートはアリゾナ州の砂漠を横切り、テキサス州の丘陵地を通り、ルイジアナ州のミシシッピ川の三角州地帯を通る。裏道を使いながら小さな町々を結ぶのは一九七六年と同じだったが雰囲気は違う。

バーブ：今のアメリカには醜いところがあるし、もちろん路上からもよくわかる。

ビ　ル：トランプの看板をたくさん見たよ。「メイク・アメリカ・グレート・アゲイン」ってやつ。

バーブ：ほめられたことじゃないけど、誰かの庭にトランプの看板があると早合点しちゃうの。この人たちはすごい馬鹿か、あるいは憎しみを抱えてるんだろうなって。両方かも知れない。

ビ　ル：一九七六年の世の中は本当に誇りがあった。愛国的だったといってもいい。でも今人びとが叫んでいるものは、少なくともぼくからすれば愛国心とはまるで違う。今は自分の家に国旗を掲げることは絶対にない。アメリカの旗は、この国のぼくらが手を結びたくないものに乗っ取られてしまった。

バーブ：ここモンタナでは銃を載せたピックアップ・トラックを見かけるし、彼らはアメリカの旗を掲げてる。バンパーにトランプのステッカーを貼ってね。ビルはまだこの辺で自転車に乗ってるけど、その手の大きな車とトラブルになったこともあるのよ。

ビル：脇を通るときに排気ガスを吹きかけていくんだ。わざわざそのためのボタンが付いてるんだって。本当かどうかは知らないけど、わざとやってるのは確実だよ。

バーブ：この国にいいところはあるとは思うの。多くの人の中にね。私にとってはそれが本当のアメリカの顔よ。でも今はそれがあまり見えない。アメリカはそれを取り戻さなきゃならない。

一九七六年のバイクセンテニアルでできたカップルはビルとバーブだけではない。バイクセンテニアルから生まれた夫婦はたくさんいたし、その一時だけの関係もたくさんあった。

ビル：浮わついた話があったのは知ってた。そこかしこでカップルができてた。

バーブ：当時はぜんぜんわかってなかったでしょ。

ビ　ル：まったくだ。かなり後になってからぼくのグループの二人がくっついてると知った。二人はアメリカ横断の間ずっといっしょにいたし、ときどきどっかに消えてた気もする。旅が終わった後でちゃんとつきあい出したはず。

バーブ：続かなかったけどね。

ビ　ル：一週間で別れたんだっけ。

一九七六年七月のある日、バーブの宿泊グループはモンタナ州ミズーラからダービーまで一二〇キロの旅程を消化した。全行程の約三分の一まで来た。この日、バーブはいつものように仲のいいレス・バッベと並んで走り、眺めのいい場所で自転車を停めた。二人が走っていた二車線のイーストサイド・ハイウェイ沿いには、眺望のいい高台がいくつもあった。西の方には絵葉書のような山と谷の風景が広がっていた。

バーブ：あの時、丘の上に自転車を停めて眺めたことを覚えているわ。「わあ、なんてきれいなのかしら」って思いながらね。いま私たちが住んでいる場所をね。

サムソー夫妻の家はイーストサイド・ハイウェイから歩いて少しのところにある。そのときバーブが自転車を停めた場所は、何年後かにビルといっしょに家を建てた場所から目と鼻の先だった。

新型コロナウィルスのせいで、最近の二人はふだんより長い時間を自宅で過ごしている。新型コロナ流行の最初の年にはほとんど自分の土地から離れることもなかった。エリック夫婦はたった三七キロ先のミズーラ市内に住んでいる。ケリー夫婦と二人の子どもはわずか一〇キロ先だ。バーブの母親もミズーラに暮らしている。しかしパンデミックの日々には、バーブとビルは大切な人たちとZoomで顔を合わせるだけになっていた。

バーブ：実際、誰にも会う気にもならなかったの。自分たちと家族の安全が第一だった。私たちはお互い話相手がいてラッキーだった。ボードゲームをよくやったわ。ビルは読書ね。

ビ　ル：ぼくの父は「朝起きてやることがないのに、寝るときにはやることの半分も片付いてない」ってよく言ってた。

バーブ：土地が一四エーカーあるので自分の土地を出ないでもけっこういい散歩ができるの。

ビ　ル：きみはここの景色が大好きだしね。

バーブ：月並みだけど、夕陽が最高なの。

ビ　ル：山に落ちる夕陽を眺めるのが最高だね。最後の光が雲にあたって壮観な赤やピンクに光るんだ。この国のいろんなところを見てきたけど、家を持ちたいのはここしかない。

その家の暮らしももう長い。

ビ　ル：愛に満ちた家だよ。ガラクタもいっぱいつまってるけど。

アメリカの多くの家では、人生についてくるガラクタ――ゴミと宝物の両方がある――はガレージに流れつくのが相場と決まっている。サムソー家のガレージにはガソリン缶、ガーデニングの資材、道具類、防水シート、肥料の袋、練炭といったものがある。奥の壁際にはパカロロ・コーヒー・カンパニーの麻袋がある。これはバーブがハワイで過ごした年月のお土産だ。そして大きなアメリカの地図がある。壁にはピンク・フロイドのポスターと、レッド・ツェッペリンの「天国への階段」の歌詞のポスターも貼られている（曲がりくねった道を来た／俺たちの影は俺たちの心を追い越してしまった……）。その脇のコートフックには白い自転車用ヘルメットがひっかけてある。あの日リーズポートでバーブの目を引いたビルのヘルメット。

ガレージには自転車もあって、全部で九台が天井から吊られている。マウンテンバイクが三台、ビルのトライアスロン用自転車が二台（ビルはその二台を「速いやつ」と「もっと速いやつ」と呼ぶ）。そしておそろいのフジのツーリング・バイク。サムソー夫妻が四十周年記念の「サザン・ティア」の旅のために買ったものだ。お代は一台七二五ドル。

ビ　ル：バイクセンテニアル当時なら、いちばん高い自転車がそれくらいだった。最近は何千ドルもする自転車があるね。

もう二台、自転車がガレージの天井にぶら下げてある。黄色のフジS10-Sと黒のセカイ2500だ。一九七六年の夏、ビル・サムソーとバーブ・ブラッシュはこの二台に乗ってアメリカを横断した。

ビル：その二台はそんなに長くは使わなかった。しばらくはトライアスロンに使ったけど、もともとトライアスロン用じゃなくてツアラーだし。

バーブ：たぶん、もう私たちはこの二台に乗ることはないわね。でも手放すこともないと思うわ。

ビル：博物館にあってもおかしくないだろ？　でも少し整備したら問題なく乗れるはずだよ。きちんと手入れすれば自転車は百年走るっていうし。

第12章　荷を負う動物

バングラデシュ、ダッカの混み合った通りをゆくリクシャたち。2007年。

ぼくはダッカにいる。だから当然のように渋滞に巻き込まれている。この命題は逆の言い方が正確かもしれない。ぼくは渋滞に巻き込まれている。ということはぼくは間違いなくダッカにいる。このバングラデシュの首都でしばらく時間を過ごすと、人は「交通（トラフィック）」という言葉に新しい意味を感じるようになり、自分が抱いていた定義を再考しはじめる。ほかの都市では、道路には乗り物と歩行者がいて、時に道路が詰まって思うように進めなくなる。ダッカの状況はそうではない。ダッカの交通は常に極限状態であり、いつでもどこでもカオスであり、カオスがその秩序となっている。それはいわばこの街の気象のようなもの、決して止むことのない嵐なのだ。

ダッカの住人はこう言うだろう。世の中の人は交通というものをわかっていない。ムンバイやカイロやラゴスやロサンゼルスで経験する最悪の交通麻痺は、ダッカのドライバーにとってはマシな部類だ。この言い分にはデータの裏付けがある。エノコミスト・インテリジェンス・ユニットが「世界でもっとも住みやすい都市」として毎年発表する生活の質の指標によると、ダッカは決まって百四十都市の最下位かその付近にランクされている。インフラの評価はもう十年連続して最下位だ。

ダッカには二千二百万人近くの人が生活しているが、大都市内の移動を効率化する仕組みや法制度がほとんど備わっていない。都市の面積のうち道路として使われているのはわずかに七パーセントだ（十九世紀的な都市計画の代表例であるパリやバルセロナのような街では三〇パーセント程度）。ダッカには歩道がきわめて少なく、ある場所でも通行できないか、露天商や貧困層が生活する路上のバラックに占有されている。歩行者は車道で自動車の脇を歩くことを余儀なくされ、ますます渋滞を悪化させる。ダッカには信号機がわずかに六十箇所しかなく、それも多かれ少なかれお飾りのようなもので気に留めるドライバーはほとんどいない。交差点には交通警官が配置されているが、彼らの身振りはまるで支離滅裂なダンスのルーチンをこなすダンサーのようにやる気のない。

交通の問題は根本的には密度の問題である。狭い場所を大勢の人が通り抜けようとするときに起こる問題だ。そして密度の問題はまさにバングラデシュの嘆きの種である。バングラデシュは世界十二位の高密度で人が住む国であるうえに、人口は一億六千四百万人と推計されており、これは人口密度の上位組の中では群を抜いて多い（人口密度で上位にくるのはマカオ、モナコ、シンガポール、バーレーン、ジブラルタル、香港、バチカン・シティといった、小規模で裕福な都市国家や島国である）。別の言い方をしてみると、バングラデシュの国土はロシアの百十八分の一だが、その人口はロシアよりも二千万人も多い。

バングラデシュの人口密度の問題が深刻化した形で現れるのがダッカである。その理由は、ある意味では実質的にダッカこそがバングラデシュであるからだ。政府機関や経済活動、医療福祉、教育などの施設や、ほとんどの仕事はダッカに集中している。もっと大きな国際的・地政学的な状況にも原因がないわけではない。海面上昇による陸地の侵食はバングラデシュの沿岸地域とガンジス川の三角州地域に破壊的な影響を与え、バングラデシュの農村部人口がダッカのスラムへ押し寄せる原因となっている。研究者によれば、気候変動の原因となる温室効果ガスのうちバングラデシュが排出しているのはわずか〇・三パーセントである。その大部分を占めるアメリカや中国といった国々は、気候変動が引き起こす難民問題としては世界最大規模のこの問題にほとんど関心を示さない。毎年、四十万の移住者がダッカにたどりつく。すでに人であふれた首都は、容赦のない人の波に襲われつづけている。

そうやって新たにダッカへ流れ込む人びとは、街にあふれる矛盾と極端さの洗礼を受ける。ダッカには活力、つまり製造業の活気や、中産階級の成長や、文化的・知的な活発さがある一方で、貧困や環境汚染、病気や犯罪や暴力の蔓延、行政の腐敗と機能不全といった、悪政や悲惨な状況が併存する。国政のレベルでは政権党アワミ連盟と野党バングラデシュ民族主義党（BNP）が食うか食われるかの抗争を繰り広げていて、政治評論家にいわせれば、バングラデシュの有権者は全体主義と急進主義の選択を迫られている。そしてこの街は気候変動の影響に苦しんで――あるいは活力を吸い取られて――いる。二〇二一年の米国科学アカデミー紀要に掲載されたアメリカの研究者らの報告によれば、ダッカは世界でもっとも「気候変動および都市圏のヒートアイランド現象による極端な高温化」にさらされている街である。

ただし、二十一世紀の都市問題の象徴としてダッカを世界に知らしめているのはやはり交通の問題だ。交通問題ゆえにダッカは狂乱と麻痺が共存するシュールな場所と化し、日常生活のリズムも変わってしまった。二〇一五年にダッカの新聞は「渋滞に巻き込まれたときにやる五つのこと」という記事を掲載している。おすすめは「友だちに連絡をとってみる」「読書」「日記をつける」などらしい。

ぼく自身のダッカの旅日記はダッカ＝マイメンシン・ハイウェイの路上で始まる。ハズラット・シャージャラル国際空港から都心へ向けて南下する道路だ。この道路をウェブで検索してみると、「空港への道、地獄へのハイウェイ」というフェイスブックの記事が見つかるだろう。その地獄ぶりは投稿されている写真をみるとよくわかる。空撮の写真には、八車線の道路いっぱいに、大量の自動車がおかしな角度で詰め込まれている様子が写っている。

そんな写真を見ていたので、ぼくは最悪の事態に身構えていた。ダッカ行きの飛行機の中で、市内の交通量は異例の少なさだと聞いていた。この何週間か、バングラデシュはハルタルと呼ばれる全国的なゼネストと「交通封鎖」が続いているのだ。ハルタルはアワミ連盟の政策に抗議するためにＢＮＰが呼びかけたもので、街頭のデモや散発する暴力沙汰のせいでダッカの人びとの日常生活は麻痺し、首都は機能不全に陥っていた。しかしダッカの恒常的な交通渋滞を解消するという意味では不可能をやってのけたとはいえる。飛行機で乗り合わせたバングラデシュ人の説明によれば、「ダッカの交通は酷いか、ものすごく酷いかのどちらか」とのことだ。「でもハルタルのときにはほとんど交通量がなくなる。たぶん大丈夫だよ」。

酷い交通量、本当に酷い交通量、ほとんど交通量がない状態、大丈夫な状態。ダッカに到着してものの数分もたつと、これらの表現がそれほど正確ではないことが明らかになる。飛行機が着陸した後、ぼくはタクシーを拾った。タクシーは空港を出た後、ハイウェイに向かうためにラウンドアバウトに入った。そこには紛れもなく夥しい交通量が存在していた。視界の果てまで見渡すかぎり、路面に引かれた車線とはどう見ても無関係に自動車やトラックが詰め込まれているのだ。タクシーはその車列に割り込んで這うように進みはじめた。

　車列は二十秒ほど南に進んだ。そして停まった。何分かそこでじっとした後、なぜかわからないがまた這うように進む。時として一分間くらい滑らかに進むことはあり、たぶん時速二五キロくらいは出ていた。でもすぐにぱったり止まってしまう。こういうストップ・アンド・ゴーの繰り返しはアメリカの州間高速道路で経験したことがある。ぎっちり詰まった大渋滞で、トレーラーが事故を起こして道路が封鎖になっているとかなんとか、ヘリコプターのニュースレポーターが叫んでいた。でもここには事故はない。ここにはシンプルに、不可解で動かしがたい現象が存在しているだけなのだ。ダッカの人びとが一音節で呼ぶところの「渋滞（ジャム）」である。

　実際のところ空港道路はダッカのそれ以外のエリアより渋滞（ジャム）がましかもしれない。この道路は交通の流れを助けるインターチェンジや陸橋があるこの街ではもっとも周到に計画された部類だし、メンテナンスも最高のレベルだ。ダッカの狂乱が迫ってくるのはむしろハイウェイを降りて市街地に入る瞬間である。

　ダッカには公共バスが通っている。ロンドンのバスのような赤い二階建てバスだ。一九七〇年代のヴィンテージもので、排気ガスを吐き出しながら全身を震わせて走っていて、いまにも末期の息を吐いて昏倒してもおかしくないように見える。民間が所有する乗り合いバスもある。客がぎっしり乗っていて、外側で開いたままの扉にしがみついていたり、窓から半分押し出されている者もいる。そこら中を走り回っているのはダッカの人がCNGと呼ぶ小さな乗り物だ（CNG＝圧縮天然ガスを燃料にしている）。これはアジアのいろいろな都市で見かける類いのオートリクシャ（三輪タクシー）である。三輪の車輪のついた小さな金属の箱で、内部は二つに区切られていて、片方がドライバーの席、もう片方はドライバー席よりは少し大きいけれど乗り込むにはやや狭い客用の席である。CNGは深緑色に塗られていて、ほぼ例外なく汚れて傷だらけである。そしてけたたましい音を立て、ゴミ捨て場の野良犬のように吠えまくりながら通りを走ってゆく。気の短い小さな機械、ゴルフカートの野蛮な親戚である。

ぼくは自分のタクシーが車の群れを縫ってゆく様子を眺めていた。それはこの地の独特の流儀を感じさせる目を見張る見せものだった。おそらくダッカのドライバーは地球上でもっともアグレッシブだ。そして、ダッカで必要とされる無法運転をドライビング・テクニックに含めるのであれば、最上の部類でもある。ダッカの日常生活を描くことで評価の高い小説家K・アニス・アハメドは、地元の運転手の「技」について以下のように書いている。

ちょっとでも隙間が空いたら飛び込む、割り込む、白線上を走る、近道と見るや突っ込んでいく、原動機のない車両に軽く当てる、歩道に片輪を乗り上げて行商人や歩行者をどかせる、ウィンカーを点けずに一方通行に突っ込む、赤信号を無視する、安月給の交通巡査の指示を無視する……これらをすべて、頭のわるい獣のようにビービーと絶え間なく警笛を鳴らし、すべてのライバルの抗議の声をかき消しながら行うのである。

ダッカという街の名はダック dhak という騒々しい音を出す太鼓に由来するという説がある。この街のけたたましい騒音は間違いなく耳に悪い。研究によれば、平日のダッカの道路騒音は世界保健機関が「極度の騒音」と定める七〇デジベルを大幅に越えることが明らかになっている。うなるエンジン、わめく警笛、怒鳴る運転手が奏でる交通の音楽は、逃がれることのできないダッカのテーマソングなのだ。おそらく、ダッカの運転手からもっとも頻繁に聞かれる叫びはベンガル語の「アステ」asteだろう。クラクションを押しっぱなしにして、拳を振り上げ、アクセルを踏み込んで前方に突っ込みながら、彼らは「**アステ、アステ、アステ！**」と叫ぶのだ。翻訳すれば「ゆっくり」という意味である。

ダッカで唯一「ゆっくり」という語にふさわしい交通機関があるとすれば――少なくとも情け容赦のないこの街の基準でいえば――それは三輪の人力車である。ダッカは世界の人力車の首都とも呼ばれる。おそらくこの称号は間違ってはいないが、細かくみれば少々怪しいところはある。ダッカでは八万台の人力車が登録されているが、路上を走っているものはほとんど未登録だ。控え目な推算でも、適法なものとそうでもないものを含めて、総数はおよそ三十万台と見積もられている。バングラデシュ労働研究所の推算によると二〇一九年で百十万台。『バングラデシュのリクシャ』という包括的な研究書を書いた社会学者ロブ・ギャラガーは、この難問への答えとしてインドの寓話を引いている。その寓話では、王国の都にいるカラスの数を問われた廷臣が「陛下、それは正確に九十九万九千九百九十九羽でございます」と答える。廷臣の説明はこうだ。もし誰かがカラスを数えて九十九万九千九百九十九羽より少なかったとしたら、その分のカラスがどこかへ飛び去ったからに違いありません。逆に九十九万九千九百九十九羽より多かったとしたら、その原因はいうまでもありません。それだけ街の外からやってきたということです。

要するにダッカには大量の人力車が走っていて、その総数を数えることは不可能だ。人力車の商売に関わる人にまで広げて考えると、天文学的な数に膨れ上がる。関連する産業に従事する人は優に九十九万九千九百九十九人を越えるだろう（バングラデシュ労働研究所の報告によると、人力車産業からの収入で生活するダッカ市民は推計三百万人と）。まずベンガル語ではリクシャーワラーと呼ばれる車夫（リクシャ・プラー）、つまり人力車のペダルを漕ぐ人がいる。そして乗り物の製造やメンテナンスや装飾を仕事にする人びとがいる。さらに路上で仕事をする人力車の整備士やタイヤ修理屋がいて、街角の売店で車夫に軽食や甘いお茶を売る人びとがいる。そして仲介人や投資家だ。人力車を貸して配車するガレージのオーナー、町場の政治家、警察官、および人力車をめぐる経済のどこかで賄賂や用心棒代の分け前にあずかるその他の役人。

端的にいえばダッカの人力車業界は巨大なビジネスであり、きわめて重要な存在だ。人力車はダッカで群を抜いて普及している移動手段であり、一部の富裕層と貧困層――リクシャーワラー自身はここに含まれる――を除くほとんどすべての人びとに使われている。ギャラガーによると一九九二年には一日あたり七百万件の旅客輸送があり、総距離は一七七〇万キロに上った。この数字は「ロンドンの地下鉄の二倍に近い」とギャラガーは指摘している。それから数十年のうちにダッカの人口は三倍以上に膨れ上がったので、この値がさらに跳ね上がっているのは間違いない。

しかし人力車がこの街を席巻している様子は数字だけでは見えてこない。どこにでもいるのだ。視界に一台も入らないことは滅多にないし、音が途絶えることも決してない。見えていないときでさえ、ダッカの喧噪の中から気の触れた鳥の鳴き声のようなあの自転車のベルの音が聞こえてくる。彼らは混雑する大通りや裏通りに群れをなして走り回り、押し合いへしあいしながらエンジン付きの乗り物の脇を通り抜けてゆく。ダッカの交通危機に人力車がどのように、そしてどれほど影響を与えているかはさかんに議論されているが、そのアイコニックな存在感は誰も否定できない。人力車がバングラデシュの象徴ということは誰もが認めている。前輪は一輪、後輪は二輪で、後部のフレームの下を通るチェーンで後輪を駆動する、変速ギヤもないシンプルな機械だ。旅客のための設備はクッションつきの座席と、上げ下げできる日除けと、足を置く場所だけという質実剛健さ。それでも手の込んだ装飾で飾られたカラフルな人力車には優雅な女王然とした趣きがある。

ダッカの自転車式人力車には別の形式もある。地元で「リクシャ・ヴァン」と呼ばれている貨物用のタイプだ。こちらは三輪自転車に大きな木製の荷台をつけたもので、あらゆるものを山のように積んで運んでいる姿を見ることができる。鉄パイプ、竹の棒、スイカ、布地の巨大なロール、卵のパック、プロパンガスのタンク、飲料水のタンク、廃棄物、生きている動物、学校へ登下校する子どもたち、現場へ向かう日雇い労働者、などなど。曲がりなりにもダッカの街が機能しているのは、まったくもってペダルを漕ぐ力のおかげだといっても過言ではない。ダッカでA地点からB地点まで人やモノが移動するときには――たとえばひとりの大学生であれ、一〇〇キロ詰めの米袋十個であれ、何であれ渋滞の中を目的地まで運ばれるときには――誰かが人力車のハンドルバーにしがみついて荷を引いてゆくことになるのだ。

自転車は荷を負う動物である。自転車が世に誕生してこの方、いつでも人びとはモノを積んだり引いたりして運んできた。カール・フォン・ドライスが一八一七年にお披露目したオリジナルのラウフマシーネには、後部の「荷台」と、荷馬に使うものに似たパニエ（左右一対の荷物入れ）の取り付け部が設けられていた。ドライスの発明から数年のうちに登場したラウフマシーネを原型とする二輪の乗り物は、いずれも同じように荷物用のラックが備わっていた。それから二世紀の間に登場したほとんどすべての自転車も同じだ。自転車にはフロント・ラックがあり、リア・ラックがあり、後部から伸ばすビーム・ラックがある。荷物用の箱やカゴがある。パニエやサドルバッグがある。

水平な荷台もあれば垂直な荷台もある。フレームにつなぐトレイラーやサイドカーもある。ハンドルバーにつけたり、後部に装着する小物入れもある。子どもを運ぶための追加シートやカートや台車もある。もちろん、貨物用に設計された自転車もいろいろある。サイクル・トラック、ポルトゥール、ロング・ジョン・バイシクルなどと呼ばれるものをはじめとして、荷物の運搬のためにフレームや駆動系やホイールベースを設計したものだ。自転車がエンジニアリング的な観点でよくできているのは、普通のスレンダーな自転車でもバランスよくしっかりと積載すれば自重の何倍もの荷重に耐えられることだ。自転車は最初から荷運び用にできているのである。

このことは歴史の成行きにも影響した。一九六七年二月二日に、アーカンソー州選出の上院議員ウィリアム・フルブライトはアメリカのベトナム介入の状況に関する上院外交委員会の特別公聴会を招集した。目玉の証言者は、最近ハノイ出張から戻ってきたニューヨーク・タイムズ紙の副編集局長ハリソン・ソールズベリーだった。アメリカ軍がベトナムで悪戦苦闘していることは公然の事実だったが、ソールズベリーの証言は委員会に衝撃を与えた。彼は、アメリカはこの戦争に負けつつある、しかも自転車のせいで、と述べたのだ。

ソールズベリーは居並ぶ上院議員に向かって、北ベトナム軍の補給路、つまりホーチミン・ルートで北から南へ運ばれる弾薬や軍需品の輸送の多くは自転車が担っていると証言した。その自転車とは中国で製造されているシングル・スピードのロードスター型〔日本の実用車や軽快車の原型となったもの〕である。ただしベトコンはそれを改造している。彼らはハンドルバーの幅を広げ、フレームに大きな荷台を溶接し、サスペンションを強化し、そうやって自転車を数百キロの積荷に耐える移動コンテナに変えているのだ。そのうえで葉っぱを巻きつけてカモフラージュをする。数十台が一団となって移動するのでトラックと同じくらいの物量を輸送できるうえに、目立たず敏捷で、より小回りが効く。アメリカ軍はジャングルに隠されたホーチミン・ルートを裸にしようと枯葉剤を散布し、道路や橋への爆撃も繰り返した。しかし自転車は見つけることすら難しく、大きな車両とは違って、アメリカ軍に破壊された橋の代わりにベトコンが架けた竹製の細い吊り橋を渡ることもできた。「［北ベトナム軍の］継戦能力はひとえに自転車のおかげと、私は誇張なく確信しております」と、ソールズベリーは外交委員会で証言した。フルブライト上院議員はその指摘をうまく飲み込めなかった。「ならばなぜ我々は自転車対策に専念しないのかね？」

十九世紀以来、自転車は軍用の補給車両として活用されてきたが、商業や産業で使われる貨物用自転車はそれよりさらに普及していた。「ロンドンでは新聞を運ぶ自転車の一団がいっぱいの積荷を抱えてするすると走り回っている。ウナギのような素早さでロンドンの交通を縫ってゆくその様は、いつも変わらぬ驚嘆の念を呼び起こす」と、イギリスのジャーナリストが一九〇五年に書いている。当時のヨーロッパや北米ではこうした風景が日常になりつつあった。これもまた、かつての馬の仕事を自転車が取って代わったもののひとつだ。馬の引く荷車の積載量はカーゴバイクとは比べものにならなかったが、重要な違いは維持管理のコストにあった。安価で保管も容易、餌を食べさせる必要もない自転車は、新聞のような嵩張らない商品を運ぶ場合にはお得な輸送手段だった。

ヨーロッパや北米におけるカーゴバイクの前世紀は四十年ほどつづき、一九三〇年代にピークを迎えた。この時代には肉屋もパン屋も郵便配達も牛乳配達も自転車を使い、路上には自転車を店代わりにした果物スタンドや菓子店が並び、研ぎ師やガラス職人も作業台を引いて自転車を漕いでいた。この流行を後押ししたのは、三輪にして安定性を大幅に向上させたカーゴバイクの登場だ。この種の二輪車や三輪車を漕ぐには脚力や体力が必要とされるため、商売人の間にはマッチョな力強さをよしとする文化が醸成された。フランスでは、自転車乗りの新聞配達人が「新聞配達人クリテリウム」などのイベントで競走した。これは「四〇キロの重りを積んだ三輪カーゴバイクの競走」で、毎年の恒例行事になっていた〔クリテリウムは短距離の周回コースで競う自転車ロードレースの一種〕。

貨物用自転車の使用は、エンジン付きの乗り物の普及とともに減少する。この変化はまずアメリカで起こり、第二次世界大戦後にヨーロッパにも波及した。貨物用自転車の衰退には商活動文化の変化や、物資の輸送パターンの移り変わりも関わっていた。しかし、ほとんど自動車に支配された土地においても、まだ生き延びている貨物用自転車はある。今日、アメリカの大小の都市の路上で店を開いているアイスクリーム売りやホットドッグなどの食べ物屋は、トリポルトゥールと呼ばれる、左右の前輪の間に低い箱型の荷台を据えた貨物用の三輪自転車を使っている。自転車のメッカである北ヨーロッパ、とりわけオランダや北欧では、カーゴバイクは今でも家庭でよく使われている輸送手段だ。

近年のアメリカや西ヨーロッパでは、オランダやデンマークで使われているタイプに由来する「カーゴ・クルーザー」が流行している。カーゴ・クルーザーは二輪もしくは三輪の自転車で、ホイールベースが長く、なんでも載せられる大きな貨物スペースがある。子どもが乗せられていることも多い。特にアメリカではこのタイプの自転車を使うことは政治的な態度の表明でもある。家庭の乗り物としてカーゴ・バイクを選ぶのは自動車文化への懐疑や、進歩的で「ヨーロッパ的」な価値観への共感を示すことになるのだ。そして自転車が社会的な階級の目印であることはいうまでもない。カーゴ・バイクは高価で大きく、存在感がある。これはステータス・シンボルである。別の言葉でいえば、自転車レーンの整備された富裕な都市圏に暮らすブルジョワ自由民に好まれている。カーゴ・バイクの歴史はそのままジェントリフィケーションの寓話だ。積荷を満載して産業都市を行き交っていた肉体労働者は、今や子どもとオーガニック食品を載せ、品のいい街で優雅にペダルを漕ぐ知識労働者に変わったのだ〔ジェントリフィケーションは低所得者の多い地区を再開発してより「高級」な界隈に変えること〕。

ただし、それも全体のお話の一部にすぎない。地球上のさまざまな場所では、今でも自転車の貨物輸送が驚異的な規模で活躍している。南アジア、東アジア、アフリカ、ラテンアメリカでは、日々、莫大な量の商品や原材料が二輪や三輪のカーゴ・バイクで運ばれている。乗り物の形式や設計はその土地ごとのやり方や手に入る材料、さらに個人の思い付きや工夫もあっていろいろだ。ただし目的は共通していて、いずれの自転車や三輪自転車もかなり大量の物を運べる。発展途上国でよく見るのは、たった一人が漕ぐ自転車の上に箱詰めの荷物や、材木、金属、繊維製品、その他なんであれ二階の高さに届くくらいに大量に積み上げている壮観な光景だ。目を見張る離れ業で思わず笑ってしまうが、これは人間の苦役を象徴する不変のイメージ、山を動かす人なのだ。

貨物用自転車をめぐる経済の全貌は十分に解明されているとはいえない。消費財の配送の最終拠点から届け先までを結ぶいわゆるラストマイルの重要なリンクとして、世界の大都市の非公式経済に織り込まれていることは間違いがない。しかし統計の数字はもっと大きな事態を物語っている。近年の推計によれば、中国だけでも「四千万台から六千万台の三輪自転車」が稼動しているとされる。これは世界中のトラック、鉄道、船舶、航空機といったその他の運輸手段の合計を何倍も上回る驚くべき数字だ。この莫大なカーゴバイクの数および、中国、インド、バングラデシュといった大きな輸出市場をもつ国々での存在感が突出していることは、慎ましい自転車がグローバルな商取引で担っている役割が私たちの想像以上に大きなものである可能性を思わせる。またグローバル・サウスの街々で日々の糧のためにペダルを漕ぐ自転車労働者が大量に存在する事実は、たとえばアメリカのような場所で展開される自転車についての議論の視野の狭さを示している。自転車やその役割について、第一世界の私たちが抱く思い込みの偏狭さが浮き彫りになる。ダッカ、成都、リマ、カンパラ、その他の街に住む何百万という人びとにとって、自転車は余暇や娯楽ではなく労働、「ライフスタイル」とか「生活の質」ではなくて生業を意味するのだ。

自転車による輸送において、もっとも広く普及している積荷は人間だといわれている。「今日の自転車の役割としてもっとも多数を占める類型が、さまざまな形態の旅客用人力車を用いた自転車による旅客輸送であることはほぼ確実だ」と、研究者ピーター・コックスとランディ・ジェヴニツキは二〇一五年に述べている。一部のアフリカ諸国では人力車が公共交通として欠かすことのできない役割を担い、ペルーやキューバなどのラテンアメリカ、カリブ海諸国でもその数は多い。近年ではヨーロッパやアメリカの街でも主に観光客向けの人力車が登場している。しかし人力車の中心はアジアだ。ダッカで見られるような漕ぎ手が前、客が後というタイプだけではなく、その逆の形式もあるし、客がサイドカーで横に座るものもある。呼び名はバイクキャブ、ペディキャブ、ヴェロタクシー、ベカ、ベカック、トリショー、トリシカドなどさまざまだ。マダガスカルの人力車はシクロプス、メキシコのものはビチタクシー、タイではサムローである。マラウイの自転車タクシーは正確にいえば人力車ではなく、二輪の自転車の長い荷台にクッションがあって客はそこに正面や横を向いて座るのだが、乗り心地のよさで有名なバス会社の名をとって「サクラメントス」という皮肉の効いた愛称で呼ばれている。「リクシャ」という言葉は日本語のジンリキシャ、すなわち「人力の車」というそのものずばりな名称から来ている。どのタイプであれ、リクシャの客は、その乗り物の明からさまに非人間的な仕組みに納得することが求められる。つまり自分の快適な移動がほかの人間の重労働、時にはその苦痛と引き換えであることと折り合いをつけねばならない。

人力車は日本で、おそらく一八六九年に発明された。もともとは車椅子のような、体の不自由な者のための乗り物として考案され、移動手段として活用されるようになった。最初のころは設計も原始的で、車軸の上に輿（こし）を載せて大きな木製の車輪をつけ、引き手が左右の持ち手を引いて道路を走る。やがてボールベアリングやゴム製タイヤなどの工夫によって機能性が向上し、十九世紀末の東アジアやインドの都会で広く使われるようになった。

人力車は最初から議論を呼ぶ乗り物だった。ある種の民主主義を体現する存在ではあった。というのは、かつては駕籠に乗って通りを運ばれるのは一部の選良（エリート）だったが、人力車が登場すると多少の運賃を払える者は誰でも貴族のような扱いを受けられるようになった。ただしその贅沢が文字通り車夫の双肩にのしかかる負荷の上に成り立っていたことはいうまでもなく、このことはイギリス植民地時代のインドや清朝末期の中国などの、厳しい階級社会においても問題として意識されていた。一九三〇年代には自転車式の人力車が発達して仕事のやり方も大きく変わり、車夫の肉体的な負荷も軽減された。しかし苦役であることには変わりない。一部の批判者にいわせれば、これは何よりもまず人権の問題である。つまり人力車は端的に時代錯誤であり、帝国の時代の遺産であり、時代遅れの身分制であり、二十一世紀には相応しくない、ということだ。

ダッカの人力車も大きな歴史の流れに沿っている。十九世紀末に手で引くタイプの人力車が街に登場し、一九三〇年代にペダルを漕ぐタイプが現れた。今日では、ダッカの人びとは人力車に乗ることと同じくらいに、人力車について議論することに時間を費やす。人力車は交通渋滞が蔓延するこの街にもっとも適した乗り物で、環境にもいちばん優しいという者もあれば、人力車は四台横に並ぶと八人しか運べないのにバスと同じ面積を占有する、つまり人力車は非効率だと主張する者もいある。毎度のように持ち上がるのは倫理的な話だ。人力車の車夫は尊厳のある仕事だろうか？ダッカの最下層で虐げられている人びとが貧困から脱出する道となっているか？ それとも、人をラバのように扱い、荒んだ通りで重荷を運ばせる忌わしい職業だろうか？

これまでにはダッカの人力車を禁止するさまざまな提案がなされたが、その企てはつねに跳ね返されてきた。むしろ興味深いのは人力車を擁護する議論の方だ。たとえば研究者シャナズ・ハク＝フセインとウメ・ハビバは、大衆的・フェミニズム的な観点から議論を展開し、ダッカの貧困層や中産階級は「原動機なしの移動手段に相当に依存」しており、とりわけ女性は「人力車の提供する利便性、安全性、安心感、プライバシーがなければ移動を制約されかねない」と述べている。人力車について感情的な擁護論が唱えられることも少なくない。人力車はダッカの歴史や神話(ミュトス)と密接に結びつき、ダッカの人びとの心に深く根を下ろしている。多くの人びとにとって人力車はロマンチックな乗り物だ。なにしろ日除けを下ろした人力車の後ろの席で幾多の愛が生まれ、星の数ほどの秘かな口づけが交わされてきたのだから。

ダッカの人びとは人力車を漕ぐ男たちにもロマンを抱いている。これは、リクシャーワラーに結びついた強い憐みや蔑みの感情を思えば奇妙なことだ。この職で働くのは男性のみで、大部分は地方からの移住者で構成されている。若い方では十二歳の車夫も存在するが、五百万人の児童が労働に従事していると推計されるこの国では驚くべきことではない。リクシャーワラーの多くは種まきの時期と収穫の時期の間に車夫をやり、地元に帰って畑仕事をして、またダッカへ戻って車夫として働く。一般的に車夫の生活環境はきわめて悪い。健康状態も悪く、薬物の濫用も蔓延している。新型コロナウイルスの流行はさらに新たな惨状をもたらした。ダッカがロックダウンされると運賃収入は途絶え、リクシャーワラーの収入は何か月も連続して実質的にゼロだった。二〇二一年にこの街は息を吹き返したが、パンデミックの間に職を失った地方住民が何千人もダッカに移住して車夫の仕事を始めたため、競争は激化した。リクシャーワラーに仕事の大変さを訊くと苦労の数々を教えてくれる。交通事故、悪天候、大気汚染、犯罪、警察の暴力、客や通行人からの罵声や暴行、収入の低さ……このリストはまだまだ続く。

リクシャーワラーはバングラデシュ人の心の中に大きな存在感を占めている。幾人もの作家や詩人が英雄的であると同時に哀れみを誘う永遠の主人公として、あるいは便利なメタファーとして登場させてきた。ダッカにおけるリクシャーワラーはヴィクトリア朝のロンドンにおける港湾労働者や工場労働者ともいえる。無産階級の市井の人、夢と悪夢、野望と失墜を体現する存在だ。詩人マハブブ・タルクダルは「ハフィッとアブダル・ハフィッ」（一九九四年）の中で、リクシャーワラーをダッカのオデュッセウスとして描いている。彼は宿命を負ったノマドであり、あらゆるところへ旅をしながらどこへ行くこともできず、実存の交通渋滞に囚われたままなのだ。

ダッカの街角でリクシャを引く、
サダルガットからナワブプール、バンシャル道路、チャウバザールへ……
リクシャの車輪が回り、時の輪も回る。
時は過ぎるが、ぼくはどこへも行かない。

モハメド・アブル・バドシャーは詩人ではない。彼ならもっと別の表現をするだろう。仮に渋滞に巻き込まれてどれだけ待たされたとしても、バドシャーがひと所に留まっていることに不満を言うことはない。彼にとって問題はその逆、つまり移動が多すぎることだ。距離も長すぎるし、灼熱の太陽や豪雨に見舞われる時間も長すぎる。バドシャーは二〇〇八年からダッカでリクシャを漕いでいる。この街の隅々までもう数え切れないくらい行き来しているので、ほとんどすべての道路が頭に入っているという。眠っていても街の通りや風景や交通の喧噪が夢に侵入してくる。ときどき足を蹴り出して目を覚ましてしまうことがある。幻のペダルを漕ごうとして宙を蹴るのだ。

バドシャーはリクシャーワラーとして働きはじめたとき、すでに四十四歳だった。今では五十代になり、ダッカの車夫の中では一回りも二回りも年長の部類に入る。年齢は筋肉の痛みに出る、と彼は言う。昔に比べて脚は強くなったが、疲れやすくもなった。ふくらはぎは痙攣するし、背中も凝る。そうなると彼はストレッチのようなことをして苦痛をやりすごす。路上が混雑すると、しびれを切らした誰かがバドシャーの年齢をあげつらう罵声が飛ばすこともある。あるとき、病院の外の客待ちの車夫が集まる場所で、若いリクシャーワラーと口論になったことがある。若者はバドシャーを「お義父さん」と呼んだ。これはけっこうな侮辱だ。罵倒はそれに留まらなかった。とうとうつかみあいになり、若者は年長者の右手に嚙みついた。バドシャーはその傷痕をトロフィーのように掲げて見せた。「殴りつけて平手打ちしてやったんだ」と笑みを浮かべながら言う。「そしたら嚙みつくのを止めたよ」。

バドシャーを最初に見かけたのも車夫が並んでいる中だった。このとき彼は交通量の多いカウランバザール地区で、ショナルガオン・ロードがラウンドアバウトに差しかかるところの、小さな三角形のエリアにいた。リクシャーワラーはこの場所を「タイガーズ」と呼ぶ。台座に据えられたベンガルトラの親子の像があるからだ。八月のある日の朝四時、この二頭のトラのうち大きな方が倒れた。コンクリート製の長さ八メートル近い像に押し潰されて、リクシャ・ヴァンの車夫がひとり亡くなった。事故のあとには非難合戦が起こった。自治体である南ダッカ市は彫像の建造委託先の責任だと主張したが、メディアや世間の非難と悲嘆はおさまらなかった。像は粗雑な造りで、まともな管理もされていなかった。おまけにトラの造形もひどいもので、本物のトラとは似ても似つかない。この騒動は典型的な、ダッカらしい悲喜劇だった。

ただしバドシャーと会った三月の時点では、この騒ぎもまだ未来の出来事だった。彫像は無傷で、けばけばしいがそれなりに見事なものだと思った。牙をのぞかせ、マンガのような目をしたトラの像。巨大な張りぼてのように鮮やかな色で塗られてテカテカと光っている。暑い中、この二体の像の眼下には、金を稼ごうと目をぎらぎらさせる者から無気力そうな者まで、さまざまなリクシャーワラーが集まっていた。

バドシャーはゆったり構えているタイプだった。最初に見かけたとき彼はリクシャの客席に腰掛けて、泰然自若とした様子だった。彼も彫像だといわれればそうかもしれない、というくらいに。ぼくが取材のために雇った通訳が、オールド・ダッカへ連れて行くように彼に頼んだ。通訳とバドシャーは比較的穏やかに運賃の交渉をした。これはリクシャに乗るときの毎回の儀式のようなものだ。ダッカに来る者にはしばしば値段交渉が当然だということを知らなかったり、怖気づいたりしてしまう。運賃を交渉しないのはエチケットに反することで、仮に提示された値段を払ってもリクシャーワラーたちに軽蔑されることがある。バドシャーの交渉の様子は何かのセレモニーのようだった。目を細めて遠くを見つめ、まるで精緻な価格体系に照らしているかのように運賃を黙考してみせるのだ（本当にそうしていたのかもしれない）。値段が決まり、ぼくがリクシャに乗り込むと、バドシャーは南へハンドルを切ってオールド・ダッカへ向かった。

それが、幾度となく乗ることになるダッカのリクシャの最初の一台だった。乗っている間にぼくは彼の仕事や生活について訊いた。時おり皮肉っぽさが口調に混じり、うざったげな表情が目に浮かぶこともあった。ぼくがつまらないことを尋ねているのが明らかだった。わずかでも感傷を誘うような話になると――バドシャーの信心とか自己憐憫に触れざるを得ないような話題になると――彼は苦笑いして取り合わなかった。その種のことは語ろうとしない。ある日バドシャーは、路肩に屋台を設けて、モスク建立のための募金を訴えているイマーム（ムスリムの導師）たちに寄付するためにリクシャを停めた。彼自身の宗教生活について尋ねると、バドシャーは肩をすくめて「おれは金曜日だけのムスリムだ」と言った。

その朝のオールド・ダッカへの移動はゆっくりしたものになった。ぎちぎちの渋滞を這うように進む一・五キロの旅だ。バドシャーはショナルガオン・ロード、シャハバーグ・ロード、カジ・ノズルル・イスラム通りといった渋滞する大通りを進んだ後、五階建てのビルが両側から迫る狭い道に入った。頭の上には電線や洗濯物干しの紐が空を細切れにするように縦横に渡されている。オールド・ダッカに入った。ここは歴史のある土地だ。ムガル帝国時代に中心部が築かれ、十七世紀はじめごろにムガル帝国時代のベンガルの首府に宣せられた。今ではブリガンガ川の北岸に迷路のような道路や脇道が広がっている。一帯には中世の趣きがある。にぎやかな市場があり、トウガラシや魚や生肉の匂いが漂い、歩行者が急ぎ足で行き交い、あちこちから大きな声が飛び、店先の作業場からガチャガチャと音が響く。路上では、馬の引く「トムトム」と呼ばれる荷車が行き交う傍らを、犬や山羊や牛が気儘に通りすぎる。ブリガンガ川の河岸の一帯はもっとにぎやかで商売が盛んだ。大勢の人びとがフェリーボートに乗降するサダルガットの埠頭は、河川港として世界でも有数の規模と利用者を誇る。ダッカでは水上交通でさえ渋滞から逃れられない。

近年、ダッカでは、一部の大通りで原動機なしの車両の通行を禁止する規制を導入している。この種の規制は無視されることも少なくないが、この街のもっとも交通量の多い通りではリクシャの数が減った。しかしダッカの道路の八五パーセントは大型の原動機つき車両には不向きな狭い道で、そこではリクシャが大いに活躍している。迷路のようなオールド・ダッカにはリクシャの大群が犇いている。車夫は街でいちばん混み合ったこの界隈で、わずかな隙間を縫って走り回る。

リクシャを引くのは荒っぽい仕事で、いわばコンタクト・スポーツだ。ぎちぎちに混み合ったダッカの通りではリクシャがぶつかり、こすれ合う。真新しいキラキラのリクシャも、最初の一日が終わるころにはすっかりすり傷だらけになる。衝突を避けるために、車夫は急ブレーキや急ハンドルを駆使したさまざまな操縦術を編み出している。道を開けるためにわざと自分の車輪を相手にぶつける技も身につける。混み合った道に隙間をこじ開けてゆくバドシャーの技術は、アメリカン・フットボールのスティッフアーム〔ボールを持っていない方の手で敵のタックルをかわすこと〕に似ている。両脚でペダルを回しながら、腕を伸ばして相手を押しのける動作を直感的かつなめらかにやってのけるのだ。彼はオールド・ダッカの難所で、寄ってきたり進路の邪魔になったりするリクシャを腕を伸ばしていなす技を何度も繰り出していた。ある時には、ムガール帝国時代からの市場として有名なチョークバザールのあたりで牛のお尻を押しのけた。牛は交通の押合いへし合いの中を、我関せずといった面持ちでのんびりと歩いていた。

リクシャの車夫の中ではバドシャーは穏当な方だ。怒鳴ったり罵ったりすることはほとんどないし、病院の出口での諍いを別にすればなるべく対立は避けている。彼が攻撃性を見せるのはあくまでプロフェッショナルな戦術としてに限られる。ある日、ダッカの中心部で渋滞に巻き込まれ、ガーデン・ロードという脇道で何分間かまったく動けなくなったことがあった。渋滞はついに解消したのだが、ぼくたちのすぐ前のリクシャがなかなか動き始めない。これはダメだ、というわけでバドシャーは前のリクシャのバンパーにガツガツと前輪をぶつけて無理矢理に前に進んだ。これは、しっかりやれ、トロトロするなと同業者に伝えるジェスチャーでもあった。

リクシャがぶつかるほどでなくても順調に進むことはない。オールド・ダッカや市内の巨大なスラム地区の道路はまともに舗装されていないか、そもそもまったく舗装がない。リクシャはわだちの刻まれた土の道や、ゴミやコンクリートの破片が散在する道路を通らなければならない。雨季には道が湖になる。洪水の出水が引くと膝まで深さのある泥が残される。そうするとペダルを回すだけでは十分な推進力が出ないので、車夫はリクシャから降りて文字通りに車を引かざるを得なくなる。ハンドルバーに手をかけ、ぬかるみや坂道、あるいは道の穴ぼこや瓦礫の中を引き摺ってゆくのだ。

その一方で、最上級にきれいな道もリクシャーワラーには苦労の種だ。ダッカのリクシャは機械としてみれば出来損ないである。専門家によれば「強度や信頼性を欠くわりに重量過多で、ブレーキも貧弱、不安定で操舵に難がある。しかも変速器がないので漕ぐのも厄介な代物」なのだ。アジアのほかの場所で使われている自転車式のリクシャでは、小型のモーターとバッテリーを利用して運転手の体の負荷を軽減するものがある。しかしダッカはそうした波からは遅れている。この街にもバッテリー式の通称「イージーバイク」が三万～四万台あると考えられているが、これは二〇一五年の最高裁による禁止令に背いて使われているもので、当局は何千台もの車両を押収して廃棄処分にしている。二〇二一年六月には、アサドゥザマン・カーン内務大臣がイージーバイクは「きわめて危険」で事故を誘発するとして新たな禁止措置を発令し、政府による取り締まりをさらに強化した。世界のリクシャの首都というべきこの街は、もはやリクシャーワラーたちが不利益を被るほどにリクシャ伝統主義の牙城となっているのだ。

バドシャーは降車と乗車を繰り返し、ペダルを漕いだりリクシャを引っ張ったりする大変な作業をおどろくほどの敏捷さでやってのける。リクシャに乗っていないとき、つまり路傍のスタンドでお茶を飲んだり軽食をつまんだりしているときのバドシャーの目には力がなく、体は疲労でぐったりと沈みこんでいる。しかし、ひとたび路上に出れば機敏さと有能さの化身になる。流れの速いオールド・ダッカの小さなラウンドアバウトに差しかかったとき、バドシャーは急ハンドルを切って外周側の流れに突っ込んだ。突進する二台のリクシャの間のわずかな隙間に文字通り飛び込むような進路変更で、たぶん左右の隙間は一インチくらいだったと思う。この動きの理由がわかったのはその直後だ。ラウンドアバウトの真ん中に警官が立っていて、警棒でリクシャーワラーを小突きながら流れを動かしていたのだ。ぼくが思わず感嘆の声を漏らしたのか、バドシャーは笑いながら肩越しにこちらを振り向いてみせた。この街の初心者であるぼくの驚きっぷりが面白かったに違いない。アメリカ人でジャーナリストとして働いているという肩書からすれば、無学できっとバングラデシュの外を知らないバドシャーよりぼくの方が世事に通じているはずではある。でもダッカでは目を見張ることばかりだ。「クレージーな街だろ」とバドシャーは言った。「これもクレージーな仕事だよ」。

彼は地方の出身で、生まれたのは当時東パキスタンの一部だったバリサル県の小さな村だった。家族はそこに小さな土地を持っていた。父親は精米業で働いていた。一九七一年に、バドシャーの家族を含めて四千万人のベンガル人が移住を強いられる大きな動乱があった。パキスタンの軍事政権がベンガル人民族主義運動の弾圧をはじめ、バングラデシュ独立戦争へと発展したのだ。バドシャーの一家はダッカへ逃れたが、この街にいれば安全というわけでもなかった。紛争が激化するきっかけになった一九七一年三月二十五日のダッカ大学の職員・学生の大量虐殺を含めて、戦争中に最悪の暴力の舞台になったのはこの街だった。それでも、地方の無防備な散居村に暮らすよりはダッカの群集の中に身を置く方がましだった。一家がこの街にやってきたとき、ムハンマド・アブル・バドシャーは七歳だった。今でもバドシャーの話すベンガル語には故郷のバリサル訛りが残っている。しかしダッカで数十年生活してきたバドシャーは最近になってこの街に流れ込んできた移民のリクシャーワラーとは別格だ。街の混沌の中でクールな表情を保っていられるのもそのためかもしれない。一九七一年十二月十六日にバングラデシュが独立を勝ち取ったとき、ダッカの人口はちょうど百万人を越えたところだった。バドシャーはダッカとともに成長し、のどかな街から大都市への変貌を見つめてきた。もうずっと昔から、体に流れるリズムも常軌を逸したダッカのリズムにぴったりと合っている。

学校生活も七歳でダッカに移住するときに終わった。すぐに働きはじめ、場外市場で使い走りをしたり、できることは何でもやってわずかな報酬を稼ぐようになった。十代の後半になるとボールペン工場の職をみつけ、何年かライン工として働いた。二十五歳のとき、最近ダッカへやってきた同郷の家族の十代の娘、シャナズと結婚した。まもなく娘が生まれ、家族は海に近い南部の街チッタゴンへ移り、バドシャーは衣類の行商をして一家の生活を賄うようになった。彼はその仕事が好きではなくダッカへ帰りたいと思っていた。五年後に一家が首都に戻ってきたときには娘が三人になっていた。

バドシャーがはじめてリクシャのペダルを漕いだのはこのときだ。何年かの間は皿やボウルなどの陶器を荷車に載せて自転車で引き、売って回った。これはいい経験にはなったが稼ぎはよくなかった。「リクシャの引き方はわかったんだ。道もわかるようになったしね」とバドシャーは言う。「でも、そんなものを売っても金にはならない」。

バドシャーは端正な顔立ちで、活き活きした黒い目をしている。褐色の髪はすこし薄くなりかけていて、唇の上にきれいに整えられた白い口髭をたくわえている。笑顔になると何本か欠けた歯がのぞく。普段はゆったりとしたオックスフォードシャツを着て、ルンギーと呼ばれるサロン〔インドネシアやマレー半島の衣類〕に似た伝統的な腰巻きを巻いていることが多い。日中の暑い時間にリクシャを漕ぐときには綿のスカーフを頭に巻いてしのいでいる。

ほとんどのリクシャーワラーに共通することだが、バドシャーはひどく痩せていて、カロリー摂取量と消費量のアンバランスさというこの仕事の冷酷な現実を物語っている。実際のところ、リクシャの車夫の稼ぎはいわゆる飢餓賃金のレベルしかない。つまり、健康体重を維持しつつ生活を賄うには不十分なのだ。この問題はバングラデシュ全国に蔓延している。ダッカで目にする看板やテレビのCMでは、「体重を増やす」サプリメントの仕事や恋愛上の効果が喧伝されている（「体重が増えて……大切な人に出会えました！ありがとう、エンデュラ・マス！」）。ウッタラ、ラルマチア、グルシャン、バリダラの湖畔といった富裕層が邸宅を構える高級市街地を含めて、ダッカではあらゆる場所で人力リクシャが目に入り、蔓延する貧困を思い出させる。どこへ行っても、どんな時間でも、リクシャーワラーは封建社会の体現者としてそこに存在する。裕福で健康そうな乗客がゆったりと座るリクシャを引く、痩せ細って過労にあえぐ引き手の群れ。文筆家はリクシャーワラーの体を骸骨やハゲワシになぞらえてきた。「われらはこの国でかろうじて食いつなぐ／牛馬のように働く者として」と詩人のディリップ・サーカーは「リクシャーワラーの歌」に綴っている。「この人びとという荷を背に負うのは／腹の焼けるような飢えを鎮め／一日二食のまともな食事を得るため」。

バドシャーは金曜日以外の毎日、朝の十時から晩の八時までリクシャを漕ぐ。平均して十五回から二十回くらい客を運び、約四〇〇バングラデシュ・タカ、およそ五ドルを稼ぐ。道路脇のスタンドでの飲食費は一日五五タカ。米と野菜と魚の簡単な食事に四〇タカ、それにお茶三杯と、数時間おきに飲む一杯五タカの栄養ドリンクで一五タカ。運がよければ六〇〇タカ、七ドルあまり稼げる日もある。わずかな額だが彼の精一杯の稼ぎだ。バドシャーは自分の姓は書けるが、それ以上の読み書きはできない。リクシャーワラーを始めた日の嬉しさは覚えているが、だんだん仕事への熱はなくなってきた。ほかに選択肢がないから続けるんだ、と彼は言う。「この先もずっとリクシャを漕ぐよ。自分にできる最高の仕事だからな」。

一日の終わりには疲れた体を引き摺って家に帰る。バドシャーが住んでいるのはカムランギルチャールと呼ばれるブリガンガ川に突き出た半島で、ここにはダッカで最大のスラムがある。わずか四平方キロ弱の範囲に四十万人が住んでいるといわれている。多くの人びとは難民キャンプのような状態で生活し、波形鉄板や木材、草、リノリウムの端材、ビニールシートなどをつぎあわせた掘っ立て小屋で暮らしている。カムランギルチャールでは乳児死亡率が高く、栄養不良の割合も高い。皮膚疾患、下痢、呼吸器疾患が蔓延している。二〇一四年には国境なき医師団のスポークスマンが、カムランギルチャールは「地球上でもっとも汚染された場所のひとつ」と述べた。

この一帯はもともと廃棄物の埋め立て地だった土地で、半島の南東の端とオールド・ダッカをつなぐ橋をわたるときには、ゴミと下水から漂う強烈な悪臭を感じる。ブリガンガ川の河岸沿いには巨大な埋め立て用地が残っている。主に女性や子どもたちのくず拾いが廃棄物をあさり、リサイクル対象のプラスチックや売れそうな廃物を探している。川沿いの埋め立て用地やカムランギルチャールの道や通路には廃棄物を燃やす焚き火の刺激臭が漂う。木であれ紙であれプラスチックであれ、住民は燃えるものならなんでも使って煮炊きのための火を起こすのだ。

カムランギルチャールの周囲には不潔な水が流れている。河岸からは有害そうに濁った水が見え、茶色と緑色の中間のようなどろどろの流れに大量の塵芥が浮かんで流れてゆく。それでもカムランギルチャールの人びとは川で行水や洗濯をする。かつての何十年かの間、ブリガンガ川は主にカムランギルチャールの少し下流にある皮革工場群が毎日大量に垂れ流す汚染物質で汚染されていた。政府は二〇一七年の春にようやく腰をあげ、皮革工場を街の北西の郊外に移転させた。しかし産業公害は今もカムランギルチャールを苦しめている。この界隈には、プラスチックや電気製品のリサイクル業者、アルミの鋳造工場、金属精錬所、自動車のバッテリー工場、塩化ビニル容器や風船の工場など、無数の小さな工場がある。こうした業者にはほとんど規制が行き届いておらず、労働者は危険な環境で働き、大気や地下水には有毒物質が排出されている。六歳の子どもが工場で働いていることも普通だ。荒廃したカムランギルチャールの環境はこの土地の問題だが、その原因は遠くはなれた場所にある。ダッカの劣悪な環境で働く低賃金労働者によってつくられ、輸出されて何十億ドルもの富を生み出す服飾製品のように、カムランギルチャールの工場でつくられる風船などの製品の多くは海外向けだ。その一方で、カムランギルチャールでリサイクルされる電子廃棄物やプラスチックの大部分はアメリカをはじめとする遠い国から流れ込んでいる。ダッカは世界の汚れ仕事を引き受けている。

バドシャーの暮らしぶりはカムランギルチャールの大半の人びとよりは恵まれている。彼の家は半島の中央部のボロ・グラムと呼ばれる、荒れてはいるが活気のある市場の界隈にある。彼の家にたどりつくには、にぎやかな市場の通りに面したアーチのかかった入り口をくぐって、先へむけて細くなる路地を五〇メートルほど進み、両側に小さなワンルームの住戸が並ぶ通路まで行く。窮屈な場所だ。七戸の住宅があり、屋外にある一組のトイレとシャワーとコンロを七世帯が共用している。バドシャーの家と隣家のドアを隔てる通路は幅六〇センチくらいしかない。通路で住人たちが行き違うときには、お互いに体を壁に向けてやり過ごす。暮らしやすくはないが惨めなわけではないし、カムランギルチャールの中では落ちついた環境だ。路地に入るとダッカの喧噪は遠くに退き、代わりに家庭的な生活音が聞こえてくる。食器のたてる音、子どもが叫んだり歌ったりする声、家族の言い争い、誰かが壊れた椅子を直すために金属を叩く音。

この路地では建物もまともだ。バドシャーの家の床と壁はコンクリートで、金属板で葺いた屋根は雨季でもほとんど雨漏りしない。電気が引かれていて、暑いときには天井のファンで涼を取れる。十五平米くらいの、窓のない狭い箱だ。ほとんどは大きなベッドが占めている。部屋の隅には昔風の足踏み式ミシンがある（バドシャーの妻シャナズはお針子の仕事をして収入を補っている）。ベッドの足下には棚があり、一五インチのテレビが置いてある。テレビはいつもちらついているが、インドの連続ドラマとか、クリケットの試合とか、そのとき見られるものが流れている。そのほかに衣類や台所用品のつめこまれた棚が二つほど。壁は明るい緑色できれいに塗られている。賃料はひと月あたり三〇〇〇タカだ。

一家はこの家に十八年住んでいる。六人が寝起きしていたこともあったが、今は年長の娘三人がすでに二十代になって結婚したので少し余裕ができ、バドシャーの負担も楽になった。家に残っている子はシャイで利発な十二歳の娘、ファイマだけだ。ファイマは優等生で、一家の誰よりも進級している〔姉妹たちはみな十一歳の五年生のときに学校をやめた〕。もう一年経って十三歳になるとファイマは八年生を終えるが、そこで学校をやめることはもう決まっている〔日本の小学校が一～五年生、中学校が六～十年生にあたる〕。ファイマは学校をやめてどうするのかとバドシャーに訊くと、しばらく家の手伝いをした後は仕事に行くだろうと言った。結婚前の姉たちと同じように服飾工場で働くかもしれない。そして、たぶんファイマも遠からず結婚するだろうと。ぼくはファイマが学業をつづける可能性はないのかと尋ねた。彼女はすでに困難を跳ね返して勉強を続けている。ここ数十年ほどの間にバングラデシュの公教育は改善され、とりわけ女子の小中学校への進学率は高くなった。しかしダッカのスラムで育つ子どもたちの半数以上は一度も学校へ通わない。根気よくやればファイマは中等教育を終えられるし、大学に進めるかもしれない。しかしバドシャーにとってその可能性はあまりに現実感がない。もしかしたら孫は大学に行けるかもしれないな、と彼は言った。

彼には今のところ五人の孫がいる。二十五歳の長女ヤスミンは、カムランギルチャールの遠くない場所で夫と三人の子どもと暮らしている。二十三歳のナズマと二十二歳のアスマはダッカの郊外に住んでいる。バドシャーは子どもたちが自慢でしかたがない。娘たちは賢いし、よく働くし、気が利くんだ、と彼は言う。義理の息子たちについてはやや微妙だ。特にヤスミンの夫は頭痛の種だ。彼はずっと時計の工場で働いていたが、数年前からリクシャを引きはじめた。そしてあまりうまくいっていない。バドシャーは「あいつは働くことに向いていないんだ」と言う。バドシャーはこれまでに二回、中古のリクシャを買うための金を渡したが、義理の息子は金に困るたびに手に入れたリクシャを売ってしまった。今は借りたリクシャを漕いでいて、仕事のきつさに文句を言う。「あいつ向きの仕事じゃないんだ」とバドシャーは言う。「あいつは時計工場に戻った方がいい」。

　バドシャー自身のリクシャは娘のアスマからプレゼントされたものだ。アスマは服飾工場の稼ぎから七〇〇〇タカを捻出して、中古のリクシャを買った。バドシャーの持ちものの中ではいちばん高価だ。リクシャは高価で、みなが欲しがる。新車は二万五〇〇〇タカもする。ほとんどの車夫はとても買えないので中古を手に入れるか、業者から一日一〇〇タカで借りる。盗品の取り引きも活発なので、リクシャーワラーは盗難を警戒しなければならない。少しでも駐車場所から離れていると、自分のリクシャがどこかへ走り去ってゆくのを見守る破目になる。白昼のリクシャ強盗も発生している。下手人の中には刺激性の軟膏タイガーバームを武器にする者がいる。被害者の目に塗りつけて抵抗できなくするのだ。リクシャは盗まれると大変だ。バドシャーは数年前、ニセの私服警官を客として乗せたときに身を持って学んだ。バドシャーが交通警官の側を通り過ぎたとき、その乗客は丁寧な物腰で、リクシャを止めて二〇メートルほど戻ってその制服の「同僚」を連れてきて欲しいと頼んできた。バドシャーが交通警官のところまで戻ったとき、そのニセ私服警官はリクシャの後ろから運転席に乗り移り、ペダルを漕いでそのまま雑踏の中へ消えていくところだった。バドシャーには突如としてリクシャを失い、そのうえ巨額の負債を抱えることになった。リクシャを借りていた車庫業者に、盗まれた車両の代金を法外な利子つきで返さなければならない。

アスマが貯金をはたいて中古リクシャを買ってくれたのはそのときだった。バドシャーはそのリクシャをずっと使っている。保管場所は自宅から近いカムランギルチャールの車庫だ。ダッカには車両を安全に保管するための有料車庫が無数にある（バドシャーは月二〇〇タカを払っている）。ほとんどの車庫業者は貸すためのリクシャを何台も保有している。リクシャーワラーの寝泊まり場所を提供している業者もある。こうした宿はトンと呼ばれる。その多くは並べたリクシャの上に竹を組み、端材で囲った箱のような粗雑なものだ。都市内キャンプとでもいうべきその狭い空間でリクシャーワラーたちは眠りにつく。車庫業者はたいてい貸しリクシャの付属サービスとしてこうした宿を無料で提供している。この仕組みには車庫業者に別のメリットもある。寝泊まりしている車夫たちが、夜中に車庫をおそう盗人を撃退する警備員になってくれるからだ。

バドシャーがリクシャを預けている車庫は小規模な方で、小さな四角形の土地に車庫所有の十台ほどを含めて五十台くらいのリクシャが停めてある。うだるような暑さの午後、バドシャーといっしょにそこへ行ってみた。ほこりと悪臭の立ちこめるカムランギルチャールを気温三十五度ほどの暑気が包みこみ、界隈のすべてがぐったりしているように見えた。ただし車庫のオーナーだけは暑さをものともせずに潑剌としていた。だいたいバドシャーと同じくらいの齢の太鼓腹をした中年の男で、短く刈ったごま塩頭で頰や顎に無精髭を生やしている。胸元までボタンを開けた茶色のシャツには汗が染みている。手の指は自転車のチェーン用の油まみれだった。写真のためにカメラの方を向いてくれと頼んだときだけ、不思議なことに彼の顔から笑みが消えた。

彼はまともな男だ、とバドシャーは言う。ほかの車庫業者より誠実だというが、それが正直者を意味するとは限らない。彼はまるで人前に出たときの政治家のように如才がない。車庫にはじめてやってくる者も久しぶりに会った親戚のように歓待する。喜ぶ者もいればポケットの中の財布を握る手に力が入る者もいる、そんないささか行き過ぎた気立てのよさだ。別のいい方をすれば彼はカムランギルチャール流のビジネスマンであり、しかも成功している。多くの車庫業者と同じように、彼もかつては中古の車両を一台買ってリクシャーワラーとして出発し、一台また一台と買い足して、やがて賃金奴隷の立場を卒業して事業家になった。

車庫の半分を覆う鉄板の屋根の下で、オーナーの左側にひとりのリクシャーワラーが腰を下ろしていた。髭を伸ばし、いかめしい表情をして、自分だけの世界を見つめているようだった。まるで黒いもやに包まれたような雰囲気があった。ほかのリクシャーワラーより頑健そうで、がっしりとして肉づきのいい体つきをしているように見えた。けれども両肩はがっくりと落ちていて、全身が憂鬱の重みにひしいでいるようにも見えた。バドシャーは二人に並んで腰をかけ、三人で話しはじめた。三人は三者三様だ。車庫のオーナーは陽気な饒舌家で、髭の男は無口ながら辛辣なことを言い、バドシャーは時たま相槌を打ったり頭を振ってみせたりするだけで、ほとんど黙って聞いている。ぼくはリクシャ業界の近況を聞いてみた。「いい商売ですよ」と車庫オーナーは言う。「それほど悪くはない。わたしは何年もリクシャを引いてきたんですよ。今はこの通り何台も手元にありますす」。世間のリクシャーワラーのイメージとか、乗客の態度についても聞いてみた。車庫オーナーはこう言った。「客も悪くはない。失礼な客は少ないし、わたしたちはリスペクトされてるんですよ。リクシャがなくなったらバングラデシュはおしまいだとみんなわかってますから」。

しかし髭の男はまったく同意しなかった。リクシャに乗る人の多くは中流、ときにはかなりの金持ちで、彼らにとって車夫は下流も下流だ、と彼は言った。客は自分たちを軽蔑しているし、罵倒されることもある。リクシャーワラーを殴るやつだっている。問題にならないと知っているからだ。運賃を出し渋る客もいる。最初に決めた料金すら払おうとしないんだ。

そんな話を、髭の男は繰り言のように何度も繰り返した。この仕事は危なすぎる。道路の状態もひどい。事故は日常茶飯事だし、混雑も最悪だ。リクシャの車夫は怪我もするし、死ぬこともある。バスやCNGの運転手はリクシャを轢いても気にもしない。ダッカは犯罪ばかりだ。強盗、乗り物の強奪、爆弾テロ、殺人。街中で何を見ても驚かなくなる。警察は汚職まみれだ。やつらは殴るし、タイヤに穴を開けたり、リクシャのシートをもぎ取ったりして働けなくする。ダッカには合法的にリクシャを停める場所がない。だから警官はいつでも不法駐車で罰金を取れるし、もっとひどいこともできる。どんなにささいなことでも口実にして罰金をせびる。こっちが何もしなくても何かでっちあげる。ひどいもんだ。これじゃまともに生活できるわけがない。

髭の男の声は次第に大きくなり、預言者のように声を張り上げた。車庫のオーナーは笑い出し、うんざりだというふうに両手を上げた。バドシャーはただため息をついて頭を振る。それが何に、あるいは誰に対する不満なのかはわからない。そもそも不満なのかどうかもわからない。

ダッカのリクシャは一種の芸術品として世界的に知られている。車体にはカラフルな塗装や手の込んだ装飾がほどこされていて、「走る美術館」の異名もある。ダッカで見かけるリクシャはほとんど全部キズだらけで、塗装は剝げ、飾りは擦り切れているが、使い古された外観や、ガラガラ、ガタガタと音を立てて走る様子もまた独特の風情と切り離せない。どこか風変わりで堂々とした風格がある。

ダッカのリクシャ製造の中心地は、オールド・ダッカの商業中心地を東西に横切るバンシャル・ロードという細い通りだ。そこでは出来立てのキズひとつないリクシャという珍しいものを見られるし、職人が鉄製の車体を溶接しているところや、竹を曲げて乗客を雨や陽射しから守るフードの骨組みをつくったり、ハンドルバーに飾りをつけたりといったいろいろな工程を見ることもできる。小さな工房で職人が合板の背凭れを色とりどりのビニールシートでつつんだり、装飾用の釘を打ったり、フードのカバーを縫製したり、ビーズやスパンコールでフードのカバーを飾ったりしている。

リクシャの車体を塗装する塗り師もいる。リクシャ業界に詳しい者によると、車体の塗装は死に絶えつつある芸術だという。近いうちにリクシャは大量生産された画像や看板をぶらさげて走ることになるだろう、ということだ。しかし、まだ今は塗り師がバンシャル・ロードの工房で腕を振るっている。彼らの売りはリクシャの後ろのバンパーに固定される背板を極彩色に塗る技術だ。絵柄はいろいろある。ボリウッド映画のスター俳優とか、オバマ大統領夫妻などの有名人を描くこともある。もの憂げで誘惑するような——あるいは気のなさそうな?——視線を向ける美女の場合もある。歴史的な出来事のパノラマを描いたものもある。人気があるのは一九七一年の独立戦争だ。

戦場の情景、英雄的な自由の闘士たちの行進、バングラデシュ人の女性や子どもに危害を加えるパキスタン将校のおどろおどろしい姿。動物や鳥や花のモチーフや、ベンガル語の飾り文字でスローガンや聖句を描いたものもある。のどかな風景画もある。そびえる山、牧歌的な村の情景、月光のきらめく湖上に浮かぶ白鳥。そして街の風景もある。バドシャーのリクシャの背板には、やぐら付きの塔や、タージマハルに似た巨大なドームのある建物があり、その向こうに燃えるような夕焼けが広がっている夢のような街の風景が描かれている。手前に描かれている街はダッカの通りとは似ても似つかない。整然としていて、穏やかで、道路を行き交うものはほとんどない。

ある日、ぼくはバドシャーの漕ぐリクシャでダッカ大学へ向かった。そこでサイエド・モンズルール・イスラムという名の英文学教授で小説家・批評家の人物と会うことになっていた。彼はバングラデシュの政治や文化を鋭い目で観察していて、リクシャや車夫についても洞察に富んだ文章を書いている。

イスラムの仕事場はリクシャーワラーや彼らの文化を知ろうとする者にうってつけの場所にある。大学があるのは街の中心部のシャーバーグ地区だ。オールド・ダッカと新しい市街の境目のような場所だ。このあたりの交通事情はそれほど悪くない。シャーバーグを東西に貫く大通りニルケット・ロードにはリクシャや原動機付きの車両がぎっしりと連なっているが、少なくとも流れはあって、渋滞で止まってしまうことは滅多にない。多くのリクシャはこの辺りの通りを一日に何回か通る。大学のキャンパス自体は大きな木々に覆われ、静かで快適な場所だ。ここはリクシャーワラーたちのお気に入りの溜まり場でもある。飲食したり、仲間に会ったり、休んだりするためにここへ来る。リクシャの修理工や、食べものや茶を売る者もいる。バドシャーは、ときどきこのキャンパスへ寄って昼寝することもあると言う。ニルケット・ロードから大学の正門に入ると、五、六人のリクシャーワラーが仮眠をしている姿が目に入った。彼らは自分のリクシャをキャンパス内道路の脇に寄せて、車体に体を預けて眠っていた。頭を客席に入れ、両脚をサドルの上に伸ばし、ハンドルバーに足をかけて。

ダッカでいちばん穏やかな界隈も混沌からは逃がれられない。ニルケット・ロードを東へ五〇〇メートル行くと、二〇一五年にバングラデシュ系アメリカ人の作家アビジット・ロイがイスラム系原理主義グループ〈アンサールッラー・バングラ・チーム〉の構成員に殺害されたラウンドアバウトがある。無神論者で言論の自由を擁護するアクティヴィストだったロイは、妻といっしょにリクシャに乗っていたところを、鉈で武装した男たちに襲撃された。大学まで行く道すがら、バドシャーは事件の後に建立されたモニュメントを指して教えてくれた。それでも、ひとたびキャンパスの門をくぐると街の荒々しさから遠く離れたように感じられる。蒸し暑い日だったが、キャンパスの気候はそこだけ違うように感じた。マホガニーやタマリンドやネムノキの樹々が枝を伸ばしてひんやりとした木陰をつくっている。うたた寝するリクシャーワラーの上で大きな枝が風にゆれて波打っていて、まるで恵み深い巨大な鳥の翼のようだ。

バドシャーはその日は昼寝をするつもりはなかった。午後も仕事がある、その後で茶を飲みに大学に戻ってくるかもしれない。そのとき落ち合えるかも、と彼は言った。とりあえずはここでお別れだ。彼はぼくの手を握ってからリクシャのハンドルを持ち、車体を押しながら大学の門を出てニルケット・ロードへと出て行った。

リクシャは、一旦停まるともう一度動かすのが厄介だ。バドシャーは車輪が回りはじめるまで、ぬかるんだ河岸からボートを押し出すような具合に腰を落として車体を押した。そして右脚でサドルをまたぎ、ペダルの上に立って漕ぎはじめる。ゆっくりとリクシャが動きはじめる。ぼくはバドシャーが雑踏の中へすべり込んでゆくのを見届け、そのまま三十秒くらい、リクシャとリクシャーワラーたちの中で痩せた体とストライプのシャツが見えなくなるまでじっと見ていた。二百人ほどの男たちの体の下で、六百かそこらの車輪が回転しながらニルケット・ロードを東へ流れてゆく。その先にはカジ・ノズルル・イスラム通りの交差点があり、比較的落ち着いた大学の界隈から遠ざかり、ダッカの中でもかなり無秩序な道路へと戻ってゆく。川の流れが怒涛の海へ注ぎ込むような具合に。

サイエド・モンズルール・イスラムの研究室は芸術学部の建物の三階にあった。イスラムはバングラデシュでもっとも尊敬されている知識人のひとりだ。その姿や話しぶりの印象もそれを裏切らない。小柄で、薄くなったごま塩頭をしていて、口髭をたくわえ、細いメタルフレームの眼鏡の奥に鋭い眼差しがのぞく。あらゆる歴史や文学を体に取り込み、常人には計り知れない学知を我がものとした途方もない碩学、そういう人物の佇まいだ。ディケンズ研究の話から自転車の泥除けに関する議論へ造作もなく話をつづけることができる。研究室は本でいっぱいで、あちこちに不安定な山ができている。まるでブルドーザーで本を押し込んだようだ。

イスラムはよく話題にするのはダッカのことと、この街についての不満だ。これは彼だけではない。「自分たちの住む街について、人びとがこれほど語りたがる街はほかにないでしょう」とイスラムはいう。「ダッカでは誰もがダッカについて延々と話すんです。全員が欠点を見つけてくる。欠点がそれだけたくさんあるということですよ」。イスラムがダッカに見出すのは、衝撃的なほどに無能な政府とどこまでも蔓延する賄賂だ。そして植民地や戦争の時代の負の遺産と、グローバル経済の残酷さ。もっとも裕福な市民の日常を恥辱にまみれさせ、もっとも恵まれぬ者には耐え難い苦痛を課す街、それがイスラムの目に映るダッカの姿だ。

しかし、イスラムにはダッカに姿を現しつつある新しい世界も見えている。「ダッカの滅茶苦茶さはいうまでもないことです。でも大きな変化も起こりつつある。女性は家庭の義務や家父長制的な考え方という軛から自由になろうとしています。どこに行っても働いている女性の姿を見かけます。彼女たちは自分の生活や体を自分たちの手で勝ち取ろうとしている。本当をいえば、私はこの街の乱雑さはそれほど心配していません。気になるのは人びとがどんなふうに日々を暮らしているのか、ということです。どうやって生活の見通しを立てているか、ダッカの住人はこの街のステークホルダーになりうるだろうか、それとも彼らは通り過ぎてゆく影みたいなものなのか。違います。

彼らこそがこの街の主なのです。そして彼らは声を挙げつつある。ダッカは休息を知らない街、生気に満ちた街です。未来はここにあるんです」。

その未来にはリクシャの居場所があるだろうか？　ダッカの人びとが飽きるくらいに議論するのはそのことだ。あの車庫のオーナーの言い分は、バングラデシュがバングラデシュである限りリクシャがなくなる日は来ない、ということだった。イスラムは異なる意見をもっている。やがてダッカにももっと効率のいい大量輸送手段が導入されて、住人の暮らしは今よりずっと改善されるだろう。イスラムは、そのときリクシャとともに失われるのは一種のお守りだと言う。「リクシャは伝統そのもの」と彼は言う。グローバル化された〈新しいダッカ〉の服飾工場や工事現場で働く無数の人びとにとって、リクシャは安らぎを与えてくれる遺物のようなものなのだ、と。イスラムは、それは二十一世紀の巨大都市の「混沌と疎外に存続を脅かされている生活様式」の形見なのだ、とも書いている。リクシャーワラーは九〇キロの木とゴムと鉄と、もう数十キロ分の人間の重み、そして共同体の郷愁の重みをも引いてペダルを漕ぐのだ。

その郷愁は車両を飾る絵柄にも刻印されている。リクシャの車夫と同じように、リクシャの塗り師たちもまたバングラデシュの地方からの移住者が多い。咲き誇る花々や青々とした草原、そして穏やかな村の生活といった彼らの描く光景には、彼らが後に残して去ってきた風景が留められている。もっと面白いのはバドシャーのリクシャに描かれているような、優美な塔のあるおかしなほどに整った都市の景観だ。イスラムはリクシャに描かれる絵柄についての研究も発表している。彼は、バドシャーのリクシャの背板は典型的なタイプの都市風景画だと教えてくれた。

イスラムは言う。「こういう絵を見ると、この街はいったいどこなんだ、と思うでしょう。高層ビルがあって、とても整然としているのでシンガポールっぽくも見える。離着陸する飛行機が描き込まれているものもよくあります。道路はまったく静まりかえっていて誰も通らない。せいぜい車が一、二台走っているくらい。すばらしい交通規則のある、規律正しい街だ。リクシャの車夫は、道路交通の規律の重要性を誰よりもわかっています。彼らは無規律さの犠牲者であり、公的なルールが存在しない常軌を逸した交通の犠牲者ですから。だからこそ、こうした絵には穏やかな街、規律正しい街の姿が描かれる。これは、ダッカにやってくる彼らが心に抱いている空想の中の街なんです」。

イスラムはこう続けた。「おそらく飛行機のイメージも同じ話だと思います。飛行機は最高級の交通手段でしょう？　車夫の心の中では飛行機は別のファンタジーを表現しているのかもしれません。つまり憧れとか、未来への夢です。自分がこんな骨折り仕事をやっているとしても――つまりこの厄介な狂った街でリクシャを引いているとしても――自分の子どもたちは、いつかきっとあの飛行機でどこかへ飛び立つんだ、と」。

第13章　ぼくの自転車遍歴

息子と。ブルックリン、2018年。

1. はじめての自転車

サイクリング・ライフは輝かしい栄光とともに始まる。最初の数時間、あるいは数日か数週間のうちはまだ乗り方がわからない。わなわなと揺れ、よろめき、転びつづける。重力と戦いながら、思い通りにならない、厄介で重い金属の機械とみじめな格闘を繰り広げる。そして不意に、道路をどこまでもすいすいと進んでいけるようになる。道路でなければ学校のグランドをぐるぐると走り回れるようになる場合も多いだろう。いずれにせよ気がつくと自転車を乗り回している。その一瞬に、人は非サイクリストからサイクリストへ変わる。これほど突然で決定的な人生の変化はあまりない。ほんの一瞬前には手にしていなかった技倆が、魔法のように見事に身についているのだ。しかもそれは、脳や神経に手酷い傷を負わない限り失われることはない。

近年、研究者たちは私たちが自転車の乗り方を身につけるプロセスについての研究を深めている。科学者はすでに小脳からの信号を制御し、自転車の操縦のような新しい運動スキルを脳の記憶として書き込まれるコードに変換する神経細胞（分子層介在ニューロン）を発見している。これはいわゆる「手続き記憶」と呼ばれるものだ。歩いたり、話したり、靴紐を結んだりといった行動と同じく、自転車に乗る技術は一旦習得されてしまえば意識的に考えることなく自動的に発揮される。実は自転車に乗ることは「手続き記憶」のもっとも有名な事例だ。ぼくらはよく「自転車に乗るようなものだ」という言い回しを使う。それはいわば第二の本能のように、どれだけ時間が経っていても、ずっとやっていなかった行動を昔と同じようにできることを指している。

多くの人は子どものころに自転車の乗り方を身につける。よく「自転車の乗り方を忘れてしまうことはない」というが、初めて自転車に乗れたときのことは決して忘れない、なんてこともよくいわれる。そんな言い方がされるほど、初めて自転車に乗れた子どもは強烈な自由の感覚に心を躍らせるものだ。それは十年後くらいにやってくる大いなる旅立ちの先触れでもある。サドルに手を添えて自転車をしっかり支えている大人の手を離れてペダルを漕ぎ出す、その初めての自転車ライドはまさに大人の保護の手から飛び出すことでもある。詩情あふれる文章で自分と自転車の関わりを綴っているフランスの作家ポール・フルネルは、初めて自転車に乗ったときの興奮をこんなふうに書いている。「ある朝、私にはもう後ろを走る者の音が聞こえなくなった。背中で聞こえていた、リズミカルな吐息の音がもう聞こえない。奇跡の起こった瞬間だった」。

自転車を子ども時代の象徴のように描いてきた映画やテレビやCMでは、この「奇跡」の演出もお馴染みになっている。歴史家のロバート・ターピンは、第二次世界大戦後のアメリカでは「自転車には子どもたちとの結びつきがあまりに広く浸透しているので、もはやそれ以外の者が入り込む余地がなかった」と書いている。自転車に乗れるようになることは、歩けるようになること、読めるようになることと同じような人生の節目になる大事な出来事だ、という考え方を広く行き渡らせたのは自転車業界だ。大人の自転車需要を自動車に奪われてしまった自転車業界は、子どもたち、とりわけ男児の心身の発育に必須で、両親が必ず買ってあげるべきもの、という位置付けを自転車に新たに与えたのだ。とあるカリフォルニアの自転車店の売り文句を借りれば、「成長期の男の子に頑丈な体、強い肺、血色のいい頬、きらきらと輝く瞳、そして自負心を育てるには自転車ほど適しているものはありません」ということだ。

サタデー・イブニング・ポスト誌の表紙を飾った、有名な微笑ましいイラストがある。「自転車の練習」という画家ジョージ・ヒューズの一九五四年の作品で、緑の豊かな住宅地の歩道で男の子が危なっかしく自転車に乗り、その父親がハンドルバーとサドルに手を添えて、なんとか倒れてないように支えている様子が描かれている。男の子の腰のあたりにはおもちゃのピストルを納めた革のホルスターがみえる。つまり彼は暴れ馬にまたがるカウボーイだ。このサタデー・イブニング・ポスト誌に描かれた情景、つまり、のどかな郊外で、子どもが目を輝かせて自転車に乗るという原型的なイメージは、ノスタルジーと再流行のサイクルを幾度も繰り返しながら現代のポップ・カルチャーにまでつづいている。スティーヴン・スピルバーグの映画『E.T.』に登場するカリフォルニアの子どもたちは、五〇年代の郊外からアップデートされた八〇年代のさらに新しい郊外住宅地をBMXで駆け巡る。さらに最近では、ネットフリックスの連続ドラマ『ストレンジャー・シングス　未知の世界』の勇敢な主人公たちが、『E.T.』へのオマージュを感じさせる八〇年代の舞台でシュウィンのスティングレイを乗り回している。

現代では、世界中のどこでも、子どもに自転車の乗り方を教えることは市井の慣習になっているのみならず、政治的にも推奨されている。コロンビアやオーストラリアをはじめとして、各国の政府は国や地方のレベルで若年層への自転車練習プログラムを制度化している。ニュージーランドでは行政が育成したインストラクターが自治体から学校へ派遣され、子どもたちは学校で自転車の乗り方を習う。フランスには〈自転車とアクティブなモビニティ〉計画という野心的な指針があり、国内のすべての学童に対して十一歳までに自転車の乗り方を教えることになっている。

時代が変わっても自転車に乗れるようになることはやはり特別な出来事だ。インターネットには、親が撮影したその偉業の瞬間の映像の数々がアップロードされている。その舞台は公園、庭の芝生、ガレージの前、ノーマン・ロックウェル的な木漏れ日の落ちる住宅街の道、あるいはスティーヴン・スピルバーグ的な郊外の行き止まりの道などさまざまだ。最近では、多くの子どもたちが最初に乗るのはペダルもチェーンもフリーハブもないキックバイクだ。サドルにまたがって座り、足で地面を蹴って進む――あのラウフマシーネそのものだ。前進しつつ自転車を安定させることを入門者に教えるには、補助輪つきの自転車よりもカール・フォン・ドライスの発明品のほうがはるかにやりやすい。自転車の元祖が、最初の一歩のために歴史の彼方から蘇っている。

ぼくがはじめて自転車に乗った瞬間は記録されていない。ホームムービーの動画もないし、スナップ写真すらないが、それがいつだったかはわりとよく覚えている。五歳のときだ。その場所も覚えている。モーニングサイド・ハイツにあった子どものころの家から数ブロック先のクレアモント通り。コロンビア大学のキャンパスに隣接するアッパーウェストサイドの界隈で、マンハッタンの基準でいえば静かなところだ。クレアモント通りはとくにひっそりとした道路で、知られているものといえばネオゴシックの大聖堂リヴァーサイド・チャーチの威容と、コロンビア大学とバーナード・カレッジの教授たちの宿舎になっている、何棟かの戦前の大きな集合住宅くらいだろうか。たしか、その輝かしい瞬間に居合わせたのは父でも母でもなく、ぼくの「もう一人のお母さん」だった母のパートナー、ロバータだった。彼女が歩道で自転車と支えながら併走して、ぼくを自転車のある人生へと優しく押し出してくれたのだ。

それ以外のことはよく思い出せない。ぼくはもう中年だし、額の生え際とともに記憶はどこかへ退いてしまった。ぼくの最初の自転車ライドはそんなに印象に残る出来事でもなかったのかもしれない。なにしろ自転車のライド経験を数限りなく重ねてきたのだ。啓示のようなライドがあり、退屈なライドがあり、素晴らしいライドがあり、みじめなライドがあり、昨夜のライドがあり、今朝のライドもある。子どものころは西百二十一丁目のブロックを自転車で行ったり来たりしていた。自宅は通りの北側にあり、家の前の道はちょうど自宅のあたりを頂上にして東はアムステルダム街、西はブロードウェイという交通量の多い通りへゆるやかに下っていた。交差点の手前で停まるように厳しく言いつけられていたこともあって、ペダルを逆回転してコースターブレーキをかけてタイヤを滑らせる、ということをよくやっていた。何年か後、母親と一緒にマサチューセッツ州のブルックラインというボストンの郊外に越した後は、クーリッジ・コーナーと呼ばれていた界隈で自転車に乗るようになった。そしてビーコン・ストリートを通ってボストン市街へ行って街を探検したり、珍しいレコードや古着を探して回るようになった。その手のものは、自転車と同じように自分にとってお守りのようなもの、無くてはならない鎧のような、自分を自分らしく、クールにしてくれるものだと感じていた。そうでなくとも、少なくとも十代の少年の生活に降りかかる悔しさや恥ずかしさから守ってくれるような気がしていた。

自転車に夢中だったが人並み以上に自転車に関わることはなかった。バイクショップにたむろして、飛び出しナイフか何かのように六角レンチを振り回している自転車狂の少年たちがいることは知っていた。彼らは四六時中自分たちの自転車を改造して、もっとイカした、もっとヤバそうな自転車づくりに日々励んでいた。ぼくはそういう感じではなかった。今になっても、インナーチューブにパンク修理のパッチを当てるのさえ苦労する。重いギヤをゴリゴリ回して長距離を走破したり、激坂を攻めたりするタイプでもなかった。ウィリーをキメたりハーフパイプでトリックを繰り出したりするBMXキッズでもなかった。ぼくが自転車に乗るのは、自分の心を整理するためだった。まるで頭に通気口があって、ペダルを漕いでスピードを上げるとそこから風が通り、詰まっていたものを吹き飛ばしてくれるようだった。自転車を乗れば頭が冴えたとか、物事をよく考えられたということではない。その逆に、ぼくは同じような年頃の男子が誰しもそうであるように、ほとんどあらゆる重大事に大混乱していた。けれどもぼくには、自分で見つけ出した世界がそこにあること、少なくとも、ある種のハッタリと強がりで切り抜けられる世界がそこにあるような気がしていた。

そうした勘違いを通じてであったとしても、自転車に乗ることが自信をくれたこと、より自負心のある間抜けにしてくれたことは確実だ。それはたしかに自分を落ち着かせ、助けてくれた。ややもやしたノイローゼのような状態でも、自転車に乗ってしばらく走り回った後には気分もましになった。女の子に電話をするくらいの勇気は出てきたものだ。

いつも自転車の見かけにはこだわっていたが、不思議なことに、子ども時代や思春期のころに持っていた自転車はぼんやりとしたイメージしか浮かんでこない。あの日クレアモント通りで乗っていた自転車はバナナシートのついたウィリーバイク〔シュウィンのスティングレイのような子ども向け自転車〕みたいなタイプで、七〇年代の子どもが初めて乗るならこれ、という感じの自転車だった。子どもの頃に乗った自転車はちゃんと当時の流行に合っていた。八〇年代のはじめのころには十速のドロップハンドルの自転車、八〇年代の後半にはマウンテンバイクを手に入れた。ほかにもいろいろなタイプや外観の自転車があった。自転車はどんどん入れ替わる。五歳から二十五歳までの間に六台か七台あったと思う。大きくなって乗れなくなったものもあれば、ボロボロになるまで使った——というよりは手荒に酷使したものもあった。なにしろ一年中、冬の間もずっと家の外に停めていたのだ。

自転車は大好きだったが、凝りすぎるということはなかった。高価な自転車を手にしたことはない。豪華な最高級バイクは乗り心地も別格だろうとは思うものの、大枚をはたいて手に入れようという衝動に駆られたことはまったくない。子どものころは、近所の人が持っていた素敵なキャノンデールのロードバイクをうっとりと眺めていた。コバルトブルーに輝くフレームに、純白のハンドルバーとサドルのついた自転車は、まるで空と雲のかけらでできているようだった。その一方で、少年たちが乗り回している、悪党じみた傷だらけのマングースのBMXにもあこがれていた。スポークに薄汚れたテニスボールを挟んでいるのがお決まりだった。当時も今も、ぼくは自転車通というわけではない。どちらかといえば、自転車なら何でも取り込む大食漢とでもいう方が近い。ペダルが回りさえすれば何でも乗るのだ。

とはいえ、まったく何でもよかったわけではない。少年時代はコネチカットにある父の再婚相手の実家でよく週末を過ごした。コネチカット川の湾曲部分に近い、丘の上にある大きな家だった。何十年かの間、この屋敷は継母の親族――大きなWASP〔イギリス系、白人、プロテスタントという典型的な上流階級〕の一族――や、その周辺にいる友人たちの一族や、そのまた友人たちの一族が自由に出入りしながら滞在する場所になっていた。そこには、過去に住んだり訪れたりした者たちが遺したものが大量に眠っていた。ガレージにはどこからやってきたのか判然としない古い自転車が大量にあった。一台はヴィンテージものの子ども用クルーザーで、おそらく一九六〇年代初期のモデルだった。消防車と同じ赤色のフレームには錆が浮いていたが、誰かが手入れしていたと見えて、チェーンにはグリースが残っていてホイールの振れもなかった。そして素晴らしい乗り心地だった。近所の森の中の道を乗り回すには最高の自転車だった。

その自転車は誰かがちゃんと自分に譲ってくれたものだったのかもしれない。いずれにしても、それはぼくのものになった。それは田舎で過ごす週末のためのぼくの自転車だった。細かくいえばステップスルー〔またぎやすいようにトップチューブの下がったデザイン〕の女の子向け自転車だったが、そんなことは気にならなかった。問題があるとすれば、ハンドルバーに赤・白・青のプラスチックテープが付いていることだった。これはいかにも不恰好で恥ずかしかった。走っていると風でパタパタとはためくので、優雅なライドもまるで勢い任せの子どものお遊びのようになってしまう。したがって何らかの対策が必要だった。取り外せるかどうか試してみた覚えはないが、最終的にはもっと乱暴な処置がとられた。ぼくはガレージの作業台の上から庭仕事用の大きな鋏を持ち出して、馬術ショーに出場する馬の尻尾を整えるような具合に、チョキチョキとそのテープを切り取ったのだ。

2. メッセンジャー・ボーイ

一九八八年七月、ぼくは十九歳になったばかりの夏をボストンで過ごしていた。少なくとも数字の上では成人、同じく名目上は独り立ちしたので、一緒に住んでいた母は、長らく夢見ていた学業のつづきを再開するためにボストン大学に通うようになった。ぼく自身が夢見ていたのはもっと陳腐でもっと馬鹿馬鹿しいことだ。まず髪を伸ばした。当時はオーストラリアのポップロック・グループのＩＮＸＳが世界的な人気のピークで、ラジオやＭＴＶでいつもかかっていた。このバンドに入れ込んでいたというわけではないが——まあまあだと思ってはいたが——ぼくはリードシンガーのマイケル・ハッチェンスの格好に惚れ込んでいた。彼は大きな黒い瞳をしていて、ふさふさとした長髪を揺らしながら滑らかに体を動かす。ピンと来たのだ。あんな髪型になれば自分にもどこかから妖しげな魅力が湧いてきて、女の子は群れをなしてぼくのベッドに飛び込んでくるに違いない、と。

七月になるころには、髪は後ろで短いポニーテールに結べるくらいの長さになっていた。左耳にはピアスの穴が四つ開き、耳の上の固い軟骨に開けた穴がいつも炎症になっていた。弾き方もろくに知らないギターを手に入れて出鱈目にかき鳴らしていた。歌もダメだったが、そのことにはまだ気がついていなかったので、自分は偉大なソングライターとしてスターダムを駆け上がるのだと本気で思い込んでいた。細かくいえばスターダムの中でもちょっとニッチで最高のスターになるのだと。マイケル・ハッチェンスのようなありふれた世界的人気者になりたかったわけではない。理想はカルト的なヒーローだ。批評家の絶賛を浴び、天才を理解してくれる少数の熱狂的な聴き手に支持されるアーティスト。ぼくはかすみに頭を突っ込んだまま日々を生きていた——これは、いつ霊感が閃いてもいいように持ち歩いていたノートに書き殴ったフレーズのひとつだ。上出来の歌詞とはいえないが正確とはいえる。ぼくの頭の中は夢と欲望と誇大妄想とメロディーや歌詞でいっぱいで、名声と評価と女の子たちと栄誉、つまり成功の暁に手にするものばかり考えていた。そうこうするうちに中産階級の家庭に生まれたぼくは大学の二年生にさしかかり、夏のアルバイトを探さなければならなかった。目をつけたのはバイク・メッセンジャーの仕事だった。

一九八〇年代のニューヨークのバイク・メッセンジャーはそれまでにない都会のスーパーヒーローとして伝説的な存在になっていた。怒涛のようなマンハッタンの交通を縫って全速力で走り抜ける命知らずたちだ。ニューヨークのバイク・メッセンジャーとボストンのバイク・メッセンジャーの違いは、二つの街の違いそのものだといえる。ニューヨークは一流で、並ぶもののない、巨大でスリリングで狂った大都会だ。それに比べればボストンはただの田舎だ。街の北から南、チャールズタウンからマッタパンまでは自転車なら一時間で移動できる。八〇年代末にボストンのバイク・メッセンジャーになると、一日の半分ほどは広さ〇・五平方キロほどの同じエリアで走り回っていることになる。つまり都心のチャイナタウンとシティホールプラザの間の、数十の道路が迷路のようになっているフィナンシャル・ディストリクトだ。もう少し遠くまで行く仕事もある。西はバックベイ、ケンモアスクエア、オールストン・ブライトンのあたりまで、南はサウスエンド、あとはチャールズ川を超えてケンブリッジのハーヴァードやセントラルやポータースクエアのあたりまで。

仕事をはじめて二、三日もすれば、頭の中でこれらの地区がつながり、すぐに地図が思い浮かぶようになる。ただし道がわかれば街がわかるというわけではない。その深い歴史、地区ごとに異なるさまざまな人びと、さらにその中の細かな違い、政治的な進歩主義、根深い人種差別、住民と大学関係者のややこしい反目、正気とは思えないスポーツ文化、奥が深すぎる訛り言葉。それらのすべてが昔も今も変わらないボストンの魅力と意外性を生み出している。バイク・メッセンジャーになると、まずはバックベイやビーコンヒルといった高級市街地の気品あふれる街角の情景や建物群をはじめとする、ボストンの街の美しさを全身で感じることになる。同時に、ボストン住民の敵意を肌で感じることにもなる。彼らは（少なくとも自動車を運転しているときには）怒りに満ちている。古く趣きのある街からはとても想像も理解もできないほどに怒れる人びとなのだ。ボストンの交通事情はニューヨークほど攻撃的なものではないが、ドライバーだけは攻撃的だ。ドライバーにとって路上における自転車の存在はそれ自体が侮辱であり、わずかでも服従の度合いが足りなければ——たとえば一瞬でも自動車に向かって自転車に道を譲って欲しいという態度を示そうものなら——激烈な反応が返ってくる。運転席側の窓が下がって、係船ロープ並みに太い血管が額に浮いた怒り顔がのぞくのだ。出てくる言葉はマヌケ、コノクソヤロウ、ヘンタイといったボストン語だ。サイコな運転手がこちらにハンドルを切って急加速してこないとも限らないので、いつでも逃げられるように警戒を怠ってはならない。

　こうした難事にもかかわらず、ぼくはその仕事が好きだった。その夏に乗っていたのはロス・バイク製の十速モデルだ。もともと飛切り上等な自転車というわけではないし、ぼくも手荒に扱っていたが、モノは悪くなく、よく走る自転車だった。たしか運送会社に、ぼくの業務中の事故の免責についての書類にサインさせられたと思う。それと引き換えに、黒いメッセンジャーバッグと、そのストラップに装着するポケベルと、クリップボード、それに配送記録をつけて送り主と受領先のサインをもらうための用紙の束を渡された。ぼくのバッグの中には大量のペンと、ポケベルが鳴ったときに会社に指示を聞いたり、配達完了後に次の仕事を受けるために公衆電話用の小銭をたっぷり入れた袋が入っていた。常識的な範囲であれば、いつ仕事を始めていつ切り上げてもよかった。ぼくはたいてい九時きっかりに始めて六時ごろに上がりにしていた。一日何キロ走っていたかはわからないが、すっかり汗まみれになって心地よい疲労を感じるくらいには走っていた。ちょうど、十九歳の若者がシャワーをひと浴びすれば友だちとビールを引っかけに行けるくらいの疲労感だった。この時期が人生でいちばん長時間自転車に乗っていた。ひょっとしたら自分は自転車から降りたくないのではないか？という疑いが強くなったのもこの時期だ。

　仕事の内容は単純だ。どこかで荷物をピックアップして、それを別の場所まで運ぶ。Ｅメールもない時代（ファクシミリも普及する前だ）、自転車の急送便ビジネスは活況だった。街のどこかへ手紙やメモや報告書を急いで送りたい人はメッセンジャーのサービスに電話をする。すると、数分のうちにオフィスに汗くさくて汚ならしい格好の人物が集荷にやってくる。荷物はだいたい大きな書類封筒とか、大きな紙の筒に入れた建築の図面とかだった。メッセンジャーは荷物を預ってサインをもらい、バッグに荷物を突っ込み、路上に戻り、自転車の鍵を外し、宛先の住所までできるだけ早く荷物を届ける。早ければ早い方がいい。というのは、すぐに次の仕事を受けられるからだ。バイク・メッセンジャーには一律の時給に加えて、配送ごとの手数料が支払われていた。仕事をすればするほど稼ぎは増える。だからメッセンジャーはしゃかりきに自転車を漕ぐ。

　基本的にはそういう仕組みだ。ただし、ぼくのやり方はそうではなかった。如何ともしがたい問題があったのだ。仕事が遅い、ということである。怠けているという意味ではない。別に優先することがあったのだ。ぼくは自転車に乗りながら街の雰囲気を味わい、頭の中で曲づくりをすることに忙しかった。ときには通ったことのない道へ興味のままに迂回することもあった。お店のウィンドーや、歴史的な出来事を記した銘板、路上の喧嘩沙汰、横断歩道のきれいな女の子といった気の散る要素もあった。素敵な歌詞が浮かんだときとか、歌の神様が降りてきたときには自転車を停めて書き留めなければならなかった。するとベンチを探して、しばらくそこで過ごすことになる。金融会社は公証済みの契約書を数分くらいは待ってくれるだろうが、芸術は時を逃がすことができないのだ。

ぼくの悠長なやり方が感付かれなかったわけではない。ある時、配達を終えて会社に電話をすると、向こうから刺々しい声が聞こえてきた。「金を稼ぎたいんだろう？」と配車係に尋ねられたので、うろたえ気味に「ええ、もちろん」と答えたものの、それは嘘だ。ぼくには払わなければならない家賃もなかったし、学費と生活費は父が負担していた。バイク・メッセンジャーの稼ぎは日々の雑費と多少の預金に回すくらいで、それにはすでに十分だったのだ。

ほかのメッセンジャーたちはもっと真剣だった。彼らにとってはこれは職であり、そうでなくとも、少なくともその先の職を見つけるまでのリアルな仕事なのだ。さらにはひとつの生き方であり、サブカルチャーでもあった。ボストンのジャマイカ・プレイン地区にはメッセンジャーが集まるバーが何箇所かある、と聞いたことがあった。でもその場所を確かめるほどには興味がなかったし、尋ねてみる勇気もなかった。ぼくが知っていたのは仕事の後でメッセンジャーが集まっている別の場所だ。サウス・ステーションから近い、狭い通りのちょっとした歩道だ。ちょうど、ぼくが配達記録を提出してわずかな報酬を受けとる事務所のすぐ近くだった。平日の午後六時ごろになると、その辺りにはメッセンジャーがおおぜい集まり、自転車にもたれたり、縁石に座り込んで仕事の話をしたり、安物の瓶ビールを飲んだり、煙草や葉っぱを吸ったりしていた。

その光景には惹かれる一方でどこか気圧されるものがあった。ぼくが仕事終わりにときどき立ち寄って、目立たずにみんなの様子を眺められていられる隅の方でぶらぶらしていた。歩道に自転車を引っくり返してサドルを下にして置き、ホイールをしげしげと眺めたり、細かい調整をしているふりをしていた。ぼくの存在に気づいた人も気に留めなかったし、うざったがられることもなかった。メッセンジャーはほとんど全員が二十代で、大半はパンクロッカーか不良のような格好をしていた。髪をツンツンに立てて、耳や鼻にピアスを開けている。ここにいる人びとがぼくとは別の世界にいることは明らかだった。みんな年上だし世の中をよく知っている。自転車についてもぼくより詳しいし、そのほかのことについてもいろいろ知っていることは間違いない。

ニューヨークのバイク・メッセンジャーを構成しているのはだいたい黒人とラテン系だが、ボストンではボストンらしいというべきか、圧倒的に白人、そして男が多い。ただし例外はある。仕事終わりにその一帯にたむろしているメッセンジャーの中にひとり、二十代はじめくらいの若い女性がいた。結局名前もわからなかったその人はとても青い目をして、髪をシネイド・オコナーのように剃りあげていて、圧倒的にクールだった。うっとりするほど素敵だった。一目惚れした、ということではない。彼女のボーイフレンドになるのではなく、むしろ彼女になりたい、彼女みたいになりたいと思った。彼女の自転車もすごかった。それまでに見たどんな自転車よりも醜くて、どんな自転車よりも格好よかった。映画の『マッドマックス』に登場しそうな、文明が滅びた後みたいにボロボロの自転車（たぶんピスト）なのだ。色は黒……だったかな？　フレームには黒いテープと大量の知らないバンドのステッカーが何重にも貼ってあったからよくわからない。テープとステッカーのおかげでバラバラにならずに済んでいるような感じだった。キズや凹みもたくさんあった。どれだけヤバい乗り方をしてきたのかを物語る傷痕だ。戦場を駆け巡って、砲火をくぐり抜けてきたような自転車だった。持ち主もそれに劣らずタフなサイクリストだった。ビールを飲んで煙草を吸ったあと、去ってゆく彼女の自転車はまるで道路を焦がさんばかりの勢いだった。

この一部始終の印象は強烈で、その後しばらく、短髪にして鼻ピアスでもして、完全なパンクロック野郎になろうかと思ったほどだ。でも髪は切らずに伸ばした。八月になるころには、かなり立派なポニーテールを結んで、癖毛を一筋か二筋か顔の前に垂らせるようになった。マイケル・ハッチェンス風のいかがわしい感じで。その夏は髪型が女の子への魔法を発揮することはなかったが、時間の問題だと思っていた。そうこうしながらぼくは自転車に乗り、荷物を届け、夢想に耽っていた。自転車に乗っている間は曲を作っていた。気怠く回転するペダルと車輪、緑の樹々、さわやかな風、自転車の息づかいや辺りの情景に溶け合ってゆく自分の呼吸。悠揚迫らぬ自転車のテンポはリズミカルで、音楽的だ。曲や詞を考えるのに向いている。

ある晩、仕事を終えたあとで、ぼくは友人たちとケンブリッジのあたりで遅くまで遊んでいた。帰路についたのは真夜中すぎだったが、すぐには家には向かわなかった。街の中の、仕事で通った道を通ってみた。まずマサチューセッツ・アヴェニュー・ブリッジを越える。そしてバックベイの瀟洒な街角の数々。ビーコン・ストリート、マールボロ・ストリート、コモンウェルス・アヴェニュー、バークリー、クラレンドン、ダートマス、エクスター。ビーコン・ヒルを上って下る。きつい上りと夢のような下り。そしてほとんど無人のフィナンシャル・ディストリクトへ。夜は暖かくて風があった。二、三杯飲んだ後だ。音楽の神様が星空で大合唱しているような気がした。ぼくは自転車を漕ぎながら曲をつくった。素晴しい作品というわけではないが、これまでで最高の出来だし、この先もこれを越えるものはできないと思った。まずタイトルがいい。「ロマンスに恋して」

だ。ぼくの歌詞はたいてい凝りすぎで大袈裟だったが（自分では洒落た言葉遊びを盛り込んでいるつもりだった）、これはつとめてシンプルにした。

一万の車と一千万の星
空の上に輝いている
ああ素敵な夜だ
恋に落ちたい
ダンスをしよう
ロマンスに恋して

この道を歩いた男がひとり
コートに帽子、杖を手に
今は黄色い骨となって
石畳の下で水道管に寄り添う
ダンスをしよう
ロマンスに恋して

今になってこの歌詞を文字にしてみると――冷たいコンピュータのスクリーンに打ち出される若

いへぼ詩人の言葉を見ていると——たしかな技巧と煮詰まりすぎた野心の両方に心を打たれる。一九八八年の自分が何を言わんとしていたか、はっきりとしたことは思い出せない。しかし何か大それたものを求めていたことはよくわかる。ひねくれていて、生意気で、わざとらしく謎を含ませながら「愛」とか「歴史」とか「記憶」とか「死」とか、そんなものについて「大事なこと」を言おうと骨を折っていたことはたしかだ。ぼくはこの詞を遅めのスウィング風のリズムの曲にして、我流でギターを弾きながらこしらえた適当なマイナー・セブンス・コードを加えた。狙っていたのはムーディーで不穏で洗練された感じ、クルト・ヴァイル的なワイマール時代のキャバレー音楽をトム・ウェイツ風に仕立てたような方向だった（当時はトム・ウェイツのレコードをよく聞いていたのだ）。「ロマンスに恋して」は、ぼくのデビュー・アルバムの四曲目になるはずだった。通好みの隠れた名曲、知られざる傑作。

今になると、その曲の本当のテーマは自転車だということがよくわかる。それは夜空の下で街を自転車でゆくときに頭の中にあふれ出す思いをつづったものだ。ナイーヴで、感傷と自惚れに満ちた自分の世界に浸り切っている白人の若者の魂を、何でもできそうなワイルドな期待感と、不意に人生の謎が解けたような高揚が揺さぶっている。黒々とした街の闇の中を駆け抜けるスリルと、一定のリズムで刻まれるペダルの回転がそのすべてを強烈に増幅している。

「ロマンスに恋して」はその後何年か、ぼくのレパートリーに入っていた。ぼくは優秀なバイク・メッセンジャーではなかったが、ミュージシャンとしてよりはメッセンジャーとしての方が優秀だった。これほどに愉快な仕事は二度と経験しなかった。八月の終わりに、ぼくはウィスコンシン大学マディソン校で学業に戻り、キャンパス外の学生街の家で五人の親友と暮らしはじめた。ロス・バイクの十速モデルはボストンに置いてきたが、マディソンに着いた翌日に街に出かけて中古の自転車を買った。たしか四〇ドルだったと思う。

3. クラッシュ

たしか九歳か十歳のころ、砂利の上で自転車の前輪がはまり、ハンドルをとられて左側に転んだまま、道路の上を滑っていったことがある。季節は夏で、霧雨の降るコネチカットの朝だった。あの吹き流しのようなテープを自分で切り取った、年代物の赤い自転車だった。ぼくは継母の実家の近くの、鬱蒼とした木立の間の道で自転車に乗っていた。ほかに人の姿はなかった。辺りには曲がりくねった樹々の深い森が広がっていて、ぼくはそのころ読んでいたファンタジー小説みたいだと思っていた。ホビットの村とかナルニア国のライオンの棲み家がありそうな場所だ。そのときもぼんやりとそんなことを考えていたのかもしれない。いずれにしてもぼくはスピードを出していて、激しく転んだ。地面に倒れてからも、地面の凹凸にぶつかりながらかなりの距離を斜めに滑っていった。雨に濡れた路面に肌を擦りつけながら。頭を打ったり骨を折ることはなかったけれど、腕と太ももの擦り傷がフライパンで焼かれたみたいに痛んだ。サイクリストはこうした擦過傷を「ロード・ラッシュ」と呼ぶ。自転車は五メートルほど手前に引っくり返っていた。自転車とぼくの間の道路のアスファルトには、黒いカンバスに絵の具を散らした抽象絵画のように血の痕がついていた。

それが自転車で経験した最初のアクシデントだったかは正直よくわからない。ぼくは普通のサイクリスト並みかそれ以上によく転んでいたので、この手の記憶もはっきりしない。後々まで痕跡が残る出来事もあった。十六歳くらいのころ、自転車から投げ出されて左手の薬指を骨折したことがある。指の関節が不恰好に膨らんで、今でも変な形のままだ（結婚したときにはその関節が通るように特別に大きな指輪を買って、指から抜けないように宝石職人に指輪の内側を細工してもらった）。大学時代の事故では向こう脛にピンポン玉くらいのコブができた。事故そのものの記憶はないのだが、キャンパスの近くの友人のアパートで座っていたのは覚えている。怪我した脚を持ち上げて、冷凍庫から出した袋で腫れを冷やしていた。冷凍ミックスベジタブルの袋だ。

妻は、ぼくは事故が多いという。数字の上ではそうかもしれないが、違う気もする。ぼくには平均の法則の結果に思える。つまり自転車にずっと乗っていれば、遅かれ早かれ事故に会うことは免れないのだ。特にニューヨークを自転車で走ることが多ければ、この仮説はますます現実味がある。これまで二十年以上にわたって、ニューヨーク市は何百マイルもの自転車レーンをつくってきた。計画の上ではさらに何百マイルか追加して、自動車との境界に障害物を設けてレーンを保護することになっている。でも今はまだニューヨークの自転車インフラは十分とはいえず、自動車はほとんど何でもやり放題で、自転車はその流れの只中に放り込まれている。

ニューヨークでは毎年何千人という自転車乗りが自動車によって負傷しているが、自動車のドライバーが法的な責任を問われることは稀だ。自転車乗りが死亡した場合でもその事情は変わらない。

ニューヨーカーは最近ゴースト・バイクをよく目にするようになった。これは死亡事故の現場に犠牲者を悼んで置かれる、真っ白に塗られた自転車のことだ。花束や、ラミネート加工した故人の写真が供えられていることが多い。視界の端にこの慰霊碑を見かけると、いつも恐怖で動悸が早まる思いがする。ペダルを漕いで通り過ぎる者は自分がまったくの無防備であることを自覚するのだ。道路の四方をうなりを上げて走っている車やトラックには一瞬で審判を下す力がある。どれほど熟達した、どれほど注意深い都会の自転車乗りだとしても、目的地までたどりつけるかどうかはただの運だともいえる。惨い結末に至ってしまえば、転倒した場所にはゴースト・バイクがもう一台出現することになる。そうでなければニューヨークにとっては肩をすくめる程度のニュースにしかならない。たまに、街の有力者が自転車の死亡事故に空涙を絞り出してみせることもある。しかし、ニューヨークの行政や市民の大部分にとって、そのような死は不運だが避けがたいことだと思われているのは明らかだ。自動車のものである道路で自転車に乗るなどという無謀で無法な行いをすれば、それが当然の帰結なのだ、と。「サイクリストは殺しても問題ないのか?」二〇一三年のタイム誌に、そんな問いかけをする署名入り論評が掲載された。筆者のダニエル・デュエインはその答えはイエスだと結論している。それによれば、アメリカ合衆国には「事実上、人を殺しても合法となる司法制度が存在している。明らかにあなたの過失であっても、あなたが自動車を運転していて、被害者が自転車に乗っていて、あなたが飲酒しておらず、現場から逃げずにいるならば」。

別のいい方をすれば、ニューヨークは非常にアメリカ的な場所である。自動車への情熱は、ばらばらになった国民を結びつけるもの、最後に残された大いなる統一のよすがのひとつだ。ちょうど州間高速道路網が、メイン州ポートランドからどこかの田舎町を通ってゴールデンゲート橋まで、つまり輝ける海から海までを結びつけているように。片やニューヨークはアメリカの例外で、どこか「ヨーロッパ的」な独自の流儀で動いている、大陸の沖に浮かんだ都市国家のような場所だと思わることが多い。その一例は街と自動車との関係だろう。ニューヨーカーは他のアメリカの大都市の住人に比べて、自動車の所有率が三割ほど少ない。多くの者はニューヨークで自動車を運転するのはズレていて便利でもない、この街の精神に反することだと思っている。

しかし自転車に乗る者は、ニューヨークもまたアメリカのほかのどの場所とも変わらない自動車中心の社会であることを知っているのだ。自動車カルチャーはニューヨークの政治的対立の橋渡しにもなっている。アッパーウェストサイドのリベラル派はハッチバックに「グローバルに考えてローカルに食べよう」などというステッカーを貼り、スタテン島のトランプ支持者は青い線を加えた星条旗をルーフラックから翻らせているものだが〔BLM運動に対抗して警察への支持を示すシンボル。青い線は法と混沌の境界および警官の制服の色を意味する〕、天敵のような両陣営はどちらも縁石に乗り上げて車を停める自由の擁護とか、交通ラッシュ時間帯の通行料金を値上げする「混雑税」の導入への反対とか、小バエのようにうざったい自転車乗りを軽蔑するとか、そういう点では団結しているのだ。自動車カルチャーは市政や新聞のコラムにも刻印されている。とりわけルパート・マードック傘下のニューヨークポスト紙は執拗なまでのアンチ自転車の論陣を張り、自転車は特に歩行者を危険に曝す危険な存在だと主張している。この種の論調は一二十五年前に、ハーストやピュリッツァー〔いずれも当時の新聞発行人〕のゴシップ紙に書き散らされていた言いたい放題の悪評からそれほど変わっていない。データの上でも常識的にも、現実には道路を突進する一・五トンの鉄の塊の方がよほど危険なことが明らかであるにもかかわらず、多くのニューヨーカーが自転車を安心や安全の天敵と見なしている理由はおそらくこうした事情にあるのだ。ニューヨーカーが自転車より車やトラックとの事故に遭う確率がはるかに高く、事故の被害もはるかに重大ということはいうまでもない。

別のいい方をすれば、ニューヨークで自転車に乗ることは危険と敵意に直面することで、それがなければ喜んで自転車に乗っていただろう多くの住民は決して乗ろうとしない。それでも自転車に乗る者の数は百万人を越え、「シティ・バイク」等のバイクシェアリング・プログラムのおかげもあってその数は増えつづけている。ニューヨークのサイクリストは用心深く、守備的かつ戦略的に走り、その上でいくつかのコツを身につけている。たとえば鋪装の大きな凹みはペダルを踏む脚を緩めてやり過ごし、停車中の車はサイドミラーを見て、発進しそうな車とかドアを開けたりしそうなドライバーに気がつくようにする。

そんな中にいると、一種独特な精神のあり方が引き出されてくる。朗らかな諦観のようなものが身についてくるのだ。自転車乗りは、世界に潜んでいる災厄について、いつ頭上からピアノが落下してくるかも、いつ車が縁石を乗り越えて飛びこんでくるかも知らずに歩いている人よりは多少気をつけているだけなのだ、と自分に言い聞かせるようになる。自転車に乗る者は間違いなく、自動車についてほかの誰よりも、とりわけ運転している本人たちよりもよく理解している。「財産が人を愚かにするように、クルマは人を愚か者にする」とエッセイストのユーラ・ビスは書いている。「自動車に乗っている人たちは、まるで偉い男同士が会話しているみたいになる。自転車は自動車の隙間に入れてもらえることはあるけれど、たいていは無視される。たまに敬意を示されることもあるし、腫れ物に触るように扱われることもあるけれど、そもそも視界に入っていないことが多い。そういう点で、車道で自転車に乗ることは男だけの集まりに女がひとりでいることに似ていなくもない」。

ニューヨークの自転車乗りが直面する状況は、したがって、悲惨であると同時に恵まれているともいえる。なぜならそれは自転車乗りに、走る箱の中に自分を縛りつけて窓ガラス越しに世界を見ている者が得ることのできない、洞察と才知をもたらしてくれるからだ。ジャーナリストのビル・エマーソンはこう書いている。「自転車の上にいると、犬はもともとの犬のあり方を取り戻してレインコートの裾に嚙みついてくる。道路の穴ぼこも自分自身の問題になってくる」。自転車の視点から見るとき、街はより沸騰するお祭り騒ぎのような場所に、つまりより街らしいものになるというい方もできるだろう。危険は感覚を研ぎ澄まさせ、景色をより鮮やかに見せ、あらゆるものを一触即発の生き生きしたものに変える。自転車のサドルの上から見るとき、高級化(ジェントリファイ)される以前の古の貌を見せ、ニューヨークは老朽化し危険に満ちた昔日の姿を取り戻す。それはオールドスクール・ヒップホップのニューヨークであり、パンクロックのニューヨークであり、デイモン・ラニアンの描く軽快で不穏なニューヨークだ。こういう話は、ラッシュアワーのクイーンズ大通りの殺人的混雑を自転車で切り抜けようとする理由にはなりにくいかもしれない。しかし、根っからの自転車乗りにとっては自転車を否定する話よりましだ。自転車に乗ることには死ぬリスクがある。でも毎日を自転車なしでとぼとぼ歩いて暮らすなんて、そんな生き方はありえないのだ。

そんなこんなでぼくは引き続き自転車に乗っていた。ときどき前や後ろからトラブルが飛び込んできた。一九九〇年代の半ば、チェルシーの十番街を通っているとき、よりにもよって「守護天使教会」という名の教会の前で追突されたことがあった。ドライバーはそのまま逃げてしまい、教区学校から修道女が二人飛び出してきた。ぼくは体中に擦傷ができたが、大きな怪我はなかった。神に感謝。さらに約十年後の二〇〇六年六月、今度はブルックリン・ハイツでものすごい勢いのＳＵＶに追突された。キャドマン・プラザ・ウェストという、ブルックリン橋を行き来する車がいっぱい走っている交通量の多い通りだった。これはぼくの人生で最悪の事故だった。地面に落ちた衝撃で左肩がひどく脱臼して、関節唇という肩関節のまわりにある環状の軟骨が粉砕された。近くの消防署から消防車のチームが駆けつけてくれて、消防士のひとりに「腕がおかしなことになってるよ」と言われた。数日後、外科医が肩を元通りにねじ込み、体の別の場所からとってきた組織を使ってばらばらになった関節唇を再建した。今でもぼくの左腕の可動範囲は回復していないし、肩甲上腕関節のきしむような痛みは気圧の変化を先回りして教えてくれる。

街の交通のせいにできない事故はある。コネチカットでの子ども時代の転倒もそうだし、スコットランドの森の中でダニー・マカスキルについて行ったときのヘマもそうだ。とはいえ、都市的な事故としかいいようのないものもある。都市のサイクリストにとって最大の敵は自動車のドア、通過する自転車をなぎ払う怪物のようにいきなり飛び出してくる金属の塊だ。何度かドアにやられたことはあるが、中でもマンハッタンのミッドタウンの、八番街の五十丁目付近でやられたやつはひどかった。ちょうどタクシーの後部座席のドアの位置に並んだ瞬間に男が飛び出してきて、左の膝頭に強烈な打撃をお見舞いされた。どこの骨も折らずに済んだ理由がよくわからないが、松葉杖を使わなくてよくなるまでには何週間かかかり、チャン先生という鍼師のもとへ五、六回通わなければならなかった。そのときの主な記憶は音だ。事故は体で感じる前に、つまり痛覚が脊髄の高速道路を通って脳に到達する数ナノ秒前に耳でわかった。最初は開くドアが蝶番をきしませる音だ。それに続いて、クルミ割り器でペカンナッツを砕くようなバキバキというおぞましい音。

4　鍵をかける

大都市の自転車乗りにふりかかる災難はそれだけではない。一九九九年の夏、ぼくがイーストヴィレッジの家から出ると自転車が消えていた。

朝の六時だった。前夜はいつものように自転車を停めて鍵をかけた。鉄の鎖を前輪のスポークの間に通して駐車標識の柱にまわし、さらに自転車のフレームの真ん中に通してからトップチューブにぐるぐると巻きつける。そして鎖をぴんとなるように引っ張りながら二つの輪に丈夫な南京錠をかけ、標識の柱にしっかりと括りつける。東十丁目とアヴェニュー・Bの角、トンプキンス・スクエア・パークの向かい側で二十四時間営業の食料品店の目の前だった。その朝、自転車が消えていることに気がついたぼくは、食料品店の前で安物の花を箱に詰めていた店員に尋ねてみた。誰かが自転車を盗ってくのを見ませんでしたか？　すぐそこのあの柱に鍵をかけて停めてたんだけど。

ああ見た、と彼は答えた。彼は見たのだ。その二時間前の朝の四時くらいに、二人組が乗った、後ろがフラットな荷台のトラックが道路の脇に停まった。荷台の上に立つと、二人はちょうど標識の柱の天辺くらいの高さに手が届いた。ひとりがレンチを持ってきて標識を外した。もうひとりが鎖のついたままの自転車を持ち上げ、二人で押したり引いたりしながら高さ三・五メートルくらいの柱の上を通した。そして自転車を荷台に載せて走り去った。

店の男はこうしたことをありのままに、しかし実に面倒そうな様子で教えてくれた。この出来事にあまり興味がないのは明らかだった。街を車で回りながら自分のものではない自転車を集めて回る、という行為は適切ではないし、厳密にいえば適法でもない、という点についても、彼は特に何かをすべきだとは思わなかったようだ。むしろ、泥棒の方が目撃者より公共心があったといえなくもない。なにしろ、標識を取り外した男は立ち去る前にきっちりと元通りにボルトを締めていったのだから。

自転車泥棒は世界中に蔓延している。毎年盗まれる自転車は何千万台にもなる。アメリカ合衆国では自転車盗は窃盗全体の約五パーセントを構成するが、この数字は氷山の一角に過ぎない。自転車の盗難のほとんどは届け出られることもないからだ。自転車を盗むことに特別な技術や悪知恵はほとんど必要ない。自転車の鍵は金切りノコギリやボルトカッターで切断できるし、ペンチでこじ開ける、圧縮空気で凍結させてハンマーでカチ割る、なども可能だ。ほとんどの場合、警察は役に立たない。自転車盗はマンパワーやリソースを割くまでもない、軽い問題だと思われているからだ。つまり自転車は簡単に盗めて、警察はほとんど気にも留めない、そんな盗人にとって理想的な対象なのだ。罰なき罪ともいえる。

これは、ぼくが高価な自転車に金をつぎ込んでこなかった理由のひとつだ。泥棒どもはゴミのようなクルーザー・バイクを盗むためにわざわざ道路標識を分解する手間をかけるくらいだから、高価な自転車がゴッサム(ニューヨーク)のような物騒な場所でどのくらい無事でいられるか、とてもわかったものではない。このアベニュー・Bでの盗難事件の数年前には、新しい自転車を自転車店で受け取って、そのわずか数時間後に盗まれたこともある。そのときはトレック800スポーツという、それほど魅力的ともいえない、二五〇ドルくらいの中〜低価格帯のマウンテンバイクだった。ただし新品で、きれいなグリーンのフレームにはキズひとつなかった。その晩、ぼくはその自転車に乗ってチェルシーの自分のアパートからアップタウンの母の家まで行った。母はそのころニューヨークに戻り、モーニングサイド・ハイツの、百十四丁目とブロードウェイの交差点のすぐ西のあたりでまた暮らすようになっていた。ぼくは母の家のあるブロックの端、リバーサイド・ドライブの近くにあった柱に自転車をくくりつけて、クリプトナイト社製のU字ロックで鍵をした。これは愚かな選択だった。U字ロックは簡単に解錠できることで有名なのだ（インターネットで探せばボールペンで解錠する方法の解説映像をみられる）。母の家で夕食をとった後、外に降りてみると――影も形もない。

得やすきものは失いやすし。今夜、ぼくは硬化処理されたマンガン鋼のチェーンを自転車のホイールとフレームに通して、アパートの外の街灯の柱に南京錠で留めることだろう。これはかなり頑丈で、理論的にはアベニュー・Bのときより盗難に強い状態になっているはずだ。しかし、熱心な悪党がまともな道具を持ってきて、事が終わるまで時間をかける覚悟を持ち合わせていれば、この施錠方法もいずれは敗北する。明くる朝には、目を覚ましたぼくは元の場所にある自転車を見届けられるかもしれないし、とっくの昔に消えてしまっているかもしれない。部品を剝ぎ取られ、あるいは塗り直されて売り飛ばされているかもしれないし、まったくそのままの状態で別の誰かの自転車になって、そのペダルが誰かの足元で回転を続けているかもしれない。

5. 自転車的逍遥

とはいえ、ニューヨークのサイクリストが経験するあらゆる災難を考慮にいれても、それでも自転車はニューヨークで生きるために欠かすことのできない要素だと思っている人びとがいる。その種の人びとにとって、自転車を持たずに暮らすことはニューヨークを半分しか経験しないこと、まるでよく振ったスノーボールをのぞくように遠くからぼんやりと眺めていることに等しい。それは単に自転車がもっとも効率的な移動手段であり、命の危険はあるにせよ、もっとも楽しい通勤方法の選択肢であり、渋滞の影響を受けずに用事を片付けるために最適の交通手段だから、ということではない。それだけではなく、自転車はニューヨークの街を丸ごと理解し、我が身に吸収し、場所の意味を知り、街を貪り尽くすためにも最適な手段なのだ。

自転車は乗り手に地勢を教え、基本的な地形の知識をつけてくれる。ニューヨーク市を構成する群島状の地形は四百年間におよぶ掘削や浚渫によって均され、形を変えてきた。しかし五つの行政区の多くの街路の下には今でもかつての氷堆石〔氷河に運ばれた岩石や土砂が堆積した地形〕や三畳紀の地殻に由来する斜面や尾根がある。「ある地方の地形をもっともよく学ぶ方法は自転車に乗ることである。なぜなら、汗水垂らして山坂を上り下りしなければならないからだ」と、アーネスト・ヘミングウェイは書いている。自転車は地名の背後に潜んでいる土地の姿を教えてくれる。ブルックリン・ハイツには高み（ハイツ）があり、マレー・ヒルには丘（ヒル）がある。ニューヨークで自転車に乗る者は、歩行者や自動車のドライバーはほとんど気がつくことのない傾斜を時に苦労しながら駈け登り、時に爽快に駆け下りながら、太古の時代に触れているのだ。オランダ人が訪れる前の時代、レナペ族が住む前の時代、マストドンが闊歩する前の時代に。二つの車輪が教えてくれるのは、地質学的な時間のスケールで展開されるニューヨークの歴史だ。

しかも、自転車は現代の街の謎に分け入ることにも長けている。メキシコ生まれで今はニューヨークで暮らす作家バレリア・ルイセリは、あえて無目的に、漂うように街の中を気ままに移動する遊歩者（フラヌール）の自転車版としてシクルールなる新しい言葉を生み出した。「『シクルールとは』最終的な目的をもたない行為として自転車に乗ることを発見した者のことだ」とルイセリは書いている。「彼は考えることや書くことくらいにしか比較することのできない、奇妙な自由を我がものとする。……自転車乗りは二輪で滑るように街を通り過ぎていきながら、街を観察し、その共犯者兼目撃者となるためにちょうどいいペースを見つけ出す」。

ちょうどいいペースとは何だろう。かつて自転車は速さを売りにしていた（最初に人口に膾炙した名称であるヴェロシペードはラテン語 velox pedis すなわち「迅速な足取り」に由来していた。フランス語で自転車を意味するヴェロ vélo はこの意を留めている）。今日では、自転車をその遅さのゆえに賞賛する者が多い。超高速化した情報化時代への解毒剤として、あえて速度を落としたライフスタイルの選択肢（「スローフード」とか「スローセックス」とか）のひとつとして、「スロー・サイクリング」なるものが支持されている。

ただし、ニューヨークのシクルールにとって理想のペースは高速でも低速でもなく、街の情景を眺められるくらいの悠揚迫らぬ中くらいの速さ、ルイセリの言葉を借りれば「ムービーカメラ越しに見ているような」テンポだ。そうすると食料品店への買い出しも映画のような、スカイラインと車道と歩道を視界に捉えたトラッキングショットのような体験になる。地平線上には無数のオフィスビルが互いに重なるように並び立ち、通りを横切る電話線には一足のコンバースのスニーカーが靴紐で引っ掛けられていて、ゴミ箱では一匹のリスがベーグルの切れ端をくわえて走り出してくる自転車乗りは真空掃除機のようにショーウィンドー、看板、広告のフレーズ、落書きを目で吸い上げ、無数の顔を拾い集め、さらに携帯電話を覗き込む無数の顔の見えない頭を収集してゆく。自転車は、自動車と徒歩の両方のいいところを与えてくれる。視界いっぱいに流れてゆくパノラマを眺めることもできるし、速度を落としてディテールに目を留めることもできる。

別のいい方をしてみよう。自転車のサドルは、流れてゆく世界を眺めるための素敵な止まり木なのだ。サドルに座ると目線はバスケットボール選手のレブロン・ジェームズにも負けないくらいになる。ぼくは、よく自転車の上で背伸びをするようにして、惰性で進みながらペダルを止めて両足で立ち上がる。そうすると、すれ違うSUV車の屋根も見下ろせるくらいになる。竹馬とかホッピング〔バネで飛び跳ねる遊具〕とか人力飛行機に乗るのでもない限り、自分の力で移動しながらこれほど高さのある視点をもつことは不可能だ。高みから見るとニューヨークも悪くはない。

6．まぬけ（ターキー）

一方で自転車の上のぼくがどう見えるかといえば、たぶんそれほど魅力的ではない。技術的な意味でいえば、ぼくは自転車の乗り方をよくわかっていない。その道の自転車乗り、つまりスポーツとして速く効率的に走る技術を身につけたライダーの目からすれば、ぼくのフォームは酷いものだと思う。自転車乗りのスラングでは、無様なライダーのことを「まぬけ（ターキー）」と呼ぶ。ぼくは間違いなくその部類である。乗車姿勢やペダリングのテクニックはもちろんのこと、自分に合ったフレームのサイズさえ気にかけたことがない。サドルの高さは、ペダルを六時の方向にして膝がだいたいまっすぐになるように、というお決まりのやり方で決めている。それがぼくにとって最大限の専門知識である。

上り坂とか向かい風ではがっくりとパフォーマンスが落ち、大いに息を切らしてうんうん悶え苦しむことになる。メンテナンスを先延ばしする癖もあり、やがて自転車も悲鳴を上げはじめる。変速ギアはギシギシと摩耗し、チェーンはカチャカチャ音を立て、ブレーキパッドは刺し殺されるブタのような叫びを上げる。「もの言わぬ駿馬」にはあんまりな話である。

とはいえ、こうした細かな話は重要ではない。ぼくが自転車に乗るやり方、つまり一年を通して、いかなる天候でも、都会の通勤や移動に自転車を使うことにはそれ自体に野蛮な流儀があり、そのスキルは誰にも引けを取らないつもりだ。渋滞の中を器用にすり抜けてゆくことには熟達している。交通の流れにうまく合わせる、あるいはうまく逆らうこともできる。ショートカット、ガソリンスタンドを突っ切る、路駐の車列の狭い隙間に飛び込んで歩道に逃げる、ほかにもさまざまな技を、ただ直観に従う名人のように考えることもなく繰り出すことができる。

それが見惚れるような眺めかといえば、そうではないかもしれない。でもいったい誰が見ているというのか？　バレリア・ルイセリはこう述べている。自転車は「歩行者の視界をすり抜け、自動車内からは目に留まることのない立場を乗り手に与えてくれる。つまり自転車乗りは不可視であるという格別の自由を手にする」。まったくその通りではないが、そういう感覚はあるし、それだけで十分だ。とりわけ、店のガラスに映るたびに自分の姿をまじまじと見つめてしまうような者にとって、自転車は他人の監視の目からも、自分が自分に向ける辛辣な眼差しからも逃がれさせてくれる。自転車に乗ると、ぼくのつまらない虚栄心はどこかへ消える。あの禅の状態というか、安寧の地というか、自分がどれだけ無様でも気にならなくなってしまうのだ。

7. 幻肢

自転車に乗れない生活はつらい。そして避けられない。大雨もあれば大雪もある。あるいは、人を会う予定があって、八〇ブロック分を自転車で移動してきたような格好は避けたいとき。自転車を店に預けることもある。盗まれることもある。自転車で移動することに慣れていると自転車なしの生活にはとまどうし、体もなまる。車輪がないと、まるで体の一部を切り取られたように感じる。

地下鉄は狭苦しいし、落ちつかないし、退屈だ。タクシーに乗れば、脇を通り抜けてゆく自転車を恨みがましく見つめてしまう。歩いていると、まるで流砂の中を歩いているように足が重い。自転車で移動することはニューヨークの知られざる真実を教えてくれるが、その一方で嘘も刷り込んでくる。街のサイズや距離について間違った印象をもつようになるのだ。自転車なら一瞬で済む移動でも、徒歩や公共交通ではけっこうな道のりになる。自転車を降りて見るニューヨークは大きく、しかもそれほど立派ではない。人の心を逆撫でし、心をくじくように設計された場所のように見える。街の情景もぼんやりと見え、心の中もぼんやりとする。

その慰めが訪れるのは夜だ。夢の中ではふたたび自転車にまたがり、見慣れた街を疾走している。SF映画のようにサイケデリックに変貌した街を、空飛ぶ自転車に乗って飛び回っているかもしれない。ニューヨークは天の川まで浮かび上がり、自転車のタイヤの下で絨毯のように星々が流れてゆく。カクテルに添えられたチェリーのように、エンパイヤステートビルの尖塔に火星が刺さっている。自転車乗りがどんなふうに夜も自転車で走りつづけているのか、一八九六年に、H・G・ウェルズはこう書いている。「脚の筋肉にはまだ運動の記憶が残っていて、ぐるぐると回りつづけているみたいだ。きみは千変万化する夢の自転車に乗って、夢の世界を駆け抜けてゆく」。

8. 角で待ってる

ぼくの長男が自転車に乗れるようになったのは、ある週末の午後のことだった。その朝、彼はあることを知ったのだった。いちばん仲のいい友だちが近所を自転車で走っていたらしい、ということを。息子は自転車にそれほど興味を持っていなかったが、友だちが先にその画期的な一歩を踏み出した、という話にいてても立ってもいられなくなった。彼はその日のうちに乗れるようになった。六歳だった。

彼はその何年も以前から自転車に乗ってはいた。ただしサイクリストとしてではなく、ぼくの自転車の乗客として、ぼくが街に出るときの旅の伴侶としてである。しばらくはサイクルトレイラー（自転車の後ろにつなげて引っ張る小さな牽引車）に載せて引っ張っていたが、サドルのすぐ後ろの載せるタイプのチャイルドシートに変えた。ぼくらはどこへでも一緒に行った。学校や公園はもとより、北はウィリアムズバーグやグリーンポイントへ、さらに橋をわたってマンハッタンまで、都心と住宅街を行き来した。移動中はおしゃべりの時間だった。ニューヨークについて。歴史、学校、中華料理、自転車などなどについて。ある時ぼくはそのころ読んだ、月まで往復する距離を目標にして自転車で走っている自転車乗りについて書いた記事のことを話した。息子は、ぼくらも同じことできる？と言った。家から小学校まで何回行けば月まで行って帰ってくる長さになるかな？　ぼくらは数字をあれこれ計算して、おおよその答えを出した。だいたい五十万回だ。ぼくらはもう少し現実的な目標を考えることにした。

そして、彼は自分で自転車に乗ることを覚え、その自由と危険を味わうことになった。それ以来、街で自転車に乗るときは、ぼくは車道を走り、息子には歩道から降りないように言い聞かせた。息子と並走して、自動車の来ない場所で道路での乗り方を学ばせるつもりだった。でも彼は言う通りにするほど我慢強くはなかった。ぼくが車に行く手を阻まれている間に、歩道を走ってブロックの端まで行ってしまう。「角で待ってるよ」と言うなり猛ダッシュして見えなくなってしまうのだ。しばらくは彼は角で自転車を止め、ぼくが追いついてから道を渡るというのを徹底させていたが、それも無駄な努力だった。気をつけるから、と彼は言うのだ。だから車には当たらないよ。それに、パパが遅すぎるんだ。なんで待ってなきゃいけないの？

今では、彼は立派なティーンエージャーになり、身長もぼくと同じくらいになった。乗っているのはレトロなスタイルのBMXだ。洒落た白いフレームに、二六インチのホイール。自分で練習してウィリーとか、ポゴ〔前後輪を持ち上げてジャンプするトリック〕とかいったトリックができるようになった。よく自転車で街に出て、友だちに会い、連れ立って遊んでいる。昼も夜もどこに行って何をしているのやら、という感じだ。彼は思春期特有の落ちつかなさで、家に帰ってきてしばらく食事をして、眠り、多少の勉強をして、いくらか言葉を交わし、そしてまたBMXにまたがってどこかへ行ってしまう、そんな時期を過ごしている。子どもがニューヨークを自転車で走り回っているとなれば、ティーンエージャーの親の不安もまた一段と大きくなるものだ。でもぼくは彼にやめろといえる立場ではないし、そうすれば車を運転しはじめるかもしれない。そっちの方が心配だ。

この前、自転車に乗っている息子にばったり出会う、という不思議な体験をした。彼は家から一〇ブロックくらい離れたところで、友だちと二人で自転車で走っていた。家の外で我が家のティーンエージャーが過ごしているところに遭遇する、というのは珍しい。妻とぼくが次男を連れて散歩していると、横断歩道でばったり出会った。長男はそれまでにも増して、いっぱしの若者に見えた。一瞬の出来事だった。「やあ」と彼は言って、二、三の言葉を交わすと「じゃあね」と言った。そして息子とその友人は去り、あっという間に街の中に消えてしまった。

ぼくらはまだ、ときどき一緒に自転車でどこかへ行くことがある。家族みんなで、という場合もある。長男が先頭に立って、妻とぼくが後ろをついてゆく。ぼくらの隊列はブルックリンを横切ってたとえば書店まで、あるいはアジア料理屋まで行く。ぼくのサドルの後ろにはチャイルドシートが残っているが、そこに乗る人は変わった。次男はまだ自分では自転車に乗れない。彼は自転車の練習に乗り気ではないのだが、そろそろチャイルドシートには大きくなってきた。時間の問題だ。彼もまた自分の足でペダルを漕ぎ、角でぼくを待つようになるまではそう遠くない。

9 優雅に年を重ねる

少し前に、チリの農村部に住むエレナ・ガルベスという女性に関するニュース記事を読んだ。インターネットで話題になりがちな、よくある感じの啓発的な記事だ。九十代のガルベスは週に何百キロも自転車に乗り、飼っているニワトリの生んだ卵を市場へ持ってゆく。彼女の収入源はその卵だけで、卵を運ぶための手段は彼女が「仲間で友だち」という古びたクルーザーバイクだけ。「彼女があっての私なの」とガルベスは言う。自転車に乗るのが長寿の秘訣なの、と彼女はつづける。百まで生きられたとしたらこの自転車のおかげね、と。

自転車に乗りながら年を取ることはできる。ゴルフのような上品なスポーツを嗜んでいるお年寄りはたくさんいるが、そういうレジャーは生活とは切り離されている。ゴルフコースはつくりものの楽園、世界から切り離された箱庭のようなものだ。自転車は年齢を重ねる体を健康に保ってくれる。しかしもっと大事なことは、その体を外へ、刺激のある世界に連れ出してくれることだ。

年を取った自分の生活を空想するときに――いわゆる「老後」の理想化されたイメージを思い描くときに――いつも戻ってくる同じイメージがある。安っぽい映画のモンタージュのようなソフトフォーカスの映像が浮かんでくる。それは、ぼくと妻が、たそがれゆくニューヨークの静かな通りを自転車に乗ってゆくという絵だ。若いころに抱いていた自惚れに満ちた将来像は思い出すだけで身悶えしてしまうものだが、白状してしまえばそれからあまり変化はない。今でも空想の手がかりになるのはだいたい似たような要素なのだ。さすがにロックミュージシャンとしてのスターダムを切望することはなくなった。これはぼく自身と周囲の人びとにとってはいいことだろう。でも自転車の存在は今も大きいし、ついでにいえばまだ「ロマンスに恋して」いる。偉大な街、まともな自転車、自転車に乗れるくらいには元気な体、そしてぼくの隣りを自転車で走る妻。それが、ぼくの望むたそがれの旅だ。運がよければ、つまり曲がり角でトラックに潰されたり、自動運転タクシーに引っかけられたり、自転車に乗っているときも乗っていないときもそのほかの不運に見舞われることがなければ、ぼくはまだあの偉大な格調ある存在に、あるいは質素ながら凛とした存在になれる可能性がある。自転車に乗った老人、という存在に。

第14章　墓場

排水されたサン・マルタン運河の汚泥に埋まった自転車。パリ、2017年。

パリ市は、十年くらいごとに一度、サン・マルタン運河の水を抜いている。右岸地区の南北方向に四・五キロほど伸びているこの水路は、もともとはパリの衛生のため、つまりコレラや赤痢の蔓延するパリに新鮮な水を供給するために建造されたものだった。しかし、それ以来二世紀の年月を経るうちに、この運河は本来とは別の、はっきりいえば真逆の役割を果たすようになってしまった。ゴミを捨てるところ、巨大な液体ゴミ箱になってしまったのだ。それゆえに、定期的に実施される運河の排水はある種のお披露目の機会にもなっている。水が引くにつれて、それまでの幾千もの夜の間に運河に投げこまれたモノ、吐き出されたモノ、秘かに沈められたモノが陽の下に開陳されるのだ。

二〇一六年の排水の際には歩道橋や河岸に人びとが集まり、清掃チームが泥をさらってゴミを取り除く様子を見物した。山のようなゴミだった。マットレス、スーツケース、道路標識、三角コーン。洗濯乾燥機、仕立て用のトルソー、テーブル、椅子、バスタブ、トイレ、古いラジオ、パソコン。乗り物も、水とは縁のないものが泥の中から何台も引き揚げられた。乳母車があり、ショッピングカートがあり、車椅子は少なくとも一台、モペッドが何台かあった。

今日、パリ十区のこの運河に接する界隈にはおしゃれなカフェやレストランが立ち並び、パリでも流行の先端をゆく街だ。しかし夜も更けると、一帯にはどこか昔日の湿っぽさを思わせる雰囲気が漂う。ここが犯罪映画やハードボイルドな探偵小説の舞台によく登場する、薄汚れた下町だった時代だ。通俗小説ではサン・マルタン運河の闇から忌しい秘密が浮かび上がるものだ。ジョルジュ・シムノンの殺人ミステリー『メグレと首無し死体』は、警察がヴァルミー河岸のあたりでバラバラ死体を引き揚げる場面から話が始まる。二〇一六年の排水清掃では人間の死体こそ見つからなかったが、北端に近い閘門では拳銃が一丁見つかっている。後日の当局の発表ではライフル銃も発見されていた。

運河でいちばんたくさん見つかるものは、ワインボトルと携帯電話を別にすれば、自転車だ。その九年前の二〇〇七年に、パリはヴェリブというバイク・シェアリングのプログラムを開始していたが、水が引いた後には、運河の底の汚泥に半分埋まったヴェリブのクルーザー・バイクの残骸が何十台も見つかった。ほかにも、いろんなタイプや年代の自転車があり、中には水の底に沈められる前に壊されたようなものもあった。ホイールが歪んだり曲がったりしているものや、ホイールのないものもあれば、ホイールやフレームは無事だがステムとハンドルバーがないものもあった。まさに「首なし死体」だ。

その一部は、たまたま運河で最期を迎えることになった自転車だ。自転車が意図されざる水没の憂き目に会うシナリオはいくつもあり、いずれも起こりがちな不運だ。たとえば自転車乗りが夜闇や霧で方向を見失い、河岸から運河に落ちてしまう。酔っ払って橋から落ちる。警察に追われた泥棒が誤って運河に落ちる。運がよければ本人は――ときには自転車ともども――水から上がることができるが、犠牲者が出る場合もある。過去の新聞を漁ってみると、どぎつい見出しのついた悲惨な事故がいくらでも出てくる。「波止場へ転落、自転車乗りがポータルボットで溺死」「川の自転車に死体」「自転車の少女溺れる　友人が目撃」「少年、運河で溺死　自転車と共に発見」「女性の自転車乗り溺死、欄干を越えて川に投げ出される」「闇の中を川へ　グロスターの男性、自転車で通勤中に溺れる」「自転車乗りが溺死　しかしなぜ？」打ちひしがれた者があえて水底に向けてペダルを漕ぐこともある。二〇一六年の秋、三十八歳のトランスジェンダー女性がシラキュースに近いニューヨーク州デウィットのアパートで遺書を書いた。その後女性は近くの州立公園へ行き、自分を手錠でつなげたマウンテンバイクを漕いで湖へ飛び込んだ。彼女の死体はその一週間後、自転車につながれたまま発見された。

　サン・マルタン運河の自転車についていえば、その大部分は事故や何らかの悲劇によって水没したわけではないと思ってよさそうだ。人は悪戯が好きだし、自転車は悪戯するにはもってこいの相手だ。自転車はその辺にいくらでもあり、盗んでも壊しても深刻な結果にはつながらない。理由のない蛮行をはたらきがちな性向の者にとって、自転車は魅力的な標的なのだ（ひょっとしたらその種の人間は、他人への暴力衝動をその辺の無生物の破壊でやり過ごしているのかもしれない）。「鉄の馬」と称される自転車の、どこか生き物のような性質が、過去の二世紀間にわたって一部の粗暴な人間の根深い破壊衝動を駆り立ててきた可能性もある。ヴェリブのようなバイク・シェアリングの仕組みの成長によって、世界中の都市で街頭に置かれる自転車の数は増えている。破壊者の目には、これらの個人の持ちものではない自転車が恰好の獲物に映るかもしれない。ドックに固定しないタイプのシェア・バイク、つまり歩道にそのまま駐輪するタイプのものは、ホイールを破壊したり、フレームを傷つけたり、ブレーキケーブルを切断したりといった「自己表現」へのハードルをさらに低くした。もっと気まぐれなアプローチをとる者もいる。鉄の垣根に自転車を引っかけたり、信号機やバス停留所の上に自転車を放置したり、まるでねぐらの翼竜のように高い木の梢に突っ込んだり。

自転車を水面に投げ込むことは、独特のスリルと快感がある点で特異なスポーツともいえる。インターネットには、悪ふざけで自転車を湖の堤防から転げ落としたたり、波止場の手すりから落としたり、逆巻く急流へ投げ込んだりする素人動画がたくさんある。ある動画では、十代くらいの少年が古びた青いBMXを手に、カメラに向かって「マイク、これおまえの自転車だぞ」と言っている。「うちのガレージにずっとあるけど、もう要らないから池に投げ込むぞ。いいよな」。少年が走りながら手を放すと、乗り手のいない自転車は木の板を飛び込み台にして、一回転して着水する。歓声と笑い声が上がる傍らで、カメラは神経質に揺れながら自転車のあっけない最期を記録しつづける。後輪がわずかに水面に浮き沈みした後で自転車は池に呑まれるように消えてゆく。どたばたコメディ映画の殺人劇のようだ。正直にいえば楽しそうではある。

楽しいと思っている人が大勢いることは間違いない。場所によっては大流行だ。ケンブリッジシャーのピーターバラで幼少期を過ごしたイギリス人は、一九六〇年代に地元の少年たちがよく自転車を盗んで乗り回していたことを回想している。お遊びの結末は自転車をネン川に投げ捨てるのがお決まりだった。この所業は「ボートが……水没した自転車の山に引っかかった」ことで露見した。アムステルダムでは、街を流れる百六十五の運河の底に自転車があまりにたくさん積み上がり、平底船の船底を擦るほどになっていた。解決策として採られたのは「自転車釣り」だ。昔はこの仕事を担ったのは屑拾いの人びとで、彼らは手漕ぎボートで運河を行ったり来たりしながらフックのついた棒で自転車を引き揚げ、スクラップとして売却していた。一九六〇年代に、自転車釣りの務めはアムステルダムの水利組合に引き継がれた。今では自治体の作業員が、先端に油圧式の鉤爪のついたクレーンを備えたボートを使って沈んだ自転車を引き揚げている。かつてほど酷い状態ではなくなっているが、それでも年間に「釣り人」が運河で引き揚げる自転車は一万五千台におよぶ。アムステルダム独特のイベントとして多くの見物人が見つめる中、水をしたたらせるホイールやらフレームやらカゴやらをがっつり摑んだ巨大な金属の鉤爪が水中から上がってくる。自転車は廃品回収用の平底船に投げ入れられ、リサイクルのために廃物回収場に運ばれてゆく。リサイクルされる自転車の大部分はビールの缶になるというのがもっぱらの噂である。

パリと同じくアムルテルダムでも、それほど大量の自転車が、どのようにして、なぜ水中に沈むことになったのかは誰にもよくわかっていない。市当局は明言はしないものの、この問題は破壊行為や窃盗に起因するとみなしているようだ。アルコールも関係していることはおそらく確実だろう。

とすれば、そこにある種のエコシステムが成立していても不思議ではない。つまり、まず自転車が運河から引き揚げられ、ビール缶として再生される。すると、アムステルダムの住人はその中身を痛飲し、宴の後の夜道を千鳥足で家路につく。そして路上の自転車に目を留め、その場の勢いで運河に投げ込む、というわけだ。作家のピート・ジョーダンにはアムステルダムと自転車についての好著『自転車の街で』があり、数ページを割いて水中に投棄される自転車について述べている。そして、この街の政治的な曲折の歴史と、この現象を関連づけている。一九三〇年代、共産党員はファシストの自転車をプリンセン運河、すなわちオラニエ公ウィレム一世にちなんで「公の運河」と名付けられた運河に投げ込むことで彼らを挑発した。第二次世界大戦中のドイツ占領下ではナチが自転車を徴発したため、レジスタンスはアムステルダム住民に対してナチの手に渡らないよう、自分たちの自転車を運河に捨てるよう呼びかけた。ジョーダンはさらに一九六三年のオランダの小説『月への自転車旅行』を参照している。この小説では、自転車を水中に投棄する行為を手の込んだ窃盗の手口として記述している。自転車の「釣り師」は、夜の間にひそかに自転車をアムステルダムの運河に投げ込み、翌朝に戻ってきて回収し、それを売り飛ばすというわけだ。

ひょっとすると、アムステルダムの状況は簡単な算数で説明できるかもしれない。この街には推計約二百万台の自転車と、総延長三〇マイルの運河がある。両者がどこかで合流してしまうのは理屈に合っているともいえる。古い自転車を捨てようとしているアムステルダムの住人にとって、水路がいちばん手軽なゴミ捨て場になるケースは少なくないだろう。オランダの新聞トラウ紙は、アムステルダムの運河を「来客をボートで連れてゆく伝統的なゴミ箱」と書いたこともある。

ただし、これはオランダだけの文化ではない。二〇一四年、東京都の西部公園緑地事務所は、都心から西側の郊外にある井の頭公園の大きな池に増えている外来魚の対策を検討した。飼い主が放流したと思われるこれらの魚は環境に好ましくないため、管理当局は水を抜いて魚を駆除することにした。しかし水を抜いてみると、別の外来種も発見されることになった。何十台という自転車である。この出来事は東京都の住民の多くに驚きをもって迎えられた。路上に放置される自転車の問題は以前から清掃員らに指摘されていた一方、自転車を水中に捨てるという知られざる（というか、そもそも隠れて行なわれていた）風習が存在していたわけだ。池や湖や運河の底、あるいはドナウ川、ガンジス川、ナイル川、ミシシッピ川の底……世界中の水面の下にひそかに眠っている自転車はいったいあとどれくらいあるのだろうか。

まともに考えればその数は「大量」であり、バイク・シェアリングの普及とともにその数は増していると思われる。ヴェリブが導入された最初の一年間に、パリの警察は何十台もの自転車をセーヌ川から引き揚げている。ローマでは、テヴェレ川に投げ込まれる自転車の数があまりに多いために、バイク・シェアリングの企業が撤退する羽目になった。ボストンでは、市内や郊外に数社のバ

イク・シャアリングが導入されてまもない二〇一八年に、ボストン・グローブ紙が「度重なるドックレス型シェアバイクの水中投棄」という記事を掲載している。

同じ問題はメルボルン、香港、サンディエゴ、シアトル、マルメ（スウェーデン）、その他の都市で報告されている。イギリスではロンドンやマンチェスターの運河にくわえて、テムズ川、カム川、エイヴォン川、タイン川からシェアバイクが引き揚げられている（イングランドとウェールズの水路保全を担う組織カナル・アンド・リバー・トラストが公開した水中映像には、運河の底で、藻の絡みついた自転車のホイールの脇を魚がのんびり泳ぐ姿が映っている）。二〇一九年二月に、ニューヨークでは、見るからにハドソン川にしばらく沈んでいたと思しき一台のシティバイク社のクルーザー型自転車が、一夜のうちにマンハッタンのアッパーウェストサイドのドックに出現するという出来事があった。この自転車にはフジツボや貝類がびっしりと付着し、スポークは海藻まみれだった。ウェブサイト「ゴッサムの住人（ゴッサミスト）」は、ハドソン川の環境保護の専門家にどれくらいの期間水中にあったと考えられるかと問い合わせている。専門家の答えは、「ハンドルバーの牡蠣から判断すると、少なくとも昨年の八月、場合によっては六月から川の中にあったと考えられる」とのこと。

自転車の水中投棄とその回収、という話題についてもっとも大がかりな話があるのは中国だ。二〇一六年とその翌年、当時世界最大のバイク・シェアリング企業だったオフォとモバイクは、中国南部の河川から数千台におよぶドックレス型のシェアバイクを回収している。また、男が上海の人通りの多い人道橋から黄浦江めがけてモバイクの自転車を投げ込む様子を写した動画も出回った。ほかにも、子どもたちがシェアバイクの自転車を破壊したり、高齢の女性がハンマーで叩きのめしたりする動画がバズっていた。中国ではシェアバイクが窃盗や部品盗りの被害にあったり、走っている車の前に放り込まれたり、工事現場に埋められたり、火を点けられたりしている。これほどの破壊行為の流行は中国の人びとが自らを顧みるきっかけにもなった。「バイクシェアリングは〈怪物を映す鏡〉だ、中国の人びとの真の姿が現われているのだ、と人びとは口にする」と、ニューヨークタイムズ紙は二〇一七年に報じている。

その「鏡」が映し出すのは、我々の時代のもっと大きな現実の姿かもしれない。動画の中で自転車を上海の川に投げ込んでいた男は香港からの移住者だった。彼はジャーナリストに、それに加えて九台のモバイクの自転車をハンマーで破壊したと言う。そして「モバイクが使っているチップは位置情報などのユーザーの個人情報を流出させるから危ない」、つまり同社がユーザーのプライバシーを侵害していることが許せないと語っている。

政治的な怒りによって自転車の破壊行為におよぶ者は彼ひとりではないだろう。理屈でいえば、バイク・シェアリングの仕組みは都市の生活を便利で快適にするだけではなく、よりエコロジカルで平等、公平、自由にする取り組みだ。実際のところは、多くのバイク・シェアリングのサービスは多国籍銀行にスポンサードされる行政と民間の共同事業である（自転車の泥除けに銀行のロゴが描かれている）。ドックレス型のバイクシェア・サービスを主導するIT企業は、しばしば規制やインフラが整う前に道路や歩道に大量の自転車を送り出す。ドックレス型サービスのほとんどはアプリを使用し、デジタル時代にお馴染みのトレードオフがある。つまり簡易で利便性に富むサービスの代わりに、プライバシーという代償を支払う。アプリは乗り手の個人情報を収集し、自転車にはGPS

チップと無線機器が内蔵されていて、数秒ごとに乗り手の位置情報を送信する。つまりこれは乗り手を監視する自転車だ。これは、かつて想像もできなかった個人の自由を約束したはずの機械がたどりついた場所としては意外な展開である。

中国では、二〇一六年から二〇一七年の時点で七十を越えるドックレス型のバイクシェアのスタートアップ企業があり、ベンチャー・キャピタルから十億ドルを越える投資を受け、数百万台の自転車を都市に送り出している。供給は需要を上回り、余剰の自転車が文字通り山のように積み上がっている。北京や上海や廈門（アモイ）などの都市で都心からすこし離れると、何万台という回収されたシェアバイクを目にすることができる。多くは新品のままで、広大空き地に並べられていたり、十数メートルにおよぶ高さの大きな山に積み上げられたりしている。こうした場所は「自転車の墓場」と呼ばれているが、上空から撮影したドローン映像や写真ではむしろお花畑のようにも見える。地面に毒々しい絨毯を敷いたように、自転車のフレームの鮮やかな黄色、オレンジ、ピンクといった彩りが何エーカーにもわたって広がっているのだ。歴史好きの目には、この種の光景は投機バブルの元祖である、あの十七世紀のオランダ共和国を虜にした「チューリップ・バブル」を思い出させるかもしれない。いずれにしても、ゴミ捨て場の山に積み上げられた――あるいは焼かれ、打ち捨てられ、川に投げ込まれた――シェアバイクが語る二十一世紀の物語は、その意味も結末もまだよくわからないままだ。将来にどんな運命が待っているにせよ、それが自転車の犠牲の上にあることは間違いない。

もちろん、いつの世にも自転車の墓場はあった。産業地区の人気(ひとけ)のない道を歩いていると、屑鉄の集積場に出喰わすことがある。目を凝らせば、廃物の山の中のそこかしこに自転車やその部品がのぞいていることに気がつくはずだ。ぼくのブルックリンのアパートから一ブロック先にも大きな廃棄物の集積場がある。一日中、巨大な爪のついたグラップルがゴンゴン、シューシューと音を立てながら金属の山にとりつき、隣接するゴワナス運河のはしけから陸揚げや積み込みをやっている。スクラップは圧縮機に投入され、ひとつ五〇〇ポンドのブロックに圧縮される。その直方体の塊の中にときどき、自転車の部品が見えることがある。フレームやホイール、その他の自転車の一部が、化石になった遺物のように真っ平らになっている。何年か前に、この集積場はニューヨーク州の環境保全局に八万五千ドルの罰金を課された。これは百回以上におよぶ「金属の排出」、つまりこの会社が運河に廃物を捨てていることが発覚したためだった。ひょっとすると、ヘドロまみれのゴワナス運河もまた、サン・マルタン運河や、古都アムルテルダムの趣ある運河(グラハテン)と同様に、水面下に秘かな自転車の山を抱えているのかもしれない。

知る限りではぼく自身の古い自転車も一台、運河の底に眠っている可能性がある。今までに所有した自転車は少なく見積って二十台くらいだが、行く末についてまともに説明できるのは黒いク

ルーザー一台しかない。ちょうど今、そのうるさい集積場から一ブロック半ほど離れた街灯の柱に留めてあるやつだ。そもそも盗まれてしまったものがどうなったかはわからないし、譲ったり売ったりした自転車があったかどうかもよく覚えていない。ゴミとして捨てた記憶もない。引越したときに地下室に置いてきたのが一台か二台あるのは確かだが。

では残りの自転車はどうなった？　ぜんぜんわからない。自転車は死んだらどこへ行くのか？　自転車は長持ちするモノだが、処分に困るわけでもない。白い目で見られることを気にしなければ捨てるのは簡単だ。少なくとも富裕な先進国では、自転車は安価な買い物だ。壊れたり新しい自転車を買ったりすれば、持ち主はしばしば古いものを放棄する――どこかに放置して、通りがかりの人や回収業者が持っていくのに任せる。

そういったもののほかに、さらに人気（ひとけ）のない場所に打ち捨てられて、時間と風雪の中で無惨に朽ちてゆく自転車がある。街にいれば、鍵をかけたまま放棄されている自転車をみかけることがあるだろう。古い鎖やU字ロックで標識やフェンスに留められたままになっているものだ。たいていはハゲタカが死骸をつつきにやってくる。ホイールをひとつ、あるいは両方盗って行ったり、あるいはハンドルバーを丸ごと持ち去ったり。そういう略奪にあった自転車は見るも悲しいものだ。捻じ曲がったチェーンリングからチェーンが垂れ下がり、割られたリフレクターの破片が辺りに散らばっている。スポークやブレーキケーブルはジョージ・ブース〔ニューヨーカー誌の挿絵などで知られる漫画家〕が描くもじゃもじゃ頭のようにめちゃくちゃになっている。頭に流れるのは偉大なるトム・ウェイツの「壊れた自転車」という曲だ。「壊れた自転車／ちぎれたチェーン／錆びついたハンドル／雨に濡れるまま……／骸骨のように横たわる／芝生の上に」。この歌詞は破れた恋の隠喩なのだが、見たままとして解釈もできる。特に変わった自転車でなければ、芝生の上の壊れた自転車はだいたい鉄かアルミの合金でできているはずだ。ということは、原料が鉱石や岩石として掘り出されたという意味では地面の下からやってきたことになる。そして、今や自転車は少しずつ大地に帰ろうとしているというわけだ。剝がれ落ちる鉄錆や、酸化アルミニウムの表面に浮き出た白い粉が風に吹かれ、雨水に流されて地下へ流れてゆく。

遺棄された後、第二の生を生きる自転車もある。ぼくの家に近い廃棄物集積場は、塊にしたスクラップをリサイクル施設に送り出している。スクラップはそこで洗浄、選別されて炉で融かされ、精錬工程へと送られる。その後、鋳込まれたりロールに巻かれたりしてふたたび流通する。鉄とアルミは地球上でもっともリサイクルの盛んな材料に数えられる。ときにはアムルテルダムの件のように、スクラップの自転車が飲料缶や、その他の食料品のパッケージに生まれ変わることもあるだろう。リサイクルされた鉄やアルミは飛行機や自動車、そして他ならぬ自転車の製造にも使われる。街路のさまざまな設備や家屋や集合住宅の建造にも使われている。古い自転車から生み出された街の風景。ぼくにはそんなものを想像してしまう空想癖がある。サイクリストは昔の自転車から再生された自転車に乗り、自転車のフレームからリサイクルされた鉄筋や鉄骨に支えられた高層ビルの間を走ってゆく。その頭上には、スクラップ自転車をつぎはぎにしたジェット機が飛んでゆく。金属のリサイクルは環境汚染をもたらす廃棄物を生むが、そうした副産物の一部もまたリサイクルして使うことができる。アルミの鋳造工程で生じる不純物（ドロス）（スラグ）は、アスファルトの充塡剤やコンクリートの骨材として活用されることがある。その意味でいえば、場合によっては道路そのものもまた自転車の墓場であり、日曜日のライドに出かけるサイクリストは再生された骨の大地を走ってゆくことになる。

第15章　大衆運動（マス・ムーブメント）

ブラック・ライブズ・マターのデモに参加する自転車乗りたち。2020年6月。

一九八九年六月四日、北京の人びとが目を覚ますと、古都の真ん中に自転車の墓場が出現していた。

前夜には戦車が出動し、人民解放軍の兵士が実弾を発砲しながら街を進み、数百あるいは数千ともされる同胞を殺害した。五十日間にわたって広大な天安門広場を占拠しつづけた民主化運動家たちもそこに含まれていた。六月五日の午後に撮影された、天安門の武力弾圧の拭いさることのできない証となった数葉の写真がある。通称「タンクマン」と呼ばれるようになった氏名も不詳のひとりの抗議者が、天安門広場の北側を通る長安街で、一列縦隊になった戦車に対峙している。今ではその写真も含めて、六月四日の出来事にまつわるほとんどすべての情報が検閲されている。しかし、一九八九年の春から夏にかけて中国の視聴者がテレビで見つづけていたのはそれとは別の光景だった。

天安門広場を奪回した軍がまず着手したのは、すべてを消し去ることだ。枕や毛布やテント、プラカード、横断幕、抗議運動家らによって「民主の女神」と名付けられた高さ約一〇メートルの張り子の像など、学生を主体にした、最大百万人といわれる人びとによる広場の占拠を示す痕跡のほとんどすべてが粉々に破壊され、積み上げられ、燃やされ、ヘリコプターで運び去られた。その後、テレビでは何週間にもわたって、再び打ち立てられた秩序を体現する光景が放映されていた。つまり何ごともなかったかのように、綺麗でからっぽの広場を見渡している映像だ。いや、ほとんどからっぽという方が正確かもしれない。ゆっくりとカメラをパンしながら天安門広場を映してゆく、何度も何度も流されていた映像の中には少なくともひとつ、抗議運動とその暴力的な結末を想起させるものが映り込んでいた。それは死屍累々の光景だった。戦車の群れに轢かれ、押し潰された何十台という自転車の山が残されていたのだ。

政府が中国の人びとにその残骸の山を目撃させようとしたこと、そこにメッセージを込めていたことに疑問の余地はないだろう。天安門の抗議者は自転車に乗る人びとの群れだった。運動が急拡大したきっかけは、民主化運動家との政治的接近を批判され、一九八七年に失脚に追い込まれた元中国共産党総書記、胡錦濤の死去だった。改革を求める中国国民に英雄視されていた胡錦濤が、一九八九年四月十五日に心臓発作で死去したとの報せが北京大学のキャンパスに流れると、学生たちは少しずつ集まり、突発的なデモを始めた。一説によれば、ある北京師範大学の学生が「自転車に乗り、拡声器を手に群集の組織化をはじめ」、やがて彼らは一群となって天安門広場へと行進を始めた。その抗議者の中に、北京大学で著述を学んでいた当時三十歳のジャーナリスト張伯笠（チョウ・ハクリュウ）がいた。張は「学生たちは政府への要求を明示すべきだ」と考え、その場に立ち止まってペンと紙を取り出し、要求事項のリストをしたためた。そこには、民主主義、報道の自由、腐敗の根絶といった、運動の根幹となる要求も含まれていた。張は「私は七つの要求を書き留めた」と回想している。「そして、行進に追いつこうと自転車に乗った」。

その後の数日間のうちに、さらに数千人が天安門広場へ向かった。広場には人民大会堂や毛主席紀念堂をはじめとした、中国共産党の権力を象徴する施設がある。広場に立つ十階建ての高さのある記念塔、人民英雄紀念碑には大きな胡錦濤の肖像が掲げられた。四月二十二日には人民大会堂で胡の追悼大会が開催された。その周辺には十万人を越える学生が集い、李鵬国務院総理との面会を要求した。共産党中央政治局では激しい議論が戦わされていた。デモは中国全土に波及していた。李鵬を含む強硬派は、最高指導者である鄧小平に対して、抗議をおさえ込むために断固とした措置をとるように求めた。四月二十六日には党機関誌『人民日報』に、抗議運動を「全国を混乱に陥れる」ための「計画的な陰謀」として非難する社説が掲載された。

しかし天安門広場には続々とデモ参加者が参集した。その多くは自転車でやってきた。だいたいは変速器のないロードスター型〔日本の実用車や軽快車に近い形式〕で、荷台つきの三輪リクシャでやってきた者もいた。自転車の後ろには手書きのスローガンが書きつけられた旗や、横断幕が風になびいていた。ある目撃者は、その行進の様子を帆船の群れに喩えた。自転車の群れが、競走する帆船の一団のように通りや路地を進んでゆくのだ。自転車に乗ったデモ参加者の中には車上で互いに腕を組む者もいて、曲芸を演じつつ団結と力を誇示するかのようだった。

五月十日、学生たちは、報道の自由に関する要求を表明したジャーナリストたちを支持するための大規模な「自転車デモ」を行なった。旧市街の城壁に沿うように北京を周回しながら天安門広場へ向かう四〇キロメートルほどの行進に一万人以上のサイクリストが参加した。その日、北京大学のキャンパスから出発する群集の中に、北京在住のアメリカ人学生フィリップ・J・カニンガムがいた。カニンガムは手記『天安門の月』〔二〇〇九年〕の中で、自転車の行進が警察の制止を振り切って広場へ流れ込む、そのクライマックスの瞬間を回想している。

天安門広場で狂ったように走り回ったことが、その日の最高の瞬間だった。決然としたエネルギーの奔流に背中を押されるようにして、ぼくらは禁じられた区域に大胆に斜めに切り込んでいった。……滑るように進む自転車の上からの眺めは壮観だった。ぼくらの前と後ろには、赤い旗や大学の横断幕が風にたなびき、突進する自転車が巻き起こす風の中で翻っていた。自転車に結わえられたり、乗り手が巧みに掲げ持っていた数々の旗や横断幕は、群集の頭上を飛んでいるように見えた。まるで、〔映画『ファンタジア』のワンシーンで〕魔法使いの弟子があやつる魔法の箒のようだった。

自転車と三輪自転車がなければ天安門広場の占拠は続けられなかった。これは誇張ではない。広場で旗竿やテントを支えていたのは自転車だった。人びとは荷運び用の三輪自転車の上や下で眠った。必需品や食料を運び入れたのも自転車や三輪自転車だった。飲食物の屋台にもなった。三千人を越える抗議参加者がハンガーストライキに突入したときには、ボランティアの医師や看護師が、ハンドルバーに手製の赤十字をくくりつけた自転車で天安門広場へ向かった。荷運び用の三輪自転車は、衰弱した者を看護するための野戦病院のベッドにもなった。

五月二十日を過ぎると自転車はますます重要な存在になった。この日、北京に戒厳令が発令されて公共交通機関が停止したからだ。抗議運動の参加者は大学のキャンパス間を自転車で移動し、メッセージを伝え、情報を共有した。「民主主義の女神」像は、分解されて三輪リクシャの後ろに載せられて中央美術学院から広場へ運ばれた。学生たちはこの像を、有名な高さ約六メートルの毛主席像と対面するように、天安門のちょうど反対側に建立した。

六月三日の夜、人民解放軍の戦車が轟音を立てながら北京市街を天安門広場へ向かっていたとき、市民は自転車を通りに積み上げてバリケードを築き、その進行の妨害を試みた。六月四日の早朝に兵士たちが広場に進入したとき、抗議参加者の中には自転車に乗って脱出を試みる者もいれば、その場に留まり、巨大な装甲車両に自転車を投げつけて戦った者もいた。目撃者は、その夜には自転車や三輪自転車によって多くの命が救われたと語っている。勇敢な自転車乗りが銃火の中に突っ込み、怪我人を回収し、銃弾をかいくぐって病院へ運んでいた。不運な者もあった。銃撃を受けたり、戦車の履帯の下敷きになったりして、破壊された自転車の傍らで命を落とした者もいた。

その三年後、約一万キロメートルほど離れた太平洋の反対側でのことだ。一九九二年十月のある晩、サンフランシスコのソーマ地区の、小さな集合住宅やガレージや軽工業施設が並ぶ狭い通りに、

二、三十人くらいの人びとが集まっていた。ナトマ・ストリート四九八番地の地上階の巻き上げシャッターの後ろに広がっているのは、フィクスド・ギアという名の秘密の自転車ショップだ。そこは、この街のバイクメッセンジャーや自転車アクティヴィストたちを引き寄せる「自転車サロン」でもあった。その晩、集まった人びとの目当ては『リターン・オブ・ザ・スコーチャー』というドキュメンタリー映画の上映だった。この映画は地元の映画作家テッド・ホワイトの作品で、「ラディカルな自転車の歴史」を讃え、病んだ社会や経済への処方箋として自転車の再生（ルネサンス）を訴えるものだった。

その前年、ホワイトは友人であるニューヨークの自転車デザイナー、ジョージ・ブリスとともに中国へ旅行をした。世界最大の人口を擁する国の自転車カルチャーを記録するためだった。天安門事件は、中国における自転車乗りたちの反乱を弾圧した。しかし、珠江の岸に広がる三百五十万人の港湾都市、広州に到着したホワイトとブリスの眼前にあったのは、それとは別の自転車の群れだった。それは街を埋め尽すようにして毎日どこへ行くにも自転車に乗っている通勤者や子どもたちや老人たち、中国市民の大群だった。

中国は、自転車の普及をかつてない規模で推し進めた〈自行车王国〉＝自転車の王国だった。一説によれば、この国の自転車への傾倒は農業の歴史に根があるといわれている。中国の中央から南部にかけての稲作地帯の農民たちは、何世紀もの間、水を引くために足踏み式の水車を使っていたから、という話だ。とはいえ、中国の人びとの意識に自転車という存在が最初に登場したのは、派遣された先のヨーロッパで奇妙な「自力で進む荷車」を目撃した外交官たちの報告からだった。

「街の通りでは、人びとが二つしかない車輪を管でつなげた乗り物に乗っている」と、一八六六年にパリを訪問した同治帝の使節は報告している。「それは全速力の馬のように走る」。

一八九〇年代には安全型自転車が中国にもたらされ、一部のエリートや、国際都市となった上海の外国人の間でニッチな人気を獲得した。当時、自転車が広く普及しなかった理由の一部には、おそらく西洋からの輸入品をめぐる状況がある。義和団の乱（一八九九〜一九〇一年）で頂点に達した、帝国主義列強への反感が目立つ時代において、自転車には宣教師や植民地官僚を連想させるという悪印象があった。しかし大衆への普及を阻む要因は、たとえばコストの問題などほかにもあった。二十世紀初頭の中国において、もっとも著名な自転車乗りはそのころ十代だった清の最後の皇帝、溥儀その人だ。彼は紫禁城の中を自由に走りまわれるように、建物の戸口の敷居を取り除くように命じた。

歴史の流れは古から続く中国の治世を一掃した。一九二四年に溥儀は紫禁城を追われて各所を転々とする身となった。ただし自転車はこの地に留まって次第に普及してゆく。一九三〇年代から四〇年代にかけて中国政治は激動の時代を迎えるが、産業経済は大いに発展した。国産の自転車産業の成長にともなって価格は低下し、自転車は近代化を迎えた中華民国の中産階級のお気に入りの移動手段となっていった。一九四八年の時点で、国内で五十万台の自転車が使われ、そのうち二十三万台は上海を走っていた。

そして一九四九年、革命が起きる。中華人民共和国では、その第一歩から、日常の足や経済振興策として自転車の使用が奨励された。毛沢東による大々的な経済成長方針である最初の五カ年計画には、中国の自転車産業を成長させる野心的な計画が示されていた。それにつづく十年間に、小規模の自転車製造業者はより大きな事業者へ併合され、自転車の製造者には原材料が配分された。中国のそのほかの生活必需品と同じく、自転車は配給券によって市民に分配されていたが、政府は自転車の使用を奨励するために配給に優先順位をつけ、職場まで通勤する労働者には補助金を与えた。中国の都市や農村地帯――北京の胡同（フートン）（細い路地）から農村の田畑をつなぐ小道まで――はすでに自転車の使用に適した場所になっていた。政府はさらに一歩進んで、都市の新しいインフラづくりに着手した。これには、ソ連式の幅の広い大通りに、自動車交通から切り離された自転車レーンを設けることも含まれていた。

十年間で、中国における自転車の台数は二倍に増加した。自転車は新しい文化的なステータスにもなった。自転車はこの国そのものの象徴であり、「快適とはいえないまでも、人生の確かな乗り心地を保障する、平等主義的社会システム」のシンボルだった。そのうちに、自転車はほとんど必須の存在に変わっていった。自転車は時計・ミシン・ラジオにならぶ「三つの輪と一つの音」、つまり結婚して家庭をもとうとするすべての成人の必携品となった。国営の自転車製造工場から次々に新型自転車が出荷された。いずれも簡素で丈夫な、飾り気のない黒いフレームのシングルギアの自転車だったが、鳳凰、雉鸡、紅旗、飛鴻、金獅、山河、白山といった、威厳と耐久力を想像させる神秘的な響きのブランド名がつけられていた。

中でも至高のブランドと崇められたのは、上海を本拠とし「中国のフォード兼ＧＭ」と呼ばれた〈永久〉（ヨンジュー）と、イギリス・ラレー社の一九三二年型のロードスターをモデルにした事実上の「国民自転車」を製造していた〈飛鴿〉(フェイゲー)だった。中国北東の街、天津にあるかつての軍需品工場を本拠にする〈飛鴿〉は、一九五〇年に毛沢東の命令によって自転車の製造を始めた。文化大革命後の一九七八年に権力の座についた鄧小平は、「すべての世帯に一台の〈飛鴿〉を」約束した。中国の人びとは、酷使に耐える自転車に乗って改革開放時代へと邁進した。この時代には、〈飛鴿〉は地球上でもっとも普及した乗用機械だといわれた。

　このことは統計の数字にも現れている。一九八〇年代には、〈飛鴿〉は年間四百万台の自転車を製造し、一万人の労働者を雇用していた。八〇年代の終わりには、中国の年間の自転車販売台数は三十五万台のピークを迎え、これは全世界における自動車の販売台数を上回っていた。北京だけでも八百万台の自転車が走り、街の道路の七六パーセントは自転車に占められていた。群集が自転車に乗って天安門広場の抗議へ向かったといっても、それは数知れぬ中国の自転車使用者からすれば、わずかな一部に過ぎなかった。なにしろ一九八九年には、この国には約二億二千五百万台の自転車が走っていたのだ。これらの数字は中国における自転車への文化的愛着や、中国や「中国らしさ」の中心に自転車がある、という国家的神話の域にまで浸透した感覚を裏付ける。ポール・スメサーストが書いているように、自転車は「国家を後ろ盾とした一九六〇年代の文化にきわめて深く浸透していたために、当時の（そして現在も）多くの市民は、それが中国の発明品だと信じていたほどだった」。

それが、ビデオカメラを手にしたテッド・ホワイトが、一九九一年の秋に友人ジョージ・ブリスとともに訪れた「自転車の王国」だった。二十八歳のホワイトと三十七歳のブリスはともに自転車愛好家、自転車の擁護者で、アメリカの都市における自転車の再興を目指すアクティヴィストでもあった。一八九〇年代の往時に無数の自転車乗りが行き交っていた国はほかならぬアメリカなのだ、ということをこの二人はよく知っていた。ホワイトとブリスは、かつてのような自転車に乗った群集が復活し、自動車カルチャーに支配されたアメリカの都市が奪還されることを夢見ていた。二人とも、オランダやデンマークといった自転車の牙城というべき北ヨーロッパの国々に滞在したことがあった。そして二人とも、きっと中国にはさらなるインスピレーションがあるはずだ、アメリカに打ち立てるべき――あるいは再興されるべき――自転車フレンドリーな社会について、これまでとは違ったヴィジョンが見つかるはずだと考えていた。

しかし、香港からフェリーで本土に渡って広州に足を踏み出したホワイトとブリスは、そこに広がるまったく異次元な自転車カルチャーに目を見張ることになった。見渡す限りすべての方向に自転車があって、一目では把握できないほどの大きな車列となって街を走っていた。路上には、あのよく知られた黒いロードスターに乗る老若男女が一塊のもやのように流れていた。ラックや荷台に荷物をくくりつけた荷運び用の自転車や、三輪自転車もあった。到着してしばらくした後で、ホワイトは下半身の不自由な乗り手がハンドサイクルで通り過ぎるのを目にした。ホワイトはかねてから「ヴェロダイヴァーシティ」の理念、つまり、あらゆる種類の自転車や自転車に類する装置を受け容れる道路という理想を支持していた。広州の街は、それ自体がペダルによって動いているひとつの巨大な機械のようだった。人びとの筋肉と、無数のクランクとチェーンと車輪が立てるうなりを原動力にしているかのようだった。

その日からの数日間、ホワイトはカメラを肩にかついで街を歩きながらそんな街のスペクタルを記録した。一年後の一九九二年の十月に、サンフランシスコのナトマ・ストリートの〈フィクスド・ギア〉で、何十人かの観客がスクリーンを埋めつくす広州の自転車の群集を目撃した。その晩に『リターン・オブ・ザ・スコーチャー』を観るために集まっていたのは、テッド・ホワイトの仲間たち、つまり自転車を愛する人びとだった。メッセンジャーやアーティスト、あるいは子どもを自転車のチャイルドシートに乗せている若い夫婦といった、自転車に乗ることが日々の生活である同時に、政治的なメッセージでもあるような都市型のボヘミアンたちだ。その多くはサンフランシスコの自転車の存在感を増すための新しいムーブメントに加わっていて、毎月の最終金曜日に都心でグループ・ライドを開催していた。

サンフランシスコ湾の水辺に近いジャスティン・ハーマン・プラザに六十人ほどのサイクリストが集まったのはその数週間前の一九九二年九月二十五日のことだ。それがグループ・ライドの初回だった。そこから、この街で指折りの大通りマーケット・ストリートを南西に向かう。イベントを告知するフライヤーは「路上で命がけの戦いを強いられるのは、もううんざりでしょ?」と問いかけていた。もちろん「自動車ではなく自転車を」という抗議のライド・イベントはそれ以前にも先例があったが、政治への鋭敏な感覚をもつサンフランシスコの住民は、現行のシステムがいかに自転車に厳しい仕組みになっているかを理解し、そのことに非常な憤りを感じていた。「なぜ私たちは、法的には自動車のように扱われているにもかかわらず、自動車に乗っている人からは不快で疎まれる邪魔者と見られているのか？」と。ライドイベントのまとめ役が掲げたのは、自転車乗りを大量に動員することで路上の権利を主張するという「数の力」のヴィジョンだった。「想像してくれ、二十五、あるいは五百、あるいは一千台を越える自転車がいっせいにマーケット・ストリートを流れてゆくんだ！」

その晩『リターン・オブ・ザ・スコーチャー』を観に〈フィクスド・ギア〉に集まった人びとは、それとはまた別種の自転車の群集を目撃した。日々の生活のために橋を越え、道路に枝分かれしながら広がってゆく、自転車に乗った広州の通勤者の群れだ。映像には、ニューヨークの自転車デザイナーであるジョージ・ブリスのコメントが挿入されている。ブリスは、中国で「朝起きて、数え切れない人びとと同じように自転車に乗り、ベルを響かせながら仕事場へ向かうのはどういう感じなのか」を教えられたと語っている。そして、その映像は広州で自転車に乗ることのすべてを伝えているわけではない、とも付けくわえた。「そのただ中に身をおいて、あらゆる方向から迫ってくる流れに身を任せることはまったく別の体験だから」。ブリスが特に感心したのは路上の不文律だった。そこでは原動機付きの乗り物よりも、数においてはるかに上回る自転車が優先されるシステムが自然とできあがっていた。自転車乗りたちが、信号機のない混み合った交差点を行き来する様子を解説しながら、ブリスはこう語っていた。「これはある種の臨界量のようなもので、自転車がその場にいっぱいになると流れ出すようになっている」。

その「クリティカル・マス」という言葉が〈フィクスド・ギア〉の観衆の心を摑んだ。月例のグループ・ライドを組織していたまとめ役は、それまでイベントを「コミュート・クロット」と呼んでいた。十分キャッチーな名前だが、その意味は「街の血流を邪魔する血栓」で、ライドイベントにネガティブな印象を与えるものだった。「クリティカル・マス」はプロテストの意味と力づよさを感じさせる、まったく別の響きが感じられた。『リターン・オブ・ザ・スコーチャー』の上映会から数日のうちには、「クリティカル・マスに参加しよう」と呼びかける新しいフライヤーができあがった。十一月になると、サンフランシスコの自転車好き界隈でよく知られた作家でアクティヴィストのクリス・カールソンが、『クリティカル・マスについての批判的注釈』と題した小冊子を作成した。これは生まれつつあるムーブメントを「リアルな人びとの間でリアルな政治が展開される「公共空間」」と讃え、根本的なサンフランシスコの変革のビジョンを描いてみせるものだった。それによれば、この街には自転車道と歩行者道と再生された水の流れからなる「野性的なエコロジーの回廊」が縦横に走ることになる、とされていた。「私たちが自転車を選んだことは誇るべきこと、大いに誇示できる、誇示すべきことなのだ」とカールソンは書いた。「私たちの『クリティカル・マス』は大群となり、同時に重大な存在となることだろう！」

自転車にはどんな未来が待っているのだろうか？　自転車の未来は広い世界にどんなことを予示するのだろうか？　ぼくらの街は無数の自転車が行き交う街になるのだろうか？　北京や広州が三十年前に実現したように？　それとも、一九九二年のサンフランシスコがまさにそうだったように、自転車に乗る人びとは路上で隅に追いやられ、命を守るために戦うことになるのだろうか？

その答えは簡単には見えてこない。歴史は曲がりくねった道をゆくものだ。最初期のクリティカル・マスのイベントでマーケット・ストリートを走っていたのは、徒党を組んだわずか数十人のサイクリストたちだった。彼らにはそのローカルなプロテストが世界的なムーブメントにつながるとは想像もできなかったが、それ以来、クリティカル・マスは六つの大陸にまたがる六百を越える都市で、何千回も開催されてきた。しかしクリティカル・マスの根っこは大きく変わってはいない。つまりクリティカル・マスは組織ではなくアイデアだ、ということだ。そこには指導者もいなければ会員制度もない。九〇年代初頭のサンフランシスコで生み出されたのは、参加者による「ゼロクラシー」（「ゼロックス」（コピー機）と「統治」を組み合わせた造語）の文化だった。そこでは誰でもライド・イベントのコースを考案して、地図のコピーを配布し、イベントのイニシアチブを取ることができた。この脱中心的なアプローチは、プロテストの抑止を図る警察を攪乱する戦略としても、脱ヒエラルキー的な原則を示す思想としても有効だった。

年月を経る中で、さまざまな戦術が生まれ、形を変えながら街から街へと広がっていった。クリティカル・マスの参加者は、しばしば「コーキング」と呼ばれる行動をとる。これは交差点で自転車を停め、クリティカル・マスの集団に赤信号を通過させるものだ。乗り手が自転車から降り、頭上に自転車を掲げる行為は「バイク・リフト」と呼ばれる。さらに人目を引くのは路上演劇的な「ダイ・イン」で、これは乗り手が自転車とともに路上に横たわり、虐殺の光景を演出してみせるものだ。この戦術はクリティカル・マスの先祖ともいえるグループ〈ル・モンド・ア・ビシクレット〉によって、一九七〇年代のモントリオールで実行されたものが発祥とされている。その意図は、自動車によって引き起こされた自転車乗りの負傷や死を想起させ、環境破壊の時代にぼくらが直面する危機を想像させることだ。そして、「ダイ・イン」はさらに別の恐怖《テロル》——天安門事件における自転車の墓場を含めて——をも想起させる。

　クリティカル・マスは、ほとんどあらゆるところで警察や、自動車の運転手や、行政の抵抗に直面した。しかし確かな足跡を刻んでいることは疑う余地がない。近年、世界中の街で自転車をより尊重する方向へ法整備が進みつつあり、そうした変化がほとんど見られない場所でも、自転車と自動車と交通安全が議論の俎上に載るようになった。集団で道路を占拠して問題を突きつけてみせたアクティヴィストたちが、そうした状況をもたらすことに貢献したことは確かだろう。

　多くの場合クリティカル・マスのイベントはそれほど大規模なものではない。数十人、多くても二、三百人程度だが、時としてはるかに規模が大きくなる。ブダペストでは年に二回、アースデイ（四月二十二日）と国際カーフリーデイ（九月二十二日）にクリティカル・マスのライド・イベントが開催され、これには何万人もの自転車乗りが参加する。この日、美しい古都の道路や橋は自転車の大群に覆いつくされ、中国の街——正確にいえば往年の中国の街——を彷彿とさせる光景へと変貌する。ぼくらはもうひとつの重要な、皮肉な歴史の展開を確認しておく必要がある。ここ三十年の間、世界中のアクティヴィストや政策立案者が中国のような自転車カルチャーを自国に打ち立てようとしてきた一方で、中国自身はその反対方向へ大きく舵を切っていた。つまり自動車利用を推進し、あの有機的で融通無碍な、足下の大地や頭上の空のように遍在すると見えた自転車の群集を路上から排除してきたのだ。

この変化の源流は天安門広場と一九八九年の春にたどることができる。天安門事件の後、中国政府は民主化運動の残滓を一掃し、共産党内部の改革勢力を排除する方針をとった。同時に、鄧小平の率いる党指導部は新たな社会契約の必要性を認識していた。一九九〇年代になると、中国は毛沢東的な集産主義を脱却して、競争原理と消費に重きをおく鄧の経済政策、「改革開放」を推進するようになった。政府は市場経済にもとづく新しい社会主義を推進しつつ、人民の地域共同体を解消し、国営工場を閉鎖し、国際貿易や直接投資を奨励し、民営企業の成長を促した。こうしたやり方はホッブズ的な取り引きに立脚していた。つまり中国の国民は、かつてない規模の個人的な富を我がものにできる一方で、基本的な権利や自由を手放し、政治や統治に関しては侵すべからざる存在としての中国共産党の統制に一任するということだ。結果としてもたらされたのが、「中国の奇跡」とよばれる九〇年代から二〇〇〇年代へ至る急速な経済発展だった。専門家の予測によれば、これは二〇二八年ごろに中国がアメリカを追い抜いて世界一位の経済大国となることで頂点を迎える。

中国には、政府に対するシニカルな見方が根強く存在している。共産党の腐敗や政府のプロパガンダや反体制論者の弾圧に対して、ひそかに軽蔑の視線を向ける市民は少なくない。彼らは、インターネット上から「国家の転覆を企む」情報を排除する検閲者や、国民を網にかけるような顔認識システムや監視ドローンに憤りを抱いている。毛沢東にも似た個人崇拝を推しすすめてきた国家主席・党中央委員会総書記の習近平は、近年、社会のあらゆるレベルにおいて「習近平思想」への忠誠を求める姿勢を強くしているが、こうした市民は、私的な場ではそんな習に対して呆れた顔をしてみせる。

しかし、すさまじい規模の政治的暴力や財産の簒奪や飢餓の歴史をもち、大躍進政策と文化大革命のトラウマがいまだに人びとの記憶に残っているこの国では、その種のトレード・オフにも相応の価値があると判断する者が多い。安全、安心、物質的な快適さという意味においては、中国の人びとは天安門事件やそれ以前の時代よりは大幅にましな暮らしをしているのだ。一九八九年には中国の一人あたりＧＤＰは三一〇ドルであり、これはスリランカやギニアビサウやニカラグアよりも低い水準だった。その三十年後、一人あたりＧＤＰは一万二一六ドルに達した。そして何億という人びとが貧困を脱し、これまでどんな国にも存在したことのない規模の中産階級をつくりあげている。

四億人を突破してさらに増えつづけているこの新しい中産階級は、単に十分な食料やまともな住宅といった、それまでの世代には想像もできなかった生活水準を享受しているだけではない。彼らには可処分所得があり、良質なモノ、つまり消費者としていい生活を送れるだけの商品や装飾品も手に入れることができる。中国には十六億件、つまり人口を上回る数の携帯電話の契約があると推計され、十億人がインターネットに接続している（少なくともその三分の一はVPNで政府のファイヤウォール「金盾」を回避している）。彼らは有名ブランドの服や高所得者向けの日用品を買う。そして二億人を越える人びとが、新しい中国における個人の野心、成功、自由を象徴する贅沢品を所有している。つまり自動車だ。

このことは中国の経済の奇跡的飛躍に関連する事象のなかで、もっとも奇跡的というべき、あるいは少なくとも重大な出来事だ。一九八四年まで、中国では国民が乗用車を購入することは違法だった。天安門事件の時点では、中国の通勤者のうち自動車を所有していたのは七万四千人に一人の割合だった。政府は九〇年代初頭の一連の政策を通じて、自動車産業を中国の新しい経済の「柱」とし、国外の製造業者と提携しつつ国内の自動車生産を増大して、二〇一〇年までに生産台数三百五十万台を達成するという驚くべき計画を定めた。しかし今からみると、この数字もひどく控え目に思える。二〇〇九年に中国はアメリカを追い越して世界最大の自動車製造・消費国となったが、この年に国内の工場で生産された自動車は一千四百万台にのぼっている。その四年後には、中国はひとつの国における年間の乗用車生産台数の記録を樹立した。その数は二千万台だ。

自動車カルチャーは建築物にも表れる。自動車のための空間を創り出すために、中国の風景や都市環境は尋常ならざる速度、そして規模で変化してきた。今現在、中国の高速道路網の総延長は一六万キロメートル近くになり、これはアメリカの州間高速道路網の二倍を越えている。高速道路がむすぶのはスプロール化する国中の都市の都市部、郊外、準郊外であり、その多くはこの数十年の間に農村部から大量に移り住んできた住民の暮らす新しい場所だ（いまや中国には人口百万人を越える都市が百以上ある）。そうした新しい都市は自動車向きに建設されたもので、その規模はもはや伝統的な都市の生活様式や、伝統的な都市内の移動方式とは相容れない。

その一方で、古い中国の都市は自動車を受け容れられるように改造されてきた。打ち壊しと造成、破壊と新造をくりかえし、住宅地を一掃し、旧市街を取り壊しては多車線の道路や高架橋や高速道路を建設してきた。多くの街では、あまりにも大規模な刷新が行われたために、生まれてからずっとそこに住んでいた住人でさえ、どこに何があったのかわからなくなってしまうほどだった。つまり自分の暮らす街で道に迷ってしまったり、自分の街そのものが失くなってしまったと感じるほどの変わり様だ。「かつて街の空間に刻み込まれていた昔の出来事や記憶は、あまりにも多くが失われてしまいました」。生まれて以来、雲南省の省都・昆明に暮らしているある住人は、人類学者の张鹂《リー・ジャン》にそう語っている。「いまそれを思い出せるのは……保管してある色褪せた白黒写真を見るときだけです」。八千あった北京の胡同、すなわち何世紀ものあいだ生活の舞台となってきた中庭のある路地のうち、一九九〇年代以降に推計で九〇パーセントが破壊され、高層ビルや八車線の環状道路へと変貌した。研究者のベス・E・ノーターは、中国における都市の変貌ぶりの規模を理解するためには「ボストンとニューヨークとワシントンDCの古い街並みが十年のうちにほとんど建て替えらたと想像する必要がある」と書いている。「さらにシカゴ、アトランタ、ダラス、ヒューストン、デンバー、フェニックス、シアトル、サンフランシスコで同じことが起こるくらいだ」と。

昔ながらの道路は消え、そこを埋めつくしていた自転車の群れもまた消え去った。この驚くべき変貌の様子は数字にも表れている。一九九六年に中国で所有されていた自転車は史上最多の五億二千三百万台を記録した。一世帯あたり一・五台である。しかし「自動車熱」の到来とともに、自転車の使用は急速に衰えてゆく。その後の十年で、中国では自転車よりも自動車で移動する人の方が多くなった。そして、中国では、とりわけ昔から伝統的に自転車を使っていた都市においてさえ、自転車に乗ることはマイナーな行為になった。

このことは、中国共産党による中央集中的な権力と、大規模な社会変革を実現する能力による成果でもあった。かつての世界に比類のない自転車カルチャーがまさに国家の産物であり、毛沢東・鄧小平体制下の緻密な計画と投資の成果だったのと同じように、自転車の終焉もまた政策のひとつの成果だったのだ。ただし、中国では自動車産業の大規模な推進と同時に、それ以外の交通手段、つまり世界で最も広範囲をカバーする高速鉄道網や、各都市における地下鉄やバス路線の整備にも莫大な投資が行われていたことは付言しておこう。別のいい方をすれば、中国の自動車への傾倒は単に一事へのこだわりがもたらしたものではなかった。しかしそれでも、政府による自動車カルチャー推進の基礎は自転車を路上から消し去ることにあり、その実効性は有無をいわせぬものだった。それは北京で構想され、あらゆる行政レベルで実行に移された、いわば脱自転車化のプログラムだったのだ。

一九九四年に制定された中国の交通安全に関する法令には、非原動機付きの輸送手段に割り当てられていた道路空間を、地方当局が取り上げる権限を認める条項が定められていた。全国の都市がこれに迅速に反応して、自転車レーンを自動車用車線や自動車の駐車スペースに転用した。都市計画者は道路から自転車を排除するために野心的な目標を設定した。ジョージ・ブリスとテッド・ホワイトに自転車の臨界量(クリティカル・マス)を見せつけた広州では、一九九〇年代の初頭に交通のマスタープランを制定した。それは、二〇一三年までに自転車による通勤を四〇パーセント削減することを目指すものだった（この目標は期限の十年前に達成され、さらにそれを上回る成果を出した。広州における自転車の使用は二〇〇三年までに六〇パーセントも減ったのだ）。もっと厳しい措置をとる都市もあった。上海は二〇〇〇年代初頭に、交通量の多い都心の一部で自転車を全面的に禁止した。同じ時期には中国北東部の海沿いの、遼寧省の活気あふれる街である大連市が「非自転車都市」を宣言している。

偉大なる自転車都市、北京の変貌はとりわけ劇的だった。一九九六年にはこの中国の首都に存在する自転車は推計九百万台、つまり一世帯あたり二・五台であり、市内の移動のおよそ三分の二は自転車で行われていた。それから十五年のうちに路上の自転車は四百万台以下に減少し、北京内の移動のうち自転車が担っている割合はわずか一六・七パーセントにまで落ち込んだ。この変化は、部分的にはこの都市の急速な成長の反映でもあった。今日、北京の都市域は一九九〇年時点の十倍以上に広がり、ロードアイランド州の面積よりも広い領域に及んでいる。共産党が制定した旧来の「単位」制度（国有企業を「単位」として、各「単位」ごとに労働者のための社会的機能・施設を供する制度）のもとでは職住近接が基本であり、市民が自転車で職場に行くのは容易だったが、スプロール化する都市圏に何百万もの人びとが暮らす二十一世紀の北京では、自動車のない生活はとても成立しない。

自動車カルチャーが根付いてくると、中国の道路の状況はクリティカル・マスを発案したサンフランシスコのサイクリストたちを取り巻いていた環境と大して変わらないものになっていった。道路は混雑し、排気ガスが充満する危険な場所になった。自転車はしばしば自動車と衝突し、その責任も自転車乗りに帰せられることが珍しくなくなった。自転車を交通問題の元凶として批判する者もあり、こうした風潮はさらに多くの自転車レーンの閉鎖をもたらした。自転車への敵対的な状況に直面したさらに多くの自転車乗りが、自動車に乗り換えるか、その余裕がなければ大量交通手段に頼るようになった。北京ではこうした変化を記憶に刻むような新しい風景が出現した、と研究者のグレン・ノークリフとガオ・ボヤン・ガオは二〇一八年に指摘している。それは、「何千台という規模で廃棄された」自転車によって、「集合住宅の周辺などにできあがった廃物の山」だった。それは失われた自転車の王国の記念碑だったともいえるかもしれない。

それは同時に心変わりの記念碑でもあった。政策による禁止や道路上の変化と同じくらいに、感情的・思想的にも大きな変化があったのだ。中国の人びとは自転車への愛を失ってしまった。このことは、単に、一九九二年におけるサンフランシスコのドライバーたちのように、自動車乗りの国となった中国で自転車が「不快で疎まれる邪魔者」と見なされるようになっただけではない。中国には、反自転車感情をもっとややこしくしているスティグマと恥の意識がある。自動車が究極のステータス・シンボルとなった社会、すなわち懸命に生きる無数の中産階級の人びとと、中産階級入りを目指して必死に生きているさらに多くの人びととの社会では、自動車こそが聖杯であり、自転車は時代遅れで気恥ずかしいもの、「負け犬」や「貧者」のものと見られている。自転車は現代的なライフスタイルにおいて、そして野心と希望をもつ上昇志向の若年層にとって忌み嫌われる存在になったのだ。ファッションを意識する中国の女性は、もはや「自転車を捨て、パンツではなくスカートを選ぶ」ようになった。これはモダニティの先頭に立った一八九〇年代の自転車ブームの女性たちがドレスを捨てて自転車とブルマーを選択したことの、ちょうど裏返しの展開だ。かつて中国では自転車はいわゆる「三つの輪」、つまり結婚に欠かせない品物のひとつとされてきたが、いまでは恋愛の成就の障害とみなされている。二〇一〇年に放映された人気の恋愛テレビ番組「非誠勿擾」〔複数の女性が一人の男性を品定めする番組〕では、男性が二十歳の女性出演者に自転車デートを申し込む場面があった。その女性の答えはしばらくインターネット上のミームとしてバズっていた。彼女は「笑顔で自転車に乗るくらいならＢＭＷで泣く方がまし」と言ったのだ。

仮に自動車カルチャーのグローバルな様相について理解しようと試みるならば――つまり二一世紀のグローバル化した地球で営まれている生活の複雑怪奇さについて考えてみようとするならば――とりあえずの出発点として好適なのは武漢だろう。中国の代表的な産業都市、湖北省の人口千百万人の都市だ。多くの中国の街と同様に、かつて自転車の街だった武漢には大勢のサイクリストがいたが、彼らはとうの昔に自転車を見捨てた。現代の武漢はとりわけ「自動車都市」と呼ぶにふさわしい。この街は自動車産業の一大中心地であり、中国のデトロイトともいえる。武漢の工場では毎年、中国で生産される自動車のおよそ一割にあたる数百万台の自動車が生産されている。中国版「ビッグ・フォー」の一角を占める東風汽車集団の本拠地であり、それ以外にホンダ、日産、プジョー、ルノー、ゼネラルモーターズ等の海外自動車メーカーが武漢に工場をもっている。そして数多くの自動車部品メーカーがあり、製品がここから世界中に輸出されている。

二〇二〇年の冬、武漢は別の輸出品によってその名を全世界に知られることになった。知られている範囲で最初に、SARS-CoV-2という新しいタイプのコロナウイルスの症例が報告されたのは二〇一九年十二月、武漢での出来事だった。このウイルスの起源の詳細はいまだに不明であり、さかんな議論がつづいている。しかし、Covid-19がどのようにしてパンデミックを引き起こし、中国の全国に被害をもたらし、世界中のほとんどあらゆる国々に広がっていったかは誰もが知るところだ。高速にものごとが展開する世界の中で、ウイルスもまた高速に拡散した。その経路は、武漢で組み上げられた点火プラグと触媒コンバータとステアリングギアボックスが世界中へ発送されるのとまさしく同じ道筋だった。上海＝重慶高速道路を通ってこの街から出て、輸出品を運ぶコンテナ船に乗って海上から中国の外へとつながり、ボーイングとエアバスの飛行機に乗って海を越えたのだ。

新型コロナウイルスが世界の国をひとつ、またひとつと陥落させてゆく中で、あらゆる物事の展開がゆっくりになり、あるいは停止した。大都市も小都市も、街は沈黙に支配された。路上から多くの自動車が消え、バスや地下鉄は運行を停止し、空から飛行機が消えた。日常生活の感触から現実感が失われ、どこか怖気を誘うものになった。しかしその一方で、恐怖と死の中に、新しく、同時にとても古い暮らしの形が生まれつつあった。

隔離生活を送る都市住民が窓の外に目をやると、そこに展開されていたのはひどく牧歌的な光景だった。動物たちが人気(ひとけ)の消えた都会の真ん中にさまよい込んできたのだ。イスラセルのハイファではイノシシが群れをなして闊歩していた。サンチアゴの路上にはピューマが出現した。海上交通が減少し、漁業も禁止されたイスタンブルのボスポラス海峡では、普段よりずっと海岸近くを泳ぐイルカが目撃された。似たような驚くべき光景はインドでも見られた。ムンバイでは無数のフラミンゴが飛来して湿地をピンク一色に染め上げ、ニューデリーでは水牛の群れがからっぽの高速道路を平然と通り抜けていった。

インターネット上には、再野生化(リワイルド)された都会の光景を撮影した写真や動画がかけ巡った。明からさまなフェイクも多かったが（ヴェネツィアの運河のイルカとか）、ホンモノであれニセモノであれ、そうしたイメージはこのパンデミックの狂気に何らかの意味を求めていた人びとにとってお誂え向きのメタファーであり、ある種の安らぎを与えてくれるものだった。もしかしたら、物事はもともとのあるべき姿に帰りつつあるのかもしれない。もしかしたら、よりよいやり方が可能なのかもしれない。つまり自分たちのリズムをふたたび自然のそれに合わせて、もっとゆったりと、まともな速度で流れてゆく生活が可能なのかもしれない、と。

変化はすでに始まっていた。街をさまよっていたのは動物だけではなかった。路上には、ふたたび自転車乗りの姿が増えていたのだ。公共交通の選択肢が減り、ご近所とも距離を置かざるを得なくなった都市生活者には、地下室に眠る錆ついた三段変速の自転車が輝いてみえた。ロックダウンが緩和されると、おおぜいの人びとが古い自転車を引っ張りだしたり、新しいものを買ったりした。

「自転車とトイレットペーパーの共通点は何か？」ワシントン・ポスト紙は二〇二〇年の春にこんな問いを掲げた。その答えは、「どちらも新型コロナのパンデミックの最中に飛ぶように売れている」。

アメリカでロックダウンが始まった二〇二〇年三月から翌年の四月までに、アメリカ国内の自転車の販売数は前年比で六〇パーセント近く増加した。自転車店の外に行列ができるほどだった。多くの店舗では在庫がなくなったが、サプライチェーンの混乱によってメーカーでは製造が追いつかず、追加発注してもなかなか製品が届かない状態が続いた。自転車盗が急増した（あるブルックリンの自転車店の店主は、現在の状況で自転車を盗まれないための一番いい方法は「自転車と一緒に寝ること」だとジャーナリストに語った）。自転車を買っていた者の多くは、ソーシャル・ディスタンスを保ちながら運動する方法を探していた、つまり趣味や娯楽のために自転車に乗る人びとだった。廃線になった鉄道用地を自転車・歩行者道路に転用する運動を進めている非営利団体は、新型コロナウイルス流行の最初の数カ月にアメリカの自転車道の使用者が記録的な数になった、と報告していた。さらに予想を裏切り、自転車通勤者の爆発的な増加はヒューストンやロサンゼルスといった、ふだんであればごく僅かな人びとしか自転車を使っていない場所でも生じていた。新型コロナウイルスの流行の最初の数週間に行われた調査によれば、アメリカ人の成人のうち十人にひとりは、最近になって一年かそれ以上ぶりに自転車に乗った、とのことだった。そして、そのうち過半数が新型コロナウイルスの危機が去っても自転車に乗りつづけるつもりだ、と答えた。

ＣＮＢＣの表現を借りれば、アメリカではパンデミックによって「交通の大変革」が引き起こされたが、これは世界中で起きているより大規模な「新型コロナ自転車ブーム」の一部にすぎなかった。サント・ドミンゴ〔ドミニカ共和国〕、リマ、ミラノ、モスクワ、ドバイ、ベイルート、アビジャン〔コートジボアール〕、ナイロビ、シンガポール、ソウル、その他の数多くの街の路上で自転車が急増した。その多くでは、自転車レーンやシェアサイクルといった既存のインフラが、未曾有の規模で活用されていた。

それだけではなく、現在進行形で生み出された新しいインフラもあった。世界中で「コロナ自転車道」ともいうべきものが生まれていたのだ。緊急予算が計上され、即座に事業化が進み、自転車利用促進へのインセンティブや助成が実行された。メキシコシティ、ボゴタ〔コロンビア〕、カンパラ〔ウガンダ〕、ケープタウン、ジャカルタ、東京、シドニー、オークランドでは急ごしらえの自転車レーンが登場した。フィリピンでは新型コロナの流行が始まった後、マニラ中心部に臨時の自転車レーンが設定されていたが、これは後に拡張され、マニラ首都圏を構成する十六都市のうち十二都市にまたがる、三〇〇キロメートルを越える永続的なネットワークへと変貌した。インドの住宅都市省はパンデミックの間に国中で「自転車革命」が起こったと述べ、「インディア・サイクル・フォー・チェンジ」（India Cycles4Change）というキャンペーンを始めた。これは新規インフラの建設や、開かれた街路空間の整備、女性サイクリストのための施策などを通じて、地方自治体が「自転車の拠り所」となることを促すものだった。

イギリスやヨーロッパ諸国では、道路を改変して自転車の空間を確保する試みの中でもとりわけラディカルな方策が実施された。二〇二一年の春に発表された研究によれば、パンデミックが始まって以来、百六のヨーロッパの都市で自転車道が新造された。パリでは熱心な自転車推進派の市長アンヌ・イダルゴのもと、危機が始まった最初の数カ月間のうちに、既存の自転車レーンに加えて「コロナピスト」と呼ばれる数百キロメートルもの新しい自転車レーンが設定された。リヴォリ通りでは自動車の通行が禁止され、このパリ有数の大通りは長さ約三キロメートルの豪華な自転車道へと変わった。その翌年、イダルゴ市長はパリ市内のいくつかの区で車両の通り抜けを禁止するさらに踏み込んだ施策を発表した。これは実質的に、パリ中心部の大部分から自動車を締め出す計画といってもよい。

こうした変革は新型コロナの危機の深刻さの証左だった。それは物事の優先順位を根本から変え、新しい政治の可能性を開き、政策立案者や市民に一歩を踏み出す大胆さを与えた。「大胆さを与えた」というのは間違いかもしれない。変化を促したのは本当には単なる恐怖、つまり新型コロナが引き起こした盲目的な恐怖感だったのかもしれない。バスや電車やタクシーでウイルスに感染することを恐れた通勤者は、自転車に惹きつけられた。それは、突然、潜在的な感染源という「敵」になってしまった隣人との間に息をする空間を与えてくれる交通手段だった。そうした新しい自転車乗りが通るのは、三角コーンやプラスチックのボラードや警察のバリケードで区切られた道、つまり人びとをふたたび動かして死に瀕した経済を復活させるために、パニック状態の当局が寄せ集めの材料でつくった、急ごしらえの自転車道だった。いずれにしても、その結果として実現されたのは、人びとがかねてから抱いていた希望でもあった。クリティカル・マスの参加者や、その他のアクティヴィストたちが数十年にわたって夢見ていた自転車のための街が、大災厄の中にもかかわらず、むしろそれゆえに、地上に現れたのだ。折りたたみ自転車で有名なイギリスの自転車メーカー、ブロンプトン社の代表取締役ウィル・バトラー＝アダムズが、BBCのインタビューでこのパラドクスについて語っていた。悲しみと戦慄におおわれた世界の中で、サイクリストたちは奇妙に牧歌的な感慨に浸っていた。清浄な空気、安全な道路、そして自由に気兼ねなく自転車に乗れること。彼らが肌で感じていたのは「街が秘めている喜びの可能性」なのだ、とバトラー＝アダムズは語っていた。

ニューヨークもまた、道路交通と日常生活のやり方が変化の奔流に見舞われた場所のひとつだった。この街で最初の新型コロナウイルスの症例が報告されたのは二〇二〇年三月一日だった（後の研究によれば、ウイルスは一月の時点ですでにニューヨーク中に広がっていた）。やがてニューヨークは世界の流行の中心地となった。四月六日までに七万二千件の症例が確認され、感染者のうち少なくとも二千四百人が死亡した。四月七日には一日で七百七十四人、四月八日にはさらに八百十人のニューヨーカーが死んだ。

ニューヨークの住民が直面したのは、伝染病が引き起こす忌まわしいロジスティクスの問題だった。つまり処分しなければならない多数の死体が発生するのだ。遺体安置所や墓地はいっぱいになり、この街はある官僚が「現在進行形の9・11」と呼んだ事態に直面した。死体は病院の外に並ぶ冷凍車の中に山積みになった。四月九日には、AP通信のドローンによって、ブロンクス沖の小さな島の集団埋葬地に多くの死体が埋められている様子が撮影された。これはハート島という名のロングアイランド湾にある面積一〇一エーカーの島で、すでに一世紀以上の間、ニューヨークの共同埋葬地として貧窮者や身元不明者の埋葬に使われてきた場所だった。

オンラインで大勢の人びとが目にしたその映像は戦慄を誘うものだった。ニューヨークの住民にとってハート島は視界の外、関心の埒外にある場所だ。この大都市が抱える死者の都市（ネクロポリス）は、地理的にも精神的にも生者とは切り離されてきた。すでに何十年も無人島状態で、ほとんど一般の立ち入りはできず、アクセスの手段は、死者と、埋葬する役目の囚人たちを乗せて定期運行される「三途の渡し船」に限られていた。AP通信の映像には、防護服を着た作業者がぬかるみに掘られた大きな穴に棺を並べる様子が映されていた。上空から映された映像には人間性を欠いた寒々しさがあった。作業者はまるで道路の穴にアスファルトをかぶせるように、事務的な几帳面さで白木の箱に土をかけていた。そこには深淵の闇が覗いているようだった。

もはや死の報せが途切れることはなかった。昼夜を問わず、無数の人びとが引き込もっている壁の向こうでサイレンが響いていた。我が家のリビングの窓からは、ほとんど空っぽになった二層の道路が見えていた。下にはブルックリン・ストリーツ、その上にゴワナス高速道路の長々としたカーブが巨大な鋼鉄の柱に支えられている。どちらもふだんであれば車がぎっしり詰まっている道路だが、いまや交通量はほんのわずかだった。そしてそのほとんどは、悲しげにサイレンを鳴らしながら病人を乗せて病院へ急ぐ救急車だった。サイレンが遠くへ消えてゆくと、びっくりするほどの静けさが街を支配した。鳥の鳴き声、樹々をゆらす風の音、そして時たま聞こえてくる、通りを歩く寂しげな足音。毎晩ちょうど七時になると、けたたましい音響とともにその静寂が破られた。ニューヨーク中の住民が、窓から身を乗り出したり、アパートのバルコニーに出てきたりして、鍋やらフライパンやらを打ち鳴らすのだ。それはみなが家に閉じ込もっている間も最前線で奮闘している、医師や、看護師や、救急車の乗組員、その他のエッセンシャルワーカーに感謝を捧げる騒々しい讃歌だった。

もう少し注意ぶかく耳を澄ませていると、また別の音も聞こえてきた。電動自転車のモーターの立てる、甲高いキューンという回転音だ。ハンドルを握っているのは、隔離生活を送る住民が注文した食料を届ける配達員だった。彼らもまた政府が「必要不可欠(エッセンシャル)」とみなした、最前線に立つ労働者たちだった。ただし、台所用具を打ち鳴らして英雄を讃えていた者のうち、さっき夕食のピザやタイ料理を運んできた者のことを頭に浮かべていた者がどれだけいたかは疑わしい。

デリバリーの労働者の多くはラテンアメリカ、つまりメキシコ、グアテマラ、エクアドル、ベネズエラなどからの移民だ。彼らが乗っていたのは高級eバイクなどではなく、充電式の電動アタッチメントを装着した電動アシスト付きの自転車だった。パンデミックでなくても、彼らの仕事はこの街でもっともキツい仕事のひとつだ。路上では自動車の危険運転に曝され、悪天候にも苦しめられる。自転車盗の被害も多く、銃やナイフを突き付けられることも珍しくない。同種のギグ・ワーカー〔プラットフォーマーから短期の仕事を請け負う独立労働者〕と同じように、彼らには最低賃金の保証や労働時間の制限はなく、健康保険などの福利厚生もない。届け先から受けとるチップさえも、レストランやデリバリーアプリの開発元に違法にピンハネされているという苦情が聞かれた。多くのレストランは、オーダーを受け取りにくる者にトイレも使わせない。

ブルックリン、クイーンズ、ブロンクスなどのそうしたデリバリー配達員が住んでいる地区は、市内でももっとも感染率の高いエリアだった。配達員たちは外食産業を支え、何十万というニューヨーカーに食事を届け、その多くは新型コロナ病棟に送られる羽目になった。見方によっては、ニューヨーク市もまたグローバル・サウスの巨大都市とそれほど大きく違わない。ダッカにはリクシャーワラーがいたが、ぼくらの街にはラテン系移民の配達員（デリバリスタ）がいる。自転車で働く無数の下層民たる彼らが、困難や危険や酷使に耐えながら、都市の命脈を保っているのだ。

ロックダウンした街で自転車に乗っているのは配達員だけではなかった。ほかのエッセンシャルワーカーたちも、ウイルスとの接触を避けるために公共交通機関を使わず、自転車に乗っていた。五月になってようやく感染者数が横這いになると、ニューヨーク市民は徐々に自宅から出るようになった。そして自転車レーンが混雑し、シェアサイクルが大人気になるという世界中の街と同じ光景が展開された。そして五月の最後の週には、遠方で起きたある出来事をきっかけにして、はるかにおおぜいのニューヨーク市民が大挙して自転車に乗り、ロックダウンの街から路上へ繰り出すことになった。

五月二十五月の夕刻、タバコを買うために偽の二〇ドル札を使ったとの嫌疑を受けたジョージ・フロイドが、ミネアポリスの警察官デレク・ショーヴィンによって殺された。その直後から何週間にもわたり、推計千五百万人の人びとが、この国の歴史上最大といわれる抗議運動に参加した。ニューヨークは、声を上げながら行進する人びとのデモの波に飲み込まれた。五月三十日から三十一日にかけての週末に騒乱は激化し、抗議の参加者は高級小売店の窓ガラスを割り、略奪を行なった。火炎瓶を投げて警察の車両を燃やした。六月一日月曜日の夜、市長のビル・デブラシオは市の全域に夜間外出禁止令を出して沈静化を図った。

六月三日の夜、午後八時からの外出禁止令に応じずにデモを続けていたブラック・ライブズ・マターのデモ隊の自転車を警察が押収している様子が目撃された。インターネットで広くシェアされた映像のひとつには、手振れする画面の中に、明らかに押収したと思われる自転車を移動させている様子が映っている。なぜ自転車を取り上げるのか、デモ参加者はどうやって家に帰れというのか、と叫ぶ女性の声が聞こえる。拡散された別の映像では、マンハッタンの路上で、三人の警察官が自転車に乗っている男性を警棒で殴りつける様子が映っている。その後この男性が逮捕されたのか、その自転車がどうなったのかはわからない。

その後も自転車を標的にしたニューヨーク市警の取り締まりは継続された。デイリー・ニュース紙の記者カトリーナ・ジオイノは、警察官は「自転車乗りに標的を絞れ」と命令されていた、とツイートした。ソーシャルメディアには、記者章をつけたジャーナリストを含めて、自転車乗りが暴力を受けたり、逮捕されたりする様子がアップロードされた。第二次世界大戦以来はじめて発出された外出禁止令は、デブラシオ市長によれば「襲撃、破壊行動、財物への損害および／あるいは略奪」を抑制するためだった。ニューヨークの住民は、発表されたその目的と、警察官が抗議参加者に暴力を振るい、自転車を取り上げている様子――場合によっては路上に自転車を放置したまま引き揚げていった――がどう両立するのか理解に苦しんだ。

実のところ、こうした事態がまったく意外かといえばそうでもなかった。ニューヨーク市警は自転車乗りに対して、とりわけ自転車に乗ったデモ参加者に対して、以前からずっと敵対的だったからだ。警察は長年にわたって攻撃的な、場合によっては暴力を伴う手段によってクリティカル・マスの集団を蹴散らしてきた。二〇〇八年には、ある警察官がクリティカル・マスの参加者に体当たりをする事件があった。この警官は後に、この行為に加えて体当たりした自転車乗りに罪を着せようと不当な刑事告訴をした廉で重罪判決を下されている。二〇一〇年には、二〇〇四年から二〇〇六年までに違法に拘束されたり逮捕されたりしたクリティカル・マスの参加者八十三人に対して、ニューヨーク市は百万ドル近い賠償金を支払うことに同意した。

デブラシオ市長時代のニューヨーク市警は、自転車乗りに対して交通違反切符を切る、罰金を取る、自転車を押収するといった取り締まりを散発的に行ってきた（こうした「一斉取り締まり作戦」は、自転車乗りが自動車による事故で負傷や死亡をした後に実施される場合が多く、自転車の立場を擁護する者はこれを制度化された被害者非難の一種と見ている）。デブラシオとニューヨーク市警は長年にわたって、何百台という自転車を押収する「eバイクとの戦争」を行ってきた。その標的になったのはこの街の配達員（デリバリスタ）にほとんど限定されていたといってもいい。

警察と自転車乗りの対立はアメリカ中で起きていた。ロサンゼルス、サンフランシスコ、ポートランド、シカゴ、アトランタ、マイアミなど何十もの都市で、デモ参加者は自転車に乗って行進に参加し、警官隊と対峙した。警官もまた自転車に乗っていることが少なくなかった。自転車に乗る警察官の姿は過去の二、三十年の間にすっかり珍しくないものになっていたが、二〇二〇年のデモにはアメリカ人がいまだに見たことのないものが登場した。それは、暴徒化もしていない群集を暴力的に弾圧する、武装した自転車警官たちだった。

自転車に乗った警官たちは催涙ガスやペッパースプレーを使い、閃光手榴弾を投げつけ、警棒でデモ隊に殴りかかった。彼らは自転車を盾にしたり体当たりする武器に使ったりした。これを確認した北米のフジ自転車の販売元であるBickCo.は、「私たちの意図や設計とは相容れない使われ方」だとして、警察向けの自転車販売を停止するとの声明を出した。

ニューヨークでは、市警が独自に組織した自転車の「精鋭」部隊が出現した。彼らは、『スター・ウォーズ』のストーム・トゥルーパーと、アイスホッケーのゴールキーパーと、『ティーンエイジ・ミュータント・ニンジャ・タートルズ』を全部足して三で割ったような制服を着ていた。正式にはニューヨーク市警の戦略応答班（SRG）自転車隊という、群集の統制に特化した部門だ。六月四日に、この部隊はブロンクスでのブラック・ライブズ・マターのデモに介入して大量の逮捕を行った。彼らはデモ隊との衝突の際や、「ケトリング」と呼ばれる群集の閉じ込め戦術に自転車を使っていた。ヒューマン・ライツ・ウォッチは、この事件でのニューヨーク市警の行為は「計画的な攻撃」であり、「警察による暴力」であると批判した。

暴露記事で知られるニュース・サイト「ジ・インターセプト」は、この部隊の任務の詳細を記した、一七三ページにわたるSRG自転車隊の「手引き」を公開した。その中には、デモに対処する際にはこの部隊が「戦力増強要員」となることや、「群集ならびにそのリーダーおよび／あるいは組織」を監視して情報収集することが書かれていた。またこの「手引き」には、「平和的」群集（「大晦日の行進のようなパレードや小集団」）と、「暴力的」群集（「オキュパイ・ウォール・ストリート、ブラック・ライブズ・マター、反トランプデモ」）の違いが例示とともに解説され、自転車に乗る隊員が統制や制圧のために用いることのできるさまざまな「攻撃的」手法が教示されていた（「パワースライド」や「ダイナミック・ディスマウント」（速度を落とさずに自転車から対象に飛びかかる）」といったもの）。自転車もまた、アメリカの全般的なディストピア化の波からは逃がれられなかったようだ。

ブラック・ライブズ・マター運動における自転車の存在感を意外なこととして受け止めた者も

あったかもしれない。しかし、交通の問題は社会正義の問題でもある。交通政策の失敗やインフラの問題点、つまり低所得層の多い地区をまともに走らない鉄道やバスとか、自動車交通が原因で自転車や歩行者に降りかかる環境汚染や事故、そういったものの犠牲になっているのは人口比率からいえば不釣合な数の黒人やラティーノの人びとだ。研究者らは、交通事故における黒人の自転車乗りの死亡率は白人よりも三〇パーセント、同じくラティーノの自転車乗りの死亡率は白人より二三パーセント高いことを明らかにしている。

また、研究によれば、警官が自転車に停止を命じたり、不当な扱いや逮捕の対象とする割合は白人よりも非白人に対する場合が圧倒的に高い。オークランドは人口の二八パーセントが黒人だが、同市で行われた調査では警官に停止を求められた自転車乗りのうち、黒人の割合は六〇パーセントだった。シカゴおよびタンパの警察が自転車乗りに発行した違反切符についての調査では、さらに顕著な不均衡が明らかになっている。ニューヨークでは、二〇一八年から翌年にかけて歩道を走行したとして違反切符を渡された自転車乗りのうち、八六パーセントが黒人とラティーノで、半数近くは二十四歳以下だった。

こうした統計が示しているのは、アメリカの多くの都市において、有色人種が自転車に乗ることはほぼ違法行為と変わらないということである。警察にとっては、自転車の存在はそのままレイシャル・プロファイリング〔人種その他の特定の属性にもとづいて捜査の対象とすること〕や、制度的には廃止されているはずのストップ・アンド・フリスク〔市民を引き止めて所持品検査をすること〕を行う口実になっている。ロサンゼルス・タイムズ紙はある調査の中で、ロサンゼルス郡保安局（ＬＡＳＤ）が二〇一七年から二〇二一年七月までに発した、四万四千件以上の自転車に対する停止命令を分析した。それによると、大半の停止命令は多数の非白人の人口を抱える低所得者層の多い地区で行われ、十件のうち七件はラティーノの自転車乗りに関わるものだった。同紙は、LASDの保安官は「歩道を走行するといった軽微な違反にもとづいて」自転車乗りを拘束しており、「停止を命じた自転車乗りの八五パーセントに対して所持品検査をしているが、違法性を疑う理由が存在しない場合も多い。多くの自転車乗りは、警官が所持品を粗探ししたり、逮捕状を確認したりする間、パトカーの後部座席に拘束されている」。自転車に対する停止命令が悲劇的な結果につながることもある。二〇二〇年八月三十一日、つまりジョージ・フロイドの死から九十八日後、LASDはディジョン・キジーという二十九歳の黒人男性を射殺した。LASDはロサンゼルス南部ウェストモントで「路上を自転車で逆走した」容疑でこの男性を拘束しようとした。解剖の結果、キジーは十六発の弾丸を撃ち込まれ、両手、腕、肩、胸、顎、背、後頭部を負傷していたことがわかった。

ニューヨークでは、二〇二〇年の夏から秋にかけて自転車による抗議運動が盛り上がりを見せた。配達員（デリバリスタ）はニューヨーク市警の建物の外に集まり、eバイクの窃盗や配達員への暴力に警察が無関心なことを糾弾した。十月には数百人の配達員が市庁舎に集合して賃金保証や労働条件の向上を訴えた。新しい運動が始まりつつあった。六人のブルックリンの黒人アクティヴィストが六月に結成した〈ストリート・ライダーズ・NYC〉が組織したデモは街の広範囲で展開され、数千人の自転車乗りが参加した。こうしたデモは、ブラック・ライブズ・マターのデモの一部であり、人種的・経済的な公正を求め、警察の予算削減とアメリカの「監獄国家」解体を要求するものだったが、抗議の声は人種とモビリティをめぐる問題にも向けられていた。普遍的な「自転車に乗る自由」を求めることは、少なくとも暗黙的には、移動することの平等性や、有色人種の自転車乗りが直面する特有の困難といった問題にこれまでずっと目をつぶってきた、白人の自転車アクティヴィストへの批判でもあった。

自転車関連のプロテストでもっとも革命的に新しい形態といえるものは、それがプロテストであることをまったく主張しない形式だろう。「バイクライフ」という言葉がある。これはもともと、街中の道路や高速道路でウィリーやドーナッターンなどの曲乗りをやり、その様子を撮影して有名になったニューヨークやボルティモアなどの「不良」モトクロス・ライダーや四輪バギー（ATB）乗りを指していた。二〇一〇年代の初頭に、ハーレムの配達員だった当時二十代前半のダーネル・メイヤーズがその「バイクライフ」の真似をして映像をオンラインに投稿しはじめた。ただし使っていたのはバイクや自動車ではなくソーカル・フライヤーという少しレトロな、SE社という伝説的なメーカー製のBMXタイプの自転車だった。この自転車の大柄ながら軽量なアルミ製のフレームや、大きなホイール、太いタイヤ、そしてペグ〔トリックのために取り付ける金属棒〕はトリックに向いていて、メイヤーズの繰り出す技は見事なものだった。彼は高速で走りながらサドルやハンドルバーの上に立ってみせたり、路面から数センチのところまで自転車を倒したまま後輪に乗り、サーフボードか魔法の絨毯にでも乗るようにそのまま進んでみせることもできた。ほとんど直立するくらいに前輪を持ち上げ、後輪でバランスをとりながらペダルを漕いで進むこともできた。しかも湖をゆくボートの上から水面を撫でるように、後ろに伸ばした手で地面に触れてみせたりする。

しかしメイヤーズの曲乗りのいちばん衝撃的なところはその技術ではなく、その場所だった。彼はしばしば、ニューヨークの路上で車をすり抜けながらそんなことをやってみせるのだ。彼のいちばんの自慢は丸々何ブロック分も前輪を高々と持ち上げたまま走るウィリー走行だった――ディー・ブロック（DBlock）というニックネームを名乗るようになったのもそのためだ。彼のインスタグラムには大量のフォロワーが集まり、市内の各所で行うグループ・ライドの案内を告知するようになった。この種のことは彼がはじめてやったわけではない。ディー・ブロックが最初に自転車にハマったきっかけは、十一歳のとき、ハーレムの界隈の若者が集団走行しているのを見たことだ。ただしディー・ブロックの集団走行（ライド・アウト）の規模は急速に拡大した。大半が若い黒人からなるＢＭＸ乗りの大群が、数十人、数百人という規模でウィリー走行や派手で危険なトリックをやりながら、何キロも通りを埋め尽くして走る。その様子はソーシャルメディアに逐次アップロードされた。

今では #bikefile というハッシュタグで知られるようになったこのムーブメントは世界的な広がりをみせている。集団走行（ライド・アウト）イベントは南極以外のあらゆる大陸に広がり、ラップ・ミュージックのビデオクリップを通じてポップカルチャーにも浸透した。ドラッグレースやスケートボードと同じように、#bikelife もまた、一部のティーンエージャーや若者を虜にするアナーキーでスリリングな行為のひとつであり、取り締る側の怒りを誘うこともその魅力の大きな部分だろう。ニューヨークの警察は #bikelife のイベントを目の敵にしていて、参加者の自転車を押収したり、モペッドで突撃して自転車の集団の解体を試みたという話もあった（「ジ・インターセプト」が暴露した市警ＳＲＧ自転車隊の「手引き」には、この隊の活動成果として「集団走行イベント」の取り締まりが挙がっている）。

しかし #bikelife は単なる若者の反抗で終わる話ではない。十台以上の自転車が横にならび、何百人という黒人の若者がウィリー走行しながら、橋や幹線道路や自転車の走行が禁止されたさまざまな道路を流れてゆく。彼らの集団走行を目撃することは、自由と抵抗の体現として走る自転車を目撃することであり、これは二世紀にわたる自転車の歴史が体現したきたものと変わらないのだ。#bikelife の参加者はクリティカル・マスのイベントが古式ゆかしく思えてしまうほどアグレッシブで派手なことをやっているが、彼らが主張しているのは道路という公共空間における権利という、それまでの世代の自転車アクティヴィストたちと同じものだ。

こうした #bikelife がより大きなポリティクスの現われであることはいうまでもない。ブラック・ライブズ・マターは、ある意味において移動することの自由、つまり誰にどこへ行く自由があるか？ということを問いかける運動でもあった。それが告発していたのは、黒人の移動を監視し制限しているシステム、つまり公共空間における黒人の存在が、それだけで投獄や死に値する違法な侵入行為とみなされている状況だった。#bikelife の集団走行イベントでは、アメリカでもっとも悪者扱いされ過剰な統制を受けている人びとが、絶対的な移動の自由という彼ら自身の権利を主張しているのだ。自転車乗りは騒々しい道路交通の中に飛び出し、重さ一五キロあまりの自転車でその百倍重い自動車の流れのただ中に身を置く。それは、黒人の身体の脆弱さを劇的なやり方で表現してみせることだ。しかし彼らは物怖じもせず、公然とそれをやってみせる。危険きわまりない路上交通を超絶技巧のパフォーマンスに変貌させ、取り締まる側を嘲笑するかのようにそんな自分たちの姿を記録する。法を逸脱しているはずの自分たちの行為を携帯電話で撮影し、その「証拠」をオンラインに投稿する。棹立ちする馬を操る騎兵のように前輪を空中に上げ、雪崩のように街をゆく #bikelife のライダーたちは「黒人が自転車に乗る」ことの喜び、そのスタイル、そして大胆さを祝福しているのだ。

こうした新しいアメリカの自転車ブームを、敵は昔と変わらぬ罵倒で迎えた。カルチャー間の対立が激しさを増す中においては、自転車のタイヤに言説の画鋲を突き刺すことは「リベラル」をやっつけるための由緒正しい方法なのだ。パンデミックの最初の年には、いつもながらのソーシャルメディアや右翼メディアでアンチ自転車の罵詈雑言が聞こえてくるようになった。しかし、今回はそれにとどまらず、最高裁判所の高みからも似たような話が聞こえてきた。二〇二〇年十一月に裁定が下された、ローマカトリック教会のニューヨーク州ブルックリン司教区とニューヨーク州知事アンドリュー・クオモが争った裁判では、クオモ知事が新型コロナウイルス拡大の対策として命じた宗教行為の制限を認めない判断がなされた。これに付された同意意見の中で、ニール・ゴーサッチ判事は、ライフスタイルを飾る世俗的な要素として自転車をワインや鍼治療と同列に扱い、エッセンシャルな職業に「自転車修理店」が含まれていることを揶揄している。「州知事によれば、教会に行くことは安全ではない一方で、ワインを一本買ったり、新しい自転車を買ったり、ツボや経絡の刺激に午後を費やすことには問題がないということになる」などとゴーサッチは書いている。

こうしたレトリックは見慣れたものだったし、とりわけ二〇二〇年の大統領選挙でジョー・バイデンがドナルド・トランプに勝利し、野心的で頭の切れる政策通ピート・ブティジェッジが運輸長官に任命された後にはますますよく目にするようになった。ブティジェッジは「自転車や歩行者の安全について我が国がどれくらい劣後しているか……アメリカ人の多くが気がついているとは思えない」とか、「私たちの判断は自動車ではなく人間を中心になされた方がよい」といった賢明な発言をした。こうした発言は右派言論人の格好のエサになり、彼らは「民主党は自動車を奪おうとしている」という話をニュースメディアで繰り返した。自転車に乗って閣議に向かうブティジェッジの姿が撮影されると、右派メディアは、それは運転手つきの自動車から降りたブティジェッジがパパラッチの前で数メートルだけ自転車に乗ってみせた「フェイク」だと誤報した。

アメリカの粗野な自動車カルチャーがこの国に生まれつつあるファシズムの芽と手を結ぶのは自然なことだった。二〇二一年の春、共和党が支配的なオクラホマとアイオワの議会は、デモ参加者と事故を起こした自動車の運転手を免責する法案を通過させた。パンデミック下の二度目の夏が迫る中、アメリカにはきわめて、ほとんどコミカルなまでに不穏な空気が漂っている。どこに目を向けても退廃や、衰退と没落の前兆が目に入ってくる気がする。新型コロナウイルスのワクチンは開発されたが、すでにデルタ型という変異株が生まれている〔本書の原書は二〇二二年五月に刊行された〕。世界中の何十億という人びとがワクチン接種を切望している一方で、その資格のあるアメリカ人のおよそ半数が、正気と思えぬ陰謀論を根拠にして手の届く医療を拒絶している。反ワクチン派の人びとと、一月六日に米国連邦議会議事堂を舞台に起きた白人至上主義者による反乱事件がアンティファ〔反ファシズムの個人・集団。米国のアンティファはトランプ支持者や極右主義者としばしば衝突してきた〕の偽旗作戦だと主張する人びとは、少なくない部分が重なっているのではないか。

そんな中、実業界の大物はこの惑星からの脱出に熱心だった。二〇二一年七月二十日、地球でもっとも裕福な人間であるジェフ・ベゾスはニュー・シェパードと名付けた自前の男根的ロケットに乗って十分間の弾道飛行を成功させた。この宇宙船の形状は中学校の男子トイレの壁に落書きされているようなペニスと睾丸のシルエットにあまりによく似ていたので、まさか本気でやっているとは思えない代物だった。ジェフ・ベゾスなら無理もない、ということを思い出すまでは。その九日前には、イギリスの大物実業家リチャード・ブランソンがヴァージン・ギャラクティックVSSユニティという超音速飛行機で弾道飛行に成功して、宇宙飛行競争でベゾスの鼻を明かした。そしてテスラの大立者イーロン・マスクは、宇宙船スターシップ号をテスト飛行で何度墜落炎上させてもへこたれずに、現在も二つの前線で忙しく働いている。二つとはスペースXの宇宙空間輸送による火星への植民計画と、自らが創業したボーリング・カンパニー――この企業名が天才的な命名かふざけたものかの判断は読者に任せる〔Boring Company は「退屈な会社」にも「掘削会社」にも取れる〕――で試みている斬新な交通システムすなわちハイパーループだ。これは無人運転を実現したテスラの自動車が、地下トンネルを通じて都市間で人を運ぶというものだ。

実際のところ億万長者が宇宙へ飛び出したり地下へ潜ろうとするのは責められる話ではない。地球の気候がまずい感じになっているからだ。ベゾスがニュー・シェパードで打ち上げられた同じ朝、ぼくが自宅のアパートから出て自転車の鍵を外して走りはじめると、すぐに目と喉に痛みを感じた。空はもやがかかったような朱色に染まっていた。西海岸ではもう何週間にもわたってあちこちで山火事が発生し、何百万エーカーという面積が焼失していた。オレゴン州で発生した「ブートレグ・ファイア」と名付けられた火災では、高熱によって灰を含んだ火災雲が発生した。それが高空の気流に乗って東に四千キロ離れたブルックリンまで塵を降らせたのだ。もはや天気もどこから影響を受けるかわからない。

その数週間後には最近の世界情勢を反映する、また別のものが空から降ってきた。九月一日の何の変哲もない水曜日の午後、ニューヨークは土砂降りに見舞われ、鉄砲水が発生して街中が池のようになった。この暴風雨は、その四十八時間前にルイジアナを襲ったハリケーン・アイダの置き土産だった。自動車が道路に浮かび、未処理の下水が流れ込んだ水の中でぷかぷかしていた。ブルックリン＝クイーンズ高速道路は水に浸かってヴェネツィアの運河のようになった。洪水は地下鉄駅の天井を突き破り、列車やプラットフォームへ滝のように流れ込んだ。ニューヨーク市では十三人の死者が出た。そのほとんどは、増水によって地階のアパートに閉じ込められてしまった、クイーンズに住む移民だった。ツイッターでバズったある動画には、滝のような雨の中、デリバリーサービスの配達員が、河となったブルックリンの道で腰まで水に浸かりながら自転車を押している様子が映っていた。そのハンドルバーにはビニール袋がぶらさがっているのが見えた。彼は食べ物を配達していたのだ。その後、配達員（デリバリスタ）たちに対して、命の危険のある状況で働かせるために「荒天時インセンティブ」をつけるアプリがいくつか出現した。といっても一回あたりわずか数ドルだった。

明くる九月二日の朝は晴天で風があり、空気は乾燥していた。百年に一回の荒天の後にふさわしい、嘘のように澄んだ空だった。しかし今やその異常な気象イベントが毎月のように起こるのだ。ニューヨーク都市交通局は浸水した地下鉄を夜のうちに閉鎖していたので、目を覚ましたニューヨーカーは自転車に乗った。この一日に利用されたシティ・バイクのシェアサイクルは十二万六千三百六十件に達し、一日あたりのライド件数としてはサービス開始から今までの八年間の最多記録となった。極地では氷が融け、森林は燃え、政治は壊れてしまい、日常生活はパンデミックによって根幹から揺さぶられている。地球規模の新しい自転車カルチャーが生まれつつあるのはそんな動乱の世の中だ。今日の自転車ブームが歴史上最大のものであることはもはや疑問の余地がない。莫大な数の自転車乗りが、地球のまさにあらゆる場所にいる。これは壮大な規模の大衆運動（マス・ムーブメント）だ。しかしそれはやはり小さすぎる、遅すぎるものなのだろうか？

中国の反体制アーティスト、アイ・ウェイウェイはこれまで二十年間にわたり、「フォーエバー・バイシクルズ」〔自転車よ永遠に〕という喚起力あるタイトルの彫刻作品群を制作している。二〇〇三年の最初のものは二十台あまりの自転車を、ハンドルバーやペダルやチェーンを外し、大きな円のようなひとつの構造に組み合わせたものだった。自転車でできたウロボロス〔自らの尾を食べる蛇〕のような、ダダ的なフリーク・バイクだ。アイは徐々に作品のスケールを拡大し、サイトスペシフィックな「フォーエバー・バイシクルズ」のインスタレーションをつくり続けた。何百、時には何千という自転車が巨大でシンメトリカルな形状に組み合わされ、塔やアーチのようにそびえ立つ。その場に行くと目が回るような気分になる。頭上を見上げると、無限につづく自転車のフレームやホイールに吸い込まれるようなサイケデリックな感覚に陥る。

そこには美術史的な目配せがある。デュシャンはもちろん、M・C・エッシャーの合わせ鏡のように反復する絵柄も念頭にあるかもしれない。他にも想起させるものがある。「フォーエバー・バイシクルズ」というタイトルは、有名な上海の自転車ブランド〈永久〉にかかっている。飛鴿と並んで、一九六〇年代から七〇年代のアイの若かりし時代に道路を支配していたブランドだ（シリーズの多くの作品では、アイは〈永久〉製の中古の自転車を使っている）。

アイを知っている者にとって、乗り手のいない大量の自転車に政治的な意味が込められていることはほとんど自明だろう。それは消え去った過去の自転車に乗った大衆、そして天安門広場へと自転車を漕いだ者たちを想起させる。アイの作品はそれだけではなく、自転車にまつわる言説や、自転車への愛情の深層にも触れている。「フォーエバー・バイシクルズ」は、純粋で時代を超越した自転車の形態美への、詩的で交響楽的な捧げ物なのだ。そのすべての自転車は――あるいは無限に屈折し反復されるその一台の永遠の自転車は――まるで天球を舞うかのように高みに浮かんでいる。

もちろん、自転車は永遠の存在ではないだろう。この崩壊の時代に永遠のものなどあるだろうか。しかし自転車は打たれ強く、いつも返り咲いてきた。最近、中国は自らの自転車の王国の終焉について考え直している。この国が自動車カルチャーに舵を切ったことによる、環境や社会に対する影響は予期されたものだった。大気汚染の増加、温室効果ガス排出量の増大、肺病などの呼吸器疾患の増加、肥満の問題、そして交通事故の蔓延等々。今日、中国の道路は世界でもっとも危険で、四十五歳以下の中国の人びとの死因の第一位は交通事故だ。

自転車は今でも中国経済の一部であり、中国は世界における自転車と自転車部品の生産量・輸出量で断トツの首位を走る。近年、政府は国内で自転車の使用を復活させるための野心的な取り組みを始めた。長年にわたって莫大な規模の自動車用道路を建設してきた後で、中国共産党は先端的な自転車インフラの計画に着手しているのだ。北京や沿岸都市廈門（アモイ）における自転車ハイウェイ構想もその一部だ。

シェアサイクルも中国における自転車復興の鍵だ。この国におけるシェアサイクルの実験の第一歩はひどいものだった。二〇一〇年代後半における一時的な盛り上がりは破綻に終わり、都市周縁部には廃棄されたモバイクやオフォのシェア用自転車の山が築かれた。しかし最近の五年間、とりわけパンデミック以降には、大企業の後ろ盾を得た新たなブランドが出現し、以前よりいくらか規制された市場で事業を行うようになり、シェアサイクル業界はふたたび人びとの支持を取り戻している。中国の各都市ではどこでもドックレス方式のハローバイク（IT業界の巨人アリババ社の支援を受ける）と美団（メイトゥアン）（二〇一八年にモバイクを買収した）を見かけるようになってきた。こうしたシェアサイクルは、おそらくそれほど自動車信仰がなく、自転車への偏見もない、新しい世代の都市部の働き手に人気を博している。数を増しているシェアサイクルは電動自転車で、これは中国における自転車復興の焦点として浮上してきた。シェアサイクルと個人所有のものをあわせると、今日中国の路上にはなんと三億台ものeバイクが走っている。

これは歴史的に大きな意味をもっている。業界の予測では二〇二七年までに市場規模が世界全体で七〇〇億ドル規模に成長するといわれるeバイクの急伸は、安全型自転車の発明以来、自転車カルチャーにおけるもっとも重大な転換点になる可能性がある。人間の筋力やペダルを漕ぐ力が最小限ですむ自転車は、自転車にとって大きな存在論的転回を意味する。つまり、自転車とは何か？ということの根本的な再考を意味している。しかし現実的に重要なのは多くの人びとが電動自転車を心から愛用し、それを中心に生活を組み立てていることだ。中国では、eバイクこそがあの昔日の黒いロードスターに代わる、新しい「国民自転車」であることがもはや明確なのだ。

とはいえ、あのロードスター型自転車もまだ存在はしている。中国にはその状態の程度は別にして、何百万台か――あるいはその何百倍か――のロードスターが現存する。新型コロナウイルス流行前に北京に行ったときにはぼくもその一台に乗った。紫禁城や天安門広場からそれほど遠くない都心の大きな民営ホテルに泊まったところ、そこには一九九〇年代製と思われる〈永久〉の自転車が五、六台、宿泊客への貸し出し用に置かれていた。ぼくはその一台に乗って、似たような自転車がないか探しながら街のいろんな場所へ行った。そのころまだ残っていた北京の胡同では使い古されたロードスターが壁や木箱に立てかけられているのをたくさん見つけた。〈永久〉〈飛鴿〉〈金獅〉

といったブランドだ。きっとそういった自転車は、ずっと乗ってきた持ち主が手放すに忍びなく大切にしているのだろう、とうれしくなった。後にわかったのは、その多くは胡同で自動車の駐車スペースを押さえておくために倉庫から引っ張り出されたもの、ということだったが。

それでも、クラシックな自転車に乗っている北京の人を見ることはある。たいていはそれほど裕福にも見えない中高年の人びとだ。中国には、自動車へ「卒業」することも、eバイクに乗ることもない多くの人びとがいる。北京の卸売市場や低賃金労働者の多い地区では、荷運び用の自転車や三輪自転車をいたるところで見かける。自転車関連の職も残っていて、道路脇にはまだ修理屋を見かける。道端にコンクリートブロックをいくつか並べた「店」で、絡まったチェーンやパンク、フォークの変形といった不具合を手早く処置してくれる。いまだにペダルを漕ぐ脚力が何より大事で、往年の自転車カルチャーがそのまま息衝いていて何も変わっていないように見える場所、そんな今もなお「自転車の王国」が滅びない場所はあるのだ。

実際のところ、「中国の自転車カルチャー」を一括りに語るのは正確とはいえないし、そんなふうに理解することは不可能だ。複数の自転車カルチャーがあって、そのすべてを網羅したり、丸ごと語ったりするには数が多すぎる。たとえば北京の一部の若者にとって、自転車の魅力はサブカルチャー的な性格に由来している。つまりちょっと変わったニッチな領域として人気がある。

北京の自転車シーンのなかには、外国人にはわりとふつうでも現地では新奇なことと思われているものがある。ここ数年、この街ではロードバイクの愛好家のクラブが増えている。メンバーはレースやツーリングのための最高級の自転車を所有していて、北京の北や西の山まで大勢でグループライドをする。こうしたクラブに参加するのはほぼ男性に限定されていて、どうやらそこには活動の結果を数値化して互いに競うという、おそらくは男性的な関心があるように思われる。つまり走行距離、獲得標高、最高速度といった要素だ。そして彼らはモノが大好きだ。最高級の装備、自転車のコンポーネント、チタン製のフレーム、「機能的」サイクルウェアなど。二世代前の中国では、自転車に乗ることが他人と差をつけるネタになるとは想像もできなかった。現代の北京のスポーツ・サイクリストはもっと先に進んでいる。ぴったりしたユニフォームを着てピカピカのヘルメットをかぶり、調光レンズつきの高価なサングラスをかけて歴史ある首都を走る彼らは新しい波の象徴だ。それは個人の表現やライフスタイルの一部として自転車に乗るという、お金のかかる、違いのわかる者だけに手の届く新しいトレンドなのだ。

　北京にはほかにも自転車の新しいサブカルチャーがある。北京中心部の東に位置する東城区のお洒落な一角をぶらぶらしているときに、偶然そのひとつを発見した。瀟洒な店舗の並びにある胡同の中に、ドイツ出身のイネス・ブルンが経営する「ナトゥーキ」というカスタム自転車ショップがあった。この店はシングルスピードで固定ギアの自転車しか扱っていない。ブルンは面白い人物だ。物理学の修士号をもっていて、プロのトリック・サイクリストとして世界中で活躍してきた。ナトゥーキを開業したのは北京の人びとに固定ギア自転車を「布教」するためだったが、その目論見の順調さは明らかだった。店には凝った髪型をしたお洒落な若者たちが集まっていて、その点はブルックリンの広々とした高級固定ギア自転車（フィクシー）専門店とだいたい同じだ。

　しかしブルックリンにはこんな店はないし、ほかの場所でも見たことがない。今までに訪れた中でいちばん美しい自転車ショップだったことは間違いない。どこに目を向けても、天井や壁いっぱいに虹のように色とりどりの自転車の部品が並んでいる。フレーム、フォーク、リム、タイヤ、ハブ、スポーク、チェーンリング、チェーン、ハンドルバー、グリップ、そのどれもこれもが赤・青・黄・紫・ピンクとカラフルだ。この店の売りは、自転車のあらゆる部品を好みの色にカスタマイズできることなのだ。

店の外に停めてきた実用一点張りの〈永久〉の自転車とナトゥーキのフィクシー、その記号的な違いにぼくは衝撃を受けた。前者は鈍重で匿名的な、黒い大きな船のように中国のプロレタリアートを運ぶ自転車だ。後者は軽やかで、ほとんどマンガ的な楽しさのあるフィクシーで、買い手は好きなようにポップな色を指定できる。ぼくも一台欲しくてたまらなくなって狼狽えてしまった。しばらくその店で、たぶん目をぎらぎらさせながら色の組み合わせをあれこれと考えていたと思う。ナトゥーキの自転車を一台、あるいは二台、ニューヨークまで持って帰るにはどうすればいいのかと本気で考えていたのだ。

その代わりに、この店がレンタルしている自転車を何時間か借りてみることにした。渡されたのは白いフレームに白いタイヤの自転車で、ほかの部品はセサミストリートに出てくるカエルのカーミットみたいな緑色だった。〈永久〉の自転車に鍵をかけて胡同に残し、フィクシーで北の方に向かった。目指したのは十分くらい行った先の、樹々の多いオアシスのような地壇（ちだん）公園だった。その前日にはこの公園で何時間か気分よく読書をした。十六世紀の明代に造られた祭壇がある静かな公園で、あまり人気がないところがぼくの目的にはぴったりだった。少し練習がいるだろうと思ったたのだ。フィクシーには高校時代に一度乗ったことがあるだけで、そのときもあまりうまくは乗れなかった。少し慣れないといけない。

ほとんどの自転車には、フリーホイールのついたハブがついている。つまりペダルを止めてもそのまま自転車を進めることができる。ペダルを漕がずに「滑走」するという、自転車の体験の中で最上級にすばらしい、夢のような感覚が得られるのはこのフリーホイールのおかげだ（歴史家のイアン・ボールは、「フリーホイーリング」という言葉は自転車による英語への最大の貢献だと述べている）。

しかしフィクシーではギアが後輪のハブに直接固定されているので「滑走」することはできない。ペダルを回せば後輪が回転して自転車は進む。後輪が回っている間は、脚で回そうが回すまいがペダルも回転する。ペダルが車輪を回し、車輪がペダルを回す。双方向の明快な関係だ。

フィクシーこそもっとも自転車らしい、純粋さを追求した真の自転車なのだ、と愛好家がいうのはそのためだ。これはエネルギーの伝達に余計な構造を介在させず、人間の駆動力をもっとも直接的かつ効率よく利用する自転車なのだ。そして機械と一体化する感覚をほかのタイプの自転車よりもずっと深く味わうことができる。

フィクシーのすぐれた点はほかにもある。愛好家がよく語るのは、乗り手のコントロールの幅が広いことだ。トリックをやる者がよくフィクシーを使うのはペダルを漕いで後進する「フェイキー」という技ができるからだ。しかもフィクシーは速い。効率がいいので同じギア比のフリーハブの自転車よりも高いケイデンス〔ペダルの回転数〕を維持できる。もともとはヴェロドロームや屋外のトラックで開催されるレースのために設計された自転車なので、フィクシーを「トラックバイク」という昔風の名前で呼ぶ人もいる。八〇年代や九〇年代にデッドヒートを繰り広げていたニューヨークのバイクメッセンジャーがフィクシーを好んだのは、そのスピードも理由だった。

そして見てくれもある。フィクシーは、建築家アドルフ・ロースのいう「レス・イズ・モア」的な意味で美しい。通常の自転車についている駆動系の余計な部品が一切ついていないからだ。フィクシーは自転車をそのエッセンスに還元したようなピュアな自転車なのだ。

クラシックなフィクシーにはブレーキもついていない（ナトゥーキはブレーキ有り無し両方の自転車を売っている。ぼくが借りたのはブレーキ無しモデルだった）。フィクシー初心者にとって課題になるのは乗って進むことではなく、進むのをやめることだ。この自転車を安全に停止させるには、脚力と体重を使って逆向きに、つまりクランクの回転方向と逆方向に力をかけなければならない。これはぼくも慣れているはずだった。家で使っている自分のクルーザー型自転車にはコースターブレーキ（フットブレーキ）がついていて、フィクシーと同じように後ろ向きにペダルを踏むことでブレーキがかかる仕組みだったからだ。ただしコースターブレーキはハブに仕組みが内蔵されていて、ペダルを逆に踏めばブレーキがかかり、足の踏ん張りで自転車を停める必要はない。

ブレーキなしのフィクシーを止めるのは別次元に難しい。力も必要だし、繊細さが求められる。テクニックもいろいろある。基本は、自転車の速度を落とすために一定の力でペダルを逆向きに踏むことだが、「スキップ・ストップ」といって、サドルから腰を上げ、連続して何回か後輪を浮かせる方法もある。速度が出ているときには「スキッド」もできる。これは後輪がロックしてスライドするくらい強くペダルを逆に踏む、派手な停まり方だ。どれも単純に聞こえるが、フィクシーのブレーキングは感覚的なものなので体に覚えさせる必要がある。つまりスキルなのだ。

スキルというものは獲得するものだ。ぼくが地壇公園に着いたのは午後二時くらいで、人出はあったがそれほど混んではいなかった。あたりには昼食後のけだるさがただよっている。ベビーカーを押している若い母親や、中国版のチェスのようなシャンチーをやっているおじいさんたち。雲梯や平行棒やフィットネスバイクが設置された、小さな運動用のエリアにも何人かいた。公園を歩きまわって、ほとんど人の通らない長めの歩道を見つけた。九月だったが夏のような気候で、おだやかな風が吹いていた。自転車に乗るには完璧といってよい日だった。

右脚を上げてフィクシーをまたぎ、サドルに飛び乗り、ゆっくりと慎重にペダルを回して走り始める。少し速度を上げて、一〇メートルくらい進む。そしてコースターブレーキをかける要領でペダルを逆向きに踏む。

しかし自転車は押し返してきた。ペダルは減速もせずに前向きに回りつづけ、逆にぼくの体は前に押されてサドルから投げ出され、立ち漕ぎしているような格好になった。トップチューブにまたがったまま――率直に言って不快な体勢だが――地面に足をひきずって減速しようとした。アニメ『原始家族フリントストーン』のフレッドが石器時代の車に乗っているような感じだ。ようやくフィクシーは停まってくれた。

どう考えても、自転車を停止させる方法としてはあまりよくない。一連の動作をもっと滑らかにやらなければならない、ということはわかる。クルーザーのコースターブレーキのように一回強く踏めばいいわけではない。必要なのは本当の意味でペダルを逆に漕ぐこと、つまり車輪が前進をやめるまで一定の力をかけつづけることだ。ぼくは再び自転車に乗り、向きを変えて勢いをつけ、もう一回やってみた。またもペダルはいうことを聞かない。足がはね返されてサドルから腰が浮き、ふらふらしながら必死になってハンドルをぎくしゃく右、左に切る。がに股にトップチューブをまたいだ両脚の爪先で地面をひっかき、転ばないように自転車の速度を緩めなければならなかった。

なんとかしてフィクシーを止めることはできた。周囲を見回してみた。誰かに見られてないかしら。見かけた人は初々しいことだと思ったかもしれない。この男は人生で初めて自転車に乗ろうとしているのだ、と。でも公園のこの一角にやってくる人はほんの一握りだった。前方の右の方には高齢の女性が十人あまり太極拳をやっていたが、自転車と格闘している外国人はその存在すらほとんど気づかれていないようだった。

そのとき、わざわざトー・ストラップの付いていないフィクシーに乗ろうとしていたことに気がついた。トー・ストラップは乗り手の足をペダルに固定する小さな部品だ。フィクシーは止めやすくなり、欠かせないという者もいる。ぼくが陥っていた問題、つまり足が押されてペダルから離れてしまう問題を解決してくれる。さらにペダルにかける力のコントロールもやりやすくなり、後ろ側の足でペダルを踏みながら前側の足でペダルを引き上げる、ということもできる。ただしこれまで見てきたフィクシー乗りにはトー・ストラップを使っていない者も多かった。問題は部品の有無でも技術の拙さでもない、とぼくは決心した。これは信念の問題だ。びくびくしながらやってもダメで、一か八か本気でやるのだ。

ぼくはもう一回、自転車の向きを変えた。ホイールを石畳の道に向け、サドルに体重をあずけ、滑らかに、ゆっくりとペダルを漕いで走りはじめた。

　二つの車輪が地面の上でかすかな音を立てて回っていた。自転車は空気に切れ込むように進んでゆく。頭上で銀杏の枝が揺れている。ナトゥーキの自転車はホンモノだ。それは間違いない。見てくれの良さに負けないくらいよく走る。

　二〇メートルあまり進んだだろうか、ほどほどにスピードも出てきた。やるなら今だ。ぼくは自転車の後ろに体重をかけて、太ももをトップチューブに押しつけるようにしながら、力いっぱいペダルを後ろ向きに踏んだ。しかしまたしてもペダルが押し返してくる力を感じて、足が持ち上げられ、自転車はふらつき、よろめいて倒れないためにあわててハンドルを切らなければならなかった。

　ぼくは足でペダルを探した。たぶんその瞬間にできることといえば、自転車を押さえつけるのではなく、なんとか仲直りすることだ。自転車の歴史に明るい人ならば、きっと心中に過去の人びとの思いが蘇るだろう。ヴェロシペードやボーンシェーカーは言うことを聞かない野獣、自分の意志をもつ機械なのだと語っていた、あの十九世紀の自転車乗りたちの思いだ。ぼくの足はペダルを探し当てた。ぼくが自転車のペダルを漕いでいるのか、それとも自転車がぼくのペダルを漕いでいるのか、もはやどちらともいえない。いずれにしてもフィクシーは走りつづけ、スピードは上がっている。この状況でとりうる選択肢は明快だ。脱出する、つまりできるだけ地面のやわらかそうな場所で飛び降りる。あるいは、ハンドルのグリップをしっかり握り直して、そのままどこかへ走りつづける。そしてぼくが乗っていようが乗っていまいが、自転車は道の先へ走ってゆく。

謝辞

この本を書いている間には示すべき謝意をたくさん溜め込んでしまった。何がどうぼくを助けたのかよく――ことによればいやというほどに――わかっている人もいれば、ここに名前が出てきてびっくりする人もいるかもしれない。誰もがこのプロジェクトに欠かせない人だった。紙の上の言葉では感謝を伝え切ることはできないが、まずはその第一歩として。

まず、ぼくの質問にしびれを切らさずに話をしてくれて、自分の人生についてぼくが書くことを許してくれた人たち。ありがとう、モハメド・アブル・バドシャー、サイエド・モンズルール・イスラム、ソナム・チェリン、バーブ・サムソー、ビル・サムソー、グレッグ・シプル、ジューン・シプル、ダニー・マカスキル、ハリー・レイサム師、テッド・ホワイト、ジョージ・ブリス。

ぼくのエージェント、イリス・チェニーはこの本の構想から結実まで導いてくれた。彼女の支持、アドバイス、そして快活さに感謝している。チェニー・エージェンシーのチームのみんな、とりわけアレックス・ジェイコブズ、クレア・ギレスピー、アリソン・デヴェルー、イザベル・メンディア、ダニー・ハーツにも感謝。

版元のクラウンと巡りあえたことはとても幸運だった。同社で本書に関わってくれた全員に感謝している。冴えた頭、賢明な判断、忍耐、そして配慮を備えたすばらしい編集者のリビー・バートン、ありがとう。編集、本づくり、出版までの円滑な進行を支えてくれたオーブリー・マーティンソン、ありがとう。偉大な出版人にして編集者のジリアン・ブレイク、ありがとう、その支援がなければ何もないも同然だった。デヴィッド・ドレイクとアンズリー・ロズナー、ありがとう。エヴァン・カムフィールド、ボニー・トンプソン、ステイシー・スタイン、メリッサ・エスナーもありがとう。長い間この本の実現を信じてくれていたレイチェル・クレイマンとモリー・スターンにも感謝する。

旅の間にお世話になった人びとにも特に感謝したい。ダッカではリファト・イスラム・エシャに通訳および取材の手配を通じてを助けられ、彼女の故郷でもある街について多くを教えてもらった。ダッカのK・アハメド・アニス、イムラン・カーンにも感謝する。

中国で通訳と手配をしてくれたイナ・チョウには、現地を離れた後の何か月間もいろいろとお世話になった。ほかにも、中国ではアンドリュー・ジェイコブズ、シュウ・タオ、リ・タオ、シャノン・バフトンの親切と知識に頼ることになった。

ダメイ・ノルゲイの助力がなければブータンには行っていなかっただろうし、滞在中の成果もなかっただろう。ありがとう、ダメイ。

ジェイク・ラスビーは南ロンドンのスタジオにぼくを招き、その手で造った美しいハンドメイドの自転車を見せてくれながら、自転車のデザインとエンジニアリングについて貴重な教えを授けてくれた。

スコットランドでのダニー・マカスキルと過ごすことができたのは、ミュンヘンのRasoulution社のコーディネートのおかげだった。関係のすべての人びとに感謝したい。

北緯七十八度のロングイェールビーンの勇敢なサイクリストたちにも感謝している。冬に自転車に乗るという、素晴らしくも狂おしい行為について彼らは新しい世界を教えてくれた。

ロサンゼルスで同行を許してくれたフランチェスカ・アレハンドラ・オカシオと〈オヴァリアン・サイコス〉は、自転車と政治についてのぼくの考え方を変えてくれた。

ニューヨーク公共図書館、ブルックリン公共図書館、ニューヨーク大学エルマー・ホームズ・ボブスト図書館、アメリカ議会図書館、大英図書館、王立地理学会、フランス国立図書館のスタッフに感謝する。ありがとう、オマール・アリと〈コブル・ヒル・ヴァラエティ〉の人たち。そしてブルックリンとそれ以外の、百カ所、いや千カ所くらのカフェのスタッフもありがとう。

自転車に関する研究者やアクティヴィストや愛好家たちには特別の恩義がある。この本の内容は大いに彼らのアイデアや専門知識に教えられている。その中には、直接連絡をする機会に恵まれた人びともいたし、書いたものを通じて知ることになった人びともいる。そのすべての人びとと、注釈で名前を挙げた人びとに感謝している。イアン・ボール、ザック・ファーネス、メロディ・ホフマン、アドニア・ルゴ、アーロン・ゴラブ、ジェラルド・サンドヴァル、エヴァン・フリス、ジェイムズ・ロンゴースト、ポール・スメサースト、ピーター・コックス、ランディ・レズニキ、ハンス＝エアハート・レッシング、トニー・ハドランド、ティーナ・マニスト＝フンク、ティモ・ミリンタウス、グレン・ノークリフ、マーガレット・グロフ、ロバート・ターピン、スティーヴン・アルフォード、スザンヌ・フェリス、ニコサス・オディ、カールトン・レイド、ありがとう。ゲイリー・サンダーソン、ジェニファー・カンディパン、エヴァン・P・シュナイダー、ありがとう。国際自転車史カンファレンスにも感謝する。

ぼくのキャリア（大したものではないが）をサポートして、そしてこの本が出来上がるまでさまざまなやり方で助けてくれたニューヨーク・タイムズ・マガジンの大切な同僚たち、ニッツー・アベベ、ジェイク・シルバースタイン、ジェシカ・ルスティグ、ビル・ワシク、サシャ・ワイス、エリカ・ソマー、ありがとう。

友情、助言、はげまし、アイデア、文献情報、その他の善意を与えてくれた家族、友人、同僚、得難い知人たち、その他の人びとに謝意を表したい。文章や思想を通じてインスピレーションをくれた多くのみんなにも感謝している。ジリアン・ケイン、アン・パワーズ、カール・ウィルソン、ホイットニー・チャンドラー、ダン・アダムズ、クレイグ・マークス、エリック・ワイスバード、ジュリア・ターナー、マイケル・アガー、ジョン・スワンズバーグ、アダム・ゴプニック、ダナ・スティーヴンス、ジョシュ・クン、スティーヴン・メトカーフ、アリ・コリーン・ネフ、カール・ハグストロム・ミラー、ショーン・ハウ、ジェニファー・リナ、カレン・トンソン、ガーネット・カドガン、ネイサン・ヘラー、ダフネ・ブルックス、フォレスト・ウィックマン、エミリ・ストークス、エディ・ポートノイ、エリック・ハーヴェイ、マーク・ラムスター、エリン・マクロード、ジョー・シュロス、フランキー・トマス、マイルス・グライア、スティーヴ・ワクスマン、アリ・ケルマン、ケン・ウィソカー、ジェイソン・キング、ジョン・ショウ、アリ・Y・ケルマン、クルトファー・ボノノス、デヴィッド・グリーンバーグ、ジョーイ・トンプソン、スティーシー・イーストン、ステュアート・ヘンダソン、ジョージ・ローゼン・セス・レドニス。

血がつながっていようがいまいが、この本を書くために不可欠だったサポートと愛を注いでくれた両親に感謝している。マーク・ローゼン、スーザン・ローゼン、ロバータ・ストーン、エイミー・ホフマン。素晴しい義理の家族、リックとロビンのレドニス夫妻にも大いにありがとうと言いたい。

ぼくのすべての愛情とともに、この本をローレン・レドニス、サシャ・ローゼン、テオ・ローゼンに捧げる。

訳者あとがき

この本は*Jody Rosen, Two Wheels Good: The History and Mystery of the Bicycle*, New York: Crown, 2022の日本語訳である。著者のジョディ・ローゼンは一九六九年生まれのアメリカの作家・ジャーナリストで、ニューヨーク・タイムズ・マガジンを初めとするさまざまな雑誌やオンラインメディアに主に音楽批評を書いている。

世の中に自転車をめぐる話題や本はそれなりに多いが、この本はこれまでのよくある自転車の本と少し毛色が違っている。いったい著者はこの本で何を書こうとしたのか、インタビューで本人が語っているので紹介しよう。

> 自転車についての本はたくさんあるけれど、だいたい少しロマンチックでセンチメンタルな話が多いと思っていました。いかに自転車がいいものか、自転車に乗ることが貴（とうと）いことか、というようなことを語っていて、書いている本人もだいたい自転車乗りだからみんなすごく情熱を込めて書いている。この本も情熱的でないとは言わないけど、ぼくはもう少しナナメから懐疑的な目線で、自転車の二百年の歴史と、現代の世界で果たしている役割を書いてみようと思ったんです。アメリカ中心、西洋中心的なバイアスもなるべく避けて、むしろ世界の自転車の大多数が存在するグローバル・サウスの国々について書きたいと思った。つまりもっと全体的というか、全世界を視野に入れて、自転車の歴史や現地の報告を書く、ということです。懐疑的な目線というのは、自転車の歴史のいいところだけ

ではなく、問題を孕んでいる側面についても触れるようにするということです。

（Global Santa Fe, "Two Wheels Good: The History and Mystery of the Bicycle with Jody Rosen", YouTube Video, Sep 13, 2022, https://www.youtube.com/watch?v=A_84e-Nd208）

著者がそう語る通り、この本は自転車の神話的な起源やそのイメージにはじまり、十九世紀末から現代まで、自転車をめぐる言説、文化、社会のさまざまな側面を論じ、語っていく。その舞台は自転車の発祥の地であるヨーロッパや、著者が生まれ育ち、今も自転車で走り回っているアメリカはもちろん、バングラデシュ（第4章）、ブータン（第9章）、中国（第15章）といった、自転車の歴史に普通はあまり登場しないが、むしろ自転車の「本場」といえる国々まで幅広い。

この本の特徴は、自転車そのものの技術的な歴史ではなく、自転車に乗る人びとや、社会や、その舞台となっている街の空間に目を向けていることだ。おそらく日本の読者が西洋、特にアメリカの自転車をめぐる言説に触れると、自転車がすぐれて政治的な存在として語られていることに気がつくと思う。たとえばジェンダーの歴史で自転車が女性解放とむすびつけて語られるのは比較的よく知られているが、それだけではない。自転車は人種、階級、世代、価値観、そして文字通りの政治までをも含むさまざまなポリティクスの結節点だ。

とりわけ産業、文化、都市計画のさまざまな側面で「自動車社会」であるアメリカにおいては、自転車に乗ること自体が、避け難く主流のアメリカ文化へのオルタナティブな振る舞いとなってきた。したがって、たとえば道路における自動車と自転車の軋轢という、日本でも最近いろいろと議論されるようになった現象も、単に道路上で自動車と自転車がせめぎ合うという話ではなく、自動車と自転車が体現する二つの異なるカルチャーの相克という側面がある。比べられるものではないにせよ、これはやや微温的にも思える日本の自転車をめぐる議論とは最初から事情が異なっているところだと思う。

自転車に乗る人ならば誰もが感じることだが、日本の都会で自転車に乗っていると、日々、「どこを走ればいいのか」「どこに停めることができるのか」といった、もっとも基本的な事柄をあれこれと考えさせられる。それはつまり、日本の自転車もまた、自分の身体とその移動をめぐるポリティクスの入り口として存在していることにほかならない。ひとりの日本の自転車乗りとして、訳者が期待しているのは、本書がそういった自転車をめぐる空間、社会、法規制、あるいはさまざまな感情について考えるきっかけになること、さらにいえば、現在の自転車をめぐる状況にはいったいどんな由来があり、どうすればベターなものに変えることができるのか、それを考えるヒントを与えてくれることだ。

よく言われるように。自転車は単なる移動手段ではなく、物理的な意味でも、それ以外の意味でも、ふだんとは異なる目線の高さ、異なるスピード、そして掛け替えのない自由の感覚を与えてくれる。そしていろいろな考えごとをインスパイアしてくれる。この本もまた、ふだんとは別のことを、少し別の角度から考えてみるきっかけになれば、訳者としてそれ以上の幸せはない。

自転車の本に携わりたい、とずっと思っていた。本書の翻訳の機会を与えてくださった左右社の東辻浩太郎さん、校正をしていただいた東辻明子さん、装幀を担当していただいた松田行正さん、ありがとうございました。

二〇二四年十二月　東辻賢治郎

ジョディ・ローゼン Jody Rosen

一九六九年生まれ。ジャーナリスト、著作家。「ニューヨーク・タイムズ・マガジン」などに主に音楽批評を寄稿している。本書の筆致はレベッカ・ソルニットを思わせるなどと高く評価されている。ブルックリン在住。

東辻賢治郎 とうつじ・けんじろう

一九七八年生まれ。翻訳家、建築・都市史研究。著書に『地図とその分身たち』（二〇二四年）、訳書にレベッカ・ソルニット『ウォークス』など。

カバー写真：
Cycling Trip c.1950. Photo: Orlando/Three Lions/Getty Images
Japan Food Delivery 1937.3.8. Photo: AP/アフロ

自転車
人類を変えた発明の200年

二〇二五年一月二〇日 第一刷発行

著者 ジョディ・ローゼン
翻訳 東辻賢治郎
発行者 小柳学
発行所 株式会社左右社
一五一-〇〇五一
東京都渋谷区千駄ヶ谷三-五五-一二ヴィラパルテノン
TEL. 〇三-五七八六-六〇三〇 FAX. 〇三-五七八六-六〇三二
https://www.sayusha.com

装幀 松田行正＋杉本聖士
印刷所 創栄図書印刷株式会社

Printed in Japan. ISBN978-4-86528-451-5

索引

ア

カ

サ

タ

ナ

ハ

マ

ラ

ワ

原註

プロローグ

p. 009 「速さと軽やかさの両面が目覚ましく改良され」: "A Revolution in Locomotion," *New York Times*, August 22, 1867.

p. 009 そのころの風刺漫画:作者不詳「月への旅」版元不詳、フランス、1865年から70年頃。手彩色のリトグラフ。アメリカ議会図書館の版画・写真部門に所蔵されている。loc.gov/item/2002722394/.

p. 010 「美しい黄金の道」: John Kendrick Bangs, *Bikey the Skicycle and Other Tales of Jimmieboy* (New York: Riggs, 1902), 35–37.

p. 010 「鉱夫の乗る自転車はストックホルムの街では……」: Robert A. Heinlein, *The Rolling Stones* (New York: Ballantine, 1952), 68–69.

p. 010 「トランスジェンダーやノンバイナリーの冒険家たちが登場する、フェミニズム的な自転車SF作品」: Lydia Rogue, ed., *Trans-Galactic Bike Ride* (Portland, Ore.: Elly Blue, 2020).

p. 011 「目下進行中の大それた実験は、飛行の技術に結実するだろう」: Benjamin Ward Richardson, "Cycling as an Intellectual Pursuit," *Longman's Magazine* 2, no. 12 (May–October 1883): 593–607.

p. 012 その試験の様子を記録したNASAの資料写真:NASAの「月面サイクリング」計画については以下も参照。Amy Teitel, "How NASA Didn't Drive on the Moon," April 6, 2012, AmericaSpace, americaspace.com/2012/04/06/how-nasa-didnt-drive-on-the-moon/.

p. 012 ウィルソンが提案するのは……:彼の月面車や宇宙空間での移動に関する構想の詳細は"Human-Powered Space Transportation," *Galileo* no. 11–12 (June 1979): 21–26.

p. 012 「空気抵抗との格闘から解放された自由さ」: *Ibid.*, 24.

p. 012 「フル装備の宇宙飛行士が……」: *Ibid.*, 22.

p. 013 「人工衛星上に構築される宇宙コロニー」: *Ibid.*, 25.

p. 013 「地上の自転車は遅くて疲れる二流の交通手段と思われているが……」: *Ibid.*, 26.

p. 014 ベルファストにジョン・ボイド・ダンロップという名の:彼の空気入りタイヤの発明については以下。John Boyd Dunlop, *The Invention of the Pneumatic Tyre* (Dublin: A. Thom & Company, 1925). 加えて、Jim Cooke, *John Boyd Dunlop* (Tankardstown, Garristown, County Meath, Ireland: Dreolín Specialist Publications, 2000).

p. 014 「道路、鉄道、船舶交通の問題についての尽きない関心」: Jim Cooke, "John Boyd Dunlop 1840–1921, Inventor," *Dublin Historical Record* 49, no. 1 (Dublin: Old Dublin Society, 1996), 16–31.

p. 015 「布とゴムと木材をうまく組み合わせれば……」: Dunlop, *Invention of the Pneumatic Tyre*, 9.

p. 016 「新しいマシンでどれだけスピードを出せるか……」: *Ibid.*, 15.

p. 016 ロバート・ウィリアムズ・トムソンによる、: 以下を参照。Charles Barlow, Esq., ed., *The Patent Journal and Inventors' Magazine*, vol. 1 (London: Patent Journal Office, 1846): 61. ちなみにトムソンは万年筆の発明者でもある。

p. 017 「道路からの振動を遮断する」: Cooke, *John Boyd Dunlop*, 16.

p. 017 その発明に「大気の車輪」という詩的な名前をつけていた: T. R. Nicholson, *The Birth of the British Motor Car, 1769–1897*, vol. 2, Revival and Defeat, 1842–93 (London: Macmillan, 1982), 241.

序章 自転車の惑星

p. 020 「ユートピアには自転車道がたくさんある」: H. G. Wells, *A Modern Utopia* (New York: Charles Scribner's Sons, 1905), 47.

p. 020 「人類は肉体の労苦を和らげることに……」: この仰々しい文章は以下より。P. J. O'Rourke's "A Cool and Logical Analysis of the Bicycle Menace," originally published in *Car and Driver Magazine* in 1984. オローク一流の皮肉だが、込められている思いは真剣なものだ。(オロークのアンチ自転車の言説はほかに以下がある。"Dear Urban Cyclists: Go Play in Traffic," on *The Wall Street Journal*'s op-ed page, April 2, 2011.) "A Cool and Logical Analysis of the Bicycle Menace" is anthologized in P. J. O'Rourke, *Republican Party Reptile: The*

Confessions, Adventures, Essays and (Other) Outrages of P. J. O'Rourke (New York: Atlantic Monthly Press, 1987), 122–27.

p. 021　「君は輸送されるのではなく、自分で移動するのだ」: "The Winged Wheel," *New York Times*, December 28, 1878.

p. 021　「自転車ほどに……女性の解放に貢献したものは世界に類がない」: "Champion of Her Sex," *World* (New York), February 2, 1896.

p. 021　「自転車の完成が十九世紀最大の出来事とされても……」: "Mark of the Century," *Detroit Tribune*, May 10, 1896.

p. 022　「自転車こそが東洋と西洋の架け橋となり……」: James C. McCullagh, ed., *Pedal Power in Work, Leisure, and Transportation* (Emmaus, Penn.: Rodale, 1977), x.

p. 022　「この上なく高貴な発明品」: Lance Armstrong, ed., *The Noblest Invention: An Illustrated History of the Bicycle* (Emmaus, Penn.: Rodale, 2003).

p. 022　「至上の慈悲深き機械」: Sharon A. Babaian, *The Most Benevolent Machine: A Historical Assessment of Cycles in Canada* (Ottawa, Ont.: National Museum of Science and Technology, 1998).

p. 022　「世界を救う芸術的乗り物」: アメリカの自転車デザイナー兼作家、グラント・ピーターソンに帰せられるこの格言は数多のインスピレーションあふれる書籍やインターネット・ミームに引かれている。Chris Naylor, *Bike Porn* (Chichester, West Sussex, Eng.: Summersdale, 2013).

p. 022　世界にはおよそ十億台の自動車があるが、: Michael Kolomatsky, "The Best Cities for Cyclists," *New York Times*, June 24, 2021, nytimes.com/2021/06/24/realestate/the-best-cities-for-cyclists.html; Leszek J. Sibiliski, "Why We Need to Encourage Cycling Everywhere," *World Economic Forum*, February 5, 2015, weforum.org/agenda/2015/02/why-we-need-to-encourage-cycling-everywhere/.

p. 023　技術は直線的に進化するというぼくらの思い込み: David Edgerton, *The Shock of the Old: Technology and Global History Since 1900* (New York: Oxford University Press, 2007).

p. 024　「自転車に乗りたまえ」: Mark Twain, "Taming the Bicycle" (1886). *Anthologized in Mark Twain, Collected Tales, Sketches, Speeches & Essays: 1852–1890* (New York: Library of America, 1992), 892–99.

p. 024　「自転車に乗るのは自殺の見習い修行」: Julio Torri, "La bicicleta," in *Julio Torri: Textos* (Saltillo, Coahuila, Mex.: Universidad Autónoma de Coahuila, 2002), 109. Translation from the Spanish by Jody Rosen.

p. 025　アメリカ＝メキシコ国境のサンディエゴ郡側の無人地帯をひた走る移民の自転車: 米墨の間の移民と国境警備における自転車の役割については以下を参照。Kimball Taylor, *The Coyote's Bicycle: The Untold Story of Seven Thousand Bicycles and the Rise of a Borderland Empire* (Portland, Ore.: Tin House Books, 2016).

p. 026　「ヴェロシペードなる珍妙な二輪の乗り物……」: *Evening Post* (New York), June 11, 1819.

p. 026　ヴェロシペードを「破壊」するよう市民に求める論説: *Columbian Register* (New Haven), July 10, 1819.

p. 027　「自転車脊柱後弯症」: "A Terrible Disease," *Neenah Daily Times* (Neenah, Wisc.), July 17, 1893.

p. 027　「自転車は悪魔への道」: "Reformers in a New Field," *San Francisco Chronicle*, July 2, 1896.

p. 027　二〇一九年にオーストラリアで行われた研究: Alexa Delbosc, Farhana Naznin, Nick Haslam, and Narelle Haworth, "Dehumanization of Cyclists Predicts Self-Reported Aggressive Behaviour Toward Them: A Pilot Study," *Transportation Research*, Part F: Traffic Psychology and Behaviour 62 (April 2019): 681–89.

p. 028　二〇二七年にはこの市場は八百億ドルに達する: "Bicycles—Global Market Trajectory & Analytics," *Research and Markets*, January 2021, researchandmarkets.com/reports/338773/bicycles_global_market_trajectory_and_analytics.

p. 029　彼らがマニフェストで革命的な連帯を呼びかけたのは: Joseph Lelyveld, "Dadaists in Politics," *New York Times*, October 2, 1966. Cf. Alan Smart, "Provos in New Babylon," *Urbânia 4*, August 31, 2011, urbania4.org/2011/08/31/provos-in-new-babylon/.

p. 030　アドルフ・ヒトラーが最初に着手した

ことのひとつは：イアン・ボールがコペンハーゲン美術館で行った2010年のレクチャーを参照。Vimeoにアップされた5本の動画で見ることができる。特に以下。"The Green Machine—Lecture by Iain Boal, Bicycle Historian. Part 3 of 5," Vimeo, 2010, vimeo.com/11264396.

p. 030　ドイツ兵はデンマーク、オランダ、フランス、その他の国で地元民から自転車を没収した：Mikkel Andreas Beck, "How Hitler Decided to Launch the Largest Bike Theft in Denmark's History," *ScienceNordic*, October 23, 2016, sciencenordic.com/denmark-history-second-world-war/how-hitler-decided-to-launch-the-largest-bike-theft-in-denmarks-history/1438738.

p. 030　「女は自転車に乗って選挙権を獲りにゆく」："Riding to Suffrage on a Bicycle," *Fall River Daily Herald* (Fall River, Mass.), June 8, 1895.

p. 030　アジアや中東の権威主義国家では、女性はたびたび自転車の使用を禁止じられてきた：Daniel Defraia, "North Korea Bans Women from Riding Bicycles... Again," *CNBC*, Jan 17, 2013, cnbc.com/id/100386298; "Saudi Arabia Eases Ban on Women Riding Bikes," *Al Jazeera*, April 2, 2013, aljazeera.com/news/2013/4/2/saudi-arabia-eases-ban-on-women-riding-bikes.

p. 031　イランの最高指導者アリ・ハメネイは、二〇一六年：Andree Massiah, "Women in Iran Defy Fatwa by Riding Bikes in Public," *BBC*, September 21, 2016, bbc.com/news/world-middle-east-37430493.

p. 031　「男性の歓心を引き、社会を腐敗に導く」：Hannah Ross, *Revolutions: How Women Changed the World on Two Wheels* (New York: Plume, 2020), 99.以下も。"Khamenei Says Use of Bicycles for Women Should Be Limited," *Radio Farda*, November 27, 2017, en.radiofarda.com/a/iran-women-bicycles-rstricted-khamenei-fatwa/28882216.html.

p. 031　「誘惑されないで！私は自転車に乗ってるだけ」："Women Banned from Riding Bikes in Iran Province Run by Ultra-Conservative Cleric," *Radio Farda*, August 5, 2020, en.radiofarda.com/a/women-banned-from-riding-bikes-in-iran-province-run-by-ultra-conservative-cleric/30767110.html.

p. 031　「イスラム式刑罰」：Ross, *Revolutions*, 99.以下も参照。"Iran's Regime Bans Women from Riding Bicycles in Isfahan," *National Council of Resistance of Iran*, May 15, 2019, ncr-iran.org/en/news/women/iran-s-regime-bans-women-from-riding-bicycles-in-isfahan/.

p. 031　暴力や性的暴行を受けている："Iranian Cyclists Endure Physical, Sexual Abuse and Bans," *Kodoom*, July 30, 2020, features.kodoom.com/en/iran-sports/iranian-cyclists-endure-physical-sexual-abuse-and-bans/v/7164/.

p. 031　近年の研究者たちが発掘している歴史はそれほど清く正しいとはいえない：ザック・ファーネスの画期的な研究を筆頭に以下を参照。Zack Furness, *One Less Car: Bicycling and the Politics of Automobility* (Philadelphia: Temple University Press, 2010); Paul Smethurst, *The Bicycle: Towards a Global History* (New York: Palgrave Macmillan, 2015); Steven A. Alford and Suzanne Ferriss, *An Alternative History of Bicycles and Motorcycles: Two-Wheeled Transportation and Material Culture* (Lanham, Md.: Lexington Books, 2016); and Iain Boal, "The World of the Bicycle," in *Critical Mass: Bicycling's Defiant Celebration*, ed. Chris Carlsson (Oakland, Calif.: AK Press, 2002), 167–74.

p. 033　〈クアドリシクル〉：Paul Ingrassia, *Engines of Change: A History of the American Dream in Fifteen Cars* (New York: Simon & Schuster, 2012), 5–6; "1896 Ford Quadricycle Runabout, First Car Built by Henry Ford," *The Henry Ford*, thehenryford.org/collections-and-research/digital-collections/artifact/252049/#slide=gs-212191.

p. 033　マカダム舗装普及事業：Peter J. Hugill, "Good Roads and the Automobile in the United States 1880–1929," *Geographical Review* 72, no. 3 (July 1982): 327–49; Charles Freeman Johnson, "The Good Roads Movement and the California Bureau of Highways," *Overland Monthly* 28, no. 2 (July–December 1896): 442–55.

p. 033　自転車業界：Michael Taylor, "The Bicycle Boom and the Bicycle Bloc: Cycling and Politics in the 1890s," *Indiana Magazine of History* 104 (September 2008): 213–40.

p. 033 「自転車と自動車、および両者の使う道路をめぐる複雑で本質的な関係の解明に寄与するのが……」: Iain A. Boal, "The World of the Bicycle," in *Critical Mass: Bicycling's Defiant Celebration*, ed. Chris Carlsson (Oakland, Calif.: AK Press, 2002), 171.

p. 034 「ジェントリフィケーションを示す地図」: Elizabeth Flanagan, Ugo Lachapelle, and Ahmed El-Geneidy, "Riding Tandem: Does Cycling Infrastructure Investment Mirror Gentrification and Privilege in Portland, OR and Chicago, IL?," *Research in Transportation Economics* 60 (December 2017): 14–24.

p. 034 「見えない自転車乗り」: Melody L. Hoffmann, *Bike Lanes and White Lanes: Bicycle Advocacy and Urban Planning* (Lincoln: University of Nebraska Press, 2016); Adonia E. Lugo, *Bicycle/Race: Transportation, Culture, & Resistance* (Portland, Ore.: Microcosm, 2018); Aaron Golub, Melody L. Hoffmann, Adonia E. Lugo, and Gerardo F. Sandoval, eds., *Bicycle Justice and Urban Transformation: Biking for All?* (New York: Routledge, 2016); Tiina Männistö-Funk and Timo Myllyntaus, *Invisible Bicycle: Parallel Histories and Different Timelines* (Leiden, Neth.: Brill, 2019); and Glen Norcliffe, *Critical Geographies of Cycling* (New York: Routledge, 2015).

p. 035 「コペンハーゲン化」: Mikael Colville-Andersen, *Copenhagenize: The Definitive Guide to Global Bicycle Urbanism* (Washington, D.C.: Island Press, 2018). この本は彼の人気サイトから生まれたもので「グローバルな」と銘打っているがアジア、アフリカ、中南米の都市についてはほとんど触れられていない。

p. 036 「サイクル・シック」: Mikael Colville-Andersen, *Cycle Chic* (London: Thames & Hudson, 2012).

p. 037 気候変動のいちばんの元凶は自動車: Emily Atkin, "The Modern Automobile Must Die," *New Republic*, August 20, 2018, newrepublic.com/article/150689/modern-automobile-must-die.

p. 037 自動車の排出物の大きな割合を占めているのは: "Tyres Not Tailpipe," *Emissions Analytics*, January 29, 2020, emissionsanalytics.com/news/2020/1/28/tyres-not-tailpipe.

p. 037 毎年百二十五万人が自動車事故で亡くなり: World Bank, "The High Toll of Traffic Injuries: Unacceptable and Preventable," *Open Knowledge Repository*, 2017,

第1章　自転車の窓

p. 042 「田舎の墓地にて詠める挽歌」: Thomas Gray, "Elegy Written in a Country Churchyard," poets.org/poem/elegy-written-country-churchyard.

p. 046 「登り坂の自転車競争としての受難劇」: Alfred Jarry, La passion considérée comme *course de côte: et autres speculations* (1903; repr., Montélimar, France: Voix d'Encre, 2008). 英訳版は下記で参照可能。*Bike Reader: A Rider's Digest*, notanothercycling forum.net/bikereader/contributors/misc/passion.html.

p. 046 「自転車は古代のバビロニア、エジプトおよびポンペイの浮き彫り彫刻に現れている」: Walter Sullivan, "Leonardo Legend Grows as Long-Lost Notes Are Published," *New York Times*, September 30, 1974.

p. 048 やがていろいろな証拠が積み上がり、:「レオナルドの自転車」に関する包括的(で興味深い)論証は以下。Hans-Erhard Lessing's "The Evidence Against 'Leonardo's Bicycle,' " presented at the Eighth International Conference on *Cycling History*, Glasgow School of Art, August 1997. Available online from Cycle Publishing, cycle publishing.com/history/leonardo%20da%20vinci%20bicycle.html.

p. 048 「イタリアの文化官僚たちは……いまだに……」: Tony Hadland and Hans-Erhard Lessing, *Bicycle Design: An Illustrated History* (Cambridge, Mass.: MIT Press, 2014), 501.

p. 048 「イタリアでは、自転車はレオナルドのモナリザや、……」: Curzio Malaparte, "Les deux visages de l'Italie: Coppi et Bartali," *Sport-Digest* (Paris) no. 6 (1949): 105–09. The translation appears in Lessing, "The Evidence Against 'Leonardo's Bicycle.'"

p. 049 「ひとたびどこかの個人や、その個人の属するいずれかの国民が、……」: Paul Smethurst, *The Bicycle: Towards a Global History* (New York: Palgrave Macmillan, 2015), 53.

p. 050 エフィム・アルタモノフなるロシアの農奴が: このアルタモノフのホラ話について

は以下に詳しい。Derek Roberts, *Cycling History: Myths and Queries* (Birmingham: John Pinkerton, 1991), 27–28; Slava Gerovitch, "Perestroika of the History of Technology and Science in the USSR: Changes in the Discourse," *Technology and Culture* 37, no. 1 (January 1996): 102–34; "Artamonov's Bike," *Clever Geek Handbook*, clever-geek.imtqy.com/articles/1619221/index.html; "The Story of a Hoax," historyntagil.ru/, historyntagil.ru/people/6_82.htm; "Artamonov's Bike: Legends and Documents," historyntagil.ru/, historyntagil.ru/history/2_19_28.htm. ロシア国立公共科学技術図書館のウェブサイトに転載されている以下の1989年の学術論文も参照。B. C. Virginsky, S. A. Klat, T. V. Komshilova, and G. N. Liszt, "How Myths Are Created in the History of Technology: On the History of the Question of 'Artamonov's Bicycle,' " State Public Scientific and Technical Library of Russia, gpntb.ru/win/mentsin/mentsin2b5c1.html.

p. 050 「アルタモノフは時代にはるかに先んじて現代の自転車につながる発明を生んだ。」: Roberts, *Cycling History*, 28.

p. 051 『自転車概略史』: L. Baudry de Saunier, *Histoire générale de la vélocipédie* (Paris: Paul Ollendorff, 1891).

p. 051 「シヴラック氏の発明はまったくみすぼらしい、……」: *Ibid*, 7. Translation from the French by Jody Rosen.

p. 052 「ライン河のあちら側の脳ミソが[自転車を]考案するなど……」: Hadland and Lessing, *Bicycle Design*, 494.

p. 052 「このバーデン人はただのアイデア泥棒だ。」: *Ibid.*, 494.

p. 052 基本的な事実関係ははっきりしている: ドライスの生涯と〈ラウフマシーネ〉の発明については下記のハンス=エアハート・レッシングの重要な研究に負っている。Hadland and Lessing, *Bicycle Design*, 8–21; Hans-Erhard Lessing, *Automobilität—Karl Drais und die unglaublichen Anfänge* (Leipzig: Maxime-Verlag, 2003); Hans-Erhard Lessing, "Les deux-roues de Karl von Drais: Ce qu'on en sait," *Proceedings of the International Cycling History Conference* 1 (1990): 4–22; Hans-Erhard Lessing, "The Bicycle and Science—from Drais Until Today," *Proceedings of the International Cycling History Conference* 3 (1992): 70–86; Hans-Erhard Lessing, "What Led to the Invention of the Early Bicycle?," *Proceedings of the International Cycling History Conference* 11 (2000): 28–36; Hans-Erhard Lessing, "The Two-Wheeled Velocipede: A Solution to the Tambora Freeze of 1816," *Proceedings of the International Cycling History Conference* 22 (2011): 180–88. その他に以下を始めとする資料を参照した。David V. Herlihy, *Bicycle: The History* (New Haven, Conn.: Yale University Press, 2004, and the website Karl Drais: All About the Beginnings of Individual Mobility, karldrais.de/. ドライスの略伝は以下でも参照できる。mannheim.de/sites/default/files/page/490/en_biography.pdf.

p. 053 「この装置と乗る者は釣り合いの状態に保たれる」: For an English translation of Drais's "account... of [the Laufmaschine's] nature and properties," see "The Velocipede or Draisena," *Analectic Magazine* (Philadelphia) 13 (1819).

p. 054 「人間を馬にする」: Herlihy, *Bicycle: The History*, 24.

p. 054 「乾いてしっかりした道路であれば……」: *Ibid.*

p. 057 「夏のない年」: William K. Klingaman and Nichols P. Klingaman, *The Year Without Summer: 1816 and the Volcano That Darkened the World and Changed History* (New York: St. Martin's, 2013).

p. 059 「環境主義的歴史修正主義」: Smethurst, *The Bicycle*, 56.

p. 060 走行距離計と呼ばれる中世の測量機器のひとつ: Hadland and Lessing, *Bicycle Design*, 495–96.

p. 061 「教会の窓に描かれた自転車乗り、一六四二年」: Harry Hewitt Griffin, *Cycles and Cycling* (New York: Frederick A. Stokes, 1890), 3.

p. 061 「人力移動手段の始原を探らんとする学究の徒に与えられた手掛かりである」: *Ibid.*, 2.

p. 061 「ストークポージスを訪問する者は誰しもグレイの墓所に参るものだが、……」: Charles G. Harper, *Cycle Rides Round London* (London: Chapman & Hall Ltd., 1902), 208.

第2章　洒落者の馬

p. 070 『新規なる歩行者移動手段、あるいは歩行加速器についての正確で愉快で皮肉なる解説!!』: Roger Street, *The Pedestrian Hobby-Horse at the Dawn of Cycling* (Christchurch, Dorset, Eng.: Artesius, 1998), 102–03.

p. 070　この「ダンディ・レース」を描いたフェアバーンの文章は、どちらが勝ったかわからなかったとしているが、原文には次のようなちょっとした洒落がある。「タイバーンに最初に到着し、首の差で勝利を収めたのが二人のいずれだったのかを判断するのは難しい。だがいずれ劣らぬ全力を尽くしたのであるから、二人ながらあっぱれという点は同点だったと考えられるかもしれない」(フェアバーンの原文にはここの下線が引かれている)。ロジャー・ストリートが指摘するように、この文章は「ハイド・パークの北東の角近くにあったと思われるタイバーンにある古い絞首台のこと」をチクリと言及しているようだ。同書、103ページ。

p. 071 「歩行馬車またはヴェロシペード」の特許: *The Modern Velocipede: Its History and Construction* (London: George Maddick, 1869), 3.

p. 071　ジョンソンのマシンはドライスの設計に変更を加えたもので: デニス・ジョンソンのヴェロシペードの技術面ならびに歴史的な点に関する素晴らしい検証が以下にある。Tony Hadland and Hans-Erhard Lessing, *Bicycle Design: An Illustrated History* (Cambridge, Mass.: MIT Press, 2014), 22–25.

p. 071　ヴェロシペードに驚いた馬による女性の死亡事故: *Star* (London), June 8, 1819.

p. 071　デニス・ジョンソンは、売り上げを伸ばすため: *Street, The Pedestrian Hobby-Horse at the Dawn of Cycling*, 53–55.

p. 071　ヴェロシペードの競争には例えば、1819年5月8日付「サフォーク・クロニクル」(イギリス・サフォーク州、イプスウィッチ)によれば、「アマチュア4人による壮大なヴェロシペードの競争」が50マイルのコースで行われ、「優勝賞金25ギニー」が争われたという。同年、イプスウィッチでは「ジョッキーのドレス」を身にまとった乗り手が懸賞金を競い、ヨークで行われたレースでは「ダンディ・チャージャーとロバにまたがった相手が競い合った」という。北アイルランドのロンドンデリーでは市内の競馬場でベロシペードレースが開催された。

p. 071 「ニューロード沿いでは晴れた夕方に……」: Hadland and Lessing, *Bicycle Design*, 505.「練習用の場所」のひとつは、デニス・ジョンソンがロングエーカーの工房からほど近い場所で運営していたヴェロシペード乗り教室だった。

p. 072 「昨今、人の口に上るのはペルシャ大使かヴェロシペードくらいのものである」: *Morning Advertiser* (London), May 6, 1819.

p. 072　バラエティショーでの寸劇については1819年3月、ベロシペードを題材にした喜劇『加速装置、あるいは現代のホビーホース』がストランド劇場で初演されている: "Miss E. BROADHURST's Night; STRAND THEATRE, the Sans Pareil," in *The Times* (London), March 27, 1819. 新しい発明に懐疑的な目を向けた歌には「ロンドンの流行、道楽者、ダンディ、そして木馬("London Fashions, Follies, Dandies, and Hobby Horses")」や「本物のロバ、ヴェロシペード、つまりは木馬に乗って("Riding on a Real Jackass, the Velocipedes, Alias Hobby Horses")」などがあった。

p. 072 「このごろ世間にはヴェロシペードなる機械が流行っているようです」: John Gilmer Speed, ed., *The Letters of John Keats* (New York: Dodd, Mead, 1883), 67.

p. 074　ウィンザー城で開かれた王子の誕生日の祝宴: *Morning Post* (London), August 16, 1819.

p. 074 「今では、人びとがロンドンからブライトンまで……」: "Miscellaneous Articles," *The Westmorland Gazette and Kendal Advertiser* (Kendal, Cumbria, Eng.), June 26, 1819.

p. 074 「馬車の隊列を連ねた、壮麗で穏やかな軍事パレードの如く」: *The Pedestrian Hobby-Horse at the Dawn of Cycling*, 103–4.

p. 074 「ハイドパークではたくさんの洒落者がサドルにまたがる」: *Morning Advertiser* (London), March 25, 1819.

p. 074 「もし本当に「愚昧が飛びたつのを仕留め」たなら、……」: *The Pedestrian Hobby-Horse at the Dawn of Cycling*, 67.

p. 075 「ご覧あれ、あの巧みな機械が／高貴な血筋を英国から追い出そうとするのを。」: "Ode on the Dandy-Horses," *Monthly Magazine; or, British Register* (London), 48, part 2

(December 1, 1819): 433.

p. 075 「ダンディズムへの不評や反感」: "Lewes," *Sussex Advertiser* (Lewes, Sussex, Eng.), May 31, 1819.

p. 075 「この国の抱える、あの非法律家貴族といわれる者は……」: *Gorgon: A Weekly Political Publication* (London), March 27, 1819.

p. 076 「イギリス本土で発生した、十九世紀最大の政治的惨事」: Robert Poole, *Peterloo: The English Uprising* (New York: Oxford, 2019), 1.

p. 076 「多少なりともファッション好きや趣味人を気取る者」: Venetia Murray, *An Elegant Madness: High Society in Regency England* (New York: Viking, 1999), 9.

p. 076 「心のふるさとのようにパリに憧れている」: *Ibid.*, 9.

p. 076 ひとりのコメディアンがロンドンのコヴェントガーデン劇場の舞台に登場した。: "Lines Spoken by Mr. Liston, Riding on a Velocipede on Tuesday Night," *Star* (London), June 17, 1819.

p. 077 とびきり辛辣な皮肉に満ちているのは: Roger Street, *Before the Bicycle: The Regency Hobby-Horse Prints* (Christchurch, Dorset, Eng.: Artesius, 2014), includes eighty full-color reproductions of velocipede-themed prints from the period.

p. 077 「版画屋に並ぶ風刺漫画によって通行人に娯楽を提供している」: *Public Ledger and Daily Advertiser* (London), May 19, 1819.

p. 077 風刺画家ジョージ・クルックシャンク作とされるある版画: 彼の手によると思しき「R***l Hobby's!!!」(J. L. Marksによりロンドンで出版、1819年4月頃。エッチングに手彩色、9×131/2インチ。大英博物館蔵、britishmuseum.org/collection/object/P_1868-0808-8435)のこと。

p. 078 「混雑した都会にはこの新規な運動手段を」: *Public Ledger and Daily Advertiser* (London), March 19, 1819.

p. 078 「週末この乗り物に興じる者」: "Important Caution," *Windsor and Eton Express* (Windsor, Berkshire, Eng.), August 1, 1819. 記事によれば「ロンドン外科医会で、裂傷を引き起こすというベロシペードの致命的な害悪が正式に発表された」。

p. 079 「急な坂をガタガタと駆け下りて……」: *An Illustrated History*, 508–09.

p. 079 ハイドパークでは若者の一団が二輪車乗りを襲撃して追い払った: David V. Herlihy, *Bicycle: The History* (New Haven, Conn.: Yale University Press, 2004), 34.

p. 079 「二輪車は攻撃の的になり、完全に壊されてしまった」: *Morning Advertiser* (London), April 13, 1819.

p. 079 一八一九年のうちに、ロンドンではヴェロシペードに乗ることが禁止された: "[The velocipede] has been put down by the Magistrates," *Public Ledger and Daily Advertiser* (London), March 19, 1819.

p. 080 「歩道でこの種のものが走っているのを見かけたときには、……」: *Columbian Register* (New Haven, Conn.), July 10, 1819.

p. 080 「ヴェロシペードにまたがった〈カルカッタの洒落者〉とでもいうべき輩が……」: *The Sun* (London), May 17, 1820.

p. 080 「ヴェロシペードなるものにはかつて大いなる期待が寄せられたものであった」: "Land Conveyance by Machinery," *Morning Post* (London), July 22, 1820.

p. 080 「これまでに考案されたあらゆるダンディ・チャージャーを勢揃いさせても、……」: "Steam-Boats," *Caledonian Mercury* (Edinburgh, Scotland), June 26, 1819.

p. 081 「この王以上に、もっとも侮蔑すべき下等な悪徳と薄弱さを兼ね備え、……」: Charles C. F. Greville, *The Greville Memoirs: A Journal of the Reigns of King George IV and King William IV, ed. Henry Reeve*, vol. 1 (New York: D. Appleton, 1886), 131.

p. 081 「あの洒落者ブランメルかヴェロシペードのようにすぐに忘れ去られるだろう」: "Extracts," *Perthsire Courier* (Perth, Perthshire, Scotland), April 16, 1822.

p. 081 一八二九年に寄せられた匿名の投書: *The Mechanics' Magazine* (London) 12 (1830), 237.

p. 082 トマス・スティーヴンス・デイヴィスなる男がロンドンの権威ある面々たちを前に: an appendix to Hadland and Lessing, *Bicycle Design: An Illustrated History*, 503–17.

第3章　自転車というアート

p. 087 「いかにもほっそりとして敏捷そうで、

……」: Jeremy Withers and Daniel P. Shea, eds., *Culture on Two Wheels: The Bicycle in Literature and Film* (Lincoln: University of Nebraska Press, 2016), 143.

p. 088 「あのホイールが回っているのを見ていると、……」: Excerpt from *MoMA Highlights: 375 Works from the Museum of Modern Art, New York* (New York: Museum of Modern Art, 2019)。デュシャンの作品はMoMAのサイトで見ることができる。moma.org/collection/works/81631

p. 088 「自転車と同じくらいに美しい」: Joseph Masheck, *Adolf Loos: The Art of Architecture* (New York, I. B. Tauris, 2013), 26.

p. 089 ガソリン機関への偏愛: Sheena Wilson, Adam Carlson, and Imre Szeman, eds., *Petrocultures: Oil, Politics, Culture* (Montreal: McGill–Queen's University Press, 2017).

p. 089 「剝き出しでやってくる」: Roderick Watson and Martin Gray, *The Penguin Book of the Bicycle* (London: Penguin Books, 1978), 97.

p. 090 「あらゆる芸術には、そのプロセスと不離一体で完全に機能と調和しているために、……」: Lewis Mumford, *The Culture of Cities* (New York: Harcourt, Brace, Jovanovich, 1970), 444.

p. 090 文筆家のロバート・ペンはこんな面白い考察をしている。: Robert Penn, *It's All About the Bike: The Pursuit of Happiness on Two Wheels* (New York: Bloomsbury, 2010), 112.

p. 091 自転車の車輪は強さと軽さ、安定性と柔軟性を両立させている: 本章で広く参照している自転車ホイールの標準的な研究は以下を参照Jobst Brandt, *The Bicycle Wheel*, 3rd ed. (Palo Alto, Calif.: Avocet, 1993).

p. 091 自転車のホイールは自重の四百倍もの荷重に耐えることができる: Max Glaskin, *Cycling Science* (London: Ivy, 2019), 112.

p. 092 一九六三年に『スティーヴ・アレン・ショー』に出演した若きフランク・ザッパ: "Frank Zappa Teaches Steve Allen to play the Bicycle (1963)," youtube.com/watch?v=QF0 PYQ8I-OL4

p. 094 「ダイレクトドライブ」式: Penn, *It's All About the Bike*, 89.

p. 097 「これは人類の知る中でほぼ完璧といえるデザインのひとつだ」: "*Sheldon Brown's Bicycle Glossary,*" sheldonbrown.com/gloss_da-o.html

p. 097 自転車をつくるためにはまず原料を……: 以下のweb記事などを参照"Bicycle Life Cycle: Dissecting the Raw Materials, Embodied Energy, and Waste of Roadbikes," *Design Life-Cycle*, designlife-cycle.com/bicycle; Margarida Coelho, "Cycling Mobility—A Life Cycle Assessment Based Approach," *Transportation Research Procedia 10* (December 2015), 443–51; Papon Roy, Md. Danesh Miah, Md. Tasneem Zafar, "Environmental Impacts of Bicycle Production in Bangladesh: a Cradle-to-Grave Life Cycle Assessment Approach," *SN Applied Sciences 1*, link.springer.com/content/pdf/10.1007/s42452-019-0721-z.pdf; Kat Austen, "Examining the Lifecycle of a Bike—and Its Green Credentials," *Guardian* (London), March 15, 2012, theguardian.com/environment/bike-blog/2012/mar/15/lifecycle-carbon-footprint-bike-blog

p. 098 自転車工場では児童労働も指摘されている: Zacharias Zacharakis, "Under the Wheels," *Zeit Online*, December 4, 2019, zeit.de/wirtschaft/2019-12/cambodia-bicycles-worker-exploited-production-working-conditions-english?utm_referrer=https%3A%2F%2Fwww.google.com%2F; "Global Bike Manufacturers Guilty of Using Child Labour, Claims Green Mag," *bikebiz*, October 3, 2003, bikebiz.com/global-bike-manufacturers-guilty-of-using-child-labour-claims-green-mag/

p. 099 ブラジルではゴムの収穫一五〇キログラムあたり一人が死んだ計算であり……: "The Past Is Now: Birmingham and the British Empire," *Birmingham Museum and Art Gallery*, birminghammuseums.org.uk/system/resources/W1siZiIsIjIw MTgvMTIvMDcvMXVocndzcjBkcV9UaGVfUGFzdF9pc19Ob3df TGFyZ2VfUHJpbnRfTGFiZWxzLnBkZiJdXQ/The%20Past%20is%20 Now%20Labels

p. 099 「仮にあなたが一八九〇年代の自転車ブームで自転車に乗り始めた……」: Maya Jasanoff, *The Dawn Watch: Joseph Conrad in a Global World* (New York: Penguin Books, 2017), 208.

p. 099 天然アスファルト: Kenneth O'Reilly,

Asphalt: A History (Lincoln: University of Nebraska Press, 2021), 60–62, 206–7.

p. 100 「機械時代の原子」: Lance Armstrong, ed., *The Noblest Invention: An Illustrated History of the Bicycle* (Emmaus, Penn.: Rodale, 2003), 142.

p. 100 記録というものは、それを誰に帰すべきなのかをめぐる論争にまみれているのが常だ……:自転車の技術開発とその競争の歴史を徹底的かつ公平に検証するためには以下を参照。Tony Hadland and Hans-Erhard Lessing, *Bicycle Design: An Illustrated History* (Cambridge, Mass.: MIT Press, 2014).

p. 101 「自転車を使ってエクササイズする方法は二つある」: Jerome K. Jerome, "*Three Men on a Boat*" *and* "*Three Men on the Bummel*" (New York: Penguin, 1999), 205.

p. 102 「いつの日か、私たちが完全装備の自転車……」: *Norfolk Journal* (Norfolk, Neb.), February 18, 1886.

p. 102 ヴェトナムに最初に登場した自転車: David Arnold and Erich DeWald, "Cycles of Empowerment? The Bicycle and Everyday Technology in Colonial India and Vietnam," *Comparative Studies in Society and History* 53, no. 4, (October 2011), 971–96.

p. 102 「自転車そのものが兵器として使用される場合がある。……」: "A Study: Viet Cong Use of Terror," *United States Mission in Vietnam* (May 1966), pdf.usaid.gov/pdf_docs/Pnadx570.pdf 1950年代にサイゴンで発生した自転車爆弾テロの第一波は、アメリカが支援するベトナム民族主義者であるトリン・ミン・テが米国情報機関の諜報員たちの知識と支援を得て実行したのではないかという説がある。テロによる残虐行為を実行し、責任をホー・チ・ミンになすりつけることで、共産主義に対する反感を煽るのが目的であったという。グレアム・グリーンのベトナムを題材にした有名な小説『静かなるアメリカ人』で描かれたシナリオだ。Sergei Blagov, *Honest Mistakes: The Life and Death of Trinh Minh Thé* (Hauppauge, New York: Nova Science Publishers, 2001), and Mike Davis, *Buda's Wagon: A Brief History of the Car Bomb* (New York: Verso, 2007).

p. 103 現代的なマウンテンバイクの起源: 1970年代のマウンテンバイクの起源については以下を参照。Charles Kelly, *Fat Tire Flyer: Repack and the Birth of Mountain Biking* (Boulder, Colo.: VeloPress, 2014), and Frank J. Berto, *The Birth of Dirt: Origins of Mountain Biking*, 3rd ed. (San Francisco: Van der Plas / Cycle Publishing, 2014). 次の書籍も。John Howard, *Dirt! The Philosophy, Technique, and Practice of Mountain Biking* (New York: Lyons, 1997); Hadland and Lessing, *Bicycle Design*, 433–45 and 139–55; Margaret Guroff, *The Mechanical Horse: How the Bicycle Reshaped American Life* (Austin: University of Texas Press, 2016), 139–55; and Paul Smethurst, *The Bicycle: Towards a Global History* (New York: Palgrave Macmillan, 2015), 61–65.

p. 104 「フリークバイク」や「ミュータントバイク」と呼ばれるムーヴメント: ザック・ファーネスの素晴らしい分析がある。"DIY bike culture": Zack Furness, *One Less Car: Bicycling and the Politics of Automobility* (Philadelphia: Temple University Press, 2010), 153–58.

p. 105 「チェーンが完璧な状態で巡りつづけ、……」: Hugh Kenner, *Samuel Beckett: A Critical Study* (New York: Grove, 1961), 123.

p. 105 「新しい動物……/半分は車輪で半分は脳」: Théodore Faullain de Banville, *Nouvelles odes funambulesques* (Paris: Alphonse Lemerre, 1869), 130.

p. 105 「人間と自転車の間で原子を交換した結果、……」: Flann O'Brien, *The Third Policeman* (Funks Grove, Ill.: Dalkey Archive, 1999), 85.

第4章 もの言わぬ駿馬

p. 108 「馬のヒヅメ!……」: Will H. Ogilvie, "The Hoofs of the Horses," *Baily's Magazine of Sports and Pastimes* 87 (1907): 465.

p. 108 「地に住まう者はみな……」: *Jeremiah* 47: 3, New International Version (2011 translation), accessed at biblia.com/books/niv2011/Je47.3

p. 108 「視界に入った自転車が、音を立てないまま、」: Charles B. Warring, "What Keeps the Bicycler Upright?," *Popular Science Monthly* (New York) 38 (April 1891): 766.

p. 109 「けたたましい騒音」をすっかり消し去り、……: Sylvester Baxter, "Economic and So-

cial Influences of the Bicycle," *Arena* (Boston) 6 (1892): 581.

p. 109　フランドルでは自転車は「ヴェロシペード」の音をもじったフラマン語：David Perry, *Bike Cult: The Ultimate Guide to Human-Powered Vehicles* (New York: Four Walls Eight Windows, 1995), 98.

p. 109　シュヴェツインゲンの駅馬交代所：Robert Penn, *It's All About the Bike: The Pursuit of Happiness on Two Wheels* (New York: Bloomsbury, 2010), 49.

p. 110　蒸気機関車が到来したとき：鉄道史に関する画期的で古典的な下記の書籍を参照。Wolfgang Schivelbusch, *The Railway Journey: The Industrialization of Time and Space in the Nineteenth Century* (Berkeley: University of California Press, 1977).

p. 110　「ただひとりの主人に従う一頭の馬」：David V. Herlihy, *Bicycle: The History* (New Haven, Conn.: Yale University Press, 2004), 24.

p. 110　「我がもの言わぬ駿馬の影が／……」：Paul Pastnor, "The Wheelman's Joy," *Wheelman* (Boston) 3, no. 2 (November 1883): 143.

p. 111　「［ヴェロシペードは］軽量で小柄で、……」：J. T. Goddard, *The Velocipede: Its History, Varieties, and Practice* (New York: Hurd and Houghton, 1869), 20.

p. 111　「それはニッケルとエナメルの厚い皮の下で動物のように震え、……」：セレリフェール神話の生みの親であるフランスの歴史家、寓話作家ボードリ・ド・ソーニエの引用による。Christopher S. Thompson, *The Tour de France: A Cultural History* (Berkeley: University of California Press, 2006), 144.

p.111　「走り、跳び、前足を上げ、身をよじり、……」：Charles E. Pratt, *The American Bicycler: A Manual for the Observer, the Learner, and the Expert* (Boston: Houghton, Osgood, 1879), 30.

p. 112　「あらゆる卑怯な手を尽くして乗り手を振り落とそうとする。……」：Jerome K. Jerome, "A Lesson in Bicycling," *To-Day: A Weekly Magazine Journal* (London), December 16, 1893, 28.

p. 111　自転車を乗りこなすまでの苦労：Mark Twain, "*Taming the Bicycle*" (1886). Anthologized in Mark Twain, Collected Tales, Sketches, Speeches & Essays: 1852–1890 (New York: Library of America, 1992), 892–99.

p. 111　一八一九年に描かれた風刺版画：Charles Williams, Anti-Dandy Infantry Triumphant or the Velocipede Cavalry Unhobby'd, published by Thomas Tegg, London, 1819. Hand-colored etching. 91/2×131/2″. 大英博物館に1点収蔵されている。britishmuseum.org/collection/object/P_1895-0408-22

p. 113　「節約できる馬の餌、寝藁、蹄鉄、馬医者の費用はどれほどになるだろう」：*Inverness Journal and Northern Advertiser* (Inverness, Inverness-Shire, Scotland), May 28, 1819.

p. 113　「私たちにとって自転車とは動物であり、……」：Goddard, *The Velocipede*, 20.

p. 113　「ここに説明されている通りの競走が行われるとすれば、……」："The Velocipede Mania," *New York Clipper*, September 26, 1868.

p. 113　あるフランスの漫画家はさらにその線の想像を進めて、：The caricature, published in *Le journal amusant* (Paris), October 29, 1868, is reproduced in Herlihy, *Bicycle: The History*, 99.

p. 114　一八六九年にはリヴァプール・ヴェロシペード・クラブの主宰する競技大会が開かれ ……："Liverpool Velocipede Club: Bicycle Tournament and Assault at Arms, in the Gymnasium, Saturday Afternoon Next" (advertisement), *Albion* (Liverpool), April 19, 1869. Cf. "A Bicycle Tournament," *Illustrated London News*, May 1, 1869.

p. 114　「新種の使用人が出現している。……」：Arsène Alexandre, "All Paris A-Wheel," *Scribner's Magazine* (New York), August 1895.

p. 114　「馬ではなく二輪に乗った」：Basil Webb, "A Ballade of This Age," *Wheelman* (Boston) 3, no. 2 (November 1883): 100.

p. 114　「鎧を着た五百人の自転車の騎士たち」：Mark Twain, *A Connecticut Yankee in King Arthur's Court* (New York: Harper & Brothers, 1889), 365.

p. 115　「馬は負傷すると進軍の負担になる場合がある……」：Charles H. Muir, "Notes on the Preparation of the Infantry Soldier," *Journal of the Military Service Institution of the United States* 19 (1896): 237.

p. 115　「さすがイギリス人、座ったまま移動する方法を発明するとは」：Martin Caidin and

Jay Barbree, *Bicycles in War* (New York: Hawthorn, 1974), 66.

p. 115　すでに「騎馬の名手」として名を馳せた：Frederik Rompel, *Heroes of the Boer War* (London: Review of Reviews Office, 1903), 155.

p. 115　「イギリス軍の進軍を阻む最悪の棘」：Siegfried Mortkowitz, "Bicycles at War," *We Love Cycling*, October 14, 2019, welovecycling.com/wide/2019/10/14/bicycles-at-war/

p. 116　「爆薬と砲弾の破片の地獄」：Pieter Gerhardus Cloete, *The Anglo-Boer War: A Chronology* (Pretoria: J. P. van der Walt, 2000), 186.

p. 117　「もし主イエスが私たちの立場であったならば、……」："The Man on the Wheel," *The Sketch: A Journal of Art and Actuality* (London), August 30, 1899.

p. 117　「この世でもっとも興味深いことのひとつは」：*North-Eastern Daily Gazette* (Middlesbrough, North Yorkshire, Eng.), July 1, 1895.

p. 118　「富める者を貧しい者から区別する徴がひとつあるとすれば、……」："Safety in the Safety," *Morning Journal-Courier* (New Haven, Conn.), June 5, 1899.

p. 118　アメリカの諸都市では、：19世紀後半のアメリカにおける自転車をめぐる争いの記録は以下が優れている：Evan Friss, *The Cycling City: Bicycles and Urban America in the 1890s* (Chicago: University of Chicago Press, 2015). Cf. Friss's *On Bicycles: A 200-Year History of Cycling in New York City* (New York: Columbia University Press, 2019).

p. 119　「荷馬車の馬に引き倒され、ほとんど面影がなくなるまで踏み付けられた」："Wheel Gossip," *Wheel and Cycling Trade Review* (New York), October 30, 1891.

p. 119　「二輪車乗りを嫌がらせして楽しんでいる」："Cyclers' Street Rights," *New York Times*, July 24, 1895.

p. 119　「馬を購入すれば同時に公共の道路における特権が手に入るのだ、……」：Karl Kron, *Ten Thousand Miles on a Bicycle* (New York: Karl Kron, 1887), 3.

p. 121　「彼女の逞しい脚の駆る自転車は軽々とトラックを周回した」："Horse Against Bicycle," *Daily Alta California* (San Francisco), April 15, 1884.

p. 121　アイオワ州出身のサミュエル・フランクリン・コーディという人物：Garry Jenkins, *Colonel Cody and the Flying Cathedral: The Adventures of the Cowboy Who Conquered the Sky* (New York: Picador USA, 1999).

p. 122　「ヴェロシペード乗りの征服者」：Jenkins, *Colonel Cody and the Flying Cathedral*, 59.

p. 122　アメリカ自転車同盟（LAW）：LAWと〈道路改良運動〉の入門書として以下を参照。Michael Taylor, "The Bicycle Boom and the Bicycle Bloc: Cycling and Politics in the 1890s," *Indiana Magazine of History* 104, no. 3 (September 2008): 213–40; Carlton Reid, *Roads Were Not Built for Cars: How Cyclists Were the First to Push for Good Roads and Became the Pioneers of Motoring* (Washington, D.C.: Island Press, 2015); James Longhurst, *Bike Battles: A History of Sharing the American Road* (Seattle: University of Washington Press, 2015); Martin T. Olliff, *Getting Out of the Mud: The Alabama Good Roads Movement and Highway Administration, 1898–1928* (Tuscaloosa: University of Alabama Press, 2017); Friss, *The Cycling City*; and Lorenz J. Finison, *Boston's Cycling Craze, 1880–1900: A Story of Race, Sport, and Society* (Amherst: University of Massachusetts Press, 2014).

p. 123　「大自転車パレード」："Novelties of a Great Bicycle Parade," The Postal Record Monthly 10, nos. 10–11 (October–December 1897): 233.

p. 123　ミンストレル・ショーが開催されるのが長らく定番になっており、：この傾向の根深さと広がりについてはLAWや世紀転換期の自転車クラブの活動に触れた新聞報道にざっと目を通すだけでも明らかであり、さらに調査するに値する。「ブラックフェイス」「ミンストレル・ショー」「自転車乗り」などのキーワードで以下の良質な新聞サイトで検索していただきたい。newspapers.comもしくはthe Library of Congress's Chronicling America: Historic American Newspaper (chroniclingamerica.loc.gov) site　以下も参照。Jesse J. Gant and Nicholas J. Hoffman, Wheel Fever: How Wisconsin Became a Great Bicycling State (Madison: Wisconsin State Historical Society Press, 2013), 86.

p. 123　「砂、砂利、泥、小石、水溜り」を一掃し、: Sister Caitriona Quinn, *The League of American Wheelmen and the Good Roads Movement, 1880–1912* (academic thesis), August 1968. Available online at john-s-allen.com/LAW_1939-1955/history/quinn-good-roads.pdf.

p. 123　「道路改良のできない国に文明の進歩はない」: Albert A. Pope, *A Memorial to Congress on the Subject of a Road Department* (Boston: Samuel A. Green, 1893), 4.

p. 124　「馬の利用を大きく上回っている自転車」: "Hay and Oats," *Sun* (New York), January 22, 1897.

p. 124　「鞍などの馬具をつくる職人たちは……」: J. B. Bishop, "The Social and Economic Influence of the Bicycle," *Forum* (New York), August 1896.

p. 124　「いまや自転車の時代であり、馬の栄華は終わった」: "The Steel Horse—the Wonder of the Nineteenth Century," *Menorah Magazine* 19 (1895): 382–83.

p. 124　この時代には、大衆のイメージの中の馬は新しい性格を帯びるようになって……: Ann Norton Greene, *Horses at Work: Harnessing Power in Industrial America* (Cambridge, Mass.: Harvard University Press, 2008), 259–65. Cf. Clay McShane and Joel A. Tarr, *The Horse in the City: Living Machines in the Nineteenth Century* (Baltimore: Johns Hopkins University Press, 2008).

p. 126　その翌年に売られた自転車の台数はアメリカ全体で十六万台: Hank Chapot, "The Great Bicycle Protest of 1896," in *Critical Mass: Bicycling's Defiant Celebration, ed. Chris Carlsson* (Oakland, Calif.: AK Press, 2002), 182.

p. 125　「地獄のような騒音」: Mikael Colville-Andersen, *Copenhagenize: The Definitive Guide to Global Bicycle Urbanism* (Washington, D.C.: Island Press, 2018), 231.

p. 125　「ストレス性の疾病」: "Driving Kills—Health Warnings," *Copenhagenize*, July 27, 2009, copenhagenize.com/2009/07/driving-kills-health-warnings.html.

p. 126　自転車の販売戦略として馬のイメージ: Robert J. Turpin, *First Taste of Freedom: A Cultural History of Bicycle Manufacturing in the United States* (Syracuse, N.Y.: University of Syracuse Press, 2018), 169–70.

p. 126　「スタリオン・ブラック」や「パロミーノ・タン」: 1951年の〈ジーン・オートリー・ウェスタン・バイク〉の広告は以下。onlinebicyclemuseum.co.uk/wp-content/uploads/2015/04/1951-Monark-Gene-Autry-14.jpg

p. 126　〈ジーン・オートリー・ウェスタン・バイク〉: Ibid.

p. 127　「自転車と馬をハイブリッド化する世界的にも先進的なデバイス」: "Trotify in the Wild" (2012), youtube.com/watch?v=cfyC6N-Jqt2o

第5章　自転車狂時代　一八九〇年代

p. 130　クリス・ヘラーが民事裁判所にレナ・ヘラーとの離婚を申請: "Bicycle Craze," *Akron Daily Democrat* (Akron, Ohio), August 29, 1899.

p. 130　自転車は新たな役割を帯びた: "Bicycle Disrupts a Home: Suit for Divorce the Outgrowth of a Woman's Passion for Wheeling," *Wichita Daily Eagle* (Wichita, Kansas), October 31, 1896.

p. 130　結婚したころは家事に専念し、: "No New Woman for Him: Mr. Cleating Got Tired of Washing Dishes and Chopped Up His Wife's Bicycle," *The World* (New York, New York), July 21, 1896.

p. 132　フィリップ・ピアス、別名〈スパージョン〉十五歳は、: "A Youth Ruined by a Bicycle Mania," *The Essex Standard* (Colchester, Essex, Eng.), August 29, 1891.

p. 132　彼らは〔ニューヨーク州〕グレンアイランドに七月十一日に到着した。: "Gay Girls in Bloomers: Father Objects to New Woman Tendencies and Takes Them Home," *The Journal and Tribune* (Knoxville, Tennessee), July 21, 1895.

p. 133　日曜日、警察は非道きわまる事件の詳細を明らかにした。: *The Des Moines Register* (Des Moines, Iowa), September 2, 1896.

p. 134　ニューヨーク州ユーナディラ発、: "Wedded as They Scorched: A Pair of Amorous Bicyclists Married While They Flew Along on Wheels," *The Allentown Leader* (Allentown, Pennsylvania), September 9, 1895.

p. 135　この時代、世間をまるきり変えてしまう力において自転車に比肩するものはない。: "Bicycle Problems and Benefits," *The Century Illustrated Monthly Magazine* (New York, New York), July 1895.

p. 135　自転車はあらゆる文明的な土地で見かけるようになったし、: "The World Awheel: The Wheel Abroad: Royalty on Wheels," *Munsey's Magazine* (New York, New York), May 1896.

p. 136　アメリカの自転車はアラビアに到達した。: *The Muncie Evening Press* (Muncie, Indiana), February 17, 1897.

p. 137　フェニキア人の時代から今日に至るまで の、: "The Almighty Bicycle," *The Journal* (New York, New York), June 7, 1896.

p. 138　この世間の新風がもたらす経済的な影響はいろいろと興味深く、: "Social and Economic Influence of the Bicycle," *The Forum* (New York, New York), August 1896.

p. 139　シカゴのトマス・B・グレゴリー師は自転車を激しく非難している。: *The Anaconda Standard* (Anaconda, Montana), July 5, 1897.

p. 140　なんであれ健康な楽しみも度が過ぎれば健康でなくなってしまう。: "Abuse of the Wheel," *The Oshkosh Northwestern* (Oshkosh, Wisconsin), August 23, 1895.

p. 140　大方の医者は自転車病というべきものがあると考えているようだ。: "A Bicycle Malady," *Buffalo Courier* (Buffalo, New York), September 3, 1893.

p. 141　自転車はしばしば直腸の深刻なトラブルの直接の原因になる。: "Bicycle-riding," *The Medical Age* (Detroit, Michigan), March 25, 1896.

p. 142　自転車のもたらす異常のうちで、: "Bike Deformities: Some of the Effects of Too Close Devotion to the Wheel," *The Daily Sentinel* (Grand Junction, Colorado), May 7, 1896.

p. 142　歪んだ顔に猫背の猿じみた人間、: "Want the Scorcher Suppressed," *Chattanooga Daily Times* (Chattanooga, Tennessee), July 25, 1898.

p. 143　この自転車狂は見つけ次第、射殺すべきである。: *Toronto Saturday Night* (Toronto, Canada), October 17, 1896.

p. 143　フランスの医者たちは自転車に乗る女性をさいなむ新種の神経症に首をひねっている。: "Bicycle Makes Women Cruel," *The Saint Paul Globe* (Saint Paul, Minnesota), June 14, 1897.

p. 145　問題は、自転車乗りから「新しい女」が生まれるのか、それとも、: "Is It the New Woman?," *The Chicago Tribune* (Chicago, Illinois), October 7, 1894.

p. 145　〈女性救済同盟〉の代表、シャーロット・スミス女史は、: "Miss Smith's Smithereen," *The Nebraska State Journal* (Lincoln, Nebraska), July 12, 1896.

p. 146　女性の自転車使用に関して重大な異議が唱えられいる。: "Sexual Excitement," *The American Journal of Obstetrics and Diseases of Women and Children* (New York, New York), January 1895.

p. 146　この件について同胞諸兄にはつつみ隠さず本心を申し上げねばならない。: "As to the Bicycle," *The Medical World* (Philadelphia, Pennsylvania), November 1895.

p. 147　男女が二人乗りすることについて。: "The Bicycle and Its Riders," *The Cincinnati Lancet-Clinic* (Cincinnati, Ohio), September 1897.

p. 147　この大通りの自転車乗りの間では、: "Woman Scorcher Nabbed," *The Sun* (New York, New York), May 2, 1896.

p. 148　バタシー・パークで驚くべき事件があった。: "Her First Bloomers Created a Scene," *Cheltenham Chronicle* (Cheltenham, Gloucestershire, U.K.), April 18, 1896.

p. 149　イングランド・ケンブリッジ発、五月二十一日。: "Press Dispatch, Cambridge, England, May 21," *Public Opinion* (New York, New York), May 27, 1897.

p. 149　別の流行り物に世間の関心が移るまでは、: "The Horseless Vehicle the Next Craze," *The Glencoe Transcript* (Glencoe, Ontario, Canada), June 18, 1896.

p. 149　果たして自転車の世は終わりを迎えつつあるのだろうか。: "To Take the Place of the Bicycle," *The Philadelphia Times* (Philadelphia, Pennsylvania), November 22, 1896.

p. 150　自動車が自転車に取って代わるという者があるが、: *Comfort* (Augusta, Maine), September 1899.

p. 151　自転車ブームは終わりつつある、などということを信じたがる向きは: *Fort Scott Daily*

Monitor (Fort Scott, Kansas), July 8, 1896.

第6章　バランスの妙技

p. 154　アンガス・マカスキルは歴史上もっとも背の高い男のひとりだった。：その生涯については以下。James Donald Gillis, *The Cape Breton Giant: A Truthful Memoir* (Montreal: John Lovell & Son, 1899). この書籍は副題とは裏腹に伝説や誇張に傾きがちではあるが、バーナム的なテーマを勘案するとそれも不適当ではないだろう。

p. 154　「巨人たちは私の興業の文字通り最大の出し物だった。……」: P. T. Barnum, *Struggles and Triumphs; or, Forty Years' Recollections of P. T. Barnum* (Buffalo, N.Y.: Courier Company, 1882), 161.

p. 155　その翌年、四歳になる末息子のダニーは自転車をもらった。：特に記載のない限り、ダニーに関することは本人へのインタビューによる。彼の自伝も参照。Danny MacAskill, *At the Edge: Riding for My Life* (London: Penguin, 2017).

p. 157　スカイ島の名前の由来は古代ノルウェー語の「雲の島」に由来する：David R. Ross, *On the Trail of Scotland's History* (Edinburgh: Luath, 2007), 10.

p. 157　「翼ある島」: Terry Marsh, *Walking the Isle of Skye: Walks and Scrambles Throughout Skye, Including the Cuillin*, Fourth Edition (Cicerone: Kendal, Cumbria, Eng.), 15.

p. 158　荒野のようなスカイ島の風景は数々の伝説や、魔術や争いの物語の舞台となってきた。：Otta Swire, *Skye: The Island and Its Legends* (Edinburgh: Berlinn, 2017).

p. 160　一九九七年に出た『チェーンスポッティング』という有名なビデオ：*Chainspotting—Full Movie—1997—UK Mountain Bike Movie*, youtube.com/watch?v=L_A2exFmvn0.

p. 165　「インスパイアド・バイシクルズ」: *Inspired Bicycles—Danny MacAskill April 2009*, youtube.com/watch?v=Z19zFlPah-o.

p. 165　『自転車の曲乗り』(一八九九年)、『自転車の曲芸師』(一九〇一年)：2本とも以下で見ることができる。*back to back, at: First Bike Trick EVER*. Edison All, youtube.com/watch?v=aZjd9pBmLoU.

p. 166　「エリオット家の自転車乗りたち」: Viona Elliott Lane, Randall Merris, and Chris Algar, "Tommy Elliott and the Musical Elliotts," *Papers of the International Concertina Association* 5 (2008): 16–49. 以下も参照。Margaret Guroff, *The Mechanical Horse: How the Bicycle Reshaped American Life* (Austin: University of Texas Press, 2016), 111–14.

p. 166　パリ風の四人組みダンス："The Elliotts: A Family of Trick Cyclists," *Travalanche*, December 7, 2012, travsd.wordpress.com/2012/12/17/the-elliotts-a-family-of-trick-cyclists/.

p. 167　賞賛を惜しまないファンが寄せた詩：タイトルは「エリオット兄弟姉妹へ」、作者名として「アンヌ・E・キャブロン女史」とある。「バーナム・サーカス団のエリオット家の自転車乗りたちに夢中になった女性の手による」と添え書き。新聞記事の電子版の切り抜きはあるが入手先や発行元は不詳。ご関心の向きはjody@jody-rosen.comまで。

p. 167　エリオット一座はニューヨーク児童虐待防止協会の調査対象となり……：以下を参照"The Child-Performers," New-York Tribune, March 29, 1883; "Why P. T. Barnum Was Arrested," *New York Times*, April 3, 1883; and Brooklyn Daily Eagle, April 3, 1883.

p. 167　エリオット一座は裁判での聴取に先立ってデモンストレーションを披露した："Barnum's Arrest," *Daily Evening Sentinel* (Carlisle, Penn.), April 3, 1883.

p. 167　「十名以上の高名な医 師からなる」: "Mr. Barnum Not Cruel to the Little Bicycle Riders," *Brooklyn Daily Eagle*, April 5, 1883.

p. 167　自転車のトリックの訓練は子どもの健康にとって「とてもすばらしく有益」: "Barnum Not Guilty," *New York Times*, April 5, 1883.

p. 167　「あらゆる子どもが同じような訓練をすれば、医者や薬に優る効果をもたらすだろう」: "The Elliott Children," *New York Herald*, April 5, 1883. Quoted in Guroff, *The Mechanical Horse*, 113.

p. 168　「炎の大車輪」: Lane, Merris, and Algar, "Tommy Elliott and the Musical Elliotts," 42–43.

p. 168　「彼は……小柄ではあるががっしりとした体軀で、……」: Berta Ruck, *Miss Million's Maid: A Romance of Love and Fortune* (New York: A. L. Burt, 1915), 377.

p. 168 「カウフマンズ・サイクリング・ビューティーズ」: David Goldblatt, "Sporting Life: Cycling Is Among the Most Flexible of All Sports," *Prospect Magazine*, October 19, 2011, prospectmagazine.co.uk/magazine/sporting-life-9. ぴったりとしたコスチュームをまとった彼女たちの写真が残されている。commons.wikimedia.org/wiki/File:Kaufmann%27s_Cycling_Beauties.jpg.

p. 170 アニー・オークリーは、自転車に乗りながらウィンチェスター・ライフルを撃ち、……: Sarah Russell, "Annie Oakley, Gender, and Guns: The 'Champion Rifle Shot' and Gender Performance, 1860–1926" (Chancellor's Honors Program Projects, University of Tennessee, Knoxville, 2013), 28; trace.tennessee.edu/utk_chanhonoproj/1646.

p. 170 「驚異の少年ハツリー」: Wade Gordon James Nelson, "Reading Cycles: The Culture of BMX Freestyle" (PhD thesis, McGill University, August 2006), 63; core.ac.uk/download/pdf/41887323.pdf.

p. 170 イギリスの自転車乗りシド・ブラックはこの技にさらにスリルを加えて……: "The King of the Wheel," *Sketch: A Journal of Art and Actuality* (London), September 7, 1898.

p. 170 ドイツ、ブレーメンでの演技で……: "Secrets of Trick Cycling," *Lake Wakatip Mail* (Queenstown, Otago, N.Z.), July 24, 1906.

p. 171 ヴィリオンズという一家: William G. Fitzgerald, "Side-Shows," *Strand Magazine* (London) 14, no. 80 (August 1897): 156–57.

p. 171 ボードビル芸人ジョー・ジャクソンの十八番: Frank Cullen with Florence Hackman and Donald McNeilly, *Vaudeville Old & New: An Encyclopedia of Variety Performers in America*, vol. 1 (New York: Routledge, 2004), 558–59.

p. 172 「クマとサルが自転車で競走して、クマがサルを食う」: YouTube: "A Bear and a Monkey Race on Bicycles, Then Bear Eats Monkey," youtube.com/watch?v=cteBe4gCUKo.

p. 173 豪華な挿絵のついたある手引書: Isabel Marks, *Fancy Cycling: Trick Riding for Amateurs* (London: Sands & Company, 1901), 5–6.

p. 173 ニューヨークで人気の自転車学校の主任講師だった、黒人の曲乗りの名手アイラ・ジョンソンは、……: "Fancy Bicycle Riding," *Indianapolis News*, April 10, 1896.

p. 173 「六十年前には、社交界の美男美女は……」: ロンドンの上流階級の間で流行している「ジムカーナの技」や「取り澄ました自転車学校」に関する短信の電子版がある。女性向け雑誌「炉端と家庭」に掲載された記事の一部であることは明らかだと思うが出典や掲載時期は不詳、「炉端と家庭」の掲載誌も見つけられなかった。電子で残されたこの興味深い記録も時の流砂、あるいはデジタルの世界の時の流れにさらわれてしまったのだろう。研究者、ご興味をお持ちの方には喜んで提供したい。ご連絡はjody@jody-rosen.comまで。

p. 173 アルバート王子は、十代のころ……: "Prince Albert as Trick Cyclist," *Yorkshire Evening Post*, June 18, 1912.

p. 174 テネシー州メンフィスの時代錯誤な法規: "Code of Ordinances, City of Memphis, Tennessee," specifically "Sec. 12-84-19.— Instruction in operating automobiles, and other vehicles and trick riding prohibited"; available online at library.municode.com/tn/memphis/codes/code_of_ordinances?nodeId=TIT11VETR_CH11-24BI.

p. 174 『ブロードウェー・ウィークリー』の論説: "The Way to Make a Hit in Vaudeville," *Broadway Weekly* (New York), September 21, 1904.

p. 175 一九〇七年に、ベルファストの演芸場を訪れたある観客は……: "Fatal Accident to a Lady Trick Cyclist," *Stonehaven Journal* (Stonehaven, Kincardineshire, Scotland), June 20, 1907.

p. 175 「彼は空堀に落下して即死した」: "Trick Cyclist Killed in Paris," *Nottingham Evening Post* (Nottingham, Nottinghamshire, Eng.), March 19, 1903.

p. 175 チャールズ・カブリッチは「空飛ぶ自転車パラシュート乗り」を自称し: "Chas. H. Kabrich, the Only Bike-Chute Aeronaut: Novel and Thrilling Bicycle Parachute Act in Mid-air" (publicity poster), Library of Congress, loc.gov/resource/var.0525/.

p. 175 「月への恐ろしい旅」と題された演目: 以下の宣伝ポスターを参照。Alamy, alamy.com/stock-photo-the-great-adam-forepaugh-and-sells-bros-americas-enormous-shows-united-83150063.html.

p. 175 「胸をぎゅっとつかまれるような恐ろしい

跳躍である」: "Most Daring Performance," *Morning Press* (Santa Barbara, Calif.), September 13, 1906.

p. 176　レイ・シナトラが率いる、: "Ray Sinatra and His Cycling Orchestra—Picture #1," Dave's Vintage Bicycles: A Classic Bicycle Photo Archive, nostalgic.net/bicycle287/picture1093.

p. 177　現在いちばん目立っているのはスポーツになった自転車のスタントだ。: スタントはもちろんスポーツやショービジネスだけのものではなく、意外な社会的機能を持つ民俗芸能でもある。1977年、ナイジェリア南東部のある「村の集落」における自転車の役割を調査した社会心理学者によると、「マジック・サイクリスト」という伝統があるらしい。その「呪術の力で自転車に乗る男たち」は都市部から農村部へ出向いて、祭りの場でパフォーマンスを披露する曲芸自転車一座だという。Rex Uzo Ugorji and Nnennaya Achinivu, "The Significance of Bicycles in a Nigerian Village," *The Journal of Social Psychology* 102, no. 2 (1977), 241–46.

p. 177　「ザ・リッジ」: Danny Macaskill: The Ridge, youtube.com/watch ?v=xQ_IQS3VKjA.

p. 178　「イマジネート」: Danny MacAskill's Imaginate, youtube.com/watch?v=Sv3xVOs7_No.

p. 178　「ダニー・デイケア」: Danny MacAskill: Danny Daycare, youtube.com/watch?v=jj0CmnxuTaQ.

p. 180　「バック・オン・トラック」: Martyn Ashton—Back on Track, youtube.com/watch ?v=kX_hn3Xf90g.

p. 184　「ぼくらの飛行機の操縦は、自転車と同じように乗り手の平衡感覚に基づいている」: "Have Long Sought Mastery of Air," *Clinton Republican* (Wilmington, Ohio), June 6, 1908.

p. 183　『新しい飛行の技術』: Reprinted in *Waldemar Kaempffert, The New Art of Flying* (New York: Dodd, Mead, 1911), 233.

第7章　脚のあいだの悦楽

p. 188　「自転車をファックしたい。……」: Vi Khi Nao, *Fish in Exile* (Minneapolis: Coffee House, 2016), 131.

p. 189　「セックスをするように腰を前後に……」: "Man Admits to Sex with Bike," UPI, October 27, 2007, upi.com/Odd_News/2007/10/27/Man-admits-to-sex-with-bike/10221193507754/; "Bike Sex Case Sparks Legal Debate," BBC News, November 16, 2007, news.bbc.co.uk/2/hi/uk_news/scotland/glasgow_and_west/7098116.stm; "'Cycle-Sexualist' Gets Probation," UPI, November 15, 2007, upi.com/Odd_News/2007/11/15/Cycle-sexualist-gets-probation/26451195142086/.

p. 190　「欲情の同盟」: *Bike Smut*, bikesmut.com.

p. 191　『ファックバイク001』: Andrew H. Shirley, Fuck Bike #001 (2011), vimeo.com/20439817.

p. 191　「バイクセクシュアル」: Bikesexual, bikesexual.blogsport.eu/beispiel-seite/.

p. 192　「DIY精神、菜食主義、エコロジー、……」: Ibid.

p. 192　「陰核や陰唇に持続的な刺激を生ずる」: "Bicycling for Women from the Standpoint of the Gynecologist," *Transactions of the New York Obstetrical Society from October 20, 1894 to October 1, 1895*, published by The American Journal of Obstetrics (New York: William Wood, 1895), 86–87.

p. 193　「デイジー・ベル（二人乗りの自転車）」: Harry Dacre, "*Daisy Bell (Bicycle Built for Two)*" (New York: T. B. Harms, 1892).

p. 193　『フィネガンズ・ウェイク』の「撫子遊女」: James Joyce, *Finnegans Wake* (Ware, Hertfordshire, Eng.: Wordsworth Editions, 2012), 115.

p. 194　きちんと衣服を着た人びとが生きる現実の世界ははるかに遠く、……: Georges Bataille, *Story of the Eye by Lord Auch*, trans. Joachim Neugroschel (San Francisco: City Lights, 1978), 32–34.

p. 194　「田舎道で長時間自転車に乗る」: C. C. Mapes, "A Review of the Dangers and Evils of Bicycling," *The Medical Age* (Detroit), November 10, 1897.

p. 195　ゆるやかに上り下りする坂道に、……: Maurice Leblanc, *Voici des ailes!* (Paris: Ink Book, 2019), 49–51, e-book. Translation from

the French by Jody Rosen.

p. 196 「裸で自転車に乗るというコンセプトは ……」: Steve Hunt, "Naked Protest and Radical Cycling: A History of the Journey to the World Naked Bike Ride," Academia.edu, academia.edu/35589138/Naked_Protest_and_Radical_Cycling_A_History_of_the_Journey_to_the_World_Naked _Bike_Ride, 4.

p. 197 「彼らは挑発的に振舞うことで……」: Philip Carr-Gomm, *A Brief History of Nakedness* (London: Reaktion, 2010), 12.

p. 197 「私たちは裸で自転車に乗ることによって……」: World Naked Bike Ride, Portland, Oregon, "Why," pdxwnbr.org/why/.

p. 197 「自転車に乗っていると、どうにも自分が大人である気がしない」: P. J. O'Rourke, "Dear Urban Cyclists: Go Play in Traffic," *Wall Street Journal*, April 2, 2011.

p. 198 広く用いられているのは「プッシー」「カント」「カマ野郎」といった罵倒語や、……: 以下など。Dag Balkmar, "Violent Mobilities: Men, Masculinities and Road Conflicts in Sweden," *Mobilities* 13, no. 5 (2018): 717–32.

p. 199 巨大な張りぼての女性器をあしらった二階建て自転車: Adriane "Lil' Mama Bone Crusher" Ackerman, "The Cuntraption," in Our Bodies, Our Bikes, ed. *Elly Blue and April Streeter* (Portland, Ore.: Elly Blue Publishing / Microcosm, 2015), 75–76.

p. 199 「進入する、突き進むという男根的な力づよさ」: Zoë Sofoulis, "Slime in the Matrix: Post-phallic Formations in Women's Art in New Media," in Jane Gallop Seminar Papers, ed. *Jill Julius Matthews* (Canberra: Australian National University, Humanities Research Centre, 1993), 97.

p. 200 「北ヨーロッパに住む私たちは……」: Jet McDonald, "Girls on Bikes," Jet McDonald, jetmcdonald.com/2016/12/08/girls-on-bikes/.

p. 201 『わが自転車とその他の友人たち』: Henry Miller, *Henry Miller's Book of Friends: A Trilogy* (Santa Barbara, Calif.: Capra Press, 1978), 223.

第8章　凍てつく大地

p. 204 一八二七年四月二十七日、テムズ河の河口を後にするヘクラが目指すのは北極点だった。……: ヘクラ号の船長の冒険については以下を参照。William Edward Parry, *Narrative of an Attempt to Reach the North Pole, in Boats Fitted for the Purpose, and Attached to His Majesty's Ship Hecla, in the Year MDCCCXXVII* (London: John Murray, 1828).

p. 205 「ペルー人が初めて馬に乗るスペイン人を見たときの驚愕は……」: *Morning Advertiser* (London), February 1, 1827.

p. 206 「十月の、陰鬱な季節の最初の日が訪れるやいなや自転車を仕舞い込んでしまう好事家」: R. T. Lang, "Winter Bicycling," *Badminton Magazine of Sports & Pastimes* 14 (January–June 1902): 180.

p. 206 「雪がスポークの周りに渦をまき、からみつき、……」: *Ibid.*, 189.

p. 207 冬場に自転車に乗る情熱は: Tom Babin, *Frostbike: The Joy, Pain and Numbness of Winter Cycling* (Toronto: Rocky Mountain Books, 2014).

p. 208 一九四八年に撮影された写真: オンラインで見ることができる。一瞥の価値あり。"Early Ice Bike," Cyclelicious, cyclelicio.us/2010/early-ice-bike/.

p. 208 「ハドソン川の最新流行は氷上ヴェロシペード」: *Brooklyn Daily Eagle*, January 12, 1869.

p. 208 冬用自転車のデザインにも新しい波をもたらし、: 以下などを参照。"The Cyclist in a Winter Paradise," *Sunday Morning Call* (Lincoln, Neb.), January 24, 1897. あるいは*Bicycle: The Definitive Visual History* (London: DK, 2016), 62–63.

p. 209 「最近の安全型自転車であればどんなスタイルや設計の自転車でも」: "Ice-Bicycle Attachments," *Hardware: Devoted to the American Hardware Trade*, November 25, 1895.

p. 209 「夏よりもスピードが出る」: "Chicago Ice Bicycle Apparatus..." (advertisement), *Gazette* (Montreal), November 23, 1895, 6.

p. 209 試作品で計測したところ、: "Ice-Bicycle Attachments," *Hardware: Devoted to the American Hardware Trade*, November 25, 1895.

p. 209 「クロンダイク・バイシクル」を製造し、: "Klon dike Bicycle Freight Line," *Boston Globe*, August 2, 1897.

p. 210 クロンダイク・バイシクルの目論見は

……："To Klondyke by Bicycle," *Democrat and Chronicle* (Rochester, N.Y.), July 30, 1897.

p. 210 「自転車を持ち込んだ素人探鉱者たち」を一笑に付し……：A. C. Harris, *Alaska and the Klon dike Gold Fields: Practical Instructions for Fortune Seekers* (Cincinnati: W. H. Ferguson, 1897), 77.

p. 210 「山野で移動するために、まともな車輪のほかにも……」: *Ibid.*, pp. 442–43. 1897年、ニュージャージー州ニューアークの起業家チャールズ・H・ブリンカーホフは、劣悪な道路状況を改善する計画を発表した。いわく「クロンダイクまで自転車専用道路を建設する［…］鋼鉄で軽量に作り、山の斜面に固定する」。これによって、上り坂をほとんど意識することなく自転車で登れるようになるだろう、と。計画には、快適な休憩所も含まれており、「25マイルごとに、電気が来ていて照明と暖房を完備した、座席やテーブル、レストランを備えた休憩所を設置し、金鉱を目指す巡礼者が一服してリフレッシュできるようにする」と。言うまでもなく、この自転車専用道路が建設されることはなかった。"A Bicycle Route to the Klon dike," *Buffalo Courier-Record*, November 28, 1897. 139 "The heartbreak and suffering which so many have undergone": Jennifer Marx, *The Magic of Gold* (New York: Doubleday, 1978), 410.

p. 212 二百五十名が自転車に乗ってドーソンシティへの山道へ入っていった：Terrence Cole, ed., *Wheels on Ice: Bicycling in Alaska, 1898–1908* (Anchorage: Alaska Northwest Publishing, 1985), 6.

p. 212 「褐色の短い毛の犬がガチガチに凍りついていた。……」: *Ibid.*, 14.

p. 213 「二十五回も頭から雪に突っ込んだ」: *Ibid.*, 10.

p. 214 「木目の通ったトウヒをナイフで割って二本の棒をつくり、……」: *Ibid.*, 14–15.

p. 214 マックス・ヒルシュバーグ：妻の薦めで1950年代に執筆した、一人称の文体の生き生きとした旅の記録が以下に収録されている。Cole, ed., *Wheels on Ice*, 21–23.

p. 216 「風にはためく星条旗が見えたときは体に震えが走るような気がした」: *Ibid.*, 22.

p. 217 聖公会の司祭で宣教師のロバート・マクドナルド: Patrick Moore, "Archdeacon Robert McDonald and Gwich'in Literacy," *Anthropological Linguistics* 49, no. 1 (Spring 2007): 27–53.

p. 218 「チェーンがないので自転車のスピードは調節できなかった」: Cole, ed., *Wheels on Ice*, 23.

p. 220 この歴史的な走行の映像はインターネットで観ることができる："(OFFICIAL) Eric Barone—227,720 km/h (141.499 mph)—Mountain Bike World Speed Record—2017," youtube.com/watch?v=7gBqbNUtr3c.

p. 220 「事故の際にバラバラにならないための」: Patty Hodapp, "How a Mountain Biker Clocked 138 MPH Riding Downhill," *Vice*, April 16, 2015, vice.com/en/article/yp77jj/how-a-mountain-biker-clocked-138-mph-riding-downhill.

第9章　山間の王国

p. 229 国民の全体的な満足度を国の発展の指針とする：Michael S. Givel, "Gross National Happiness in Bhutan: Political Institutions and Implementation," *Asian Affairs* 46, no. 1 (2015), 108.

p. 229 自転車に乗ることを覚えたのは、……："Cycling in Bhutan," *Inside Himalayas*, April 11, 2015, insidehimalayas.com/cycling-in-bhutan/.

p. 230 「泥の道を恐ろしいスピードで」: Karma Ura, *Leadership of the Wise: Kings of Bhutan* (Thimphu, Bhutan: Centre for Bhutan Studies, 2010), 108.

p. 230 ブータンの平均標高は約三三〇〇メートル："Countries with the Highest Average Elevations," World Atlas, worldatlas.com/articles/countries-with-the-highest-average-elevations.html.

p. 230 王家が持ち込んだその一台は……: Devi Maya Adhikari, Karma Wangchuk, and A. Jabeena, "Preliminary Study on Automatic Dependent Surveillance-Broadcast Coverage Design in the Mountainous Terrain of Bhutan," in *Advances in Automation, Signal Processing, Instrumentation, and Control*, ed. Venkata Lakshmi Narayana Komanapalli, N. Sivakumaran, and Santoshkumar Hampannavar (Singapore: Springer, 2021), 873.

p. 231 「ブータンを自転車カルチャーの国に」:

Madhu Suri Prakash, "Why the Kings of Bhutan Ride Bicycles," *Yes! Magazine* (Bainbridge Island, Wash.), January 15, 2011, yesmagazine.org/issue/happy-families-know/2011/01/15/why-the-kings-of-bhutan-ride-bicycles.

p. 231　「ブータンで私たちが自転車を愛好するには理由があります」: 本人へのインタビューより。以下、特に注記のないものはブータンで取材したもの。

p. 233　ブータン国歌「雷竜の王国」: 歌詞の翻訳は以下を参照した。Dorji Penjore and Sonam Kinga, *The Origin and Description of the National Flag and National Anthem of the Kingdom of Bhutan* (Thimphu, Bhutan: Centre for Bhutan Studies, 2002), 16.

p. 237　新型コロナウイルスとの闘い : "Bhutan, the Vaccination Nation: A UN Resident Coordinator Blog," *UN News*, May 23, 2021, news.un.org/en/story/2021/05/109242; Madeline Drexler, "The Unlikeliest Pandemic Success Story," *The Atlantic*, February 10, 2021, theatlantic.com/international/archive/2021/02/coronavirus-pandemic-bhutan/617976/.

p. 237　憲法では国土の六〇パーセントを森林として維持すると定めている : ブータン国民議会のウェブサイトに掲載されている以下のファイルを参照。The Constitution of the Kingdom of Bhutan, National Assembly of Bhutan website, nab.gov.bt/assets/templates/images/constitution-of-bhutan-2008.pdf.

p. 238　ブータンは二酸化炭素を吸い込む : Mark Tutton and Katy Scott, "What Tiny Bhutan Can Teach the World About Being Carbon Negative," CNN, October 11, 2018, cnn.com/2018/10/11/asia/bhutan-carbon-negative/index.html; "Bhutan Is the World's Only Carbon Negative Country, So How Did They Do It?," Climate Council, April 2, 2017, climatecouncil.org.au/bhutan-is-the-world-s-only-carbon-negative-country-so-how-did-they-do-it/.

p. 238　ブータンを「現実のシャングリラ」と称した : Jeffrey Gettleman, "A New, Flourishing Literary Scene in the Real Shangri-La," *New York Times*, August 19, 2018.

p. 239　GNHは「創られた伝統」だ : Lauchlan T. Munro, "Where Did Bhutan's Gross National Happiness Come From? The Origins of an Invented Tradition," *Asian Affairs* 47, no. 1 (2016): 71–92.

p. 239　「ひとつの国、ひとつの国民」という題目 : Rajesh S. Karat, "The Ethnic Crisis in Bhutan: Its Implications," *India Quarterly* 57, no. 1 (2001), 39–50; Vidhyapati Mishra, "Bhutan Is No Shangri-La," *New York Times*, June 28, 2013, nytimes.com/2013/06/29/opinion/bhutan-is-no-shangri-la.html; Kai Bird, "The Enigma of Bhutan," The Nation, March 7, 2012, thenation.com/article/archive/enigma-bhutan/.

p. 240　「民族浄化」: Bill Frelick, "Bhutan's Ethnic Cleansing," Human Rights Watch, February 1, 2008, hrw.org/news/2008/02/01/bhutans-ethnic-cleansing.

p. 240　「国民一人あたり最も多い難民を生み出している国」: Maximillian Mørch, "Bhutan's Dark Secret: The Lhotshampa Expulsion," The Diplomat, September 21, 2016, thediplomat.com/2016/09/bhutans-dark-secret-the-lhotshampa-expulsion/.

p. 240　「山の中の気概に満ちた小国というイメージ」: Munro, "Where Did Bhutan's Gross National Happiness Come From?," 86.

p. 246　「太陽に灼かれ、砂ぼこりで息が詰まり、雨でずぶぬれになった」: Elizabeth Robins Pennell, *Over the Alps on a Bicycle* (London: T. Fisher Unwin, 1898), 105.

p. 246　「アルプスを自転車で越えられるか試してみたかった」: *Ibid.*

p. 246　「自分がとくに変わり者とは思わなかった」: *Ibid.*, 11.

第10章　停まったまま全速力で

p. 250　「電気仕掛のラクダ」: Seán O'Driscoll, "Electric Camels and Cigars: Life on the Titanic," *Times* (London), April 21, 2017, thetimes.co.uk/article/electric-camels-and-cigars-life-on-the-titanic-8kznbpcnw.

p. 250　乗り手の正面には赤と青の矢印がついた大きなダイヤルがあり : Walter Lord, *A Night to Remember* (New York: Henry Holt and Company, 1955), 40.

p. 250　このバイクを使っている様子を写した有名な写真 : Lawrence Beesley, *The Loss of the S.S. Titanic: Its Story and Its Lessons* (Boston:

Houghton Mifflin Company, 1912), 12–13.

p. 252 一七九六年に特許が取得されたジムナスティコン:"Specification of the Patent Granted to Mr. Francis Lowndes, of St. Paul's Churchyard, Medical Electrician; for a new-invented Machine for exercising the Joints and Muscles of the Human Body," in *The Repertory of Arts, Manufactures, and Agriculture*, vol. 6 (London: printed for the proprietors, 1797), 88–92.

p. 252 ローラー台で対決する一連の試合:以下を参照。Marlene Targ Brill, Marshall "Major" *Taylor: World Champion Bicyclist, 1899-1901* (Minneapolis: Twenty-First Century Books, 2008), 70.

p. 253 「ホームトレーナーを使えば最高の屋内エクササイズができる」:Luther Henry Porter, *Cycling for Health and Pleasure: An Indispensable Guide to the Successful Use of the Wheel* (New York: Dodd, Mead, 1895), 138.

p. 253 「近い将来、停まったままの自転車を家庭用に宣伝する馬鹿げた広告を目にすることになるだろう」:この広告の初出はロンドンで発行されていた雑誌「*Pall Mall*」だろう。以下のハードウェア業界誌に引用されている。"Trade Chat from Gotham," *Stoves and Hardware Reporter* (St. Louis and Chicago), August 1, 1895, 22.

p. 254 戸外のサイクリングを再現するためにあれこれ工夫する者:進取の気性に富んだ者たちの話がロンドンで発行されていた以下の定期刊行物の1897年の号に掲載されている。*The Rambler* (Tagline: "A Penny Magazine Devoted to Out-door Life") under the title "The Cycle in the House: Curious Domestic Uses of the Bicycle." 記事の抜粋は以下で参照可能。wikimedia.org/wikipedia/commons/thumb/0/09/Home_cycling _trainer_1897.jpg/640px-Home_cycling_trainer_1897.jpg.

p. 254 アーロン・ピュージー:"Meet the Man Cycling the UK Using Virtual Reality," BBC News, August 16, 2016, bbc.com/news/av/uk-37099807.

p. 256 「人間エンジン」の効率を測定する有名な実験:"The Human Machine at the Head," *Mind and Body: A Monthly Journal Devoted to Physical Education* (Milwaukee, Wisc.) 12 (March 1905–February 1906), 54–55; "Experiments on a Man in a Cage," *New York Journal*, June 18, 1899; and Jane A. Stewart, "Prof. Atwater's Alcohol Experiment," *School Journal* (New York) 59 (July 1, 1899–December 31, 1899), 589–90. 以下も。W. O. Atwater and F. G. Benedict, "The Respiration Calorimeter," *Yearbook of the United States Department of Agriculture: 1904* (Washington, D.C.: Government Printing Office, 1905), 205–20. Available online at naldc.nal.usda.gov/download/IND43645383/PDF.

p. 258 『労働・余暇・輸送におけるペダル・パワー』:James C. McCullagh, ed., *Pedal Power in Work, Leisure, and Transportation* (Emmaus, Penn.: Rodale, 1977).

p. 258 「レーザー技術と深宇宙探査の時代である現代」:*Ibid.*, ix.

p. 258 「バイコロジーの気運」:*Ibid.*, 58.

p. 258 「自転車を利用するときに引き出される人間の全ポテンシャルを」:*Ibid.*, x.

p. 259 「研究者の報告によれば、……」:*Ibid.*, 62–64.

p. 259 「前世紀から今世紀への変わり目に自転車がある意味で人びとを「解放」したように……」:*Ibid.*, 144.

p. 260 世界の固定自転車市場の規模は六億ドルに迫り……:"Exercise Bike Market: Global Industry Trends, Share, Size, Growth, Opportunity and Forecast 2021–2026," Imarc Group, available online at imarcgroup.com/exercise-bike-market.

p. 262 「この世でもっとも退屈な器械かもしれないフィットネス・バイクにも……」:これらのゴールドバーグの言葉の引用は以下を参照。Andrea Cagan and Johnny G, *Romancing the Bicycle: The Five Spokes of Balance* (Los Angeles: Johnny G Publishing, 2000), 77.

p. 263 「有酸素運動パーティー」:"Who We Are," SoulCycle, soul-cycle.com/ourstory/.

p. 267 新型コロナウイルスの流行ではスタジオの閉鎖を余儀なくされつつも、……:Abby Ellin, "SoulCycle and the Wild Ride," *Town and Country*, April 21, 2021, townandcountrymag.com/leisure/sporting/a36175871/soul-cycle-spin-class-scandals/.

p. 265 ひとつのライブセッションに二万三千人が参加するという記録:Eric Newcomer, "Peloton Attracts a Record 23,000 People to Single Workout Class," *Bloomberg*, April 24,

2020, bloomberg.com/news/articles/2020-04-24/peloton-attracts-a-record-23-000-people-to-single-workout-class.

p. 267 「振動遮断および安定機構つき自転車エルゴメータ」: "Cycling on the International Space Station with Astronaut Doug Wheelock," youtube.com/watch?v=bG3hG3iB5S4.

第11章　アメリカの海から海まで

p. 270 「デイジー・ベル（二人乗りの自転車）」: Harry Dacre, "*Daisy Bell (Bicycle Built for Two)*," (New York: T. B. Harms, 1892).

p. 270 オールド・パリ・ハイウェイ：Kristen Pedersen, "The Pali Highway: From Rough Trail to Daily Commute," *Historic Hawai'i Foundation*, August 22, 2016, historichawaii.org/2016/08/22/thepalihighway/.

p. 270 バーブ・ブラッシュはホノルルで若い看護師として働いていたころから……：注記のない限り、本章のバーブとビルのエピソードは二人へのインタビュー取材による。

p. 271 〈バイクセンテニアル〉: Michael McCoy and Greg Siple, *America's Bicycle Route: The Story of the TransAmerica Bicycle Trail* (Virginia Beach, Va.: Donning , 2016); and Dan D'Ambrosio, "Bikecentennial: Summer of 1976," *Adventure Cycling Association*, February 15, 2019, adventurecycling.org/blog/bikecentennial-summer-of-1976/.

p. 273 「スイート・サレンダー」: John Denver, "Sweet Surrender," from the album Back Home Again (RCA Records, 1974).

p. 282 バッタの大発生：John L. Capinera, ed., *Encyclopedia of Entomology*, 2nd edition (Springer: Dordrecht, Netherlands, 2008), 141–44.

p. 282 一八七〇年代の大蝗害：以下を参照。Thomas C. Cox, *Everything but the Fenceposts: The Great Plains Grasshopper Plague of 1874–1877* (Los Angeles: Figueroa Press, 2010); and Jeffrey A. Lockwood, *Locust: The Devastating Rise and Mysterious Disappearance of the Insect that Shaped the American Frontier* (New York: Basic Books, 2015).

p. 283 グレッグ・サイプルという名の男：以下、特に注記のない限り、グレッグの人生、旅、妻と参加したバイクセンテニアルでの出来事、彼の友人たちやダンとリズのサイプル夫妻らのエピソードはすべてサイプル夫妻へのインタビューと手紙での取材による。

p. 284 「最初の思いつきは広告とかフライヤーをばらまくことだった。……」: D'Ambrosio, "Bikecentennial: Summer of 1976."

p. 285 「TOSRVと地球半周ツアーのいいところを組み合わせたような……」: McCoy and Siple, *America's Bicycle Route*, 25.

p. 286 「骨まで興奮する冒険の万華鏡、……」: June J. Siple, "The Chocolate Connection: Remembering Bikecentennial's Beginnings," *Adventure Cyclist*, June 2016, 27.

p. 288 『自転車世界一周』（一八八七年）: Thomas Stevens, *Around the World on a Bicycle* (1887; repr. Mechanicsburg, Penn.: Stackpole, 2000).

p. 289 「フロリダや南カリフォルニアといった温暖な土地では……」: Margaret Guroff, *The Mechanical Horse: How the Bicycle Reshaped American Life* (Austin: University of Texas Press, 2016), 128.

p. 290 AMFロードマスターの広告: *Ibid.*, 128.

p. 290 一九七二年の連邦政府の報告書：*Ibid.*, 135.

p. 290 売れた自転車の数は自動車を上回った：*Ibid.*, 135.

p. 291 「サバイバル・フェア」: "Remembering the Survival Faire, Earth Day's Predecessor," *Bay Nature*, March 24, 2020, baynature.org/article/remembering-the-survival-faire-earth-days-predecesor/.

p. 291 「地元住民が歩道から見守る中……」: Sam Whiting, "San Jose Car Burial Put Ecological Era in Gear," *San Francisco Chronicle*, April 20, 2010, sfgate.com/green/article/San-Jose-car-burial-put-ecological-era-in-gear-3266993.php.

p. 292 「ポリューション・ソリューション」: Guroff, *The Mechanical Horse*, 133.

p. 292 「詩的な自転車革命」: Peter Walker, "People Power: the Secret to Montreal's Success as a Bike-Friendly City," *Guardian*, June 17, 2015, theguardian.com/cities/2015/jun/17/people-power-montreal-north-america-cycle-city.

p. 292 「世界史上最大の自転車ツアー」: McCoy and Siple, *America's Bicycle Route*, 26.

p. 292 「一九七六年という年を、……」: *Ibid.*, 26.

p. 293 バイクセンテニアルに参加したサイクリストは四千六十五人：統計的な情報は以下を参照した。Greg Siple, "Bikecentennial 76: America's Biggest Bicycling Event," in *Cycle History 27: Proceedings of the 27th International Cycling History Conference* (Verona, New Jersey: ICHC Publications Committee, 2017), 110–15; and McCoy and Siple, *America's Bicycle Route*, 48.

p. 293 「アメリカの田舎を間近に見られた」: McCoy and Siple, *America's Bicycle Route*, 48.

p. 294 ブリジット・オコネル："Flute-Toting Cyclist Bridget O'Connell Gilchrist Shares Bikecentennial Memories," *Adventure Cycling Association*, June 29, 2015, adventurecycling.org/resources/blog/bridget-gilchrist-my-favorite-places-to-sleep-outdoors-were-pine-forests-corn-fields-and-near-a-babbling-brook/.

p. 294 ブーイングや野次が起こった："Bikecentennial 76 Shuttle Truck Driver Remembers Cyclists' Appreciation," *Adventure Cycling Association*, September 21, 2015, adventurecycling.org/resources/blog/bike centennial-76-shuttle-truck-driver-remembers-cyclists-appreciation/.

p. 294 ウィルマ・ラムゼイ："Theresa Whalen Leland: Remembering Bikecentennial 1976," *Adventure Cycling Association*, June 1, 2015, adventure cycling.org/resources/blog/theresa-whalen-leland-remembering-bikecentennial-1976/. ウィルマと弟アルバートのエピソードはテレサ・ウォーレン・リーランドのバイクセンテニアルの素敵な思い出から得ている。

p. 295 時には吹雪に見舞われることもあった：Siple, "Bikecentennial 76," 115.

p. 295 豚の間で寝たこともあった：McCoy and Siple, *America's Bicycle Route*, 45.

p. 295 ロイド・サマー：*Ibid.*, 46.

p. 296 陸ガメが何匹かゆっくりと道を渡っていて："Theresa Whalen Leland: Remembering Bikecentennial 1976."

p. 300 ビルとバーブは手紙のやりとりを始め：手紙を快く見せてくれた二人に心から御礼申し上げます。

第12章　荷を負う動物

p. 318 「世界でもっとも住みやすい都市」指標：以下を参照。"The Global Liveability Index 2021," Economist Intelligence, eiu.com/n/campaigns/global-liveability-index-2021/.

p. 320 毎年、四十万の移住者がダッカにたどりつく：Md Masud Parves Rana and Irina N. Ilina, "Climate Change and Migration Impacts on Cities: Lessons from Bangladesh," *Environmental Challenges* 5 (December 2021), available online at sciencedirect.com/science/article/pii/S2667010021002213?via%3Dihub; and Poppy McPherson, "Dhaka: The City Where Climate Refugees Are Already a Reality," *Guardian* (London), December 1, 2015, theguardian.com/cities/2015/dec/01/dhaka-city-climate-refugees-reality.

p. 320 全体主義と急進主義の選択：K. Anis Ahmed, "Bangladesh's Choice: Authoritarianism or Extremism," *New York Times*, December 27, 2018, nytimes.com/2018/12/27/opinion/bangladesh-election-awami-bnp-authoritarian-extreme.html.

p. 320 二〇二一年の米国科学アカデミー紀要に掲載されたアメリカの研究者らの報告：Cascade Tuholske, Kelly Caylor, Chris Funk, Andrew Verdin, Stuart Sweeney, Kathryn Grace, Pete Peterson, and Tom Evans, "Global Urban Population Exposure to Extreme Heat," *PNAS* 118, no. 41 (2021), pnas.org/content/pnas/118/41/e2024792118.full.pdf.

p. 320 「渋滞に巻き込まれたときにやる五つのこと」: Naziba Basher, "5 Things to Do While Stuck in Traffic," *Daily Star* (Dhaka), August 28, 2015.

p. 323 「ちょっとでも隙間が空いたら飛び込む、……」：K. Anis Ahmed, *Good Night, Mr. Kissinger: And Other Stories* (Los Angeles: Unnamed Press, 2014), 27.

p. 324 研究によれば、平日のダッカの道路騒音は……：例えば以下。"Dhaka's Noise Pollution Three Times More Than Tolerable Level: Environment Minister," *Daily Star* (Dhaka), April 28, 2021, thedailystar.net/environment/news/dhakas-noise-pollution-three-times-more-tolerable-level-environment-minister-2085309; "Noise Pollution Exceeds Permissible Limit in Dhaka," *New Age*

(Dhaka), January 11, 2020, newagebd.net/print/article/96222.

p. 324　ダッカでは八万台の人力車が登録されている：Rezaul Karim and Khandoker Abdus Salam, "Organising the Informal Economy Workers: A Study of Rickshaw Pullers in Dhaka City," *Bangladesh Institute of Labour Studies-BILS*, March 2019, bilsbd.org/wp-content/uploads/2019/06/A-Study-of-Rickshaw-Pullers-in-Dhaka-City.pdf, 21.

p. 325　二〇一九年で百十万台：*Ibid.*, 12.

p. 325　『バングラデシュのリクシャ』：Rob Gallagher, *The Rickshaws of Bangladesh* (Dhaka: University Press, 1992), 1–2.

p. 325　人力車産業からの収入で生活するダッカ市民は推計三百万人：Karim and Salam, "Organising the Informal Economy Workers," 25.

p. 326　「ロンドンの地下鉄の二倍に近い」：Gallagher, *The Rickshaws of Bangladesh*, 6.

p. 327　後部の「荷台」と、荷馬に使うものに似たパニエ：Tony Hadland and Hans-Erhard Lessing, *Bicycle Design: An Illustrated History* (Cambridge, Mass.: MIT Press, 2014), 14.

p. 327　いずれも同じように荷物用のラックが備わっていた：自転車のラックや荷台やカゴについては以下を参照。*ibid.*, 351–84.

p. 328　ソールズベリーは居並ぶ上院議員に向かって、……：Harrison E. Salisbury's Trip to North Vietnam: Hearing Before the Committee on Foreign Relations, United States Senate, Ninetieth Congress, First Session with Harrison E. Salisbury, Assistant Managing Editor of the New York Times (Washington, D.C.: U.S. Government Printing Office, 1967). Available online at govinfo.gov/content/pkg/CHRG-90shrg74687/pdf/CHRG-90shrg74687.pdf.

p. 329　「[北ベトナム軍の]継戦能力はひとえに自転車のおかげと、私は誇張なく確信しております」：*Ibid.*, 11. 225 "Why don't we concentrate on bicycles?": Ibid., 16.

p. 329　「ロンドンでは新聞を運ぶ自転車の一団が……」：“The Trick Cyclist on the Road," *Yorkshire Post and Leeds Intelligencer* (Leeds, Yorkshire, Eng.), August 4, 1905.

p. 330　「四〇キロの重りを積んだ三輪カーゴバイクの競走」：Peter Cox and Randy Rzewnicki, "Cargo Bikes: Distributing Consumer Goods," in *Cycling Cultures*, ed. Peter Cox (Chester, Cheshire, Eng.: University of Chester Press, 2015), 137.

p. 330　「カーゴ・クルーザー」が流行している：リズ・カニングの映画「MOTHERLOAD」(1990) は「数々の賞に輝くこのドキュメンタリー映画は、気候変動のデジタル時代における子育てを突き詰める手段としてのカーゴバイクを描いている」。motherloadmovie.com/welcome.

p. 331　人間の苦役を象徴する不変のイメージ：フランスの写真家アラン・デロームの〈Totems〉(2010) は上海で撮影された、巨大な荷物を運ぶ荷物三輪車の素晴らしいドキュメンタリー写真。alaindelorme.com/serie/totems.

p. 332　「四千万台から六千万台の三輪自転車」が稼動している：Glen Norcliffe, *Critical Geographies of Cycling* (New York: Routledge, 2015), 221.

p. 332　「今日の自転車の役割としてもっとも多数を占める類型が、……」：Cox and Rzewnicki, "Cargo Bikes: Distributing Consumer Goods," 133.

p. 333　「リクシャ」という言葉は日本語の……：リクシャの歴史的背景、特に東アジアと中国における歴史については以下。David Strand, *Rickshaw Beijing: City People and Politics in the 1920s* (Berkeley: University of California Press, 1989).南アジアの概要については以下。M. William Steele, "Rickshaws in South Asia," *Transfers* 3, no. 3 (2013), 56–61. 以下もある。Tony Wheeler and Richard l'Anson, *Chasing Rickshaws* (Hawthorn, Victoria, Australia: Lonely Planet Publications, 1998).

p. 334　ダッカの人力車も大きな歴史の流れに沿っている：Gallagher, *The Rickshaws of Bangladesh*; and *Of Rickshaws and Rickshawallahs*, ed. Niaz Zaman (Dhaka: University Press, 2008).

p. 334　ダッカの人力車を禁止するさまざまな提案：Musleh Uddin Hasan and Julio D. Davila, "The Politics of (Im)Mobility: Rickshaw Bans in Dhaka, Bangladesh," *Journal of Transport Geography* 70 (2018), 246–55; Mahabubul Bari and Debra Efroymson, "Rickshaw Bans in Dhaka City: An Overview of the Arguments For and Against," published by Work for a Better Bangladesh Trust and Roads for People,

2005, wbbtrust.org/view/research_publication/33; Mohammad Al-Masum Molla, "Ban on Rickshaw: How Logical Is It?," *Daily Star* (Dhaka), July 7, 2019, thedailystar.net/opinion/politics/news/ban-rickshaw-how-logical-it-1767535.

p. 334　大衆的・フェミニズム的な観点から議論を展開し：Shahnaz Huq-Hussain and Umme Habiba, "Gendered Experiences of Mobility: Travel Behavior of Middle-Class Women in Dhaka City," *Transfers: Interdisciplinary Journal of Mobility Studies* 3, no. 3 (2013).

p. 335　この職で働くのは男性のみ：ダッカのリクシャーワラーの生活と労働条件に関する社会学的、経済学的調査として以下を参照。M. Maksudur Rahman and Md. Assadekjaman, "Rickshaw Pullers and the Cycle of Unsustainability in Dhaka City," 99–118; Syed Naimul Wadood and Mostofa Tehsum, "Examining Vulnerabilities: The Cycle Rickshaw Pullers of Dhaka City," *Munich Personal RePEc Archive*, 2018, core.ac.uk/download/pdf/214004362.pdf; Meheri Tamanna, "Rickshaw Cycle Drivers in Dhaka: Assessing Working Conditions and Livelihoods"(Master's Thesis, International Institute of Social Studies, Erasmus University, The Hague, Netherlands), 2012, semantic scholar.org/paper/Rickshaw-Cycle-Drivers-in-Dhaka%3A-Assessing-Working-Poor/4708d8065f3ee07c02dd39e6e939a4e57e10e050; Sharifa Begum and Binayak Sen, "Pulling Rickshaws in the City of Dhaka: A Way Out of Poverty?," *Environment & Urbanization* 17, no. 2 (2005), journals.sagepub.com/doi/pdf/10.1177/095624780501700202.

p. 335　健康状態も悪く、：Hafiz Ehsanul Hoque, Masako Ono-Kihara, Saman Zamani, Shahrzad Mortazavi Ravari, Masahiro Kihara, "HIV-Related Risk Behaviours and the Correlates Among Rickshaw Pullers of Kamrangirchar, Dhaka, Bangladesh: a Cross-Sectional Study Using Probability Sampling," *BMC Public Health* 9, no. 80 (2009), pubmed.ncbi.nlm.nih.gov/19284569/.

p. 335　新型コロナウイルスの流行はさらに新たな惨状を：Joynal Abedin Shishir, "Income Lost to Covid, Many Take to Pulling Rickshaws in Dhaka," *The Business Standard*, August 31, 2021, tbsnews.net/economy/income-lost-covid-many-take-pulling-rickshaws-dhaka-295444.

p. 336　「ハフィツとアブダル・ハフィツ」：Mahbub Talukdar, "Hafiz and Abdul Hafiz," trans. Israt Jahan Baki, in Zaman, ed., *Of Rickshaws and Rickshawallahs*, 57.

p. 336　詩人マハブブ・タルクダル：記載がない限り、モハメド・アブル・バドシャーの経歴や言葉は本人へのインタビューに基づく。リファト・イスラム・エシャが翻訳してくれた。

p. 340　ダッカの道路の八五パーセントは：Khaled Mahmud, Khonika Gope, Syed Mustafizur, Syed Chowdhury, "Possible Causes & Solutions of Traffic Jam and Their Impact on the Economy of Dhaka City," *Journal of Management and Sustainability* 2, no. 2 (2012), 112–35.

p. 342　バッテリー式の通称「イージーバイク」が三万〜四万台：以下を参照。"Government to Ban Battery-Run Rickshaws, Vans," *Dhaka Tribune*, June 20, 2021, dhakatribune.com/bangladesh/2021/06/20/govt-to-ban-battery-run-rickshaws-vans; Rafiul Islam, "Battery-Run Rickshaws on DSCC Roads: Defying Ban, They Keep on Running," *Daily Star* (Dhaka), January 30, 2021, thedailystar.net/city/news/defying-ban-they-keep-running-2036221.

p. 345　「われらはこの国でかろうじて食いつなぐ／……」：Dilip Sarkar, "The Rickshawallah's Song," trans. M. Mizannur Rahman, in Zaman, ed., *Of Rickshaws and Rickshawallahs*, 31.

p. 346　バドシャーが住んでいるのはカムランギルチャールと呼ばれる……：Md. Abul Hasam, Shahida Arafin, Saima Naznin, Md. Mushahid, Mosharraf Hossain, "Informality, Poverty and Politics in Urban Bangladesh: An Empirical Study of Dhaka City," *Journal of Economics and Sustainable Development* 8, no.14 (2017), 158–82; "Slum Conditions in Bangladesh Pose Health Hazards, and Malnutrition Is a Sign of Other Illnesses," *Médecins Sans Frontières*, October 13, 2010, msf.org/slum-conditions-bangladesh-pose-health-hazards-and-malnutrition-sign-other-illnesses.

p. 346　「地球上でもっとも汚染された場所の

ひとつ」: Hal Hodson, "Slumdog Mapmakers Fill in the Urban Blanks," *New Scientist*, October 23, 2014, newscientist.com/article/mg22429924-100-slumdog-mapmakers-fill-in-the-urban-blanks/.

p. 347　皮革工場群が毎日大量に垂れ流す汚染物質 : "Toxic Tanneries: The Health Repercussions of Bangladesh's Hazaribagh Leather," *Human Rights Watch*, October 8, 2012, hrw.org/report/2012/10/08/toxic-tanneries/health-repercussions-bangladeshs-hazaribagh-leather; Sarah Boseley, "Child Labourers Exposed to Toxic Chemicals Dying Before 50, WHO Says," *Guardian*, March 21, 2017, theguardian.com/world/2017/mar/21/plight-of-child-workers-facing-cocktail-of-toxic-chemicals-exposed-by-report-bangladesh-tanneries.

p. 347　無数の小さな工場がある : "Poor Bangladesh Kids Work to Eat, Help Families," *Jakarta Post*, June 14, 2016, thejakartapost.com/multimedia/2016/06/14/poor-bangladesh-kids-work-to-eat-help-families.html; Jason Beaubien, "Study: Child Laborers In Bangladesh Are Working 64 Hours a Week," *NPR*, December 7, 2016, npr.org/sections/goatsandsoda/2016/12/07/504681046/study-child-laborers-in-bangladesh-are-working-64-hours-a-week; Terragraphics International Foundation, "Hazaribagh & Kamrangirchar, Bangladesh," terragraphics international.org/bangladesh.

p. 347　電子廃棄物 : Mahbub Alam and Khalid Md. Bahauddin, "Electronic Waste in Bangladesh: Evaluating the Situation, Legislation and Policy and Way Forward with Strategy and Approach," *PESD* 9, no. 1 (2015), 81–101; Mohammad Nazrul Islam, "E-waste Management of Bangladesh," *International Journal of Innovative Human Ecology & Nature Studies* 4, no. 2 (April–June, 2016), 1–12.

p. 354　「走る美術館」の異名もある : Sonya Soheli, "Canvas of Rickshaw Art," *Daily Star* (Dhaka), Mar. 31, 2015, thedailystar.net/lifestyle/ls-pick/canvas-rickshaw-art-74449.

p. 356　アビジット・ロイ : "Bangladesh Court Sentences Five to Death for Killing American Blogger," *New York Times*, February 16, 2021, nytimes.com/2021/02/16/world/asia/bangladesh-sentence-avijit-roy.html.

p. 358　「自分たちの住む街について、……」: 注記のない限り、イスラムの言葉は筆者のインタビュー取材による。

p. 359　「混沌と疎外に存続を脅かされている生活様式」: *Of Rickshaws and Rickshawallahs*, 91.

p. 359　リクシャに描かれる絵柄についての研究 : 以下を参照。"Rickshaw Art of Bangladesh," in *Of Rickshaws and Rickshawallahs*, 83–92.

第13章　ぼくの自転車遍歴

p. 362　自転車の乗り方を身につけるプロセスについての研究 : Boris Suchan, "Why Don't We Forget How to Ride a Bike?," *Scientific American*, November 15, 2018, scientificamerican.com/article/why-dont-we-forget-how-to-ride-a-bike/.

p. 363　「ある朝、私にはもう後ろを走る者の音が聞こえなくなった。……」: Paul Fournel, *Need for the Bike*, trans. Allan Stoekl (Lincoln: University of Nebraska Press, 2003), 26.

p. 363　「自転車には子どもたちとの結びつきがあまりに広く浸透している……」: Robert J. Turpin, *First Taste of Freedom: A Cultural History of Bicycle Manufacturing in the United States* (Syracuse, N.Y.: University of Syracuse Press, 2018), 1.

p. 364　「成長期の男の子に頑丈な体、強い肺、……」: 以下に引用されている。*ibid.*, 85.

p. 364　「自転車の練習」(一九五四) : 以下で見ることができる。saturdayeveningpost.com/wp-content/uploads/satevepost/bike_riding _lesson_george_hughes.jpg.

p. 382　ゴースト・バイク : ニューヨークではおなじみの光景となっている慰霊のゴーストバイクは、実は世界中の都市で見られる。アート作品として、ゴーストバイクは強烈な力を秘めている。歴史とも共鳴しており、オランダのプロボがゲリラ的に行ったバイクシェアリングの白い自転車を思い起こさせる。プロボは権威主義的な自動車の「見栄と汚さ」に対抗して、「シンプルさと清潔さ」を想起させるために自転車を白く塗った。Robert Graham, *Anarchism: A Documentary History of Libertarian Ideas. Volume Two: The Emergence of the New Anarchism*

(1939– 1977) (Montreal: Black Rose Books, 2009), 287.

p. 382 「サイクリストは殺しても問題ないのか?」: Daniel Duane, "Is It O.K. to Kill Cyclists?," *New York Times*, November 9, 2013, nytimes.com/2013/11/10/opinion/sunday/is-it-ok-to-kill-cyclists.html.

p. 384 「財産が人を愚かにするように、クルマは人を愚か者にする」: Eula Biss, *Having and Being Had* (New York: Riverhead Books, 2020), 248.

p. 384 「自転車の上にいると、……」: Bill Emerson, "On Bicycling," *Saturday Evening Post*, July 29, 1967.

p. 390 「ある地方の地形をもっともよく学ぶ方法は……」: Ernest Hemingway, *By-Line Ernest Hemingway: Selected Articles and Dispatches of Four Decades* (New York: Touchstone, 1998), 364.

p. 391 「[シクルールとは] 最終的な目的をもたない行為として自転車に乗ることを発見した者のことだ」: Valeria Luiselli, "Manifesto à Velo," in *Sidewalks*, trans. Christina MacSweeney (Minneapolis: Coffee House, 2014), 36.

p. 392 「スロー・サイクリング」: Ian Cleverly, "The Slow Cycling Movement," *Rouleur*, June 15, 2021, rouleur.cc/blogs/the-rouleur-journal/the-slow-cycling-movement.

p. 392 「ムービーカメラ越しに見ているような」: Luiselli, *Sidewalks*, 37.

p. 394 「歩行者の視界をすり抜け、……」: *Ibid.*, 34.

p. 395 「脚の筋肉にはまだ運動の記憶が残っていて、……」: H. G. Wells, *The Wheels of Chance: A Bicycling Idyll* (New York: Grosset & Dunlap, 1896), 79.

p. 398 チリの農村部に住むエレナ・ガルベス: "Cerrillos' 90-Year-Old Cyclist Shows No Signs of Slowing Down," *Reuters*, September 9, 2016, reuters.com/article/us-chile-elderly-id-CAKCN11F2HK.

第14章　墓場

p. 402 二〇一六年の排水: Marine Benoit, "Les improbables trouvailles au fond du canal Saint-Martin," *L'Express*, January 5, 2016, lexpress.fr/actualite/societe/environnement/en-images-les-improbables-du-trouvailles-au-fond-du-canal-saint-martin_1750737.html; Mélanie Faure, "Vidé, le canal Saint-Martin révèle ses surprises," *Le Figaro*, January 20, 2016, lefigaro.fr/actualite-france/2016/01/20/01016-20160120ART-FIG00416-vide-le-canal-saint-martin-revele-ses -surprises.php; and Henry Samuel, "Pistol Found in Paris' Canal St-Martin as 'Big Clean-up' Commences," *Telegraph*, January 5, 2016, telegraph.co.uk/news/worldnews/europe/france/12082794/Pistol-found -in-Paris-Canal-St-Martin-as-big-clean-up-commences.html.

p. 404 彼女の死体はその一週間後、: Douglass Dowty, "DA: DeWitt Woman Handcuffed Herself to Bike, Rode into Green Lake in Suicide," Syracuse.com, March 22, 2019; originally published on October 17, 2016, syracuse.com/crime/2016/10/fitzpatrick_woman_committed_suicide_at_green_lakes.html.

p. 404 根深い破壊衝動を駆り立ててきた可能性もある: 1940年にロンドン・タイムズ紙に掲載された署名のない記事の執筆者は同様のこと、「私たち一人ひとりの心の中に潜む破壊の悪魔」を診断し、「鍋やベッドを投げ捨て、手すりを引き抜いて、自転車をバラバラにすること」に「激しい喜び」を見出すと述べた。*The Times* (London), July 20, 1940. Quoted in Peter Thorsheim, "Salvage and Destruction: The Recycling of Books and Manuscripts in Great Britain During the Second World War," *Contemporary European History* 22, no. 3, "Special Issue: Recycling and Reuse in the Twentieth Century" (2013), 431–52.

p. 405 ある動画では、十代くらいの少年が……: "Throwing My Friends [sic] Bike into a Lake," youtube.com/watch?v=OcysvVwDFK8.

p. 406 「ボートが……水没した自転車の山に引っかかった」: Mike Buchanan, Two Men in a Car (a Businessman, a Chauffeur, and Their Holidays in France) (Bedford, Bedfordshire, Eng.: LPS), 2017, 34.

p. 407 数ページを割いて水中に投棄される自転車について述べている: Pete Jordan, *In the City of Bikes: The Story of the Amsterdam Cyclist* (New York: Harper Perennial, 2013). See chapter 18, "A Typical Amsterdam Characteristic: The Bike Fisherman," 327–42.

p. 407 「来客をボートで連れてゆく伝統的なゴミ箱」: *Ibid*., 332.

p. 409 「度重なるドックレス型シェアバイクの水中投棄」: Steve Annear, "Dockless Bikes Keep Ending Up Underwater," *Boston Globe*, July 13, 2018.

p. 409 イギリスではロンドンやマンチェスターの運河にくわえて、: "What Lurks Beneath the Waterline?," *Canal & River Trust*, March 24, 2016, canalrivertrust.org.uk/news-and-views/news/what-lurks-beneath-the-waterline; "Bikes, Baths and Bullets Among Items Found in Country's Waterways," *Guardian* (London), March 24, 2016; and Isobel Frodsham, "Fly-tippers Dump Hundreds of Bikes, a Blow Up Doll and a GUN in Britain's Canals and Rivers to Avoid a Crackdown on the Streets," *Daily Mail* (London), April 16, 2017, dailymail.co.uk/news/article-4415872/Fly-tippers-dump-GUN-Britain-s-canals.html.

p. 409 カナル・アンド・リバー・トラスト: "What Lurks Beneath?," Canal & River Trust video, youtube.com/watch?v=NkTuGmigJZM.

p. 409 「ハンドルバーの牡蠣から判断すると、……」: Jen Chung, "Barnacle Bike Was Likely in the Hudson River Since Last Summer," *Gothamist*, February 26, 2019, gothamist.com/news/barnacle-bike-was-likely-in -the-hudson-river-since-last-summer. 286 One widely circulated video: "Footage Shows Man Throwing Shared Bikes into River, Claim They Disclose Privacy Information," youtube.com/watch?v=EsidHmfEpKg.

p. 410 「バイクシェアリングは〈怪物を映す鏡〉だ……」: Javier C. Hernández, "As Bike-Sharing Brings Out Bad Manners, China Asks, What's Wrong with Us?," *New York Times*, September 2, 2017, nytimes.com/2017/09/02/world/asia/china-beijing-dockless-bike-share.html.

p. 410 「モバイクが使っているチップは……」: YouTube video caption for "Footage Shows Man Throwing Shared Bikes into River."

p. 411 「七十を越えるドックレス型のバイクシェアのスタートアップ企業があり……」: Hernández, "As Bike-Sharing Brings Out Bad Manners."

p. 411 上空から撮影したドローン映像や写真ではむしろ……: "Drone Footage Shows Thousands of Bicycles Abandoned in China as Bike Sharing Reaches Saturation," *South China Morning Post YouTube channel*, youtube.com/watch?v=Xlms-8zEcCg. See also Alan Taylor, "The Bike-Share Oversupply in China: Huge Piles of Abandoned and Broken Bicycles," *Atlantic*, March 22, 2018.

p. 412 この集積場はニューヨーク州の環境保全局に八万五千ドルの罰金を課された: Reuven Blau, "Two Scrap Metal Recyclers Busted for Dumping Waste into Gowanus Canal; One Slapped with $85K Fine," *Daily News* (New York), December 4, 2012.

p. 413 トム・ウェイツの「壊れた自転車」: Tom Waits, "Broken Bicycles," from the album One from the Heart (CBS Records, 1982).

第15章　大衆運動

p. 419 押し潰された何十台という自転車の山が残されていた: Fred Strebeigh, "The Wheels of Freedom: Bicycles in China" originally published in *Bicycling*, April 1991, available at strebeigh.com/china-bikes.html.

p. 419 「自転車に乗り、拡声器を手に群集の組織化をはじめ」: "Voices from Tiananmen," *South China Morning Post* (Hong Kong), June 3, 2014.

p. 419 「学生たちは政府への要求を明示すべきだ」: Louisa Lim, "Student Leaders Reflect, 20 Years After Tiananmen," *NPR*, June 3, 2009, npr.org/templates/story/story.php?storyId=104821771.

p. 419 「私は七つの要求を書き留めた」: *Ibid.*

p. 420 「計画的な陰謀」: Liang Zhang (Andrew J. Nathan and Perry Link, eds.), *The Tiananmen Papers: The Chinese Leadership's Decision to Use Force Against Their Own People—In Their Own Words* (New York: Public Affairs, 2001), 76.

p. 420 ある目撃者は、その行進の様子を帆船の群れに喩えた: Strebeigh, "The Wheels of Freedom."

p. 421 「天安門広場で狂ったように走り回ったことが……」: Philip J. Cunningham, *Tiananmen Moon: Inside the Chinese Student Uprising of 1989* (Lanham, Md.: Rowman & Little-

field, Inc., 2009), 50.

p. 422　一九九二年十月のある晩、：サンフランシスコのフィクスド・ギアでのその夜の出来事、およびテッド・ホワイトとジョージ・ブリスが1991年に中国を訪れた際のエピソードはテッド・ホワイトへの著者のインタビューに基づく。以下も参照。Ted White, "Reels on Wheels," in *Critical Mass: Bicycling's Defiant Celebration*, ed. Chris Carlsson (Oakland, Calif.: AK Press, 2002), 145–52.

p. 423　『リターン・オブ・ザ・スコーチャー』: Ted White, Return of the Scorcher (1992, USA, 28 minutes). The film can be viewed online, with a director's commentary: "Return of the Scorcher 1992 Bicycle Documentary: A Cycling Renaissance," youtube.com/watch?v=K1DUaWJ6KGc.

p. 423　〈自行车王国〉: 中国における自転車の歴史については例えば以下。Qiuning Wang, A Shrinking Path for Bicycles: A Historical Review of Bicycle Use in Beijing, Master's Thesis, University of British Columbia, May 2012; Xu Tao, "Making a Living: Bicycle-related Professions in Shanghai, 1897–1949," *Transfers* 3, no. 3 (2013), 6–26; Xu Tao, "The popularization of bicycles and modern Shanghai," *Shilin* 史林 (Historical Review) 1 (2007): 103–13; Neil Thomas, "The Rise, Fall, and Restoration of the Kingdom of Bicycles," *Macro Polo*, October 24, 2018, macropolo.org/analysis/the-rise-fall-and-restoration-of-the-kingdom-of-bicycles/; Hua Zhang, Susan A. Shaheen, and Xingpeng Chen, "Bicycle Evolution in China: From the 1900s to the Present," *International Journal of Sustainable Transportation* 8, no. 5 (2014): 317–35; and Anne Lusk, "A History of Bicycle Environments in China: Comparisons with the U.S. and the Netherlands," *Harvard Asia Quarterly* 14, no. 4 (2012): 16–27. Paul Smethurst, The Bicycle: Towards a Global History (New York: Palgrave Macmillan, 2015), 105–20.

p. 424　「街の通りでは、人びとが二つしかない車輪を管でつなげた乗り物に乗っている」: Tony Hadland and Hans-Erhard Lessing, *Bicycle Design: An Illustrated History* (Cambridge, Mass.: MIT Press, 2014), 38.

p. 424　建物の戸口の敷居を取り除くように命じた: Henry Pu Yi (Paul Kramer, ed.), *The Last Manchu: The Autobiography of Henry Pu Yi, Last Emperor of China* (New York: Skyhorse Publishing, 2010), 16.

p. 424　国内で五十万台の自転車が使われ: Wang, A Shrinking Path for Bicycles, 1.

p. 424　そのうち二十三万台は上海を走っていた: Gijs Mom, *Globalizing Automobilism: Exuberance and the Emergence of Layered Mobility, 1900– 1980* (New York: Berghahn, 2020), 81.

p. 425　「快適とはいえないまでも、人生の確かな乗り心地を保障する、平等主義的社会システム」: Kevin Desmond, *Electric Motorcycles and Bicycles: A History Including Scooters, Tricycles, Segways, and Monocycles* (Jefferson, N.C.: McFarland, 2019), 142.

p. 425　「三つの輪と一つの音」: Evan Osnos, *Age of Ambition: Chasing Fortune, Truth, and Faith in the New China* (New York: Farrar, Straus and Giroux, 2014), 56.

p. 425　「中国のフォード兼GM」: Stephen L. Koss, China, *Heart and Soul: Four Years of Living, Learning, Teaching, and Becoming Half-Chinese in Suzhou, China* (Bloomington, Ind.: iUniverse, 2009), 167.

p. 426　「すべての世帯に一台の〈飛鴿〉を」: Hilda Rømer Christensen, "Is the Kingdom of Bicycles Rising Again?: Cycling, Gender, and Class in Postsocialist China," *Transfers* 7, no. 2 (2017): 2.

p. 426　〈飛鴿〉は年間四百万台の自転車を製造し、: Thomas, "The Rise, Fall, and Restoration of the Kingdom of Bicycles."

p. 426　八〇年代の終わりには: *Ibid.*

p. 426　自転車は「国家を後ろ盾とした一九六〇年代の文化にきわめて深く浸透していたために……」: Smethurst, *The Bicycle*, 107.

p. 428　「路上で命がけの戦いを強いられるのは、もううんざりでしょ?」: ビラのスキャン画像がオンラインで見られる。FoundSF ("Shaping San Francisco's digital archive"), foundsf.org/index.php?title=File:First-ever-flyer.jpg.

p. 430　『クリティカル・マスについての批判的注釈』: オンラインに画像がある。FoundSF ("Shaping San Francisco's digital archive"), foundsf.org/index.php?title=File:Critical-Comments-on-the-Critical-Mass-nov-92.jpg.

p. 433　二〇二八年ごろに中国がアメリカを追い抜いて……：Larry Elliott, "China to Overtake US as World's Biggest Economy by 2028, Report Predicts," *Guardian* (London), December 25, 2020, theguardian.com/world/2020/dec/26/china-to-overtake-us-as-worlds-biggest-economy-by-2028-report-predicts.

p. 434　一九八九年には中国の一人あたりGDPは ……："GDP per Capita (Current US$)—China," *The World Bank*, data.worldbank.org/indicator/NY.GDP.PCAP.CD?locations=CN.

p. 434　三十年後、一人あたりGDPは一万二一六ドルに達した：*Ibid.*

p. 435　中国には十六億件、つまり人口を上回る数の携帯電話の契約がある："Number of Mobile Cell Phone Subscriptions in China from August 2020 to August 2021," *Statista*, statista.com/statistics/278204/china-mobile-users-by-month/.

p. 435　十億人がインターネットに接続している：Evelyn Cheng, "China Says It Now Has Nearly 1 Billion Internet Users," *CNBC*, February 4, 2021, cnbc.com/2021/02/04/china-says-it-now-has-nearly-1-billion-internet-users.html.

p. 435　その数は二千万台だ："China has over 200 million private cars," *Xinhua*, January 7, 2020, xinhuanet.com/english/2020-01/07/c_138685873.htm.

p. 435　中国の通勤者のうち自動車を所有していたのは七万四千人に一人の割合だった：Marcia D. Lowe, "The Bicycle: Vehicle for a Small Planet," *Worldwatch* Paper 90 (Washington, D.C.: Worldwatch Institute, 1989), 8.

p. 435　二〇〇九年に中国はアメリカを追い越して世界最大の自動車製造・消費国："China Car Sales 'Overtook the US' in 2009," *BBC News*, January 11, 2010, bbc.co.uk/2/hi/8451887.stm.

p. 435　年間の乗用車生産台数の記録を樹立した：Hilde Hartmann Holsten, "How Cars Have Transformed China," University of Oslo, September 28, 2016, partner.sciencenorway.no/cars-and-traffic-forskningno-norway/how-cars-have-transformed-china/1437901.

p. 436　「かつて街の空間に刻み込まれていた昔の出来事や記憶は、……」：Li Zhang, "Contesting Spatial Modernity in Late-Socialist China," *Current Anthropology* 47, no. 3 (June 2006): 469. Available online at jstor.org/stable/10.1086/503063.

p. 436　「ボストンとニューヨークとワシントンDCの古い街並みが……」：Beth E. Notar, "Car Crazy: The Rise of Car Culture in China," in *Cars, Automobility and Development in Asia*, ed. Arve Hansen and Kenneth Nielsen (London: Routledge, 2017), 158.

p. 437　中国で所有されていた自転車は史上最多の五億二千三百万台を記録した：Thomas, "The Rise, Fall, and Restoration of the Kingdom of Bicycles."

p. 438　二〇一三年までに自転車による通勤を四〇パーセント削減する：Zhang, Shaheen, and Chen, "Bicycle Evolution in China," 318.

p. 438　二〇〇三年までに六〇パーセントも減った：Wang, *A Shrinking Path for Bicycles*, 3.

p. 438　「非自転車都市」宣言：Zhang, Shaheen, and Chen, "Bicycle Evolution in China," 318.

p. 438　中国の首都に存在する自転車は推計九百万台：Wang, *A Shrinking Path for Bicycles*, 10.

p. 438　一世帯あたり二・五台：*Ibid.*, 3.

p. 438　市内の移動のおよそ三分の二は自転車で行われていた：*Ibid.*, 3.

p. 438　それから十五年のうちに：*Ibid.*, 3.

p. 439　「何千台という規模で廃棄された」：Glen Norcliffe and Boyang Gao, "Hurry-Slow: Automobility in Beijing, or a Resurrection of the Kingdom of Bicycles?," in *Architectures of Hurry:—Mobilities, Cities and Modernity*, ed. Phillip Gordon Mackintosh, Richard Dennis, and Deryck W. Holdsworth (Oxon: Routledge, 2018), 88.

p. 439　「負け犬」：Debra Bruno, "The De-Bikification of Beijing," April 9, 2012, *Bloomberg CityLab*, bloomberg.com/news/articles/2012-04-09/the-de-bikification-of-beijing.

p. 439　「貧者」：Anne Renzenbrink and Laura Zhou, "Coming Full Cycle in China: Beijing Pedallers Try to Restore 'Kingdom of Bicycles' amid Traffic, Pollution Woes," *South China Morning Post*, July 26, 2015, scmp.com/news/china/money-wealth/article/1843877/coming-full-cycle-china-beijing-pedallers-try-restore.

p. 439　「自転車を捨て、パンツではなくスカートを選ぶ」：Philip P. Pan, "Bicycle No Longer King of the Road in China," *Washington*

Post, March 12, 2001, washingtonpost.com/archive/politics/2001/03/12/bicycle-no-longer-king-of-the-road-in-china/f9c66880-fcab-40ff-b86d-f3db13aa1859/.

p. 440　「笑顔で自転車に乗るくらいならBMWで泣く方がまし」: Osnos, *Age of Ambition*, 56.

p. 440　武漢の工場では毎年、: Norihiko Shirouzu, Yilei Sun, "As One of China's 'Detroits' Reopens, World's Automakers Worry About Disruptions," *Reuters*, March 8, 2020, reuters.com/article/us-health-coronavirus-autos-parts/as-one-of-chinas-detroits-reopens-worlds-automakers-worry-about-disruptions-idUSKBN20V14J.

p. 443　「自転車とトイレットペーパーの共通点は何か?」: Emily Davies, "What Do Bikes and Toilet Paper Have in Common? Both Are Flying Out of Stores amid the Coronavirus Pandemic," *Washington Post*, June 15, 2020, washingtonpost.com/local/what-do-bikes-and-toilet-paper-have-in-common-both-are-flying-out-of-stores-amid-the-coronavirus-pandemic/2020/05/14/c58d44f6-9554-11ea-82b4-c8db161ff6e5 _story.html.

p. 443　アメリカ国内の自転車の販売数は前年比で六〇パーセント近く増加した: Felix Richter, "Pandemic-Fueled Bicycle Boom Coasts Into 2021," *Statista*, June 16, 2021, statista.com/chart/25088/us-consumer-spending-on-bicycles/.

p. 443　「自転車と一緒に寝ること」: Kimiko de Freytas-Tamura, "Bike Thefts Are Up 27% in Pandemic N.Y.C.: 'Sleep with It Next to You,'" *New York Times*, October 14, 2020.

p. 453　アメリカ人の成人のうち十人にひとりは: Adrienne Bernhard, "The Great Bicycle Boom of 2020," *BBC*, December 10, 2020, bbc.com/future/bespoke/made-on-earth/the-great-bicycle-boom-of-2020.html.

p. 443　「交通の大変革」: Natalie Zhang, "Covid Has Spurred a Bike Boom, but Most U.S. Cities Aren't Ready for It," *CNBC*, December 8, 2020, cnbc.com/2020/12/08/covid-bike-boom-us-cities-cycling.html.

p. 444　「新型コロナ自転車ブーム」: John Mazerolle, "Great COVID-19 Bicycle Boom Expected to Keep Bike Industry on Its Toes for Years to Come," *CBC News*, March 21, 2021, cbc.ca/news/business/bicycle-boom-industry-turmoil-covid-19-1.5956400.

p. 444　「コロナ自転車道」ともいうべきもの: Liz Alderman, "'Corona Cycleways' Become the New Post-Confinement Commute," *New York Times*, June 12, 2020, nytimes.com/2020/06/12/business/paris-bicycles-commute-coronavirus.html.

p. 444　フィリピンでは新型コロナの流行が始まった後: Regine Cabato and Martin San Diego, "Filipinos Are Cycling Their Way Through the Pandemic," *Washington Post*, March 31, 2021, washingtonpost.com/climate-solutions/interactive/2021/climate-manila-biking/.

p. 444　「自転車革命」: "'India Cycles4Change' Challenge Gains Momentum," Press Release, Indian Ministry of Housing & Urban Affairs, June 2, 2021, pib.gov.in/PressReleaseIframePage.aspx?PRID=1723860.

p. 444　「自転車の拠り所」: Nivedha Selvam, "Can City Become More Bikeable? Corporation Wants to Know," *Times of India*, August 15, 2020, timesofindia.indiatimes.com/city/coimbatore/can-city-become-more-bikeable-corporation-wants-to-know/articleshow/77554660.cms.

p. 444　二〇二一年の春に発表された研究: Sebastian Kraus and Nicolas Koch, "Provisional COVID-19 Infrastructure Induces Large, Rapid Increases in Cycling," *PNAS* 118, no. 15 (2021), https://www.pnas.org/content/pnas/118/15/e2024399118.full.pdf.

p. 446　自由に気兼ねなく自転車に乗れること: 以下に引用されている。Bernhard, "The Great Bicycle Boom of 2020."

p. 446　ニューヨークは世界の流行の中心地となった: 統計情報については以下を参照。"New York City Coronavirus Map and Case Count," *New York Times*, nytimes.com/interactive/2020/nyregion/new-york-city-coronavirus-cases.html.

p. 447　「現在進行形の9・11」: Alistair Bunkall, "Coronavirus: New York Could Temporarily Bury Bodies in Park Because Morgues Nearly Full," April 6, 2020, Sky News, news.sky.com/story/coronavirus-new-york-could-temporarily-bury-bodies-in-park-because-morgues-nearly-full-11969522.

p. 451　「自転車乗りに標的を絞れ」：以下のツイート。Catherina Gioino (@CatGioino), posted to Twitter, June 5, 2020, 1:35 a.m.: twitter.com/catgioino/status/1268778355169669122?lang=en.

p. 451　第二次世界大戦以来はじめて発出された外出禁止令："Emergency Executive Order No. 119," City of New York, Office of the Mayor, June 2, 2020. Available online at www1.nyc.gov/assets/home/downloads/pdf/executive-orders/2020/eeo-119.pdf.

p. 451　ある警察官がクリティカル・マスの参加者に体当たりをする事件：Jen Chung, "10 Years Ago, a Cop Bodyslammed a Cyclist During Critical Mass Ride," *Gothamist*, July 27, 2018, gothamist.com/news/10-years-ago-a-cop-bodyslammed-a-cyclist-during-critical-mass-ride.

p. 451　「一斉取り締まり作戦」：Jillian Jorgensen, "De Blasio Defends Ticket Blitz of Bicyclists Following Deadly Crashes," *New York Daily News*, February 19, 2019, nydailynews.com/news/politics/ny-pol-deblasio-nypd-bicycle-tickets-20190219-story.html.

p. 452　「eバイクとの戦争」：Christopher Robbins, "De Blasio's 2018 War On E-Bikes Targeted Riders, Not Businesses," *Gothamist*, January 18, 2019, gothamist.com/news/deblasios-2018-war-on-e-bikes-targeted-riders-not-businesses.

p. 452　「私たちの意図や設計とは相容れない使われ方」：Jonny Long, "Fuji Bikes Suspend Sale of American Police Bikes Used in 'Violent Tactics' During Protests as Trek Faces Criticism," Cycling Weekly, June 6, 2020, cyclingweekly.com/news/latest-news/fuji-bikes-suspend-sale-of-american-police-bikes-used-in-violent-tactics-as-trek-faces-criticism-457378.

p. 452　市警が独自に組織した自転車の「精鋭」部隊：Larry Celona and Natalie O'Neill, "NYPD Bike Cops Break Out 'Turtle Uniforms' Amid George Floyd Protests," *New York Post*, June 4, 2020, nypost.com/2020/06/04/nypd-bike-cops-break-out-turtle-uniforms-amid-riots/.

p. 453　「計画的な攻撃」であり、「警察による暴力」である："'Kettling' Protesters in the Bronx: Systemic Police Brutality and Its Costs in the United States," *Human Rights Watch*, September 30, 2020, hrw.org/report/2020/09/30/kettling-protesters-bronx/systemic-police-brutality-and-its-costs-united-states.

p. 453　SRG自転車隊の「手引き」"SRG Bicycle Management Instructor's Guide," documentcloud.org/documents/20584525-srg_bike_squad_modules.

p. 454　交通事故における黒人の自転車乗りの死亡率は白人よりも：League of American Bicyclists and The Sierra Club, The New Majority: Pedaling Towards Equity, 2013, bikeleague.org/sites/default/files/equity_report.pdf.

p. 445　研究によれば、：Dan Roe, "Black Cyclists Are Stopped More Often than Whites, Police Data Shows," *Bicycling*, July 27, 2020, bicycling.com/culture/a33383540/cycling-while-black-police/.

p. 454　オークランドは人口の二八パーセントが黒人だが、："Biking While Black: Racial Bias in Oakland Policing," *Bike Lab*, May 20, 2019, bike-lab.org/2019/05/20/biking-while-black-racial-bias-in-oakland-policing/.

p. 454　シカゴの調査：Adam Mahoney, "In Chicago, Cyclists in Black Neighborhoods Are Over-Policed and Under-Protected," *Grist*, October 21, 2021, grist.org/cities/black-chicago-biking-disparities-infrastructure/.

p. 454　タンパの調査：Kameel Stanley, "How Riding Your Bike Can Land You in Trouble With the Cops—If You're Black," *Tampa Bay Times*, April 18, 2015, tampabay.com/news/publicsafety/how-riding-your-bike-can-land-you-in-trouble-with-the-cops---if-youre-black/2225966/.

p. 454　ニューヨークでは、：Julianne Cuba, "NYPD Targets Black and Brown Cyclists for Biking on the Sidewalk," June 22, 2020, nyc.streets blog.org/2020/06/22/nypd-targets-black-and-brown-cyclists-for-biking-on-the-sidewalk/.

p. 454　ロサンゼルス・タイムズ紙はある調査の中で：Alene Tchekmedyian, Ben Poston, and Julia Barajas, "L.A. Sheriff's Deputies Use Minor Stops to Search Bicyclists, with Latinos Hit Hardest," *Los Angeles Times*, November 4, 2021, latimes.com/projects/la-county-sheriff-bike-stops-analysis/.

p. 455 「路上を自転車で逆走した」容疑で：Jessica Myers, "Family of Dijon Kizzee, a Black Man Killed by LA Sheriff's Deputies, Files $35 Million Claim," *CNN*, February 12, 2021, cnn.com/2021/02/11/us/dijon-kizzee-los-angeles-claim/index.html. 以下も参照。Leila Miller, "Dijon Kizzee Was 'Trying to Find His Way' Before Being Killed by L.A. Deputies, Relatives Say," *Los Angeles Times*, September 4, 2020, latimes.com/california/story/2020-09-04/dijon-kizzee-was-trying-to-find-his-way-relatives-say.

p. 455 配達員はニューヨーク市警の建物の外に集まり：Claudia Irizarry Aponte and Josefa Velasquez, "NYC Food Delivery Workers Band to Demand Better Treatment. Will New York Listen to Los Deliveristas Unidos?," *The City*, December 6, 2020, thecity.nyc/work/2020/12/6/22157730/nyc-food-delivery-workers-demand-better-treatment. For a brilliant and moving chronicle of the plight of New York's deliveristas see Josh Dzieza, "Revolt of the Delivery Workers," *Curbed*, September 13, 2021, curbed.com/article/nyc-delivery-workers.html. See also Jody Rosen, "Edvin Quic, Food Deliveryman, 31, Brooklyn" in "Exposed. Afraid. Determined.," *New York Times Magazine*, April 1, 2020, nytimes.com/interactive/2020/04/01/magazine/coronavirus-workers.html#quic, and Jody Rosen, "Will We Keep Ordering Takeout?" in "Workers on the Edge," *New York Times Magazine*, February 17, 2021, nytimes.com/interactive/2021/02/17/magazine/remote-work-return-to-office.html.

p. 456 ダーネル・メイヤーズ：Rachel Bachman, "The BMX Bikes Getting Teens Back on Two Wheels—or One," *Wall Street Journal*, May 3, 2017, wsj.com/articles/the-bike-getting-teens-back-on-two-wheelsor-one-1493 817829.

p. 456 映像をオンラインに投稿しはじめた：DBlocks's Instagram feed can be viewed at instagram.com/rrdblocks/. 321 the policing of "Bicycle Ride Outs": "SRG Bicycle Management Instructor's Guide," 8.

p. 459 付された同意意見の中で、ニール・ゴーサッチ判事は：Heather Kerrigan, ed., Historic Documents of 2020 (Thousand Oaks, Calif.: CQ Press, 2021), 694–95.

p. 460 ブティジェッジは「自転車や歩行者の安全について我が国がどれくらい劣後しているか……」：Carlton Reid, "Design for Human Beings Not Cars, New U.S. Transport Secretary Says," *Forbes*, March 22, 2021, forbes.com/sites/carltonreid/2021/03/22/design-for-human-beings-not-cars-new-us-transport-secretary-says/?sh=156033907d86.

p. 460 デモ参加者と事故を起こした自動車の運転手を免責する法案：Reid J. Epstein and Patricia Mazzei, "G.O.P. Bills Target Protesters (and Absolve Motorists Who Hit Them)," *New York Times*, April 21, 2021, nytimes.com/2021/04/21/us/politics/republican-anti-protest-laws.html.

p. 462 ツイッターでバズったある動画：Unequal Scenes (@UnequalScenes), posted to Twitter, September 1, 2021, 10:16 p.m.: twitter.com/UnequalScenes/status/1433252530713243648.

p. 462 「荒天時インセンティブ」をつける：Lauren Kaori Gurley and Joseph Cox, "Gig Workers Were Incentivized to Deliver Food During NYC's Deadly Flood," *Vice*, September 2, 2021, vice.com/en/article/5db8zx/gig-workers-were-incentivized-to-deliver-food-during-nycs-deadly-flood; Ashley Wong, "After Delivery Workers Braved the Storm, Advocates Call for Better Conditions," *New York Times*, September 3, 2021, nytimes.com/2021/09/03/nyregion/ida-delivery-workers-safety.html; and Alex Woodward, "'We Deserve Better': New York's 'Deliveristas' Working Through Deadly Floods Demand Workplace Protections," *Independent*, September 3, 2020, independent.co.uk/climate-change/news/new-york-flood-delivery-bike-b1914084.html.

p. 463 「フォーエバー・バイシクルズ」："Ai Weiwei's Bicycles Come to London," *Phaidon*, August 25, 2015, phaidon.com/agenda/art/articles/2015/august/25/ai-weiwei-s-bicycles-come-to-london/.

p. 465 北京や沿岸都市廈門における自転車ハイウェイ構想：Don Giolzetti, "It's Complicated: China's Relationship With the Bicycle, Then and Now," *SupChina*, January 8, 2020, supchina.com/2020/01/08/its-complicat-

ed-chinas-relationship-with-the-bicycle/; Leanna Garfield, "China's Dizzying 'Bicycle Skyway' Can Handle over 2,000 Bikes at a Time—Take a Look," *Business Insider*, July 21, 2017, businessinsider.com/china-elevated-cycle-way-xiamen-2017-7; Du Juan, "Xiamen Residents Love Cycling the Most in China," *China Daily*, July 17, 2017, chinadaily.com.cn/china/2017-07/17/content_30140705.htm.

p. 466　二〇二七年までに市場規模が世界全体で七百億ドル規模に成長する"The Global E-Bike Market Size Is Projected to Grow to USD 70.0 Billion by 2027 from USD 41.1 Billion in 2020, at a CAGR of 7.9%," *Globe Newswire*, December 8, 2020, globenewswire.com/news-release/2020/12/08/2141352/0/en/The-global-e-bike-market-size-is-projected-to-grow-to-USD-70-0-billion-by-2027-from-USD-41-1-billion-in-2020-at-a-CAGR-of-7-9.html.

p. 470　「フリーホイーリング」: "The Green Machine—Lecture by Iain Boal, *Bicycle Historian*. Part 3 of 5" (2010), vimeo.com/11264396.

各章扉の図版について

プロローグ : Henri Boulanger (alias Henri Gray), Cycles "Brillant," 1900. Courtesy of bicycling-art.com. Used by permission.

序　章 : "A woman rides a bicycle with her child behind her back as she returns from a health center." Photo by Anthony ASAEL/Gamma-Rapho via Getty Images. Used by permission.

第1章 : Photograph by Jody Rosen.

第2章 : Attributed to William Heath, published by Thomas Tegg, Hobbies; or, Attitude is Everything, Dedicated with permission to all Dandy Horsemen, 1819. The Art Institute of Chicago.

第3章 : "Man Repairing Bicycle Wheel." Photo by F. T. Harmon/Library of Congress/Corbis/VCG via Getty Images. Used by permission.

第4章 : "Horsey" by Eungi Kim from Korea is one of the Shortlisted Design entries from more than 3,000 participants in our recent designboom competition, "Seoul Cycle Design Competition 2010," organized in collaboration with Seoul Design Foundation.

第5章 : Louis Dalrymple, The Biggest People on the Road!, cover illustration, Puck magazine (New York), May 1896. Courtesy of bicycling-art.com. Used by permission.

第6章 : "Street trials pro rider, Danny MacAskill is photographed for Outside magazine on September 12, 2012 in Glasgow, Scotland." Photo by Harry Borden/Contour by Getty Images. Used by permission.

第7章 : Queen of the Wheel. Copyright 1897, Rose Studios. Courtesy Library of Congress.

第8章 : "A cyclist rides along a snow- covered road during snowfall in Srinagar, January 23, 2021." Photo by Saqib Majeed/SOPA Images/LightRocket via Getty Images. Used by permission.

第9章 : "Biking Under the Great Buddha Dordenma, Thimphu, Bhutan, 2014." Photo by Simon Roberts. © Simon Roberts, 2014. Used by permission.

第10章 : Public domain.

第11章 : Barb Brushe and Bill Samsoe's Bikecentennial I.D. cards, 1976. Courtesy of Barb and Bill Samsoe. Used by permission.

第12章 : "Traffic jam in the suburbs of the city of Dhaka, the capital of Bangladesh in August 20, 2007." Photo by Frédéric Soltan /Corbis via Getty Images. Used by permission.

第13章 : Photograph by Lauren Redniss. Used by permission.

第14章 : "Drainage and Cleaning Operation at Canal Saint- Martin, bicycle in the water, in Paris on May 10, 2017." Photo by Frédéric Soltan/Corbis via Getty Images. Used by permission.

第15章 : "Brooklyn Drag Queens March to Celebrate Pride," June 26, 2020. Photo by Stephanie Keith/Getty Images. Used by permission.